石油和化工行业“十四五”规划教材

化学工业出版社“十四五”普通高等教育规划教材

化学反应工程
简明教程

李常艳　主编

郭艳　张先明　谷晓俊　副主编

化学工业出版社

·北京·

内容简介

《化学反应工程简明教程》以化学反应动力学和反应器的设计与分析为主线，系统介绍了化学反应工程的基本理论、均相反应动力学基础、均相理想反应器、停留时间分布与反应器的流动模型、气-固相催化反应本征动力学、多相催化反应中的传递现象、多相反应器的特征及工业应用等内容。本书突出工程特色，注重对学生反应器设计与分析思维方式的培养，注重工程技术中数理问题的推导，便于学生结合例题和案例理解反应器的类型与流体模型的匹配。本书各章均配有知识脉络的思维导图、知识要点分析、学科素养与思考、习题，并通过二维码配有衍生阅读内容和计算推导过程，读者可扫码观看或下载。为便于教学，本书还配备了电子教学课件和习题解答，亦可通过扫描二维码获取。

本书可作为高等院校化工类专业教材，也可为相关领域的研究人员和工程技术人员提供参考。

图书在版编目（CIP）数据

化学反应工程简明教程/李常艳主编；郭艳，张先明，谷晓俊副主编．—北京：化学工业出版社，2024.4（2024.11 重印）

ISBN 978-7-122-45029-6

Ⅰ．①化…　Ⅱ．①李…②郭…③张…④谷…　Ⅲ．①化学反应工程-高等学校-教材　Ⅳ．①TQ03

中国国家版本馆 CIP 数据核字（2024）第 039599 号

责任编辑：傅聪智　徐雅妮　　文字编辑：李　玥
责任校对：李　爽　　装帧设计：韩　飞

出版发行：化学工业出版社
（北京市东城区青年湖南街 13 号　邮政编码 100011）
印　　装：北京科印技术咨询服务有限公司数码印刷分部
787mm×1092mm　1/16　印张 15¾　字数 387 千字
2024 年 11 月北京第 1 版第 2 次印刷

购书咨询：010-64518888　　售后服务：010-64518899
网　　址：http://www.cip.com.cn
凡购买本书，如有缺损质量问题，本社销售中心负责调换。

定　　价：48.00 元　

前言

化学反应工程是化学工程与工艺专业的一门核心课程。这门课程在提升学生工程认知和解决复杂工程问题的能力方面，发挥着重要作用。化学反应工程是建立在数学、物理及化学等基础学科上而有着自己特点的应用学科，具有逻辑性强、专业化程度高、理论知识抽象的特点。这些特点导致学生学习该门课程时存在理解和应用方面的困难，使教学工作难以达到预期的效果。为了满足教学的需要，根据国家关于化学工程与工艺相关专业学生的培养要求，内蒙古大学、内蒙古鄂尔多斯应用技术学院四位长期从事化学反应工程教学的教师，总结十几年的教学经验，在教学讲义的基础上，结合经典教材，编写了《化学反应工程简明教程》。

编者在多年的教学实践中发现，学生学习化学反应工程遇到的最大困难是数学问题，主要表现为工程思维和工程计算能力不足，遇到反应器设计与分析过程中的计算问题时无从下手。

鉴于上述问题，《化学反应工程简明教程》在编写过程中侧重于剖析典型例题和工业反应器的实际案例，注重工程计算中的数理性推导，帮助读者结合例题和案例，进一步理解反应器类型与流体模型的匹配，确定反应器设计与分析的结构要点和技术参数，建立反应器设计与分析的思维方式。

本教材编写之际恰逢党的二十大召开，围绕二十大报告中提出的“培养什么人、怎样培养人、为谁培养人是教育的根本问题”，编者结合学科特点，每个章节都提出了相应的“学科素养与思考”，力争做好人才培养过程中的精神引领和思想保证。另外，围绕二十大报告提出的“加快建设教育强国”的战略部署，编者在教材编写过程中，以提高人才培养质量为中心，坚持高等教育内涵式发展，利用章节后的辩证思维、拓展阅读、人物故事、科技创新和章节中的二维码内容，延伸和拓展化学工程与工艺专业基础知识，并融入人文学科、化学和材料学科的基础内容，在章节内容中推进科教融汇和产教融合，以满足读者的多层次、多样化需求。本教材围绕化学反应工程的两大核心问题——反应动力学和反应器的设计与分析，以培养读者的工程素养、提升读者的工程计算能力为目标，注重从不同的维度思考化学工程问题，把握宏观和微观、特殊和一般的关系，培养读者的辩证思维、系统思维的能力。

化学反应工程是内蒙古大学的一流本科专业课程。在内蒙古自治区级和国家级化学工程与工艺一流本科专业建设经费的支持下，编者编写了本书。教材内容具有以下几个方面的特点：①绪论部分将反应器设计与分析的问题明了化，明确设计参数，帮助学生尽早建立课程学习的思维模式。②注重培养学生的工程素养，教材以核心内容为主线，增加化学反应工程发展史、学科代表性人物简介、催化剂应用等背景知识和前沿研究的介绍，以弘扬科学家精神为核心，引导学生将科研和创新精神内化于心，外化于行。③教材各章内容中增加了思维导图和知识要点，便于培养学生的辩证和系统思维能力，有助于学生进行复习和知识点的拓展。④教材各章增加“学科素养与思考”，便于教师课程思政元素的提取，引导学生理论联系实际。⑤注重培养和提升学生的工程计算能力，汇集经典例题，分析动力学研究方法、反应器的类型、流体模型、结构和技术参数之间的关联，提升学生对反应器设计与分析的认知。⑥根据内蒙古地区石油化工和煤化工的行业特点，通过典型工业应用案例，分析多相反应器的流体特点、传递特性、设计模型及设计中的技术难点和关键问题。⑦受教材篇幅的限制，部分公式推导过程、四阶龙格-库塔法、Matlab程序求解常微分方程组的数值解的过程，以二维码的形式加以体现。

本书以介绍反应动力学和反应器的设计与分析为主线，介绍均相反应器、多相反应器的设计方程、优化方法，突出工程特色，注重学生计算能力的培养。本书内容丰富，具有较强的系统性、实用性，参考学时48～64。各章均有学习要求、知识脉络的思维导图、知识要点分析和习题，有利于读者对本书内容的掌握和应用。

为方便本教材在教学中的使用，还配套提供了丰富的课后习题、习题答案和章节课件。

本书由内蒙古大学李常艳主编，郭艳、张先明、谷晓俊副主编。李常艳负责第1章、第2章、第4章、第5章和第6章的书稿内容，李琦、贾文宇、薛原千里、李翎硕、宋佳乐、巩苗霞、杨茂渝、于海阔、张志诚和王可旭参与编写。郭艳负责第3章，谷晓俊参与编写。张先明负责第7章，谷晓俊参与编写。全书由李常艳统稿，并凝练思维导图、学科素养与思考、知识要点。参与章节拓展内容编写、二维码和课件制作的人员有任丽瑶和许冬雪，参与习题答案编写和校对的人员有袁端阳、高美赟、杨喆、高欣、巩苗霞、戴振扬，参与素材搜集的人员有新加坡南洋理工大学的Susanti，对他们的辛苦付出表示由衷的感谢。编者在编写过程中参考了多本《化学反应工程》经典教材中的基本理论，在此一并对这些教材的编者表示感谢！特别感谢华东理工大学许志美教授和内蒙古工业大学周华从教授对本书的审阅。

由于作者的水平有限，书中不足之处在所难免，恳请读者批评指正并不吝赐教。

李常艳
2023年8月

目录

二维码内容资源

第1章

绪 论

本章学习要求

1-1 了解化学反应工程学科发展历史和促进学科发展的代表性人物。
1-2 掌握化学反应工程研究的核心内容、核心任务和设计参数。
1-3 了解反应器的基本类型、结构特点和操作方式。
1-4 掌握化学反应器设计的流体形态和设计方程。
1-5 理解反应器放大中的程序框图，掌握数学模型法的步骤。

本章思维导图

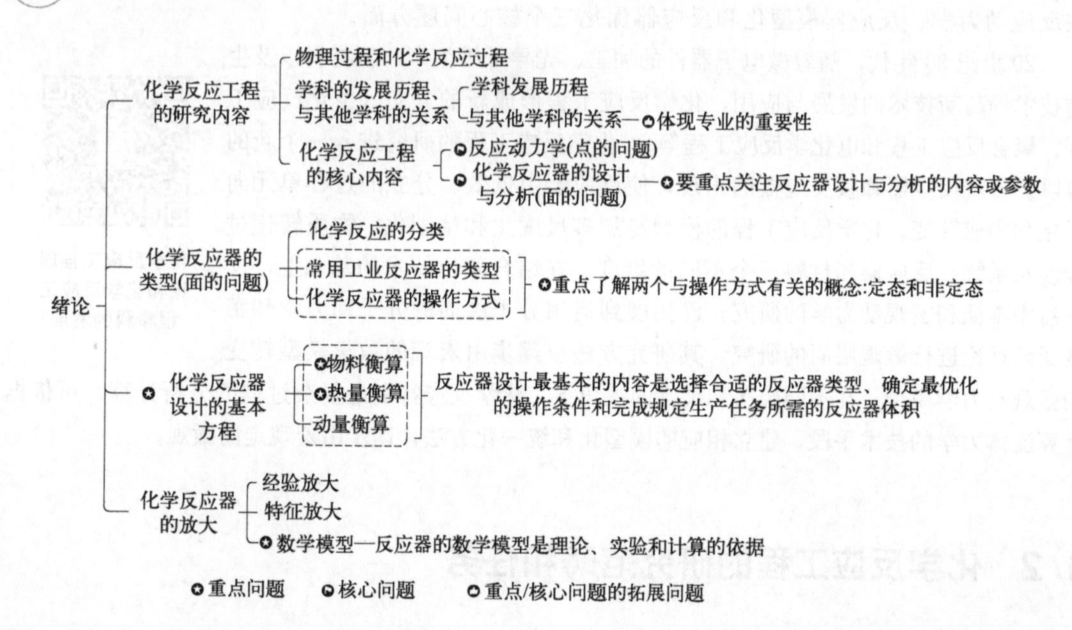

1.1 化学反应工程学科的发展

化学反应工程是建立在数学、物理及化学等基础学科上且有着自己特点的应用学科分支，是化学工程学科的一个组成部分。它萌芽于20世纪30年代，丹克莱尔（Damhöhler）在当时实验数据非常贫乏的情况下，系统地论述了扩散、流体流动和传热对反应器产率的影响，为化学反应工程奠定了基础。与此同时，Thiele和泽尔多维奇（Зельдович）对扩散问题做了开拓性的工作。20世纪40年代末期，Hougen和Watson的著作《化学过程原理》及法兰克-卡明涅斯基（Франк-Каменецкий）的著作《化学动力学中的扩散与传热》相继问世，总结了化学反应与传递现象的相互关系，探讨了反应器的设计问题，对化学反应工程学科的形成起到一定的推动作用。1956年，Smith提出通过理性方法而不是经验方法进行反应器的设计宗旨。1957年，第一届欧洲化学反应工程会议在荷兰阿姆斯特丹皇家热带研究所举行。从事这一领域研究工作的学者首次使用了“化学反应工程”这一术语，阐明了这一学科分支的主要内容，标志着化学反应工程学科的初步形成。其中van Krevelen指出反应器中的动力学是核心内容，将化学反应工程所涉及的研究领域划分为微观和宏观动力学。除此之外，会议还针对费-托反应中的传递现象、非均相浓度分布、多相反应器设计与开发、反应器的效率和稳定性问题进行了探讨。20世纪60年代石油化工大发展，生产日趋大型化和单机化，原料的加工不断向纵深发展，给化学反应工程领域提出了一系列的课题。1962年，Levenspiel对化学反应工程的数学模型进行了生动的描述，提出动力学和流体力学是反应器设计中不可缺少的环节。Smith、Levenspiel、Fogler、Satterfield等科研工作者关于催化理论和催化动力学的研究和探讨（理论发展过程见二维码），加速了这一学科的发展。另外，化学反应工程学科的发展得益于计算机技术的应用，使许多化学反应工程的问题得以定量化，解决了不少复杂的反应器设计与控制问题。目前，化学反应工程的研究工作主要集中在反应动力学、反应器模型化和反应器优化三个核心问题方面。

20世纪80年代，随着微电子器件的加工、光导纤维生产、新材料以及生物技术等高新技术的发展与应用，化学反应工程形成新的分支（生化反应工程、聚合反应工程和电化学反应工程等），化学反应工程的研究进入一个新的阶段。微观反应器和膜反应器的出现，使反应器由低效、分立的过程单元向强化和集成转变。化学反应工程的模型更加多尺度化和精细化，物质转化过程涉及系统、反应器和材料三个不同的维度。在结合原位技术的基础上，反应器中本征和宏观动力学的研究，已拓展到运用分子层面的分子动力学和密度泛函理论进行微观层面的研究，其研究方法也逐步由宏观的数学模型转变到微观动力学模型。在不同层次和尺度的视角下，化学反应特别是复杂过程的分析计算，可依据计算流体力学的技术手段，建立相应的模型化和统一化方法，逐步由宏观走向微观。

化学反应工程理论和化学反应工程学科的发展

1.2 化学反应工程的研究范畴和任务

化学反应工程是一门研究化学反应工程问题的学科。一方面，它以化学反应为对象，需要掌握化学反应的特性；另一方面，它涉及工程问题，必须熟悉装置的特征、传递过程的规律。因此，化学反应工程的研究，一方面要认识、判断各种类型化学反应的化学热力学和动力学规律，另一方面也要归纳各种物理因素的变化规律及其对化学反应过程的影响。从这两方面的结合中，总结出一些具有普遍意义的观点和概念，以在理论上指导工业反应过程的开发。图 1-1 所示为化学反应工程研究范畴和任务。**化学反应工程的核心任务可概括为两个方面，即反应动力学的研究和反应器的设计与分析。**

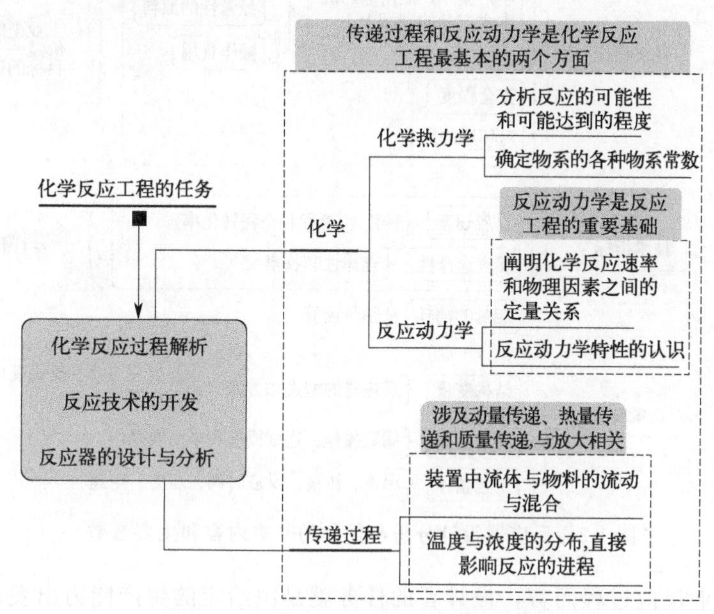

图 1-1　化学反应工程研究范畴和任务

1.2.1　反应动力学研究

反应动力学主要研究化学反应速率和反应机理。化学变化是由分子与分子之间的接触碰撞而发生的，因此从微观角度来考察化学反应过程，它就是一种以分子为单位参与物质变化的过程。从宏观角度加以考察统计时，化学反应过程可以分为容积反应和表面反应两个过程。容积反应和表面反应具有不同的特性，它们对反应速率的定义有所不同。影响化学反应速率的因素有很多，主要有温度、浓度、压力、溶剂以及催化剂的性质等。所以，在溶剂及催化剂和压力一定的情况下，化学反应速率取决于反应物系的温度和浓度。反应动力学所要研究的就是寻求反应速率与浓度和温度之间的定量关系。从科学的角度来看，化学反应的规律传统意义上属于物理化学的学科范畴。物理化学中探讨化学动力学，主要侧重于研究反应机理和历程。定态近似和速控步骤的引入，使得动力学方程的研究和推导得以实现或简化，有关的内容，我们会在第 5 章作详细介绍。

1.2.2　反应器的设计与分析

化学反应过程不仅包含化学现象，同时也包含物理现象，即传递现象（包括动量、热量和质量传递）。化学反应是化学过程，其实质是微观的。传递过程是物理过程，其实质是宏观的，所以对化学反应而言，传递过程往往被称为宏观动力学因素。如果说反应动力学处理的是“点”的问题，那么，反应器分析与设计则是将这些“点”进行综合，处理的是“体”

或“面”的问题。图 1-2 所示为反应器设计分析与优化的基本内容和主要参数。

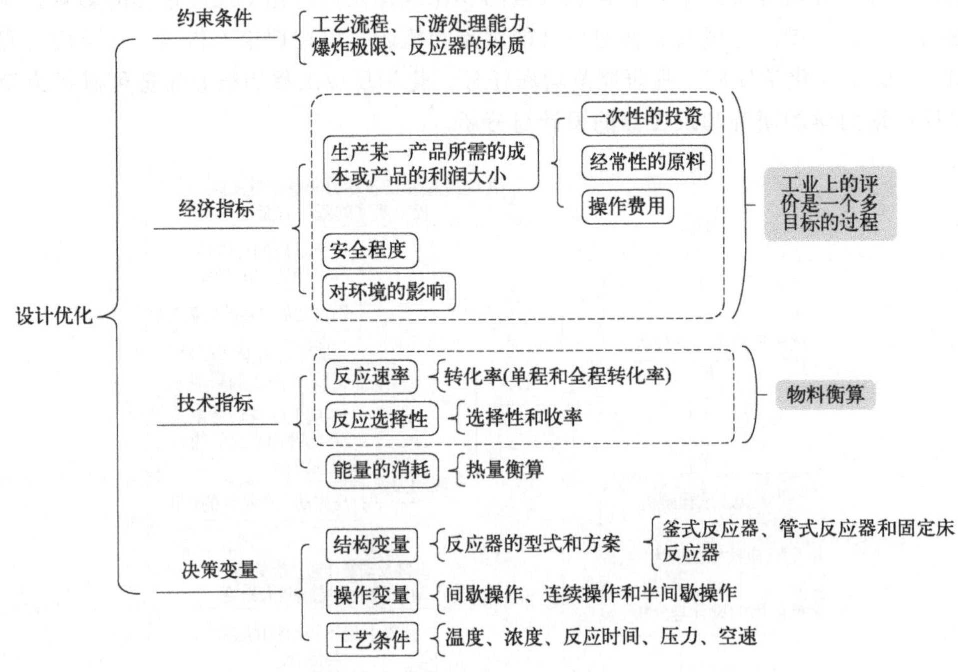

图 1-2　反应器设计分析与优化的基本内容和主要参数

对于一个工业反应过程而言，设计者的任务就是由给定的生产能力出发，选择适宜的反应器型式、结构、操作方式和工艺条件。在满足各项约束条件的前提下确定合理的反应转化率、选择性和相应的反应器的尺寸。反应器投产运行之后，设计者还应该根据各种因素和条件的变化做出相应的修正，以使其在最优的条件下操作，使工业生产过程的生产成本达到最低值。

工业反应器的设计应以经济效益和社会效益最大为前提。对反应器进行投入产出分析，建立经济衡算式，对投资、投资的回收、原料成本、操作费用、产品成本及利润等作核算。忽视社会效益而盲目地追求经济效益的设计是不允许的。对于化学品的生产，首要的社会效益问题是减少生产过程中产生的有害物质和降低噪声对环境的影响。设计过程中应采取有效的措施使排放的有害物质浓度完全符合环境卫生标准，所产生的噪声降低到允许的程度。此外，反应器的安全操作也是一个十分重要的问题。设计者需要妥善选择安全的操作条件，考虑各种防火和防爆措施。总之，反应器的设计所要考虑的问题是多种多样的，本书侧重于技术指标和决策变量方面的介绍。

1.3　化学反应和反应器

1.3.1　化学反应的分类

化学反应是各式各样的，然而它们之间并非毫无相似之处。按照反应的类型可以分为合成、分解和异构化三类；化学反应工程一般是按反应物系的相态来分类，将化学反应分为均相反应和非均相反应两大类（见表1-1）。这两大类反应还可进一步细分：均相反应分为气相均相、液相均相两类；非均相反应分为气-固、气-液、液-固以及气-液-固反应等。此外，根据反应过程是否使用催化剂，还有催化反应和非催化反应之分。

表1-1 化学反应工程中反应物系的相态分类和反应器型式

相态			反应器型式	工业生产实例
均相	单相	气相	管式反应器	石脑油裂解、一氧化氮氧化
		液相	管式、釜式、塔式反应器	酯化反应、甲苯硝化
非均相	二相	气-固	固定床反应器	合成氨、苯氧化、乙苯脱氢
			流化床反应器	石油催化裂化、丙烯氨氧化
			移动床反应器	二甲苯异构、矿石焙烧
		气-液	鼓泡反应器	乙醛氧化制醋酸、羰基合成甲醇
			鼓泡搅拌釜	苯的氯化、异丙苯过氧化
		液-固	塔式、釜式反应器	树脂法制三聚甲醛
	三相	气-液-固	滴流床反应器	炔醛法制丁炔二醇、石油加氢脱硫
			淤浆床反应器	石油加氢、乙烯溶液聚合、丁炔二醇加氢

1.3.2 化学反应器的类型

工业反应器是化学反应工程的主要研究对象，根据其结构特性，可以有不同的分类，图1-3为各类反应器的示意图。

(1) **釜式反应器** 又称反应釜或搅拌反应器。其高度一般与其直径相等或约为直径的2～3倍［见图1-3(a)和图1-3(c)］。釜内一般设有搅拌装置及挡板，根据不同的换热类型，既可在釜内安装换热器，又可将换热器装在釜外，通过流体的强制循环进行换热。釜式反应器具有十分广泛的应用（如用于酯化反应、硝化反应、磺化反应以及氯化反应）。气-液反应、液-液反应、液-固反应以及气-液-固反应均可采用此类设备。

(2) **管式反应器** 其特征是长度远大于管径，内部中空，不设置任何构件，如图1-3(b)所示。如用于乙烯生产的裂解炉便属此类反应器。

(3) **塔式反应器** 其高度一般为直径的数倍乃至十余倍，内部设有填料和筛板等构件。塔式反应器主要包括鼓泡塔［图1-3(d)］、填料塔［图1-3(e)］、板式塔［图1-3(f)］和喷雾塔［图1-3(g)］。塔式反应器主要用于两种流体相反应的过程，如气-液反应和液-液反应。无论哪一种型式的塔式反应器，参与反应的两种流体可以成逆流，也可以成并流。

(4) **固定床反应器** 其特征为反应器内填充有固定不动的固体颗粒，这些固体颗粒可以是固体催化剂，也可以是固体反应物［图1-3(h)］。图1-3(i)是列管式固定床反应器，管内是催化剂，反应物自上而下通过床层。固定床反应器被广泛应用于氨合成、甲醇合成、苯氧化以及邻二甲苯氧化等多相催化反应。固定床反应器按照换热方式可分为绝热式和连续换热式两种。连续换热式按照换热介质不同又可分为自身换热式和对外换热式。具体分类和结构特点见第7章。

(5) **流化床反应器** 与固定床反应器不同，参与反应的固体颗粒均处于运动状态［图1-3(j)］，且其运动方向是多种多样的。该反应器内一般都设置有挡板、换热器以及流体与固体分离装置等内部构件，以保证得到良好的流化状态和所需的温度条件，以及反应后的物料分离。流化床反应器可用于气-固、液-固以及气-液-固催化或非催化反应，是催化裂化、丙烯氨氧化、铁矿石焙烧和煤气化工艺中广泛使用的反应器。

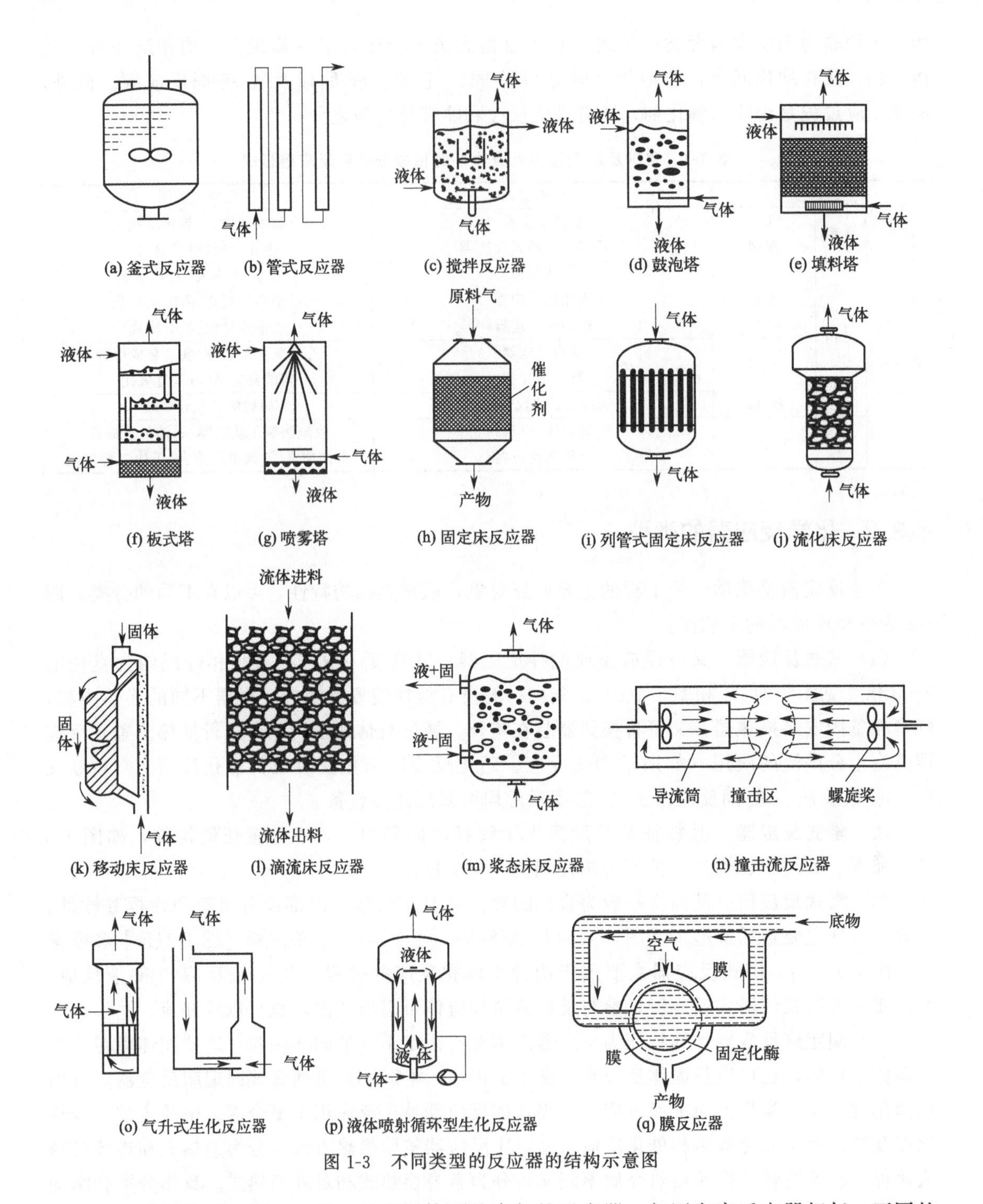

(a) 釜式反应器　(b) 管式反应器　(c) 搅拌反应器　(d) 鼓泡塔　(e) 填料塔

(f) 板式塔　(g) 喷雾塔　(h) 固定床反应器　(i) 列管式固定床反应器　(j) 流化床反应器

(k) 移动床反应器　(l) 滴流床反应器　(m) 浆态床反应器　(n) 撞击流反应器

(o) 气升式生化反应器　(p) 液体喷射循环型生化反应器　(q) 膜反应器

图 1-3　不同类型的反应器的结构示意图

（6）**移动床反应器**　也是一种有固体颗粒参与的反应器，与固定床反应器相似，不同的地方是固体颗粒自反应器顶部连续加入，自上而下移动，由底部卸出。反应流体与颗粒成逆流。此种反应器适用于催化剂需要连续进行再生的催化反应过程和固相加工反应，图 1-3(k) 为其示意图。

（7）**滴流床反应器**　又称涓流床反应器，如图 1-3(l) 所示。这种反应器也属于固定床反应器，通常反应气体与液体自上而下呈并流流动，有时也有采用逆流流动操作的。

（8）**浆态床反应器** 又称淤浆反应器，如图1-3(m)所示。催化剂微小固体颗粒悬浮于液体介质，气体以鼓泡形式通过悬浮有固体细粒的液体（浆液）层，以实现气-液-固相反应过程的反应器。

其他类型的反应器，如撞击流反应器、气升式生化反应器、液体喷射循环型生化反应器和膜反应器［图1-3(n)～(q)］使用时应根据具体的反应特点和工业要求选取。与化工过程相关的经典和传统的反应器，其基本类型、流体特征和典型的工业应用案例，将在第7章进行详细的解析和介绍。

1.3.3 化学反应器的操作方式

工业反应器有三种操作方式，即间歇操作、连续操作和半间歇（或半连续）操作。

（1）**间歇操作** 其特点是进行反应所需的原料一次装入反应器内，然后在其中进行反应，经一定时间后，达到所要求的反应程度便卸出全部反应物料，其中主要是反应产物以及少量未被转化的原料。接着是清洗反应器，继而进行下一批原料的装入、反应和卸料。采用间歇操作的反应器叫作间歇反应器，又称分批反应器。

间歇反应过程是一个非定态过程，间歇过程的基本特征是反应器内物系的组成随时间而变。图1-4是间歇反应器中反应物系的浓度随时间而变的示意图。随着时间的增加，反应物A的浓度从开始反应时的起始浓度c_{A0}逐渐降低至零（不可逆反应），若为可逆反应则降至极限浓度，即平衡浓度。对于单一反应，反应产物R的浓度则随时间的增长而增高。若反应物系中同时存在多个化学反应，反应时间越长，反应产物的浓度不一定就越高，连串反应$A \longrightarrow R \longrightarrow Q$便属于这种情况，产物R的浓度随着时间的增加而升高，达一极大值后又随时间而降低。反应过程中浓度的变化，需根据化学反应类型具体分析。

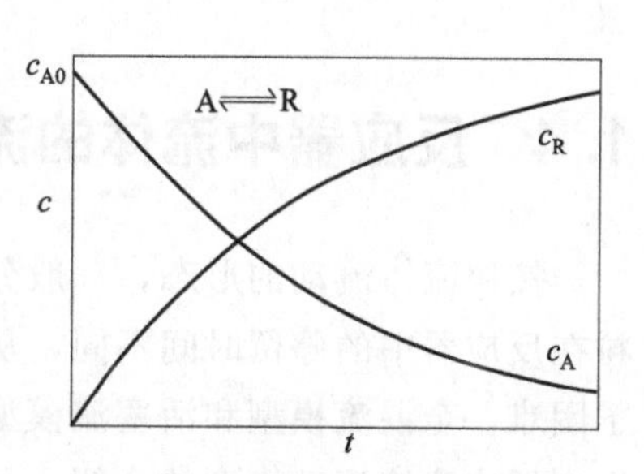

图1-4 间歇反应过程反应物系浓度与时间的关系

间歇反应器在反应过程中既没有物料的输入，也没有物料的输出。间歇反应器中反应物不论是气体还是液体，整个反应过程都可认定在恒容下进行的。采用间歇操作的反应器几乎都是釜式反应器。间歇反应器适用于反应速率慢的化学反应，以及产量小的化学品生产过程。对于批量少而产品的品种多的医药企业较为适宜。

（2）**连续操作** 这一操作方式的特征是原料连续地输入反应器，反应产物也连续地从反应器流出。采用连续操作的反应器叫作连续反应器或流动反应器。

连续操作的反应器多属于定态操作，连续操作的管式反应器的基本特征是反应器内反应物的浓度随反应器轴向距离而变化，此时反应器内任何部位的物系参数，如浓度及温度等均不随时间而改变，但却随位置而变。

如图1-5所示，反应物A的浓度从入口处的浓度c_{A0}沿着反应物料流动方向逐渐降低至出口处的浓度c_{AL}。与此相反，反应产物R的浓度则从入口处的浓度（通常为零）逐渐升高至出口处的浓度c_{RL}。对于可逆反应，无论c_{AL}或c_{RL}均以其平衡浓度为极限，但要达到平衡浓度，反应器需无穷长。对不可逆反应，反应物A（不过量）虽可转化殆尽，但某些反应同样需要无限长的反应器才能达到大规模生产。工业生产的反应器绝大部分都采用连续操作，因为它具有产品质量稳定、劳动生产率高、便于实现机械化和自动化的优点。这一优点间歇操作虽无法与之相比，但间歇操作系统较为灵活，可根据生产状况适时改变产品产量。

(3) **半连续操作** 原料与产物只要其中的一种为连续输入或输出而其余则为分批加入或卸出的操作，均属半连续操作，半连续操作具有连续操作和间歇操作的某些特征。相应的反应器称为半连续反应器或半间歇反应器。半连续反应器的反应物系组成随时间而改变，也随反应器内的位置而改变。管式、釜式、塔式以及固定床反应器都可采用半连续操作。氯气和苯生产一氯苯的反应器采用半连续操作，物料传输过程中，苯一次加入反应器内，氯气则连续通入反应器，未反应的氯气连续从反应器排出，当反应物系的产品分布符合要求时，停止通氯气，卸出反应产物。

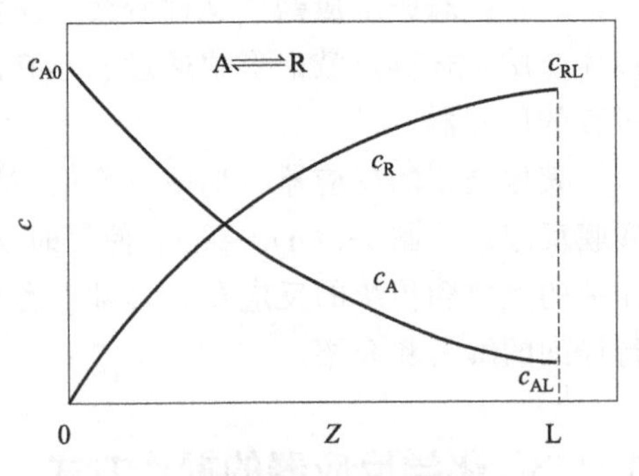

图 1-5 连续反应器中反应物系浓度随轴向距离的变化

1.4 反应器中流体的流动模型

按照流体流动的形态，一般分为层流和湍流两种流型。另外，流体的流速不同，物料颗粒在反应器中的停留时间不同，从而导致反应程度存在差异，这就给反应器的设计分析带来了困难。全混流模型和活塞流模型的提出，使反应器的设计与分析问题简单化。绪论中加入反应器中流体流动模型的介绍，目的是让学生在了解反应器类型和操作方式的基础上，提前了解流动模型概念，为第 3 章均相反应器中设计方程和第 4 章不同反应器中停留时间分布的学习奠定基础。

1.4.1 全混流模型

全混流模型，又称完全混合流或理想混合流，是一种极端状况下的理想流动状况。假定反应区内反应物料浓度均一，无论径向还是轴向，混合程度达到最大可消除各个横截面间温度及浓度的差异，使得整个反应器内物料的浓度均一、温度均一。连续釜式反应器的流型与全混流模型接近。

1.4.2 活塞流模型

活塞流又称平推流或理想排挤流，是另一种极端情况下的理想流动状况。通常情况下，反应器内停留时间不同的流体粒子之间的混合称为返混。活塞流的基本假定是指反应器内的流体流动方向即轴向不存在流体的混合，无返混；径向流速分布均匀；所有流体粒子在反应器内的停留时间相同，即以相同速度在同一时刻进入，向出口运动，在另一时刻同时离开，像活塞一样有序地向前移动，故又称之为活塞流。定态操作的管式反应器的流型与活塞流模型接近。

1.4.3 非理想流动模型

实际反应器中流体的流动状况因滞留区、沟流和短路、循环流、层流和扩散现象的存在而偏离理想状况，其流动状况介于上述全混流和活塞流状况之间。本书第 4 章将详细讲解理想流动模型和非理想流动模型的停留时间分布特征。实际工程设计时，通过与理想流动模型停留时间分布统计特征值对比，进行流动模型的分类和流动模型参数的确定。

1.5 反应器设计的基本方程

反应器设计的基本方程共三类：①描述浓度变化的物料衡算式，或称连续方程；②描述温度变化的能量衡算式，或称能量方程；③描述压力变化的动量衡算式。建立这三类方程的依据分别是质量守恒定律、能量守恒定律和动量守恒定律。

应用三大定律来建立基本方程之前，首先需要确定变量，其次是确定控制体积。变量分因变量和自变量两种，前者又称状态变量。在反应器设计和分析中，建立物料衡算式时通常以关键组分的浓度 c 作自变量，根据需要也可采用关键组分的转化率 x 或收率 y 乃至分压 p_i 来作因变量。能量衡算式及动量衡算式则分别以反应物系的温度和压力作自变量。

至于自变量，有时间自变量和空间自变量两种。对于定态过程，由于状态变量与时间无关，因此在建立衡算式时，无须考虑时间变量，非定态过程则两种自变量均要考虑。空间自变量的数目取决于空间的维数，本书有关问题的数学处理只限于一维情况，即只考虑一个空间自变量，通常是以反应器的轴向距离为空间自变量。

所谓控制体积是指建立衡算式的空间范围，即在多大的空间范围内进行各种衡算。其选择原则是以能把化学反应速率视作定值的最大空间范围作为控制体积。例如理想的釜式反应器内浓度和温度均一，可取整个反应体积作为控制体积。管式反应器内，物料随轴向位置变化，反应体积内各个位置点的反应速率不相同，只能取微元体积而不是取整个反应体积作控制体积。

变量和控制体积确定之后，即可着手建立各种衡算式。首先讨论物料衡算式，它是围绕控制体积对关键组分 i 根据质量守恒定律而建立的。以反应物为关键组分，则单一反应中关键组分的物料衡算通式为：

关键组分 i 的输入速率＝关键组分 i 的输出速率＋关键组分 i 的转化速率
＋关键组分 i 的累积速率　　(1-1)

如关键组分为反应产物，则式(1-1) 右边第二项改为关键组分的生成速率并将它移至式子的左边。由式(1-1) 可知化学反应的进度，并可推算关键组分的转化率或收率，其他非关键组分的变化由关键组分推算。对于复合反应系统，选定合适的反应组分作为关键组分，需建立多个类似于式(1-1) 的物料衡算式。

其次是建立能量衡算式。对于大多数反应器，常常可把位能、动能及功等略去，实质上只作热量衡算，通式为：

单位时间内输入的热量＝单位时间内输出的热量＋单位时间的反应热
＋单位时间内积累的热量　　(1-2)

与物料衡算式不同的是热量衡算式是对整个反应混合物列出的，一般情况下无论其中进行的化学反应数目有多少，只有一个热量衡算式，而物料衡算式则是针对各关键组分分别列出。

至于动量衡算式，与物料、热量衡算式类似，可写成如下的通式：

$$\text{输入的动量}=\text{输出的动量}+\text{消耗的动量}+\text{积累的动量} \tag{1-3}$$

此式系根据牛顿第二定律针对运动着的流体而建立。对于流动反应器的动量衡算，只需考虑压力降及摩擦力。压力降不大而作恒压反应处理时，动量衡算式可略去。通常许多常压反应器都可以这样处理。

上述三种衡算式，根据各自的守恒定律，都符合下列模式：

$$\text{输入}=\text{输出}+\text{消耗}+\text{累积} \tag{1-4}$$

即各种衡算式都包括四项，但根据反应器的类型、操作方式的不同，衡算式中有些项可能不存在，有些大项也可以包括若干小项，这就要作具体分析了。

这三类基本方程都是耦联的，必须同时求解。为此还需要根据具体情况确定初始条件和边界条件。具体到某种类型的反应器，要根据反应器的结构和性能特点，列出物料衡算、热量衡算和动量衡算式。除此之外，还须具备化学反应动力学、热力学以及传递过程原理等方面的知识。衡算过程中，要学会对过程作出合理的简化，抓住主要矛盾，建立起描述反应过程实质的物理模型。然后，以此物理模型为依据，建立各类基本方程，这也就是反应器的数学模型。

1.6 工业反应器的放大

化学加工过程不同于物理加工过程，前者规模的变化不仅仅是量变，同时还产生质变；而后者规模的改变往往只发生量变。对于只发生量变的过程，按比例放大在技术上不会发生什么问题，只不过是数量上的重复。一个新的化学产品从实验室研究成功到工业规模生产，一般都要经历几个阶段，即需进行若干次不同规模的试验。显然，随着规模的增大，反应器也要相应地增大，但到底要增到多大才能达到所预期的效果，这便是工业反应器放大问题。反应器放大设计需要三方面的知识储备：反应动力学、流体动力学、反应器设计的原理和方法。工业反应器放大的方法有逐级经验放大法、相似放大法和数学模型法。

逐级经验放大法，就是通过小型反应器进行工艺试验，优选出操作条件和反应器型式，确定所能达到的技术经济指标。据此再设计和制造规模稍大一些的装置，进行所谓的模型试验。根据模型试验的结果，再将规模增大，进行中间试验，由中间试验的结果，放大到工业规模的生产装置。如果放大倍数太大而无把握时，往往还要进行多次不同规模的中间试验，然后才能放大到所要求的工业规模。这种放大方法的主要依据是实践经验，没有把握规模生产的宏观规律性的本征，难以做到高倍数放大。

以相似理论和量纲分析为基础的相似放大法，在许多行业中的应用是卓有成效的，如造船、飞机制造和水坝建筑等。但是，这种方法用于反应器放大常出现偏差。因为要保证反应器同时做到扩散相似、流体力学相似、热相似和化学相似是不可能的。依据特征数放大，无法保留反应器内物理相似。

数学模型法是20世纪60年代发展起来的一种比较理想的反应器放大方法。其实质是通过数学模型来设计反应器，预测不同规模的反应器工况，优化反应器操作条件。所建立的数学模型是否适用，取决于对反应过程实质的认识，而认识又来源于实践。因此，实验仍然是数学模型法的主要依据。但是，这与逐级经验放大法无论是方法还是目的都迥然不同。

数学模型法一般包括下列步骤：①实验室规模试验，这一阶段的工作属于基础性研究，着重解决化学方面的问题，包括新产品的合成、新型催化剂的开发和反应动力学的研究等。②小型试验，属于实验室规模，虽然反应器的结构大体上与未来工业装置使用的反应器相接近（例如采用列管式固定床反应器时，就可采用单管试验），但这一阶段的重点在于考察物理过程对化学反应和工业原料的影响。③大型冷模试验，因化学反应过程总是受到各种传递过程的干扰，而传递过程的影响往往又是随着设备放大的规模而改变，因此大型冷模试验的目的是探索传递过程的规律。④中间试验，这一阶段的试验不仅在于规模上的增大，而且在流程及设备型式上都与生产车间十分接近。其目的一方面是对数学模型的检验与修正，提供设计工业装置的有用信息；另一方面要对催化剂的寿命和活性变化以及设备材料在使用过程中的运行状况等方面进行适时考察。⑤计算机试验，这一步贯穿在前述四步之中，对各步的试验结果进行综合与寻优，检验和修正数学模型，预测下一阶段的反应器性能，最终建立能够预测大型反应器工况的数学模型，从而完成工业反应器的设计。

数学模型法的核心是数学模型的建立，而模型的建立并不是一蹴而就的。上述各阶段实验的最终目的就是为了获得可用于工业反应器设计的数学模型。图 1-6 为反应器模型实际建立的程序框图。由图可见，根据实验室试验所得到的信息和有关资料提出反应过程的化学模型和物理模型，然后进行综合并按上一节所述的原则建立反应器的数学模型。通过小型试验的验证，对模型进行修改和完善，构成了新的数学模型。这个新的模型再通过中间试验的考验，根据反馈的信息进一步对数学模型作修改和完善，最后获得设计大厂所需的数学模型。

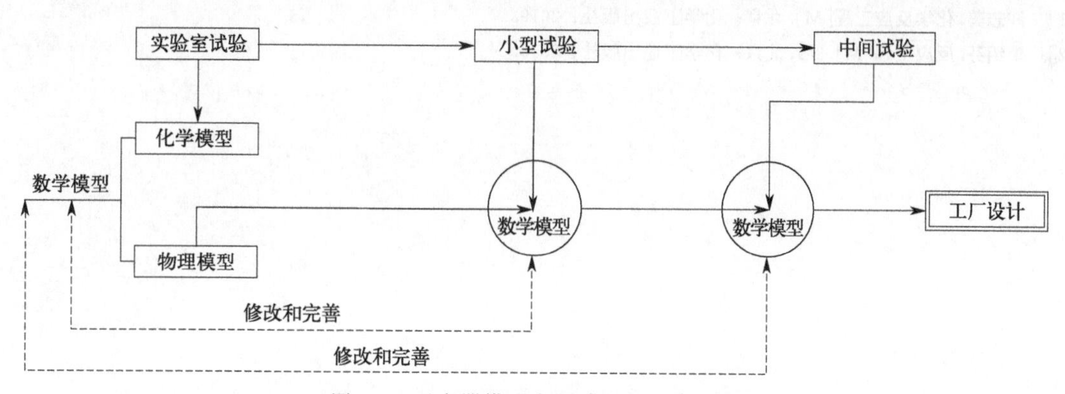

图 1-6　反应器模型实际建立的程序框图

数学模型法是构建在广泛的实验基础上的一种反应器放大方法，不实践就无法认识反应过程的本质。实践更离不开反应工程理论的指导，否则将是盲目的实践。放大过程中还需要通过计算机进行大量的计算和比对，去伪存真，择优舍劣。所以，反应器的数学模型应是理论、实验和计算三者的结晶。

学科素养与思考

1-1　了解化学反应工程基础理论的建立、发展和前沿，以学科代表性人物为主线，结合其化学反应工程著作和文献，以重要贡献为切入点，学习科学家解决实际问题的方法。通过化学反应工程基础理论的发展历程，读者可以了解化学反应工程学科的发展对其他相关学科发展的带动作用，仔细体会联系、发展、否定之否定规律在学科认知和发展中所起的作用。

1-2 1970年，反应工程的大量研究成果被介绍到国内。读者可以结合陈敏恒、李绍芬、陈甘棠和王建华等学者的研究成果，进一步了解化学反应工程理论对我国化工行业的指导和推动作用。

1-3 理解化学反应工程的核心内容、熟悉专业术语。在了解反应器类型和操作方式的基础上，提前植入流动模型和反应器设计的基本方程等相关概念，初步建立反应器设计的基本思维方式。

习题

1-1 试述化学反应工程学科的发展历史和代表性人物的科学贡献。

1-2 化学反应工程的研究内容和范畴是什么？研究的核心任务是什么？

1-3 反应器设计的基本内容是什么？

1-4 非定态操作与定态操作有何区别？

1-5 化学反应器设计方程有几种？

1-6 如何确定反应过程中的控制体积？

1-7 反应器中理想的流体流动模型有几种？各自的基本特征是什么？

1-8 反应器放大的方法有几种？数学模型法的建立程序是什么？

参考文献

[1] 许志美. 化学反应工程[M]. 北京：化学工业出版社，2019.

[2] 李绍芬. 反应工程[M]. 3版. 北京：化学工业出版社，2013.

第2章

均相反应动力学基础

均相反应是指在均一的液相或气相中进行的反应。这一类反应包含很广泛的范围，如石脑油裂解、酸碱中和、酯化反应和甲苯硝化。研究均相反应过程，首先要掌握均相反应的动力学。化学反应工程的主要研究对象是工业反应器。反应动力学的核心内容是研究影响反应速率的因素和确定动力学参数。反应动力学方程是解决工业均相反应器的操作条件与设计所需要的重要理论基础。本章将从反应动力学的基本概念入手，引出化学反应过程的技术指标及影响因素，阐明常用的建立反应动力学方程的求解方法。

本章学习要求

2-1 掌握反应器设计与分析过程中的主要技术指标的核算方法，特别是循环反应器中全程转化率和全程收率的基本概念和计算方法，以及转化率、选择性和收率之间的关系。

2-2 化学反应速率特征可以概括地描述为反应速率的浓度效应和温度效应，我们将之概括总结为四个引申关系和一个推论。这四个引申关系和一个推论是反应器操作中工艺条件调整的理论基础。

2-3 反应速率是描述动态点的物理量，反应动力学是动态点的规律体现，是反应器设计与分析中联系“点”和“面”的桥梁，掌握实验确定反应动力学方程参数的方法——微分法和积分法。

2-4 理解和掌握线性最小二乘法。

本章思维导图

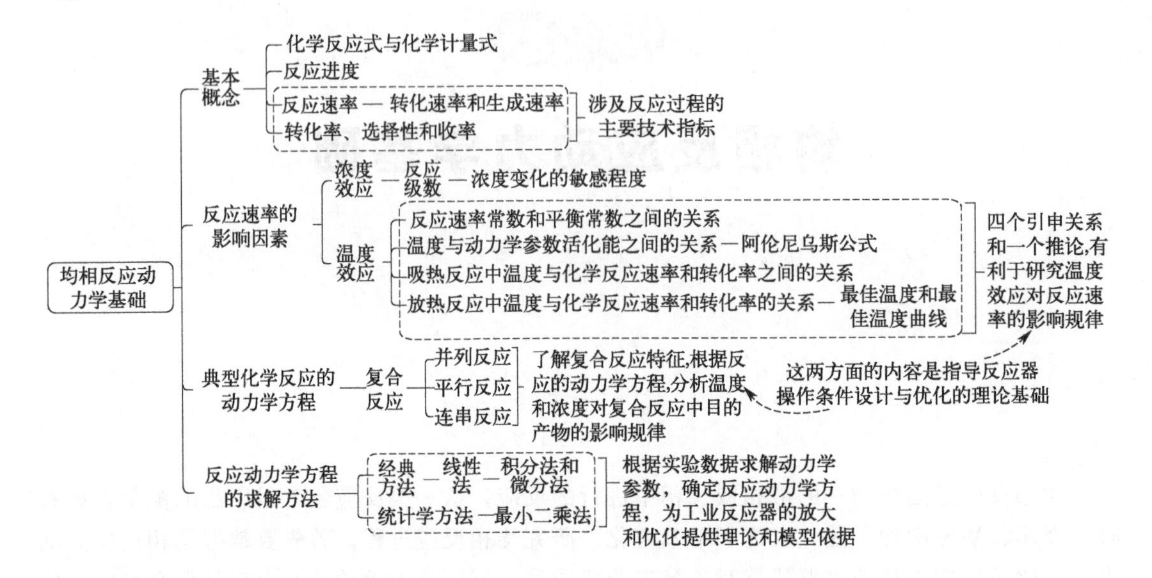

2.1 基本概念

2.1.1 化学反应式与化学反应计量方程

(1) **化学反应式** 反应物经化学反应生成产物的过程用定量关系进行描述时，该定量关系称为化学反应式。

$$v_A A + v_B B + \cdots \longrightarrow v_R R + v_S S + \cdots \tag{2-1}$$

式中，A、B…为反应物，R、S…为产物。v_A、v_B、v_R 和 v_S…为参与反应的各组分的分子数，恒大于零，称为化学计量系数。式(2-1) 中，表示 v_A mol A 组分与 v_B mol B 组分等经过化学反应生成 v_R mol R 组分和 v_S mol S 组分等。箭头表示反应进行的方向，如果箭头是双向的，表示反应为可逆反应。

(2) **化学计量式** 化学计量式表示参加反应各组分间的数理关系。化学计量式与化学反应方程式不同，后者表示反应的方向，前者表示参加反应的各组分的数量关系，所以采用等号代替化学反应方程式中表示方向的箭头。习惯上规定，化学计量式等号左边的组分是反应物，等号右边的组分为产物。

化学计量式的通式可表示为：

$$-v_1 A_1 - v_2 A_2 - v_3 A_3 - \cdots + v_{n-1} A_{n-1} + v_n A_n = 0 \tag{2-2}$$

$$\sum_{i=1}^{n} v_i A_i = 0 (i = 1, 2, 3, \cdots, n) \tag{2-3}$$

式(2-3) 中，v_i 为组分 A_i 的化学计量系数。如果反应中存在 m 个反应，则第 j 个反应的化学计量式的通式可以写成：

$$-v_{1j}A_1-v_{2j}A_2-v_{3j}A_3-\cdots+v_{(n-1)j}A_{n-1}+v_{nj}A_n=0 \tag{2-4}$$

$$\sum_{i=1}^{n}v_{ij}A_i=0(j=1,2,3,\cdots,n) \tag{2-5}$$

式(2-5) 中，A_i 为组分 A_i，v_{ij} 为第 j 个反应中组分 A_i 的化学计量系数。

2.1.2 反应进度

在化学反应进行过程中，反应物的消耗量和反应产物的生成量之间存在一定的摩尔比关系，即所谓化学计量关系。以单一化学反应为例：

$$v_A A+v_B B\longrightarrow v_R R \tag{2-6}$$

式中，v_A、v_B 及 v_R 分别为反应组分 A、B 和 R 的化学计量系数。如果起反应的 A 量为 $v_A$mol，则相应起反应的 B 量为 $v_B$mol，生成的 R 量必为 $v_R$mol。由此可知，反应物的消耗量和反应产物生成量之间的比例，等于各自的化学计量系数之比。设反应物系中开始时含有 n_{A0} mol A，n_{B0} mol B 和 n_{R0} mol R，依据反应(2-6) 中的计量关系，物系中 A、B 及 R 的量分别变为 $n_A$mol、$n_B$mol 和 $n_R$mol。因而，以终态减去初态即为反应量，且有

$$(n_A-n_{A0}):(n_B-n_{B0}):(n_R-n_{R0})=v_A:v_B:v_R$$

显然，$n_A-n_{A0}<0$，$n_B-n_{B0}<0$。因而，v_A 和 v_B 必然为负，说明反应过程中反应物的量是减少的。而反应产物的量则是增加的，故 v_R 为正值。上式也可写成

$$\frac{n_A-n_{A0}}{v_A}=\frac{n_B-n_{B0}}{v_B}=\frac{n_R-n_{R0}}{v_R}=\xi \tag{2-7}$$

即任何反应组分的反应量与其化学计量系数之比恒为正值。这里的 ξ 叫作反应进度。式(2-7) 可推广到任何反应，并表示成

$$n_i-n_{i0}=v_i\xi \tag{2-8}$$

由此可见，只要用一个变量便可描述一个化学反应的进行程度。知道 ξ 即能计算所有反应组分的反应量。由式(2-7) 知，ξ 永远为正值。根据我们对化学计量系数正负号所作的规定，按式(2-8) 算出的反应量，对反应物为负值，习惯上称为消耗量；对反应产物则为正值，称为生成量。

反应进度 ξ 系一具有广度性质的量，还可以定义一些具有强度性质的反应进度，如单位反应物系体积的反应进度，单位质量反应物系体积的反应进度等。此外，对一个化学反应而言，如果反应物系中同时进行数个化学反应时，各个反应各自有自己的反应进度，设为 ξ_j 则任一反应组分 i 的反应量应等于各个反应所作贡献的代数和，即

$$n_i-n_{i0}=\sum_{j=1}^{M}v_{ij}\xi_j \tag{2-9}$$

式中，v_{ij} 为第 j 个反应中组分 i 的化学计量系数，M 为化学反应数。

2.1.3 反应速率

任何化学反应都以一定速率进行，通常以单位时间内单位体积反应物系中某一反应组分

的反应量来定义反应速率。单一反应 $v_A A + v_B B \longrightarrow v_R R$ 的反应速率，根据上述定义可分别以反应组分 A、B 及 R 的反应量表示如下：

$$-r_A = -\frac{1}{V} \times \frac{dn_A}{dt}, \quad -r_B = -\frac{1}{V} \times \frac{dn_B}{dt}, \quad r_R = \frac{1}{V} \times \frac{dn_R}{dt} \tag{2-10}$$

由于 A 和 B 为反应物，其量总是随时间而减少的，故导数 $dn_A/dt < 0$，$dn_B/dt < 0$。R 为反应产物，情况则相反，$dn_R/dt > 0$。因此，按反应物反应量来计算反应速率时，需加上一负号，以使反应速率恒为正值。显然，按不同反应组分计算的反应速率数值上是不相等的，即 $r_A \neq r_B \neq r_R$，除非各反应组分的化学计量系数相等。所以在实际应用时，必须注意是按哪一个反应组分计算的。数值上虽不相同，但说明的都是同一客观事实，只是表示方式不同而已。

由化学计量学知，反应物转化量与反应产物生成量之间的比例关系应符合化学计量关系，即 $dn_A : dn_B : dn_R = v_A : v_B : v_R$。

因此 $$(-r_A) : (-r_B) : r_R = v_A : v_B : v_R$$

$$\frac{-r_A}{v_A} = \frac{-r_B}{v_B} = \frac{r_R}{v_R} \tag{2-11}$$

这说明无论按哪一个反应组分计算的反应速率，其与相应的化学计量系数之比恒为定值，于是，反应速率的定义式又可写成：

$$\bar{r} = \frac{1}{v_i V} \times \frac{dn_i}{dt} \tag{2-12}$$

根据反应进度的定义，式(2-12) 变为：

$$\bar{r} = \frac{1}{V} \times \frac{d\xi}{dt} \tag{2-13}$$

式(2-12) 或式(2-13) 是反应速率的普遍定义式，不受选取反应组分的限制。$\bar{r}$ 知道后，乘以化学计量系数即得按相应组分计算的反应速率。在复杂反应系统的动力学计算中，应用 $\bar{r}$ 的概念最为方便。

因为 $n_A = Vc_A$，代入式(2-10) 中的第一式则得：

$$r_A = -\frac{1}{V} \times \frac{d(c_A V)}{dt} = -\frac{dc_A}{dt} - \frac{c_A}{V} \times \frac{dV}{dt} \tag{2-14}$$

对于恒容过程，V 为常数，式(2-14) 便变成了经典化学动力学所常用的反应速率定义式：

$$r_A = -\frac{dc_A}{dt} \tag{2-15}$$

该式以浓度对时间的变化率来表示化学反应速率。对于变容过程，式(2-14) 中右边第二项不为零，式(2-15) 不成立，这种情况下组分浓度的变化不仅是由于化学反应的结果，也是由于反应混合物体积改变而引起。

要点分析：正确理解基本概念——反应进度和反应速率。

（1）**反应进度**　反应进度 ξ 为任何反应组分的反应量与其化学计量系数之比。概念中涉及的反应量，对反应物而言为负值，习惯上称为消耗量；对反应产物而言为正值，称为生成量。化学计量系数的正负号与反应组分的划定有关，反应物的化学计量系数为正号，生成物的化学计量系数为负号；反应进度恒为正值。

（2）**反应速率**　通常以单位时间内单位体积反应物系中某一反应组分的反应量来表达，是关于反应过程中某一动态点的描述。为了消除读者的误解，针对反应速率做以下几点说明：

① 同一反应中，不同反应组分计算的反应速率数值上不一定相等，与化学计量系数有关，计算时要注意。

② 反应速率量纲取决于反应量、反应区（反应体积或面积）和反应时间。反应区的取法不同，反应速率的大小和量纲有所不同。这个知识点我们可通过【例 2-1】和习题 2-3 的计算过程加以体会和理解，此处不再赘述。

③ 反应速率为正值，书中符号“+”和“-”分别表示反应物的转化速率和产物的生成速率。

【例 2-1】在 350℃等温恒容下纯的丁二烯进行二聚反应，测得反应系统总压 p 与反应时间 t 的关系如下：

t/min	0	6	12	26	38	60
p/Pa	66.7	62.3	58.9	53.5	50.4	46.7

试求时间为 26min 时的反应速率。

解：以 A 和 R 分别代表丁二烯及其二聚物，则该二聚反应可写成

$$2A \longrightarrow R$$

由于在恒温恒容下进行反应，而反应前后物系的总物质的量改变，因此总压的变化可反映反应进行的程度。设 $t=0$ 时，丁二烯的浓度为 c_{A0}，时间为 t 时则为 c_A，由化学计量关系知二聚物的浓度相应为 $(c_{A0}-c_A)/2$。于是，单位体积内反应组分的总量为 $(c_{A0}+c_A)/2$。由理想气体定律得：

$$\frac{c_{A0}}{(c_{A0}+c_A)/2}=\frac{p_0}{p}$$

式中，p_0 为 $t=0$ 时物系的总压。

由理想气体定律可得：

$$c_A=c_{A0}\left(2\frac{p}{p_0}-1\right)$$

由于是恒容下反应，故可用式(2-15) 表示反应速率，将上式代入式(2-15) 化简后有

$$r_A=-\frac{dc_A}{dt}=\frac{2c_{A0}}{p_0}\times\frac{dp}{dt}$$

由理想气体定律得 $c_{A0}=\dfrac{p_0}{RT}$，故 $r_A=-\dfrac{2}{RT}\times\dfrac{dp}{dt}$。

根据题给数据，以指数方程

$$p=a\exp\left(-\frac{t}{b}\right)+c$$

拟合实验点，得到指数方程中的参数 $a=22.90$，$b=30.45$，$c=43.64$。

依据题中数据绘成如图 2-1 所示的曲线——总压与反应时间的关系图。

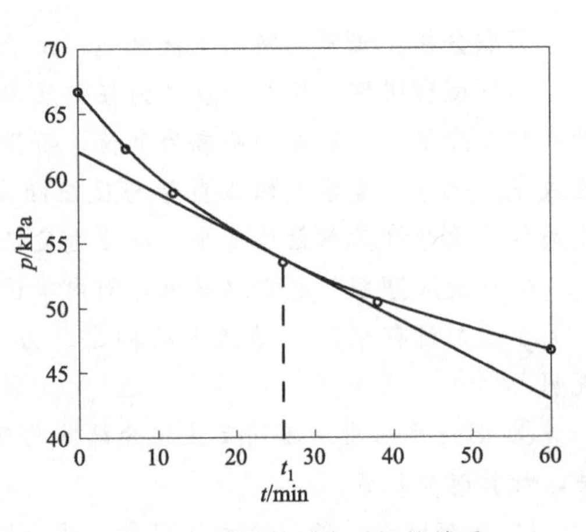

图 2-1　总压与反应时间的关系

将参数代入指数方程，并对方程中的 p 对时间 t 求导

$$\frac{\mathrm{d}p}{\mathrm{d}t}=-\frac{22.90}{30.45}\exp\left(-\frac{t}{30.45}\right)$$

当 $t=26\mathrm{min}$ 时，解得：

$$\frac{\mathrm{d}p}{\mathrm{d}t}=-0.32(\mathrm{kPa/min})$$

将有关数据代入式 $r_{\mathrm{A}}=-\frac{2}{RT}\times\frac{\mathrm{d}p}{\mathrm{d}t}$，即得以丁二烯转化量表示的反应速率值

$$r_{\mathrm{A}}=-\frac{2\times(-0.32)}{8.314\times(350+273.15)}=1.24\times10^{-4}[\mathrm{kmol/(m^3\cdot min)}]$$

若计算二聚物的生成速率，则

$$r_{\mathrm{R}}=0.5r_{\mathrm{A}}=6.18\times10^{-5}[\mathrm{kmol/(m^3\cdot min)}]$$

应该注意，关联实验数据的方程的选取，会使计算结果产生偏差。选择满足实验点变化趋势的代数方程，以及避免使用高阶多项式，是减少偏差的有效方法。

2.1.4　转化速率和生成速率

对于单一反应 $v_{\mathrm{A}}\mathrm{A}+v_{\mathrm{B}}\mathrm{B}\longrightarrow v_{\mathrm{R}}\mathrm{R}$，单位时间内单位体积反应混合物中某一组分 i 的反应量叫作该组分的转化速率或消耗速率，反应物 A 和 B 而言，转化速率的表达为：

$$-r_{\mathrm{A}}=-\frac{1}{V}\times\frac{\mathrm{d}n_{\mathrm{A}}}{\mathrm{d}t};-r_{\mathrm{B}}=-\frac{1}{V}\times\frac{\mathrm{d}n_{\mathrm{B}}}{\mathrm{d}t}$$

对于产物 R 而言，生成速率的表达式为：

$$r_{\mathrm{R}}=\frac{1}{V}\times\frac{\mathrm{d}n_{\mathrm{R}}}{\mathrm{d}t}$$

在同一个反应物系中同时进行若干个化学反应时，称为复合反应。由于存在着多个化学反应，物系中任一反应组分既可能只参与其中一个反应，也可能同时参与其中若干（以至于全部）个反应。当某一组分同时参与数个反应时，既可能是某一反应的反应物，又可能是另一反应的反应产物，在这种情况下，反应进程中该组分的反应量是所参与的各个化学反应共

同作用的结果。

根据上面对转化速率或生成速率所作的定义得知，某一组分的反应量包含了所参与反应的贡献。因此，R_i 应等于按组分 i 计算的各个反应的反应速率的代数和，即

$$R_i=\sum_{j=1}^{M} v_{ij}\bar{r}_j \tag{2-16}$$

式中，$\bar{r}_j$ 为第 j 个反应按式(2-12) 定义的反应速率，乘以组分 i 在第 j 个反应中的化学计量系数 v_{ij}，则得按组分 i 计算的第 j 个反应的反应速率。组分 i 在各个反应中可能是反应物，也可能是反应产物。若为反应物，v_{ij} 取负值；若为反应产物，v_{ij} 则取正值。这样计算的结果，R_i 值可正可负，若为正，表示该组分在反应过程中是增加的，R_i 代表生成速率；若为负则情况相反，R_i 表示消耗速率，或转化速率。转化速率或生成速率 R_i 与反应速率 r_i 的区别在于前者是针对复合反应，而后者则是对单一反应而言。显然，如果只进行一个反应，那么 R_i 与 r_i 就毫无区别，即 $r_i=|R_i|$。这里 R_i 之所以要取绝对值，是因为 R_i 可正可负，而 r_i 速率则恒为正值。

动力学研究最关心的是各个反应的反应速率，因此，就存在一个如何由 R_i 求 $\bar{r}_j$ 的问题。这首先要明确系统中包含哪些反应，并分清其主次。忽略次要反应，只考虑起主要作用的反应。设所要考虑的反应数目为 M，则通过实验测定的反应组分消耗速率或生成速率，应不少于 M 个反应组分。但应注意，这 M 个反应必须是独立反应，否则得到的是一个不定方程组，无法求解。

【例 2-2】甲烷水蒸气转化过程的主要反应有：

$$CH_4+H_2O \rightleftharpoons CO+3H_2$$
$$CH_4+2H_2O \rightleftharpoons CO_2+4H_2$$
$$CO+H_2O \rightleftharpoons CO_2+H_2$$

用矩阵法求甲烷水蒸气转化过程中的独立反应数。

解：对于化学计量系数矩阵 $\boldsymbol{A}$，其元素由全部 5 个反应组分在对应的 3 个化学反应式中的化学计量系数构成。

$$\boldsymbol{A}=\begin{array}{c} \begin{matrix} CH_4 & H_2 & H_2O & CO & CO_2 \end{matrix} \\ \begin{vmatrix} -1 & 3 & -1 & 1 & 0 \\ -1 & 4 & -2 & 0 & 1 \\ 0 & 1 & -1 & -1 & 1 \end{vmatrix} \end{array}$$

经初等变换后，求得矩阵 $\boldsymbol{A}$ 的秩 $R(\boldsymbol{A})=2$，此时的独立反应数等于矩阵的秩。

在未知化学反应式的情况下，还可根据反应组分确定独立反应数。依然对上述反应，将 3 个反应式中所包含的全部元素种类，按分别出现在 5 个反应组分中的原子个数，写成原子系数矩阵 $\boldsymbol{B}$。

$$\boldsymbol{B}=\begin{array}{c} \begin{matrix} CH_4 & H_2 & H_2O & CO & CO_2 \end{matrix} \\ \begin{vmatrix} 1 & 0 & 0 & 1 & 1 \\ 4 & 2 & 2 & 0 & 0 \\ 0 & 0 & 1 & 1 & 2 \end{vmatrix} \end{array}$$

求矩阵 $\boldsymbol{B}$ 的秩 $R(\boldsymbol{B})=3$，此时的独立反应数等于反应组分数 $-R(\boldsymbol{B})=5-3=2$。与化学计量系数矩阵的计算结果相符。

2.1.5 转化率、收率和选择性

2.1.5.1 转化率

普遍使用转化率（conversion）来表示一个化学反应进行的程度。所谓转化率是指某一反应物参加反应而转化的数量占该反应起始量的分率或百分率，用符号 x 表示，其定义为：

$$x=\frac{\text{某一反应物的转化量}}{\text{该反应物的起始量}}=\frac{n_{A0}-n_{A}}{n_{A0}} \tag{2-17}$$

由式(2-17) 可知，转化率是针对反应物而言的。如果反应物不止一种，根据不同反应物计算所得的转化率数值可能不一样。工业反应过程所用的原料中，各反应组分之间的比例往往是不符合化学计量关系的，通常选择不过量的反应物计算转化率。这样的组分称为关键组分或着眼组分。

通常关键组分是反应物中价值最高的组分，其他反应物相对来说比较便宜，同时也是过量的。因此，关键组分转化率的高低直接影响反应过程的经济效果，对反应过程的评价提供更直观的信息。工业过程中，当反应原料的配比不按化学计量比时，会涉及过量百分数的计算。

过量百分数的计算

计算转化率时，反应物起始点的确定很重要。对于间歇过程，以反应开始时装入反应器的某反应物料量为起始量；对于连续过程，一般以反应器进口处原料中某反应物的量为起始量。如图 2-2 所示。对于采用循环式流程的过程而言，转化率可分为单程转化率和全程转化率。

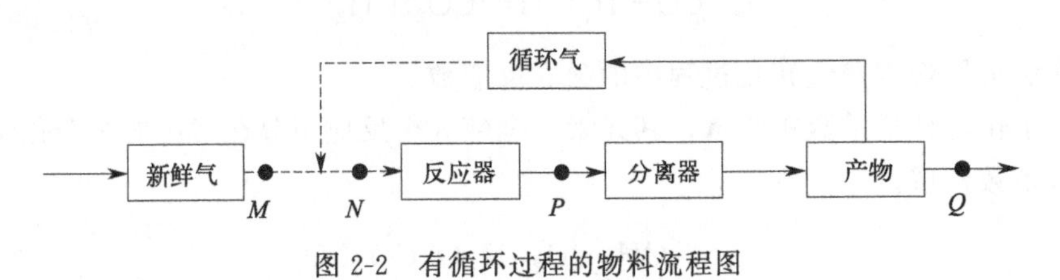

图 2-2　有循环过程的物料流程图

(1) **单程转化率**　系指原料每次通过反应器的转化率（起始状态从 N 点算起，P 为终点，反应器为衡算体系）。例如原料中组分 A 的单程转化率为：

$$x_{A}=\frac{\text{组分 A 在反应器中的转化量}}{\text{反应器进口物料中组分 A 的量}}=\frac{\text{组分 A 在反应器中的转化量}}{\text{新鲜原料中组分 A 的量}+\text{循环物料中组分 A 的量}} \tag{2-18}$$

(2) **全程转化率**　系指新鲜原料从进入反应系统到离开该系统所达到的转化率（起始状态从 M 点算起，Q 为终点，以整个反应体系为衡算）。

例如原料中组分 A 的全程转化率：

$$x_{A,tot}=\frac{\text{组分 A 在反应器中的转化量}}{\text{反应器进口物料中组分 A 的量}}=\frac{\text{组分 A 在反应器中的转化量}}{\text{新鲜原料中组分 A 的量}} \tag{2-19}$$

要点分析： 正确理解工业反应过程的转化率。

区别基础化学中转化率和工业生产中转化率概念的不同。理解关键组分、单程转化率和全程转化率中起始状态点选取的意义。

显然，全程转化率必定大于单程转化率，因为物料的循环提高了反应物的转化率。只要知道关键组分的转化率，其他反应组分的反应量便可根据原料组成和化学计量关系进行核算。

【例 2-3】 丙烷在催化反应器中脱氢生成丙烯，其反应为：$C_3H_8 \longrightarrow C_3H_6 + H_2$，丙烷的总转化率为 95%。反应生成物经分离器分成产物 P 和循环物料 R。产物中含有 C_3H_8、C_3H_6 及 H_2，其中 C_3H_8 量为未反应 C_3H_8 量的 0.555%。循环物料中含有 C_3H_8 和 C_3H_6，其中 C_3H_6 量是产物中 C_3H_6 量的 5%。试计算产品组成、循环物的组成和单程转化率。

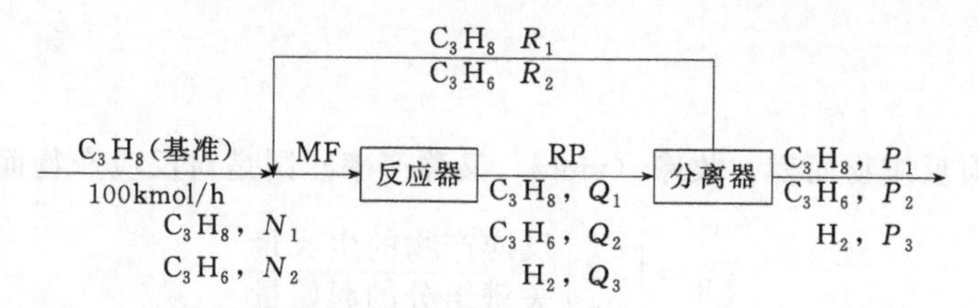

解： 以新鲜原料为基准，设 C_3H_8 的摩尔流量为 100kmol/h。原料流量 N、反应生成物流量 Q、产物流量 P 和循环物料流量 R 的单位均为 kmol/h。

（1）过程物料衡算

以整个反应为研究体系，已知丙烷总转化率为 95%，则

$$\frac{100-P_1}{100}=95\%, P_1=5(\text{kmol/h})$$

$$P_2=100\times95\%=95(\text{kmol/h})$$

根据反应式，得 $$P_3=95(\text{kmol/h})$$

丙烷催化脱氢反应后产品组成如下表：

组分	流量/(kmol/h)	组成/%(摩尔分数)
$C_3H_8(P_1)$	5	2.56
$C_3H_6(P_2)$	95	48.72
$H_2(P_3)$	95	48.72

（2）分离物料衡算

$$C_3H_8: Q_1=P_1+R_1=5+R_1$$

已知未反应的 C_3H_8 的 0.555%进入产品，所以

$$0.555\%Q_1=P_1=5(\text{kmol/h})$$

根据分离物料衡算方程，解得：$Q_1=901\text{kmol/h}$，$R_1=896\text{kmol/h}$

$$C_3H_6: Q_2=P_2+R_2=95+R_2$$

已知产物中 C_3H_6 量的 5%进入循环物料，所以

$$5\% P_2 = R_2$$

根据分离物料衡算方程，解得：$R_2 = 5\% \times 95 = 4.75$(kmol/h)

由 C_3H_6 组分的物料衡算式，解得：$Q_2 = 95 + 4.75 = 99.75$(kmol/h)

循环物料组成如下表所示：

组分	流量/(kmol/h)	组成/%(摩尔分数)
C_3H_8	896	99.47
C_3H_6	4.75	0.53

单程转化率为：

$$\frac{N_1 - Q_1}{N_1} \times 100\% = \frac{(100 + R_1) - Q_1}{100 + R_1} \times 100\% = \frac{(100 + 896) - 901}{100 + 896} \times 100\% = 9.54\%$$

2.1.5.2 收率

转化率系针对反应物而言，收率（yield，又称产率）则是对反应产物而言，其定义为：

$$y_R = \left| \frac{v_A}{v_B} \right| \frac{\text{反应产物的生成量}}{\text{关键组分的起始量}} \tag{2-20}$$

v_A 和 v_B 分别为关键组分 A 和反应产物 R 的化学计量系数。式(2-20) 中引入化学计量系数比的原因是使收率的最大值为 100%。显然，式(2-20) 又可改写成：

$$y = \frac{\text{生成反应产物所消耗的关键组分量}}{\text{关键组分的起始量}} \tag{2-21}$$

对比式(2-17) 和式(2-21) 不难看出，对于单一反应，转化率与收率数值上相等，且无论按哪一个反应产物计算的收率，数值上都相等。对于复合反应而言，转化率和收率有差别。

要点分析：工业生产上有时采用质量收率，质量收率的最大值可以超过 100%。对于有物料循环的反应系统，与转化率一样，收率也有**单程收率**和**全程收率**之分。

【例 2-4】 乙苯脱氢反应在一绝热固定床反应器中进行。生产流程采用原料分离回收循环操作。某工厂生产中测定如下数据：原料乙苯的进料量为 100kg/h，而反应器出口物料经分析得知其中乙苯的流量为 46kg/h，产品苯乙烯的流量为 48kg/h。假设分率回收时无损失，试计算反应过程中转化率、选择率、单程物质的量收率和单程质量收率、总物质的量收率和总质量收率及原料单耗等指标。

解：主反应式　　$C_6H_5C_2H_5 \longrightarrow C_6H_5C_2H_3 + H_2$

分子量 M　　106　　104　　2

各组分的物质的量＝质量/分子量，A 表示 $C_6H_5C_2H_5$，P 表示 $C_6H_5C_2H_3$。

乙苯转化率为：

$$x_A = \frac{n_{A0} - n_A}{n_{A0}} = \frac{100 - 46}{100} = 0.54$$

产物苯乙烯选择率为：

$$S=\frac{n_{P}}{n_{A0}-n_{A}}=\frac{48/104}{(100-46)/106}=0.906$$

单程物质的量收率

$$y=Sx_{A}=0.54\times0.906=0.489$$

单程质量收率=48/100=0.48

乙苯因为分离回收中无损失，系统总转化率为100%

则总物质的量收率 $y=S=0.906$

总质量收率=48/(100−46)=0.889

原料单耗=1/0.889=1.125kg/kg 苯乙烯

2.1.5.3 选择性

对于复杂体系，同时存在生成目的产物的主反应和生成副产物的副反应，只用转化率来衡量是不够的。评价复合反应时，除了采用转化率和收率外，还可应用反应选择性（selectivity）这一概念，其定义为：

$$S=\frac{\text{生成目的产物所消耗的关键组分量}}{\text{已转化的关键组分量}} \tag{2-22}$$

在复杂反应体系中，选择性是一个很重要的指标，它表达了主、副反应进行程度的相对大小，能确切地反映原料的利用是否合理。工业生产中，可以把选择性和转化率这两个技术指标合并为一个即反应收率，它们之间的关系为：

$$y=Sx \tag{2-23}$$

要点分析：工业反应过程中的主要技术指标有：反应速率、反应选择性和能量消耗。生产过程中的能量消耗是衡量经济性的重要指标，需要单独核算。反应速率和反应选择率作为工业反应过程经济效益的两个基本技术指标。对于复杂的生产，反应过程中有副反应存在时，反应选择性往往是工业反应过程优化中的首要技术指标。

【例 2-5】丁二烯是制造合成橡胶的重要原料。制取丁二烯的工业方法之一是将正丁烯和空气及水蒸气的混合气体在磷钼铋催化剂上进行氧化脱氢，其主要反应为：

$$H_2C{=}CH-CH_2-CH_3+1/2O_2 \longrightarrow H_2C{=}CH-CH{=}CH_2+H_2O$$

此外还有许多副反应，如生成酮、醛及有机酸的反应。反应在温度350℃，压强0.2026MPa下进行。根据分析，得到反应前后的物料组成（摩尔分数）如下。

组成	反应前/%	反应后/%	组成	反应前/%	反应后/%	组成	反应前/%	反应后/%
正丁烷	0.63	0.61	氮	27.0	26.10	酮、醛	—	0.10
正丁烯	7.05	1.70	水蒸气	57.44	62.07	CO	—	1.20
丁二烯	0.06	4.45	正戊烷	0.02	0.02	CO_2	—	1.80
异丁烷	0.50	0.48	氧	7.17	0.64			
异丁烯	0.13	0	有机酸	—	0.20			

解：由丁二烯氧化反应可知，反应过程中，反应混合物的总物质的量发生变化。如果进

料为100mol，则由氮平衡可算出反应后混合物的量为：

$$100 \times 27.0/26.1 = 103.4(\text{mol})$$

其中

$$\text{正丁烯的量} = 103.4 \times 0.017 = 1.758(\text{mol})$$
$$\text{丁二烯的量} = 103.4 \times 0.0445 = 4.601(\text{mol})$$

若以反应器进料为基准，则正丁烯的转化率

$$x = (7.05 - 1.758)/7.05 = 75.1\%$$

丁二烯的收率

$$y = (4.601 - 0.06)/7.05 = 64.4\%$$

丁二烯的选择性

$$S = y/x = 0.644/0.751 = 85.8\%$$

2.2 反应速率方程的影响因素

均相反应的速率是反应物系组成、温度和压力的函数。对于气相反应，反应压力可以由物系的组成和温度通过状态方程来确定，不是独立变量。对于液相反应，由于液体的不可压缩性，液相体积与压力几乎无关，只要压力不是很高，压力对反应速率没有影响。一般来说，均相反应的速率取决于温度和浓度。所以，在溶剂及催化剂（如果采用的话）和压力一定的情况下，定量描述反应速率与影响反应速率诸因素之间关系的表达式称为反应动力学方程。即

$$r_i = f(\boldsymbol{c}_j, T) \tag{2-24}$$

式中，$\boldsymbol{c}_j$ 为某一组分的浓度向量，它表示影响反应速率的反应组分浓度不限于1个。速率方程随反应而异，对于幂函数型速率方程，往往用将浓度及温度对反应速率的影响分离开的办法表示速率方程，即

$$r = f_1(T) f_2(c) \tag{2-25}$$

式中，$f_1(T)$ 为温度效应；$f_2(c)$ 为浓度效应。对于一定的温度，温度函数 $f_1(T)$ 为常数，以反应速率常数 k 表示，而浓度函数以各反应组分浓度的指数函数来表示：

$$f_2(c) = c_A^{v_A} c_B^{v_B} \cdots$$

则

$$r = k c_A^{\alpha_A} c_B^{\beta_B} \cdots = k \prod_{i=1}^{N} c_j^{\alpha_i} \tag{2-26}$$

式(2-26)中，α_A 及 α_B 分别为组分A和B的反应级数，若为基元反应，则 α_A 和 α_B 分别等于该组分的化学计量系数 v_A 及 v_B。对于非基元反应，α_A、α_B 作为动力学参数需要由实验测定。影响化学反应速率的因素有很多，速率方程会随着影响因素的不同而不同。根据温度效应和浓度效应对反应速率造成的影响，我们可以得出以下四个引申关系

和一个推论。

2.2.1 速率常数与平衡常数之间的关系

可逆反应的反应速率等于正逆反应速率之差。依据式(2-26)，可逆反应的速率方程用幂函数形式表示如下：

$$r=\overrightarrow{k}\prod_{i=1}^{N}c_i^{\alpha_i}-\overleftarrow{k}\prod_{i=1}^{N}c_i^{\beta_i} \tag{2-27}$$

式中，α_i 及 β_i 为正逆反应对反应组分 i 的反应级数。$\overrightarrow{k}$ 及 $\overleftarrow{k}$ 为正逆反应的反应速率常数；反应速率常数 k 又称为比反应速率，其意义是所有反应组分的浓度均为 1 时的反应速率，又称为反应的比速率，它的量纲随反应级数而异。反应速率常数的量纲与反应速率的表示方式、速率方程的形式以及反应物系组成的表示方式有关。

例如一级反应的反应速率以 kmol/(m^3·s)表示，反应物系组成用浓度 kmol/m^3 表示，则 k 的量纲为 s^{-1}；但若反应速率以 kmol/(kg·s)表示，则 k 的量纲变为 m^3/(kg·s)。

对于气相反应，常用分压 p_i、浓度 c_i 和摩尔分数 y_i 来表示反应物系的组成，则相应的反应速率常数分别为 k_p、k_c 和 k_y，则它们之间存在下列关系：

$$k_c=(RT)^{\alpha}k_p=(RT/p)^{\alpha}k_y \tag{2-28}$$

式中，p 为总压；α 为总反应级数。显然这一关系只适用于理想气体，且反应的速率方程为幂函数型。可逆反应如下：

$$v_A A+v_B B \rightleftharpoons v_R R$$

可逆反应的速率方程为：　$r_A=\overrightarrow{k}c_A^{\alpha_A}c_B^{\alpha_B}c_R^{\alpha_R}-\overleftarrow{k}c_A^{\beta_A}c_B^{\beta_B}c_R^{\beta_R}$

平衡时，$r_A=0$，故有　$\overrightarrow{k}c_A^{\alpha_A}c_B^{\alpha_B}c_R^{\alpha_R}=\overleftarrow{k}c_A^{\beta_A}c_B^{\beta_B}c_R^{\beta_R}$

或

$$\frac{c_R^{\beta_R-\alpha_R}}{c_A^{\alpha_A-\beta_A}c_B^{\alpha_B-\beta_B}}=\frac{\overrightarrow{k}}{\overleftarrow{k}} \tag{2-29}$$

设 A、B 及 R 均为理想气体，当反应达到平衡时，由热力学可知：

$$c_A^{v_A}c_B^{v_B}c_R^{v_R}=K_c \tag{2-30}$$

式中，K_c 为平衡常数。

若 $v_A A+v_B B \rightleftharpoons v_R R$ 反应过程中速控步骤出现一次，则

$$\overrightarrow{k}/\overleftarrow{k}=K_c \tag{2-31}$$

这个关系反映了可逆反应达到平衡时，热力学平衡常数和动力学反应速率常数之间的关系。值得注意的是：①对于理想气体而言，平衡常数可以用浓度表达，也可以用压强表达。②对于非基元反应，要依据反应机理来确定反应过程的速控步骤和速控步骤出现的次数。因此，若速控步骤出现的次数不为1，则 $\overrightarrow{k}/\overleftarrow{k}=K_c^{1/v}$，其中 v 为速控步骤出现的次数。速控步骤的概念及知识点将在第 5 章中进行详细讲解。

2.2.2 温度与动力学参数之间的关系

温度是影响反应速率的主要因素之一，大多数反应的速率都随着温度的升高而很快增加，但是不同的反应，反应速率增加的程度不一样。温度效应项常用反应速率常数 k 表示，即 $r=kf_c(c_j)$，其随温度变化规律符合**阿伦尼乌斯(Arrhenius)公式**：

$$k=k_0 e^{-\frac{E}{RT}} \quad 或 \quad k=A\exp\left(-\frac{E}{RT}\right) \tag{2-32}$$

式中，k 为反应速率常数；k_0 为频率因子；A 为指前因子，其量纲与 k 相同；E 为活化能；R 为气体常数。式(2-32) 两边取对数可得：

$$\ln k=\ln A-\frac{E}{RT} \tag{2-33}$$

以 $\ln k$ 对 $1/T$ 作图可得一直线，如图 2-3 所示。直线的斜率为 $-E/R$，由此可得反应的活化能。

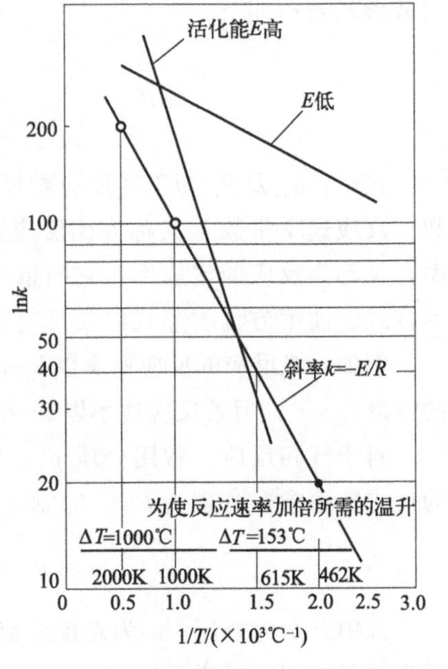

图 2-3 反应速率的温度函数关系

活化能 E 是一个重要的动力学参数，它的大小不仅是反应难易程度的一种衡量，也是反应速率对温度敏感性的一种标志。

由图 2-3 和阿伦尼乌斯公式(2-32) 可知：

① 活化能越大，斜率越大；活化能越小，斜率越小。

② 活化能越大，该反应对温度越敏感。

③ 对给定的反应，反应速率与温度的关系，低温时比高温更敏感。如图 2-3 所示，在温度 $T=462\text{K}$ 时，为使反应速率增加一倍，温升为 $\Delta T=153℃$；而在温度 $T=1000\text{K}$ 时，同时使反应速率增加一倍，所需温升则为 $\Delta T=1000℃$。

式(2-33) 也可写成下列形式：

$$\frac{\mathrm{d}\ln k}{\mathrm{d}T}=\frac{E}{RT^2} \tag{2-34}$$

如果可逆反应的正逆反应速率常数均符合阿伦尼乌斯方程，则有：

$$\frac{\mathrm{d}\ln \overrightarrow{k}}{\mathrm{d}T}=\frac{\overrightarrow{E}}{RT^2} \quad 及 \quad \frac{\mathrm{d}\ln \overleftarrow{k}}{\mathrm{d}T}=\frac{\overleftarrow{E}}{RT^2} \tag{2-35}$$

$\overrightarrow{E}$ 及 $\overleftarrow{E}$ 分别为正逆反应的活化能。将式 $\overrightarrow{k}/\overleftarrow{k}=K_p^{1/v}$ 两边取对数得：

$$\ln\overrightarrow{k}-\ln\overleftarrow{k}=\frac{1}{v}\ln K_p$$

式中，K_p 为平衡常数。

对温度求导则有：

$$\frac{\mathrm{d}\ln \overrightarrow{k}}{\mathrm{d}T}-\frac{\mathrm{d}\ln \overleftarrow{k}}{\mathrm{d}T}=\frac{1}{v}\times\frac{\mathrm{d}\ln K_p}{\mathrm{d}T} \tag{2-36}$$

依据热力学第一定律和范特霍夫方程可知，对于恒压过程：

$$\frac{\mathrm{d}\ln K_p}{\mathrm{d}T}=\frac{\Delta H_r}{RT^2} \tag{2-37}$$

将式(2-37) 及式(2-35) 代入式(2-36)，化简后有：

$$\vec{E}-\overleftarrow{E}=\frac{1}{v}\Delta H_r \tag{2-38}$$

这就是正逆反应活化能的关系式，对于吸热反应，$\Delta H_r>0$，所以 $\vec{E}>\overleftarrow{E}$；若为放热反应则 $\Delta H_r<0$，故 $\vec{E}<\overleftarrow{E}$，其中 v 为速控步骤出现的次数。

$\vec{E}-\overleftarrow{E}=\frac{1}{v}\Delta H_r$，图 2-4 反映了活化能和热力学状态函数焓变之间的关系，其实质依然是动力学和热力学之间的关系。化学反应速率方程是热力学和动力学之间的桥梁。可逆反应中，热力学影响反应的方向和限度，动力学影响反应的速度。这两方面对反应器的操作和控制起着至关重要的作用。

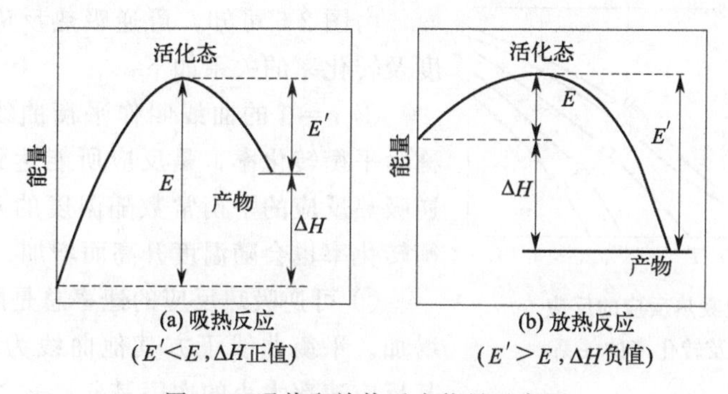

图 2-4　吸热和放热反应能量示意图

2.2.3　可逆吸热反应中温度与化学反应速率的关系

温度是影响化学反应速率的一个最敏感因素，在反应器设计和分析中必须予以足够的重视。在实际反应器的操作中，温度的调节是一个关键环节。化学反应的吸放热类型不同，温度调节的手段也有所不同。

可逆反应的反应速率等于正逆反应速率之差，当温度升高时，正逆反应的速率都增加，依据式(2-27) 和式(2-32)，反应的净速率为：

$$r=\vec{k}f(x_A)-\overleftarrow{k}g(x_A) \tag{2-39}$$

对于一定起始原料组成，当组分 A 的转化率为 x_A 时，其余组分的浓度均可变为 x_A 的函数。式(2-39) 中的 $f(x_A)$ 即是正反应速率方程中的浓度函数变为转化率函数的结果，$g(x_A)$ 则为逆反应的浓度函数以转化率 x_A 表示的公式。将式(2-39) 对 T 求导：

$$\left(\frac{\partial r}{\partial T}\right)_{x_A}=f(x_A)\frac{\mathrm{d}\vec{k}}{\mathrm{d}T}-g(x_A)\frac{\mathrm{d}\overleftarrow{k}}{\mathrm{d}T} \tag{2-40}$$

若正逆反应速率常数与温度的关系符合阿伦尼乌斯方程，则有：

$$\frac{d\overrightarrow{k}}{dT}=\frac{A\overrightarrow{E}}{RT^2} \quad 和 \quad \frac{d\overleftarrow{k}}{dT}=\frac{A\overleftarrow{E}}{RT^2}$$

式中，$\overrightarrow{E}$ 及 $\overleftarrow{E}$ 分别为正逆反应的活化能；A 为指前因子，其量纲与速率常数相同，将上两式代入式(2-40) 得：

$$\left(\frac{\partial r}{\partial T}\right)_{x_A}=\frac{\overrightarrow{E}}{RT^2}\overrightarrow{k}f(x_A)-\frac{\overleftarrow{E}}{RT^2}\overleftarrow{k}g(x_A) \tag{2-41}$$

因为 $r\geqslant 0$，所以 $\overrightarrow{k}f(x_A)\geqslant\overleftarrow{k}g(x_A)$，对于**可逆吸热反应**，$\overrightarrow{E}>\overleftarrow{E}$，从而由式(2-41) 知：

$$\frac{\overrightarrow{E}}{RT^2}\overrightarrow{k}f(x_A)>\frac{\overleftarrow{E}}{RT^2}\overleftarrow{k}g(x_A)$$

即

$$\left(\frac{\partial r}{\partial T}\right)_{x_A}>0$$

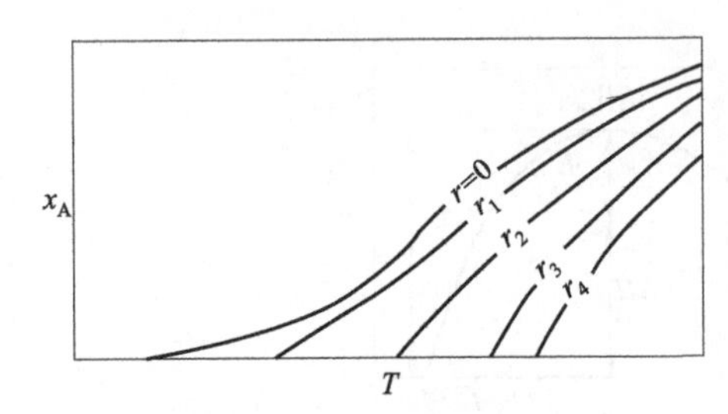

图 2-5　可逆吸热反应的反应速率与温度及转化率的关系

由图 2-5 可知，可逆吸热反应的反应速率与温度及转化率的关系如下：

① $r=0$ 的曲线叫作平衡曲线，相应的转化率称为平衡转化率，是反应所能达到的极限。由于可逆吸热反应的平衡常数随温度的升高而增大，故平衡转化率也会随温度升高而增加。

② 可逆吸热反应的速率总是随着温度的升高而增加。平衡曲线下方其他曲线为非零的等速率线，其反应速率大小的次序是 $r_4>r_3>r_2>r_1$。

③ 图中的曲线为等速率线，即曲线上任意一点的反应速率相等，但每个等速点对应的温度和转化率不同。

④ 反应温度一定时，反应速率随转化率的增加而下降；若转化率一定，则反应速率随温度升高而增加。

吸热反应中温度对化学反应速率的影响规律，是工业反应过程中反应器操作条件调节的重要依据。

2.2.4　可逆放热反应中温度与化学反应速率的关系

可逆放热反应，由于 $\overrightarrow{E}<\overleftarrow{E}$，但 $\overrightarrow{k}f(x_A)>\overleftarrow{k}g(x_A)$，故由式(2-41) 知可逆放热反应的反应速率与温度的关系（图 2-6）。即可逆放热反应的速率随温度的升高既可能增加，又可能降低。从图中可以看出，可逆放热反应中速率与温度的变化关系，是热力学和动力学博弈的结果。

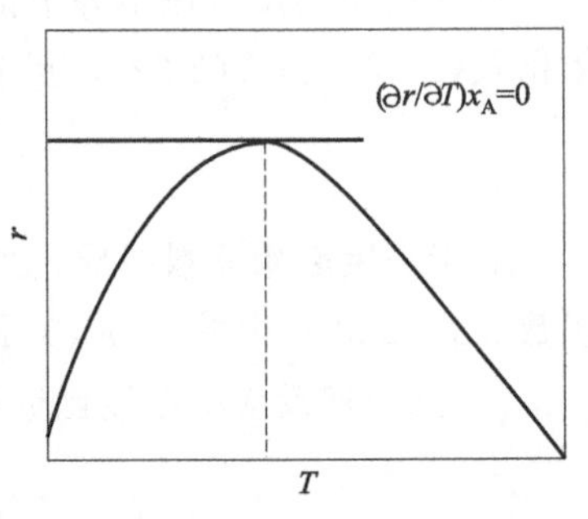

图 2-6　可逆放热反应的反应速率与温度的关系

① 反应初始阶段，温度较低时，化学反应远离平衡，动

力学是影响反应速率的主要因素，温度升高，反应速率加快，其斜率表现为$\left(\frac{\partial r}{\partial T}\right)_{x_A}>0$。

② 随着速率的提升，温度升高，化学反应接近平衡，平衡影响较为明显，动力学影响减弱，达到平衡时，反应速率的影响净速率为$\left(\frac{\partial r}{\partial T}\right)_{x_A}=0$，对应于极大点的温度叫作最佳温度 T_{op}。

③ 反应后期，随着温度的继续升高，平衡影响将成为主要因素，其斜率表现为$\left(\frac{\partial r}{\partial T}\right)_{x_A}<0$。曲线由极大值点下降，平衡之后，随着温度的继续升高，反应速率反而下降。可逆放热反应的反应速率与温度及转化率的变化如图 2-7 所示。

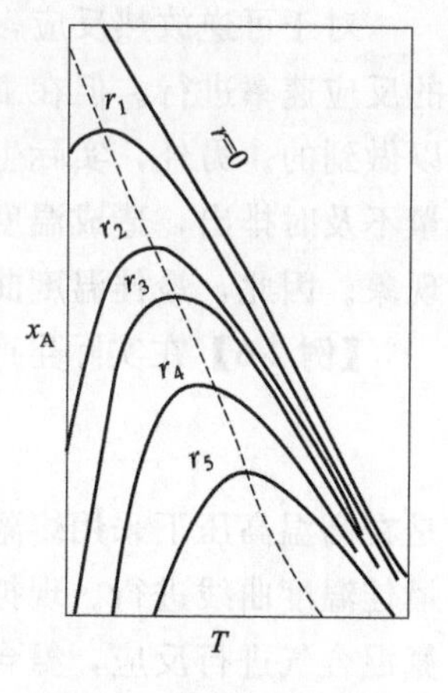

图 2-7　可逆放热反应的反应速率与温度及转化率的关系

为了找到最佳温度，可用一般求极值方法，令式(2-41) 右边为零，得：

$$\vec{E}\,\vec{k}f(x_A)-\overleftarrow{E}\,\overleftarrow{k}g(x_A)=0$$

或

$$\frac{\vec{E}\,\vec{A}\exp(-\vec{E}/RT_{op})}{\overleftarrow{E}\,\overleftarrow{A}\exp(-\overleftarrow{E}/RT_{op})}=\frac{g(x_A)}{f(x_A)} \tag{2-42}$$

式中，$\vec{A}$ 及 $\overleftarrow{A}$ 分别为正逆反应速率常数的指前因子。

当反应达到平衡时，$r=0$，由式(2-39) 可知：

$$\frac{g(x_A)}{f(x_A)}=\frac{\vec{k}}{\overleftarrow{k}}=\frac{\vec{A}\exp(-\vec{E}/RT_e)}{\overleftarrow{A}\exp(-\overleftarrow{E}/RT_e)} \tag{2-43}$$

式中，T_e 为对应于转化率为 x_A 的平衡温度。将式(2-42) 代入式(2-41) 得：

$$\frac{\vec{E}\,\vec{A}\exp(-\vec{E}/RT_{op})}{\overleftarrow{E}\,\overleftarrow{A}\exp(-\overleftarrow{E}/RT_{op})}=\frac{\vec{A}\exp(-\vec{E}/RT_e)}{\overleftarrow{A}\exp(-\overleftarrow{E}/RT_e)}$$

将上式化简后两边取对数，整理后得到涉及最佳温度的重要推论：

$$T_{op}=\frac{T_e}{1+\frac{RT_e}{\overleftarrow{E}-\vec{E}}\ln\frac{\overleftarrow{E}}{\vec{E}}} \tag{2-44}$$

从式(2-44) 中看不出转化率与最佳温度有什么关系，但平衡温度 T_e 却是转化率的函数，故最佳温度 T_{op} 是转化率的隐函数。

由图 2-7 可知，可逆放热反应的反应速率与温度及转化率的关系如下：

① $r=0$ 的曲线叫作平衡曲线，相应的转化率称为平衡转化率，是反应所能达到的极限。可逆放热反应最明显的特征是反应速率有极大值的出现。连接最大速率下的温度，得到最佳温度曲线。

② 可逆放热反应的速率在最佳温度左右呈现不同的变化，温度小于最佳温度时，转化率随着温度的升高而增加，温度大于最佳温度时，转化率随着温度的升高而降低。

③ 平衡曲线下方其他曲线为非零的等速率线，其反应速率大小的次序是：

$$r_4>r_3>r_2>r_1$$

④ 图中的曲线为等速率线，即曲线上任意一点的反应速率相等，但每个等速点对应的温度和转化率不同。

对于可逆放热反应，如果过程自始至终按最佳温度曲线操作，那么，整个过程将以最高的反应速率进行。但在工业生产中这是很难实现的，而尽可能接近最佳温度曲线操作还是可以做到的。另外，实际生产过程中，放热反应的温度需维持在适宜的操作条件下进行，若热量不及时排出，造成温度过高，会使系统内的反应速率激增，出现飞温引起的爆炸等不稳定现象。因此，最佳温度曲线是针对可逆放热反应的反应器操作条件调节中的重要依据。

【例 2-6】 在实际生产中合成氨反应

$$N_2+3H_2 \rightleftharpoons 2NH_3$$

是在高温高压下采用熔融铁催化剂进行的。合成氨反应为可逆放热反应，故过程应尽可能按最佳温度曲线进行。现拟计算下列条件下的最佳温度：(1) 在 25.33MPa 下，以 3∶1 的氢氮混合气进行反应，氨含量为 17%；(2) 其他条件同 (1)，但氨含量为 12%；(3) 把压力改为 32.42MPa，其他条件同 (1)。已知该催化剂的正反应活化能为 58.618×10^3J/mol，逆反应活化能为 167.48×10^3J/mol。平衡常数 K_p 与温度 T (K) 及总压 p (MPa) 的关系如下：

$$\lg K_p=(2172.26+19.6478p)/T-(4.2405+0.02149p)$$

解： (1) 首先求出氨含量为 17%时混合气体组成，再利用平衡关系式算出 K_p 值，利用平衡常数 K_p 的表达式求得平衡温度 T_e，最后代入式(2-44)，即为所求。

合成氨反应时氢氮的化学计量比为 3∶1，而原料气中氢氮比也为 3∶1，故当氨含量为 17%时，混合气体组成为：

NH_3：17%

N_2：$\frac{1}{4}\times(1-0.17)\times100\%=20.75\%$

H_2：$\frac{3}{4}\times(1-0.17)\times100\%=62.25\%$

合成氨反应的平衡常数：

$$K_p=\frac{p_{NH_3}}{p_{H_2}^{1.5}p_{N_2}^{0.5}}=\frac{0.17\times25.33}{(0.6225\times25.33)^{1.5}\times(0.2075\times25.33)^{0.5}}\approx3.000\times10^{-2}(\text{MPa}^{-1})$$

将 K_p 代入平衡常数表达式：

$$\lg(3.000\times10^{-2})=(2172.26+19.6478\times25.33)/T_e-(4.2405+0.02149\times25.33)$$

解得：

$$T_e=818.5(\text{K})$$

将 T_e 值代入式(2-44) 即得最佳温度：

$$T_{op}=\frac{818.5}{1+\frac{8.3144\times818.5}{(167.48-58.618)\times10^3}\ln\frac{167.48\times10^3}{58.618\times10^3}}=768(\text{K})$$

(2) 由于氨含量的改变，气体组成也改变，K_p 值亦变化，故引起 T_e 和 T_{op} 的变化，计算过程同 (1)，最后计算结果为：

$$T_e = 872.5(K)$$
$$T_{op} = 815.4(K)$$

(3) 虽然混合气体组成没有发生变化，但由于总压增加，K_p 值减少，最终结果为：

$$T_e = 849.8(K)$$
$$T_{op} = 795.6(K)$$

以上的计算结果表明，随着氨含量的增加（即转化率增加），最佳温度降低，符合一般规律（见图 2-7）。如果反应系统的压力增加，而其他条件不变，最佳温度则上升。

2.3 复合反应的动力学方程

对于工业生产而言，复合反应包括三个基本类型：并列反应、平行反应和连串反应。可逆反应虽属于复合反应之列，但它可看成由两个简单反应构成，可按单一反应的办法处理，只需一个计量方程进行描述。反应器运行过程中，需根据温度效应和浓度效应，进行操作的优化。复合反应的反应动力学方程可以幂函数形式表达，动力学方程是指导反应器操作条件设计和优化的理论基础。

2.3.1 平行反应

反应物完全相同而反应产物不相同或不全相同的一类反应，称为平行反应。下列反应便属于平行反应。

$$A \longrightarrow P \qquad r_P = k_1 c_A^{\alpha}$$
$$v_A A \longrightarrow Q \qquad r_Q = k_2 c_A^{\beta}$$

由于反应物 A 既可转化成 P，又可转化成 Q，所以这类反应又叫作竞争反应。如果我们的目的是生产 P，则 P 称为目的产物，第一个反应叫作主反应，第二个反应则为副反应。力图加快主反应的速率，降低副反应的速率，是处理一切复合反应问题的着眼点，以便获得尽可能多的目的产物。

由产物 P 的生成速率 $r_P = k_1 c_A^{\alpha}$，得到 $A \longrightarrow P$ 反应中反应物 A 的转化速率为 $-r_P = -k_1 c_A^{\alpha}$；由产物 Q 的生成速率 $r_Q = k_2 c_A^{\beta}$，得到 $A \longrightarrow Q$ 反应中反应物 A 的转化速率为：

$$-r_Q = v_A k_2 c_A^{\beta}$$

由式 $R_i = \sum_{j=1}^{M} v_{ij} \bar{r}_j$，其中 $v_A < 0$，可得反应物 A 的转化速率：

$$-r_A = (-r_P) + (-r_Q) = -\frac{dc_A}{dt} = -k_1 c_A^{\alpha} + v_A k_2 c_A^{\beta} \tag{2-45}$$

根据选择性的定义，瞬时选择性可表示如下：

$$S=\mu_{PA}\frac{r_P}{|r_A|} \tag{2-46}$$

式中，μ_{PA} 为生成 1mol P 所消耗 A 的物质的量。由于 P 为产物，r_P 恒为正，而 r_A 为负，为了使瞬时选择性恒为正，所以采用 r_A 的绝对值。因 $r_P=k_1c_A^{\alpha}$ 及 $\mu_{PA}=1$，将它们及式(2-45) 代入式(2-46) 得：

$$S=\frac{k_1c_A^{\alpha}}{k_1c_A^{\alpha}+|v_A|k_2c_A^{\beta}}=\frac{1}{1+\frac{k_2}{k_1}|v_A|c_A^{\beta-\alpha}} \tag{2-47}$$

$\frac{r_P}{r_Q}=\frac{k_2}{k_1}|v_A|c_A^{\beta-\alpha}$ 表达了主副反应生成速率之比。此值越小，表明主反应占的比例越大。据此可以分析浓度和温度对瞬时选择性的影响。

(1) 若温度一定，则 k_1 和 k_2 为常数，反应物浓度 c_A 改变时，瞬时选择性的变化与主副反应的反应级数有关。

当 $\alpha=\beta$ 时，式(2-47) 化为：

$$S=\frac{k_1}{k_1+|v_A|k_2}$$

即瞬时选择性与浓度无关，仅为反应温度的函数，可以通过改变 k_2/k_1 的比值来控制反应产物的分布。

若 $\alpha>\beta$ 时，即主反应级数大于副反应级数，则 $\beta-\alpha<0$，为了获得更多的目的产物，整个反应过程中反应物浓度应维持在一个较高的水平，即要高浓度进料。

若 $\beta>\alpha$ 时，即主反应级数小于副反应级数，则 $\beta-\alpha>0$，为了获得更多的目的产物，整个反应过程中反应物浓度应维持在一个较低的水平，即要低浓度进料。

(2) 当浓度一定时，温度对瞬时选择性的影响取决于主副反应活化能的相对大小。

设主副反应的活化能分别为 E_1 及 E_2，且反应速率常数 k_1 和 k_2 与温度的关系符合阿伦尼乌斯公式，则式(2-47) 可改写成：

$$S=\frac{1}{1+\frac{A_2}{A_1}\exp\left(\frac{E_1-E_2}{RT}\right)|v_A|c_A^{\beta-\alpha}}$$

若 $E_1>E_2$ 时，主反应的活化能 E_1 大于副反应的活化能 E_2 时，温度越高，反应的瞬时选择性越大，获得的目的产物越多，反应过程中高温进料有利。

当 $E_2>E_1$ 时，主反应的活化能 E_1 小于副反应的活化能 E_2 时，温度升高将使瞬时选择性降低，获得的目的产物较少，反应过程中低温进料有利。

2.3.2 连串反应

当一个反应的反应产物同时又是另一个反应的反应物时，这类反应称为连串反应。许多水解反应、卤化反应和氧化反应都属于连串反应。

连串反应如下：

$$A \xrightarrow{k_1} P \xrightarrow{k_2} Q$$

三个组分的反应速率方程为：

$$-r_A = -\frac{dc_A}{dt} = k_1 c_A$$

$$r_P = \frac{dc_P}{dt} = k_1 c_A - k_2 c_P$$

$$r_Q = \frac{dc_Q}{dt} = k_2 c_P$$

根据选择性的定义，目的产物 P 的瞬时选择性可表示如下：

$$S = \mu_{PA} \frac{r_P}{|r_A|}$$

因 $r_P = k_1 c_A - k_2 c_P$ 及 $\mu_{PA} = 1$，则目的产物 P 的瞬时选择性得：

$$S = \frac{k_1 c_A - k_2 c_P}{k_1 c_A} = 1 - \frac{k_2}{k_1} \times \frac{c_P}{c_A} = 1 - \frac{A_2}{A_1} \exp\left(\frac{E_1 - E_2}{RT}\right) \frac{c_P}{c_A}$$

若第一个反应的活化能大于第二个反应，高温有利于目的产物 P 的生成；反之则低温有利于目的产物 P 的生成。

设开始时 A 的浓度为 c_{A0}，$c_{P0} = c_{Q0} = 0$，组分 A 的浓度随时间变化关系可由

$$-r_A = -\frac{dc_A}{dt} = k_1 c_A$$

积分获得 $c_A = c_{A0} e^{-k_1 t}$，代入

$$r_P = \frac{dc_P}{dt} = k_1 c_A - k_2 c_P$$

得：

$$\frac{dc_P}{dt} + k_2 c_P = k_1 c_{A0} e^{-k_1 t}$$

解一阶线性常微分方程得：

$$c_P = \left(\frac{k_1}{k_1 - k_2}\right) c_{A0} (e^{-k_2 t} - e^{-k_1 t})$$

$$c_Q = c_{A0} \left[1 + \frac{1}{k_1 - k_2} (k_2 e^{-k_1 t} - k_1 e^{-k_2 t})\right]$$

① 若 $k_2 \gg k_1$，$c_Q = c_{A0}(1 - e^{-k_1 t})$；

② 若 $k_2 \ll k_1$，$c_Q = c_{A0}(1 - e^{-k_2 t})$。

串联反应中，最慢一步的化学反应对过程总速率的影响最大，反应物的浓度降低，目的

产物 P 的浓度上升至最大值后降低，连串反应的中间产物 P 必然存在最大收率，且受 k_1 和 k_2 速率常数的比值的支配，这是连串反应的特点。对 t 微分并令 $\frac{dc_P}{dt}=0$，即可求得 P 的浓度最大值出现在

$$t_{top}=\frac{\ln(k_2/k_1)}{k_2-k_1}$$

将 t_{top} 值代入 $c_A=c_{A0}e^{-k_1t}$，得 $c_{P,max}=c_{A0}\left(\frac{k_2}{k_1}\right)^{k_2/(k_2-k_1)}$

以上虽然只是针对三个反应的系统进行分析讨论，但其基本原理完全可以推广到反应数目更多、结构更复杂的系统，亦即式(2-46) 对任何反应系统是普遍适用的。为了更好地理解式(2-46) 的意义，可将瞬时选择性写成：

$$S=\mu_{PA}\frac{\text{目的产物的生成速率}}{|\text{关键反应物的转化速率}|}=\mu_{PA}\frac{r_P}{|r_A|}=\mu_{PA}\frac{\sum_j v_{Pj}\bar{r}_j}{\left|\sum_j v_{Aj}\bar{r}_j\right|} \tag{2-48}$$

瞬时选择性也可叫作点选择性或微分选择性，表明其值随反应物系的组成及温度而变。点选择性是在流动反应器中其值系随位置而变，若想提高 P 的收率，应与反应器的类型和操作形式相关联。

【例 2-7】 高温下将乙烷进行热裂解以生产乙烯，其反应及速率方程如下：

$$C_2H_6 \rightleftharpoons C_2H_4+H_2 \qquad \bar{r}_1=\overrightarrow{k}_1c_A-\overleftarrow{k}_1c_Ec_H$$

$$2C_2H_6 \longrightarrow C_3H_8+CH_4 \qquad \bar{r}_2=k_2c_A$$

$$C_3H_6 \rightleftharpoons C_2H_2+CH_4 \qquad \bar{r}_3=\overrightarrow{k}_3c_P-\overleftarrow{k}_3c_Rc_M$$

$$C_2H_2+C_2H_4 \longrightarrow C_4H_6 \qquad \bar{r}_4=k_4c_Rc_E$$

$$C_2H_4+C_2H_6 \longrightarrow C_3H_6+CH_4 \qquad \bar{r}_5=k_5c_Ec_A$$

下标 A、R、E、P、M 和 H 分别代表 C_2H_6、C_2H_2、C_2H_4、C_3H_6、CH_4 和 H_2。试导出生成乙烯的瞬时选择性表达式。

解： 由于乙烯为目的产物，乙烷为关键反应物，由式(2-16) 知乙烷的转化速率为

$$R_A=-\overline{r_1}-2\overline{r_2}-\overline{r_5}=-\overrightarrow{k}_1c_A+\overleftarrow{k}_1c_Ec_H-2k_2c_A-k_5c_Ec_A=\overleftarrow{k}_1c_Ec_H-(\overrightarrow{k}_1+2k_2+k_5c_E)c_A$$

乙烯的生成速率则为

$$R_E=\overline{r_1}-\overline{r_4}-\overline{r_5}=\overrightarrow{k}_1c_A-k_4c_Rc_E-k_5c_Ec_A=\overrightarrow{k}_1c_A-(\overleftarrow{k}_1c_H+k_4c_R+k_5c_A)c_E$$

根据化学计量关系可知生成 1mol 乙烯需要消耗 1mol 乙烷，所以，$\mu_{EA}=-1$。将有关公式代入式(2-48)，即得生成乙烯的瞬时选择性为

$$S=\frac{\overrightarrow{k}_1c_A-(\overleftarrow{k}_1c_H+k_4c_R+k_5c_A)c_E}{(\overrightarrow{k}_1+2k_2+k_5c_E)c_A-\overleftarrow{k}_1c_Ec_H}$$

2.4 反应速率方程的变换与积分

工业生产上的液液均相反应，若反应过程中物料的密度变化不大，一般均可做恒容过程

处理。但对气相反应而言，系统压力不变的条件下，反应前后物质的量发生变化，反应体积 V 会随反应进行变化，则各反应组分的浓度就会发生相应的变化，从而导致反应速率方程也会发生相应的变化。因此，必须寻找相应的变化规律。

2.4.1　单一反应

设气相反应 $v_A A + v_B B \longrightarrow v_P P$ 的速率方程为：

$$r_A = kc_A^{\alpha} c_B^{\beta} \tag{2-49}$$

反应开始时反应混合物中不含 P，组分 A 和 B 的浓度分别为 c_{A0} 和 c_{B0}，若反应是在等温下进行，则 k 为一常数。若要将式(2-49) 变成组分 A 的转化率 x_A 的函数，可分为两种情况进行讨论。

(1) **恒容情况**　由浓度定义知：

$$c_A = \frac{n_A}{V}$$

一般地讲反应过程中 n_A 和 V 均为变量，即两者都是转化率的函数，但对于恒容过程，已规定反应混合物的体积 V 为常量，因此只需考虑 n_A 随 x_A 的变化即可。由转化率的定义得：

$$n_A = n_{A0}(1 - x_A)$$

所以

$$c_A = \frac{n_{A0}(1 - x_A)}{V} = c_{A0}(1 - x_A) \tag{2-50}$$

由化学计量关系知，转化 v_A mol 的 A，相应消耗 v_B mol 的 B，因而

$$n_B = n_{B0} - \frac{v_B}{v_A} n_{A0} x_A$$

则

$$c_B = \frac{n_{B0} - \dfrac{v_B}{v_A} n_{A0} x_A}{V} = c_{B0} - \frac{v_B}{v_A} c_{A0} x_A \tag{2-51}$$

将式(2-50) 及式(2-51) 代入式(2-49) 得：

$$r_A = kc_{A0}^{\alpha}(1 - x_A)^{\alpha}\left(c_{B0} - \frac{v_B}{v_A} c_{A0} x_A\right)^{\beta} \tag{2-52}$$

这样式(2-49) 的右边便成为单一变量 x_A 的函数。同理，左边也可用转化率 x_A 的变化来表示，将式(2-49) 代入反应速率定义式得：

$$r_A = -\frac{1}{V} \times \frac{dn_{A0}(1 - x_A)}{dt} = \frac{n_{A0}}{V} \times \frac{dx_A}{dt} = c_{A0}\frac{dx_A}{dt} \tag{2-53}$$

因此，式(2-52) 又可写成：

$$c_{A0}\frac{dx_A}{dt} = kc_{A0}^{\alpha}(1 - x_A)^{\alpha}\left(c_{B0} - \frac{v_B}{v_A} c_{A0} x_A\right)^{\beta} \tag{2-54}$$

(2) **变容情况**　若反应不是在恒容下进行，则在反应过程中反应混合物的体积随转化率

而变。

δ_A 的意义是转化 1mol A 时，反应混合物总物质的量的变化。$\sum v_i$ 为反应产物与反应物的化学计量系数之和。若 $\delta_A>0$，表示反应过程中反应混合物的总物质的量增加，即 $n_t>n_{t0}$；反之，$\delta_A<0$ 时则减少，即 $n_t<n_{t0}$。$\delta_A=0$ 时不变。

现将反应前后各反应组分的量列出如下：

组分	反应前	转化率为 x_A 时
A	n_{A0}	$n_{A0}-n_{A0}x_A$
B	n_{B0}	$n_{B0}-\frac{v_B}{v_A}n_{A0}x_A$
P	0	$\frac{v_P}{\|v_A\|}n_{A0}x_A$
总计	$n_{t0}=n_{A0}+n_{B0}$	$n_t=n_{t0}+n_{A0}x_A\delta_A$

上表中

$$\delta_A=\sum v_i/|v_A| \tag{2-55}$$

如果该气体混合物为理想气体，在恒温恒压下，有

$$V_0/V=n_{t0}/n_t$$

或

$$V_0/V=\frac{n_{t0}}{n_{t0}+n_{A0}x_A\delta_A}$$

上式可改写成：

$$V=V_0(1+y_{A0}x_A\delta_A) \tag{2-56}$$

这就是转化率为 x_A 时反应混合物的体积 V 与反应开始时的体积 V_0 的关系，其中 y_{A0} 为组分 A 的起始摩尔分数，等于 n_{A0}/n_{t0}。由式(2-56) 可见，$\delta_A>0$ 时，$V>V_0$；$\delta_A<0$ 时，$V<V_0$；$\delta_A=0$ 时，$V=V_0$。

将式(2-56) 分别代入式(2-50) 及式(2-51) 可得：

$$c_A=\frac{c_{A0}-c_{A0}x_A}{1+y_{A0}x_A\delta_A}$$

及

$$c_B=\frac{c_{B0}-\frac{v_B}{v_A}c_{A0}x_A}{1+y_{A0}x_A\delta_A}$$

再把以上两式代入式(2-49) 可得变容情况下反应速率与转化率的关系式：

$$r_A=k\frac{c_{A0}^{\alpha}(1-x_A)^{\alpha}\left(c_{B0}-\frac{v_B}{v_A}c_{A0}x_A\right)^{\beta}}{(1+y_{A0}x_A\delta_A)^{\alpha+\beta}} \tag{2-57}$$

与恒容情况不同之处就是多了一个体积校正因子 $(1+y_{A0}x_A\delta_A)^m$，指数 m 由反应级数决定，对所讨论的反应，$m=\alpha+\beta$。若 $\delta_A=0$，即反应前后反应混合物的总物质的量不变，则式(2-57) 便可化为式(2-52)。

变容情况下的 r_A 要变为转化率的函数，可将式(2-50) 及式(2-56) 代入式(2-10)：

$$r_A=\frac{-1}{V_0(1+y_{A0}x_A\delta_A)}\times\frac{d(n_{A0}-n_{A0}x_A)}{dt}=\frac{c_{A0}}{1+y_{A0}x_A\delta_A}\times\frac{dx_A}{dt}$$

与恒容情况相比，也是多了一个体积校正因子。

以上是以浓度表示反应物系组成时的变换方法，概括起来为一个换算公式：

$$c_i=\frac{c_{i0}-\frac{v_i}{v_A}c_{A0}x_A}{1+y_{A0}x_A\delta_A} \tag{2-58}$$

此式对恒容和变容、反应物和反应产物都适用。同理，用分压或摩尔分数表示反应气体组成时，不难导出其与转化率的关系式：

$$p_i=\frac{p_{i0}-\frac{v_i}{v_A}p_{A0}x_A}{1+y_{A0}x_A\delta_A} \tag{2-59}$$

$$y_i=\frac{y_{i0}-\frac{v_i}{v_A}y_{A0}x_A}{1+y_{A0}x_A\delta_A} \tag{2-60}$$

应该注意，上面的变换是对原料起始组成一定而言的，原料组成改变，反应速率与转化率的函数关系也要改变。

将速率方程变换成 x_A 与时间 t 的函数关系后，便可进行积分，得一代数关系式。仍以前面讨论的反应为例，并设 $|v_A|=|v_B|=|v_P|=1$，且该反应对 A 及 B 均为一级，则式(2-57) 变为：

$$\frac{c_{A0}}{1-y_{A0}x_A}\times\frac{dx_A}{dt}=\frac{kc_{A0}(1-x_A)(c_{B0}-c_{A0}x_A)}{(1-y_{A0}x_A)^2}$$

化简后得：

$$\frac{dx_A}{dt}=\frac{k(1-x_A)(c_{B0}-c_{A0}x_A)}{1-y_{A0}x_A}$$

$$k\int_0^t dt=\int_0^{x_A}\frac{1-y_{A0}x_A}{(1-x_A)(c_{B0}-c_{A0}x_A)}dx_A$$

$$t=\frac{1}{k}\left[\frac{1+c_{B0}y_{A0}/c_{A0}}{c_{B0}-c_{A0}}\ln\left(\frac{1-c_{A0}x_A}{c_{B0}}\right)+\frac{1+y_{A0}}{c_{B0}-c_{A0}}\ln\frac{1}{1-x_A}\right]$$

这便是二级反应的转化率与反应时间的关系式。若反应在恒容下进行，对式(2-54) 积分得：

$$t=\frac{1}{k(c_{B0}-c_{A0})}\ln\frac{1-c_{A0}x_A/c_{B0}}{1-x_A}$$

只有速率方程的形式较为简单时才能解析积分，多数需要采用数值积分。

【例 2-8】已知在镍催化剂上进行苯气相加氢反应

$$\underset{(B)}{C_6H_6}+\underset{(H)}{3H_2}\longrightarrow\underset{(C)}{C_6H_{12}}$$

的动力学方程为：$r_B=\frac{kp_Bp_H^{0.5}}{1+Kp_B}$，式中 p_B 及 p_H 依次为苯及氢的分压，k 和 K 为常数。若反应气体的起始组成中不含环己烷，苯及氢的摩尔分数分别为 y_{B0} 和 y_{H0}。反应系统的总压为 p，将动力学方程变换为苯的转化率 x_B 的函数。

解：此反应为物质的量减少的反应，所以

$$\delta_B=\frac{v_C+v_B+v_H}{|v_B|}=\frac{1-1-3}{1}=-3$$

由式(2-60) 得

$$y_B=\frac{y_{B0}-y_{B0}x_B}{1-3y_{B0}x_B}$$

及

$$y_H=\frac{y_{H0}-3y_{B0}x_B}{1-3y_{B0}x_B}$$

又因 $p_B=py_B$ 及 $p_H=py_H$，故结合上两式代入动力学方程 $r_B=\frac{kp_Bp_H^{0.5}}{1+Kp_B}$，化简后即得 r_B 与转化率 x_B 的关系：

$$r_B=k\left(p\frac{y_{B0}-y_{B0}x_B}{1-3y_{B0}x_B}\right)\left(p\frac{y_{H0}-3y_{B0}x_B}{1-3y_{B0}x_B}\right)^{0.5}\Bigg/\left(1+Kp\frac{y_{B0}-y_{B0}x_B}{1-3y_{B0}x_B}\right)$$

$$=\frac{kp^{1.5}y_{B0}(1-x_B)(y_{H0}-3y_{B0}x_B)^{0.5}}{(1-3y_{B0}x_B)^{1.5}+Kpy_{B0}(1-x_B)(y_{H0}-3y_{B0}x_B)^{0.5}}$$

2.4.2 复合反应

反应系统中同时进行数个化学反应时，亦可仿照单一反应的处理方法对速率方程作变换。对于每一个反应，相应要有一个反应变量，如转化率或收率，由于所选的反应变量的不同，变换后的速率方程的形式会有所不同，但实质保持不变。设气相反应系统中含有 N 个反应组分 A_1、A_2、…、A_N，它们之间共进行 M 个化学反应，为了数学上的处理方便，将这些化学反应式写成代数式的形式：

$$v_{11}A_1+v_{21}A_2+\cdots+v_{N1}A_N=0$$
$$v_{12}A_1+v_{22}A_2+\cdots+v_{N2}A_N=0$$
$$\vdots$$
$$v_{1M}A_1+v_{2M}A_2+\cdots+v_{NM}A_N=0$$

或

$$\sum_{i=1}^{N}v_{ij}A_i=0, j=1,2,\cdots,M \tag{2-61}$$

关于复合反应速率方程的变换，选各个反应的反应进度 ξ_j 作为反应变量最为方便。因为任一组分 i 的化学计量系数 v_{ij} 乘以该反应的反应进度 ξ_j，等于组分 i 对该反应而言的反应量，$v_{ij}\xi_j$ 的正负，取决于组分 i 在该反应中所处的地位，若为反应物，该值为负，生成物则为正。将组分 i 在各个反应中的反应量相加，即得该组分的总反应量：

$$n_i-n_{i0}=\sum_{j=1}^{M}v_{ij}\xi_j \tag{2-62}$$

将所有反应组分的反应量相加，则得整个反应系统的总物质的量变化，即

$$\sum_{i=1}^{N}(n_i-n_{i0})=\sum_{i=1}^{N}\sum_{j=1}^{M}v_{ij}\xi_j$$

或
$$n_t - n_{t0} = \sum_{i=1}^{N}\sum_{j=1}^{M} v_{ij}\xi_j \tag{2-63}$$

n_{t0} 和 n_t 分别为起始及任何时间下反应物系的总物质的量，在一定的压力及温度下，

$$V/V_0 = n_t/n_{t0}$$

将式(2-63) 代入整理后则得任何时间下反应物系的体积：

$$V = V_0\left(1 + \frac{1}{n_{t0}}\sum_{i=1}^{N}\sum_{j=1}^{M} v_{ij}\xi_j\right) \tag{2-64}$$

$$n_i = n_{i0} + \sum_{j=1}^{M} v_{ij}\xi_j$$

所以
$$c_i = \frac{n_t}{V} = \frac{n_{i0} + \sum_{j=1}^{M} v_{ij}\xi_j}{V_0\left(1 + \frac{1}{n_{t0}}\sum_{i=1}^{N}\sum_{j=1}^{M} v_{ij}\xi_j\right)} \tag{2-65}$$

若为恒容过程，$V = V_0$，则 $c_i = \frac{1}{V_0}(n_{i0} + \sum_{j=1}^{M} v_{ij}\xi_j)$。

式(2-65) 适用于理想气体反应系统的任何反应组分，是一个普遍式。不难看出，用于单一反应的式(2-58) 仅为式(2-65) 的特例。此时 $M=1$，$v_A\xi = -n_{A0}x_A$，利用这些关系及 δ_A 的定义，便可将式(2-65) 化为式(2-58)。由于液相反应系统一般可作为恒容系统处理，所以式(2-65) 对液相反应系统是普遍适用的。

复合反应各反应速率方程变换成反应变量的函数关系后，所得的微分方程通常是偶联的，一般需用数值法求解。

【例 2-9】 在常压和 898K 下进行乙苯催化脱氢反应：

$$C_6H_5C_2H_5 \rightleftharpoons C_6H_5{-}CH{=}CH_2 + H_2$$
$$C_6H_5C_2H_5 \longrightarrow C_6H_6 + C_2H_4$$
$$C_6H_5C_2H_5 + H_2 \longrightarrow C_6H_5CH_3 + CH_4$$

为简便起见，以 A、B、T、H 及 S 分别代表乙苯、苯、甲苯、氢及苯乙烯，在反应温度及压力下，上列各反应的速率方程为

$$r_1 = 0.1283(p_A - p_S p_H/0.04052)$$
$$r_2 = 5.745\times10^{-3} p_A$$
$$r_3 = 0.2904 p_A p_H$$

式中，所有反应速率的单位均为 kmol/(kg·h)；压力的单位为 MPa。进料中含乙苯 10%和 H_2O 90%。当苯乙烯、苯及甲苯的收率分别为 60%、0.5%及 1%时，试计算乙苯的转化速率。

解： 以 10kmol 乙苯进料为计算基准，进料中水蒸气的量为 90kmol。根据苯乙烯、苯及甲苯的反应方程式，各反应的反应进度为 $\xi_1 = 6$kmol，$\xi_2 = 0.05$kmol，$\xi_3 = 0.1$kmol。该反应为变容反应，由式(2-65) 计算反应物系组成，乙苯脱氢反应过程中各反应组分的反应量见下表：

组分	n_{i0}	v_{i1}	v_{i2}	v_{i3}	$v_{i1}\xi_1$	$v_{i2}\xi_2$	$v_{i3}\xi_3$	$\sum_j^3 v_{ij}\xi_j$
乙苯	10	−1	−1	−1	−6	−0.05	−0.1	−6.15
苯乙烯	0	1			6			6
甲苯	0			1			0.1	0.1
苯	0		1			0.05		0.05
氢	0	1		−1	6		−0.1	5.9
甲烷	0			1			0.1	0.1
乙烯	0		1			0.05		0.05
水蒸气	90							
合计	$\sum n_{i0}=100$				$\sum_i^7 \sum_j^3 v_{ij}\xi_j=6.05$			

由于题给的速率方程均以分压表示反应物系组成，应把式(2-65) 变成分压的计算式。由理想气体定律得：

$$c_i=p_i/(RT) \quad 及 \quad V_0=n_{t0}RT/p$$

代入式(2-65) 整理后得到任意组分的压力值：

$$p_i=\frac{(n_{i0}+\sum_j^M v_{ij}\xi_j)p}{n_{t0}+\sum_i^N \sum_j^M v_{ij}\xi_j}$$

乙苯脱氢反应过程中各反应组分的反应量代入上式即可求得 p_A、p_H 及 p_S。

$$p_A=\frac{(10-6.15)\times 0.1013}{100+6.05}=3.677\times 10^{-3}(\mathrm{MPa})$$

$$p_H=\frac{5.9\times 0.1013}{100+6.05}=5.635\times 10^{-3}(\mathrm{MPa})$$

$$p_S=\frac{6\times 0.1013}{100+6.05}=5.731\times 10^{-3}(\mathrm{MPa})$$

乙苯的转化速率 $|R_A|=|-r_1-r_2-r_3|$

$$=0.1283\times(p_A-p_Sp_H/0.04052)+5.745\times 10^{-3}p_A+0.2904p_Ap_H$$

$$=0.1283\times(3.677\times 10^{-3}-5.731\times 10^{-3}\times 5.635\times 10^{-3}/0.04052)+5.745\times 10^{-3}\times 3.677\times 10^{-3}+0.2904\times 3.677\times 10^{-3}\times 5.635\times 10^{-3}$$

$$=3.957\times 10^{-4}[\mathrm{kmol/(kg\cdot h)}]$$

由于进料大部分为水蒸气，而水蒸气在反应过程中不发生变化，乙苯脱氢虽属变容反应，但在此情况下，也可近似地按等容计算，其误差约为6%。

2.5 动力学方程中参数的求解方法

所谓动力学参数是指速率方程中所包含的参数，如吸附平衡常数、反应速率常数以及反应级数等。由于前两者又是温度的函数，且一般都可表示成阿伦尼乌斯方程的形式，其中所包含的常数为活化能、指前因子以及吸附热等亦属动力学参数之列，只要不同温度下的反应速率常数和吸附平衡常数求定后，这些常数不难确定。因此，对于双曲线型动力学模型，关键问题在于确定反应速率常数和吸附平衡常数；而对于幂函数动力学模型则为反应级数和反应速率常数。

无论哪一种动力学参数，都需要根据动力学实验数据求得。显然可见，参数估值是否准确，其前提是实验数据是否准确。速率方程的形式确定之后，由实验数据求定动力学参数的方法主要有两种：一种是积分法；另一种是微分法。

2.5.1 积分法

积分法是将速率方程积分后，再对实验数据进行处理。例如，在恒容下进行的反应，速率方程用如下的幂函数型方程表示：

$$r_A=-\frac{dc_A}{dt}=kc_A^{\alpha} \tag{2-66}$$

应用积分法求定反应级数 α 及反应速率常数 k 时，首先需将式(2-66) 积分，结果为：

$$\frac{1}{c_A^{\alpha-1}}-\frac{1}{c_{A0}^{\alpha-1}}=(\alpha-1)kt \quad (\alpha\neq 1) \tag{2-67}$$

式中，c_{A0} 为组分 A 的初始浓度。由式(2-67) 知，以时间 t 对 $1/c_A^{\alpha-1}$ 作图应得一直线（见图 2-8 并参看**【例 2-10】**)，其斜率为 $k(\alpha-1)$，截距为 $1/c_{A0}^{\alpha-1}$，但是 k 和 α 均是所要求的参数，都是未知值。因此，需要先假定 α 的值，根据实验测得的不同时间 t 时组分 c_A 的数据，按上述方法作图，若得一直线，表明所设 α 值正确，否则需重新设定 α 值再作，直至获得满意的 α 值为止。还需指出，实验必须在等温下进行，这样才能保持 k 为常数，否则式(2-67) 不成立。

【例 2-10】 等温下进行醋酸（A）和丁醇（B）的酯化反应

$$CH_3COOH+C_4H_9OH \rightleftharpoons CH_3COOC_4H_9+H_2O$$

醋酸和丁醇的初始浓度分别为 0.2332kmol/m³ 和 1.16kmol/m³。测得不同时间下醋酸转化量如下：

时间/h	醋酸转化量/(kmol/m³)	时间/h	醋酸转化量/(kmol/m³)	时间/h	醋酸转化量/(kmol/m³)
0	0	3	0.03662	6	0.06086
1	0.01636	4	0.04525	7	0.06833
2	0.02732	5	0.05405	8	0.07398

试求该反应的速率方程。

解：由于题给的数据均为醋酸转化率低的数据，且丁醇又大量过剩，可以忽略逆反应的影响。同时可不考虑丁醇浓度对反应速率的影响。所以，设正反应的速率方程为：

$$r_A=-\frac{dc_A}{dt}=kc_A^{\alpha}$$

依据题目中所给的数据，得出不同时间下的醋酸浓度如下表：

t/h	c_A	$\frac{1}{c_A}-\frac{1}{c_{A0}}$	t/h	c_A	$\frac{1}{c_A}-\frac{1}{c_{A0}}$	t/h	c_A	$\frac{1}{c_A}-\frac{1}{c_{A0}}$
0	0.2332	0	3	0.1966	0.7983	6	0.1723	1.5157
1	0.2168	0.3244	4	0.1879	1.0337	7	0.1649	1.7761
2	0.2059	0.5686	5	0.1792	1.2922	8	0.1592	1.9932

对正反应的速率方程进行积分得：$(\alpha-1)kt=\frac{1}{c_A^{\alpha-1}}-\frac{1}{c_{A0}^{\alpha-1}}$

采用试差法，先假设 α 值，用作图法求 α 及 k，根据所得的线性关系进行取舍。设 $\alpha=2$，则正反应的速率方程可简化为：

$$kt=\frac{1}{c_A}-\frac{1}{c_{A0}}$$

以 $\frac{1}{c_A}-\frac{1}{c_{A0}}$ 对 t 作图得一直线，则说明所设的 α 值是正确的。由图可见线性关系良好，故该反应对醋酸为二级反应。

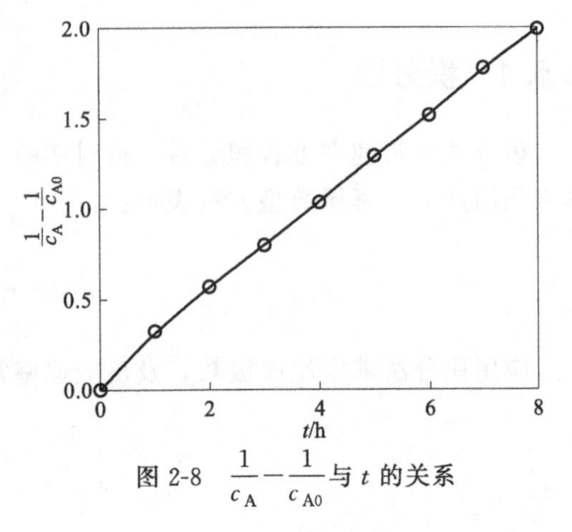

图 2-8 $\frac{1}{c_A}-\frac{1}{c_{A0}}$ 与 t 的关系

2.5.2 微分法

微分法是根据不同实验条件下测得的反应速率，直接由速率方程估计参数值。仍以式(2-66)为例，两边取对数则有：

$$\ln r_A=\alpha\ln c_A+\ln k \tag{2-68}$$

显然，根据实验数据，以 $\ln c_A$ 对 $\ln r_A$ 作图，若得一直线，直线的斜率等于 α，截距等于 $\ln k$。这样便可将参数值估计出来。

当参数数目超过两个时，与积分法一样，微分法也不能用图解法进行参数估值。因此，无论是用积分法还是用微分法处理动力学实验数据，最可靠的参数估值方法是根据统计学的原理对实验数据进行回归，这样，既不受参数数目的限制，又不受动力学方程的形式及实验方法的约束，具有普遍适用性。实际上，实验数据的组数要多于要确定的参数数目，实验数据的组数越多，则参数估值的结果越可靠。这样就会出现方程的数目多于未知数的情况，如何处理呢？常用的办法就是最小二乘法。

2.5.3 最小二乘法

最小二乘法的原则是使残差的平方和最小，所谓残差就是实验测定值 η_i 和模型计算值 $\hat{\eta}_i$ 之差。所以，残差平方和

$$\Phi=\sum_{i=1}^{M}(\eta_i-\hat{\eta}_i)^2=\min \tag{2-69}$$

式中，M 为实验数据组数。采用微分法求定参数，多以反应速率来表示，此时式(2-69)变为：

$$\Phi=\sum_{i=1}^{M}(r_i-\hat{r}_i)^2=\min \tag{2-70}$$

即实验测得的反应速率 r 与由速率方程计算所得的反应速率 $\hat{r}_i$ 之差的平方和，应保证最小。

速率方程通常与反应速率常数和平衡常数相关。因此残差平方和 Φ 就变成了 k 和 K_A 的函数。问题就在于 k 和 K_A 等于什么值时 Φ 值为最小。用最小二乘法进行动力学参数估值，可归结为求解如下的方程组：

$$\frac{\partial \Phi}{\partial k_i}=0(i=1,2,\cdots,N)$$

式中，k_i 为动力学参数，N 为动力学参数的数目。这是一个代数方程组，由于大多数情况下动力学方程是非线性的，因此所得的方程组也是非线性代数方程组。这种方法叫作非线性最小二乘法或非线性回归。

求解非线性代数方程组是比较困难的，特别是方程的数目多时。如果能将速率方程进行直线化，在数学处理上会带来方便。经直线化后进行回归的方法，叫线性回归法或线性最小二乘法。

【例 2-11】在工业镍催化剂上气相苯加氢反应，已推导得速率方程为

$$r_B=\frac{kp_Bp_H^{0.5}}{1+K_Bp_B}$$

式中，p_B 和 p_H 分别为苯及氢的分压；k 为反应速率常数；K_B 为苯的吸附平衡常数。在实验室中测定了 423K 时反应速率与气相组成的关系如下表所示。

反应组分的分压 $p_i/\times10^{-3}$MPa			反应速率 r_B	反应组分的分压 $p_i/\times10^{-3}$MPa			反应速率 r_B
苯	氢	环己烷	/[$\times10^{-3}$mol/(g·h)]	苯	氢	环己烷	/[$\times10^{-3}$mol/(g·h)]
2.13	93.0	4.29	18.1	9.58	89.3	1.93	40.8
2.42	85.5	11.50	19.0	9.02	88.1	2.78	36.5
3.81	78.0	17.20	27.0	7.95	86.9	4.24	35.7
5.02	86.8	7.65	30.9	6.46	86.3	6.48	33.8
5.80	79.6	13.90	35.2	4.73	92.4	4.76	30.4
13.9	84.0	1.92	42.4	4.01	92.5	2.34	29.7
10.7	80.6	7.47	39.6	3.30	92.2	3.20	26.3

试求：反应速率常数及苯的吸附平衡常数。

解：首先将气相苯加氢反应的速率方程进行线性化，该式可改写成：

$$\frac{p_Bp_H^{0.5}}{r_B}=\frac{1}{k}+\frac{K_B}{k}p_B$$

为了方便起见，令 $p_Bp_H^{0.5}/r_B=y$，$1/k=b$，$K_B/k=a$，气相苯加氢反应的速率方程可写成：

$$y=ap_B+b$$

根据气相苯加氢反应的速率数据可算出线性化方程中的 y 值，列于下表中。

p_B	$p_H^{0.5}$	r_B	y	p_B^2	yp_B
2.13×10^{-3}	304.959×10^{-3}	18.1×10^{-3}	3.589×10^2	4.537×10^{-6}	7.645×10^{-4}
2.42×10^{-3}	292.404×10^{-3}	19.0×10^{-3}	3.742×10^2	5.856×10^{-6}	9.056×10^{-4}
3.18×10^{-3}	279.285×10^{-3}	27.0×10^{-3}	3.941×10^2	14.52×10^{-6}	15.015×10^{-4}
5.02×10^{-3}	294.618×10^{-3}	30.9×10^{-3}	4.786×10^2	25.20×10^{-6}	24.026×10^{-4}
5.80×10^{-3}	282.135×10^{-3}	35.2×10^{-3}	4.649×10^2	33.64×10^{-6}	26.964×10^{-4}
13.90×10^{-3}	289.828×10^{-3}	42.4×10^{-3}	9.592×10^2	193.20×10^{-6}	133.329×10^{-4}
10.70×10^{-3}	283.901×10^{-3}	39.6×10^{-3}	7.671×10^2	114.50×10^{-6}	82.080×10^{-4}
9.58×10^{-3}	298.831×10^{-3}	40.8×10^{-3}	7.017×10^2	91.78×10^{-6}	67.223×10^{-4}
9.02×10^{-3}	296.816×10^{-3}	36.5×10^{-3}	7.335×10^2	81.36×10^{-6}	66.162×10^{-4}
7.95×10^{-3}	294.788×10^{-3}	35.7×10^{-3}	6.565×10^2	63.20×10^{-6}	52.192×10^{-4}
6.46×10^{-3}	293.768×10^{-3}	33.8×10^{-3}	5.615×10^2	41.73×10^{-6}	36.273×10^{-4}
4.73×10^{-3}	303.974×10^{-3}	30.4×10^{-3}	4.730×10^2	22.37×10^{-6}	22.273×10^{-4}
4.01×10^{-3}	304.138×10^{-3}	29.7×10^{-3}	4.106×10^2	19.08×10^{-6}	16.465×10^{-4}
3.30×10^{-3}	303.645×10^{-3}	26.3×10^{-3}	3.810×10^2	10.89×10^{-6}	12.573×10^{-4}
$\sum 0.08883$			0.7713	7.189×10^{-4}	5.713×10^{-3}

由此可知，以 $p_B p_H^{0.5}/r_B$ 对 p_B 作图可得一直线，由直线的斜率及截距即可求 k 及 K_B。

根据线性化的数据，以 y 对 p_B 作图得一直线，如图 2-9 所示。

该直线的斜率为 4.763，截距等于 0.0215，因此

$$b=0.0215=\frac{1}{k}$$

$$k=46.51[\mathrm{mol/(g\cdot h\cdot MPa^{1.5})}]$$

$$a=4.763=K_B/k$$

$$K_B=4.763\times46.51\approx221.5(\mathrm{MPa^{-1}})$$

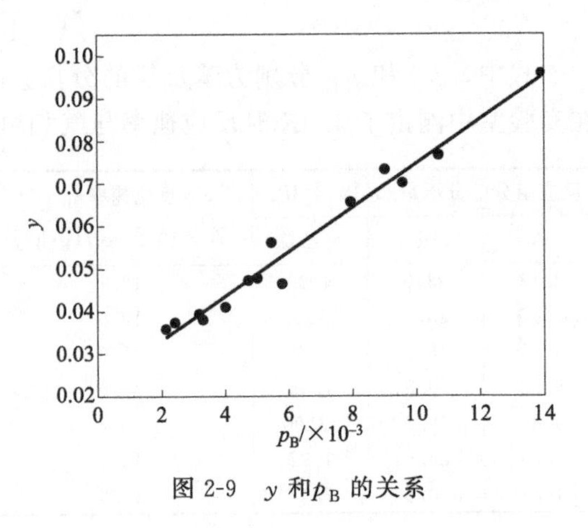

图 2-9　y 和 p_B 的关系

为了进行比较，下面用线性最小二乘法估计 a 与 b 的值。根据残差平方和最小可导出二元回归系数的计算公式为：

$$a=\frac{\sum^M p_B \sum^M y - M\sum^M p_B y}{(\sum^M p_B)^2 - M\sum^M p_B^2}$$

$$b=\frac{1}{M}(\sum^M y - a\sum^M p_B)$$

式中，M 为实验点数，本题 $M=14$，求 a 及 b 时，需要计算 p_B^2 及 $p_B y$，然后求和，将求和结果代入 a 及 b 的表达式可得

$$a=\frac{0.08883\times0.7713-14\times5.713\times10^{-3}}{0.08883^2-14\times7.189\times10^{-4}}\approx5.2716[(\mathrm{g\cdot h\cdot MPa^{0.5}})/\mathrm{mol}]$$

$$b=(0.7713-5.2716\times0.08883)/14\approx0.02166[(\mathrm{g\cdot h\cdot MPa^{1.5}})/\mathrm{mol}]$$

所以　$k=\frac{1}{b}\approx46.17[\mathrm{mol}/(\mathrm{g\cdot h\cdot MPa^{1.5}})]$

$$K_B=a\times k=5.2716\times46.17\approx243.4(\mathrm{MPa^{-1}})$$

由此可见两种方法的估值结果相接近，但是线性最小二乘法要精确些。

辩证思维

化学反应速率影响因素中的“静”与“动”

1. 一定的温度下，化学反应中的“静”是由热力学平衡常数体现。热力学以物质系统为研究对象，研究的是反应前后两种不同状态下的能量变化，依据热力学可以对化学反应的方向和进行的程度做出准确的判定，具有宏观稳定性。
2. 化学反应中的“动”通过反应速率的变化来体现，它可以描述不同时间节点化学变化的历程和细节，具有微观动态性。
3. 反应速率是反应物系组成、温度和压力的函数。可逆反应中的化学反应速率变化过程本质上是“动”与“静”博弈的结果。
4. 正逆反应的速率常数与化学平衡常数：$\overrightarrow{k}/\overleftarrow{k}=K_C^{1/v}$，$v$ 为速控步骤数。

   正逆反应活化能与焓值：$\overrightarrow{E}-\overleftarrow{E}=\frac{1}{v}\Delta H_r$

   吸热反应中，一定温度下，平衡曲线所对应的转化率最高 $\left(\frac{\partial r}{\partial T}\right)_{x_A}>0$。放热反应反应初期，热力学控制，反应速率随温度而升高，$\left(\frac{\partial r}{\partial T}\right)_{x_A}>0$；平衡时，热动势均力敌，反应的净速率为 $\left(\frac{\partial r}{\partial T}\right)_{x_A}=0$；反应后期，动力学控制，反应速率随温度的升高而下降，$\left(\frac{\partial r}{\partial T}\right)_{x_A}<0$。

学科素养与思考

2-1　反应速率是描述化学反应动态点的物理量。反应动力学方程是研究物料的浓度、温度、反应级数、催化剂等因素对化学反应速率影响规律的量化模型，是反应机理的体现。学习均相反应动力学基础是反应器设计与分析中联系“点”和“面”的桥梁，如何理解反应动力学中的“动”与“静”的问题？如何理解反应条件设置中理论联系实践的问题？结合复合反应中反应速率和反应动力学的表达，仔细体会动力学方程是指导反应器操作条件设计和优化的理论基础。

2-2　反应动力学方程是定量描述反应速率与影响反应速率诸因素之间关系的表达式。研究过程中需要运用热力学、动力学和数学解析方法方面的知识，仔细体会工程设计能力培养中不同专业知识的交叉运用和融会贯通，如何理解数理思维方式在解决化学反应工程问题中所起的作用。

习题

2-1 在一体积为4L的恒容反应器中进行A的水解反应，反应前A的含量（质量分数）为12.32%，混合物的密度为1g/mL，反应物A的分子量为88。在等温常压下不断取样分析，测得A随时间变化的浓度数据如下：

反应时间/h	1.0	2.0	3.0	4.0	5.0	6.0	7.0	8.0	9.0
c_A/(mol/L)	0.90	0.61	0.42	0.8	0.17	0.12	0.08	0.045	0.03

试求反应时间为3.5h时A的水解速率。

2-2 在一管式反应器中常压300℃等温下进行甲烷化反应：

$$CO+3H_2 \xrightarrow{Ni} CH_4+H_2O$$

催化剂体积为10mL，原料气中CO的摩尔分数为3%，其余为N_2、H_2气体，改变进口原料气流量Q_0进行实验，测得出口CO的转化率为：

Q_0/(cm³/min)	83.3	67.6	50.0	38.5	29.4	22.2
x/%	20	30	40	50	60	70

试求当进口原料气体积流量为50cm³/min时CO的转化速率。

2-3 在等温下进行液相反应A+B⟶C+D，在该条件下的反应速率方程为

$$r_A=0.8c_A^{1.5}c_B^{0.5} \quad mol/(L \cdot min)$$

若将A和B的初始浓度均为3mol/L的原料等体积混合后进行反应，求反应4min时A的转化率。

2-4 工业上采用铜锌铝催化剂由CO和氢合成甲醇，其主副反应为

$$CO+2H_2 \rightleftharpoons CH_3OH$$
$$2CO+4H_2 \rightleftharpoons (CH_3)_2O+H_2O$$
$$CO+3H_2 \rightleftharpoons CH_4+H_2O$$
$$4CO+8H_2 \rightleftharpoons C_4H_9OH+3H_2O$$
$$CO+H_2O \rightleftharpoons CO_2+H_2$$

生产流程示意图：

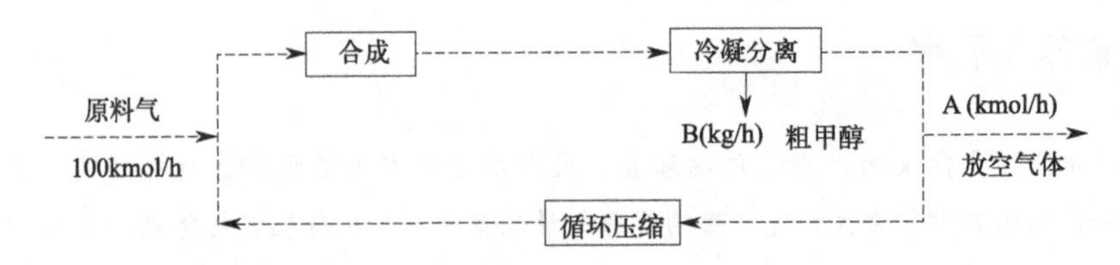

原料气和冷凝分离后的气体组成（摩尔分数）如下：

组分	CO	H_2	CO_2	CH_4	N_2
原料气/%	26.82	68.25	1.46	0.55	2.92
冷凝分离后的气体/%	15.49	69.78	0.82	3.62	10.29

粗甲醇的组成（质量分数）为：CH_3OH 89.15%、 $(CH_3)_2O$ 3.55%、C_4H_9OH 1.10%、H_2O

6.20%。在操作压力及温度下，其余组分均为不凝组分，但在冷凝冷却过程中可部分溶解于粗甲醇中。对1kg粗甲醇而言，其溶解量为：CO_2 9.82g、CO 9.38g、H_2 1.76g、CH_4 2.14g、N_2 5.38g。若循环气与原料气之比为7.2（摩尔比），试计算：

(1) CO的单程转化率和全程转化率；

(2) 甲醇的单程收率和全程收率。

2-5　下面是两个反应的 T-x 关系图，图中 AB 是平衡曲线，NP 是最佳温度曲线，AM 是等温线，HB 是等转化率线。根据下面两图回答：

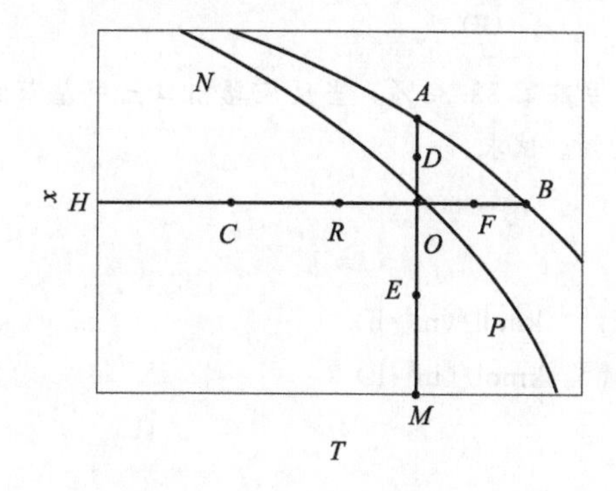

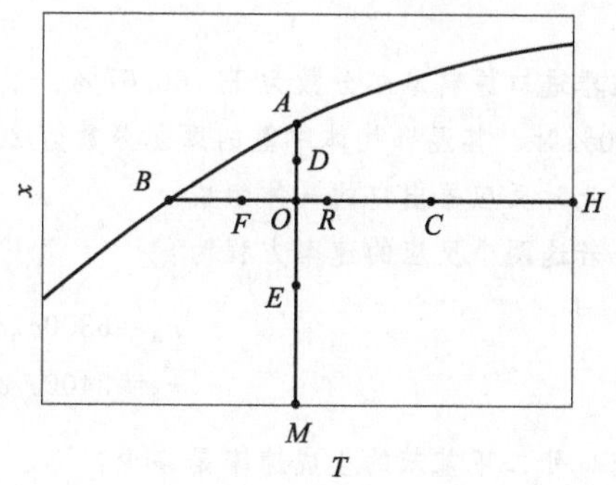

(1) 这两个反应是可逆反应还是不可逆反应？

(2) 这两个反应是放热反应还是吸热反应？

(3) 在等温线上，A、D、O、E、M 点中，哪一点速率最大，哪一点速率最小？

(4) 在等转化率线上，H、C、R、O、F 及 B 点中，哪一点速率最大，哪一点速率最小？

(5) 在 C、R 两点中，谁的速率大？

(6) 根据图中所给的十个点，判断哪一点速率最大？

2-6　在进行一氧化碳变换反应动力学研究中，采用B106催化剂进行试验，测得正反应活化能为 9.629×10^4J/mol，如果不考虑逆反应，在反应物料组成相同的情况下，试问反应温度为550℃时的速率比反应温度为200℃时的反应速率大多少倍？

2-7　0.103MPa压力下，在钒催化剂上进行 SO_2 氧化反应，原料气物质的量组成为7% SO_2、11% O_2 及82% N_2。试计算转化率为80%时的最佳温度。二氧化硫在钒催化剂上氧化的正反应活化能为 9.211×10^4J/mol，化学计量数等于 $\frac{1}{2}$，反应式为：$SO_2+\frac{1}{2}O_2 \rightleftharpoons SO_3$，它的平衡常数与温度的关系为：

$$\lg K_D=\frac{4905.5}{T}-4.1455$$

该反应的热效应 $\Delta H_r=-9.629\times10^4$J/mol。

2-8　在一恒容反应器中进行下列液相反应：

$$A+B \longrightarrow R \qquad r_R=1.6c_A$$

$$2A \longrightarrow D \qquad r_D=8.2c_A^2$$

式中，r_R、r_D 分别表示产物R及D的生成速率，其单位均为 kmol/(m^3·h)，反应用的原料为A与B的混合物，其中A的浓度为2kmol/m^3，试计算A的转化率达95%时所需要的反应时间。

2-9　于0.1MPa及523K等温下，在催化剂上进行三甲基苯的氢解反应

$$\underset{\text{(A)}}{C_6H_3(CH_3)_3} + \underset{\text{(B)}}{H_2} \longrightarrow \underset{\text{(C)}}{C_6H_4(CH_3)_2} + \underset{\text{(D)}}{CH_4}$$

$$C_6H_4(CH_3)_2 + H_2 \longrightarrow \underset{\text{(E)}}{C_6H_5CH_3} + CH_4$$

反应器进口原料摩尔分数为 H_2 66.67%、三甲基苯 33.33%。当反应器出口三甲基苯的转化率为 80%时，其混合气体中氢的摩尔分数为 20%。试求：

(1) 此时反应器出口的气体组成。

(2) 若这两个反应的速率方程为：

$$r_A = 6300 c_A c_B^{0.5} \quad \text{kmol/(m}^3\cdot\text{h)}$$

$$r_E = 3400 c_C c_B^{0.5} \quad \text{kmol/(m}^3\cdot\text{h)}$$

则出口处二甲基苯的生成速率是多少？

2-10　在 210℃等温下进行亚硝酸乙酯的气相分解反应

$$C_2H_5NO_2 \longrightarrow NO + \frac{1}{2}CH_3CHO + \frac{1}{2}C_2H_5OH$$

该反应为一级不可逆反应，反应速率常数与温度的关系为 $k = 1.39\times10^{14}\exp(-18973/T)$，$s^{-1}$。若反应是在恒容下进行，系统的起始总压为 0.1013MPa，采用的是纯亚硝酸乙酯，试计算亚硝酸乙酯的分解率为 80%时，亚硝酸乙酯的分解速率及乙醇的生成速率。若采用恒压反应，乙醇的生成速率是多少？

2-11　原料气中甲烷与水蒸气的摩尔比为 1∶4，甲烷与水蒸气在镍催化剂及 750℃等温下的转化反应为

$$CH_4 + 2H_2O \longrightarrow CO_2 + 4H_2$$

若这个反应对各反应物均为一级，已知 $k = 2\text{m}^3/(\text{kmol}\cdot\text{s})$。

(1) 反应在恒容下进行，系统起初总压为 0.1013MPa，当反应器出口处 CH_4 转化率为 80%时，CO_2 和 H_2 的生成速率是多少？

(2) 反应在恒压下进行，其他条件同 (1)，CO_2 的生成速率又是多少？

2-12　在 473K 等温及常压下进行气相反应

$$A \longrightarrow 3R \qquad r_R = 1.2c_A$$

$$A \longrightarrow 2S \qquad r_S = 0.5c_A$$

$$A \longrightarrow T \qquad r_T = 2.1c_A$$

式中，c_A 为反应物 A 的浓度 kmol/m^3，各反应速率的单位均为 $\text{kmol/(m}^3\cdot\text{min)}$。原料气中 A 和惰性气体各为一半（体积比），试求当 A 的转化率达 85%时，其转化速率是多少？

2-13　由实验测得镍催化剂上苯气相加氢反应的反应速率常数 k 及苯的吸附平衡常数 K_B 与温度的关系如下表所示：

T/K	363	393	423	453
$k/[mol/(g \cdot h \cdot MPa^{1.5})]$	14.52	25.96	45.07	66.03
K_B/MPa^{-1}	1495	537.3	237.9	99.41

试求该反应的活化能及苯的吸附热。

参考文献

[1] 李绍芬. 反应工程[M]. 3版. 北京：化学工业出版社，2013.

[2] 程振民，朱开宏，袁渭康[M]. 北京：化学工业出版社，2020.

[3] 廖传华，顾国亮，袁连山. 工业化学过程与计算[M]. 北京：化学工业出版社，2005.

[4] 许志美. 化学反应工程[M]. 北京：化学工业出版社，2019.

第3章

均相理想反应器

工业中常把用于物理、化学、生物之间反应的容器，称作反应器。均相反应器是指反应器内所有物料处于同一个相，如气相均相或液相均相，反应不存在相间传递过程。而理想反应器是指流动和混合达到两种极限的反应器，按照完全混合和完全不混合分为两类理想反应器，即理想混合反应器和理想管式反应器（活塞流反应器），按照操作方式的不同，理想混合反应器又分为理想间歇釜式反应器和理想连续流动釜式反应器（全混流反应器）。本章重点讨论这些反应器的特点、反应器的设计、确定反应器的形式和操作条件并计算满足生产所需的反应器体积等。

本章学习要求

3-1 本章讨论两种反应器的设计、组合和优化的问题。反应器的设计基于质量平衡、热量平衡和动量平衡，重点在于物料衡算和热量衡算。物料衡算是反应动力学方程与反应器结合的桥梁，它反映了物料在反应过程中“动态点”的变化，解决的是反应器“面”的结构参数和技术参数的设计问题。

3-2 本章重点介绍均相体系理想状态下的两种反应器类型（釜式反应器和管式反应器）、两种操作形式(间歇和连续）的设计方程。同学们需认真体会反应器和流体形态的关联，从结构类型和操作形式两个角度来分析以上两类反应器在操作性能指标、反应时间/空时、反应器体积和技术参数(转化率、选择性和收率）等方面的异同。

重点掌握以下知识点：

① 理想状态下釜式反应器和管式反应器的设计方程；

② 理想状态下釜式反应器和管式反应器的流体形态特征；

③ 釜式反应器和管式反应器的结构参数——体积的比较；

④ 釜式反应器和管式反应器的技术参数——转化率、选择性和收率的比较；

⑤ 全混流釜式反应器的稳定性分析；

⑥ 理想状态下釜式反应器和管式反应器在变温条件下的热量衡算方程和绝热线方程；

⑦ 均相反应器的组合与优化，特别是一级反应的组合与优化条件。

本章思维导图

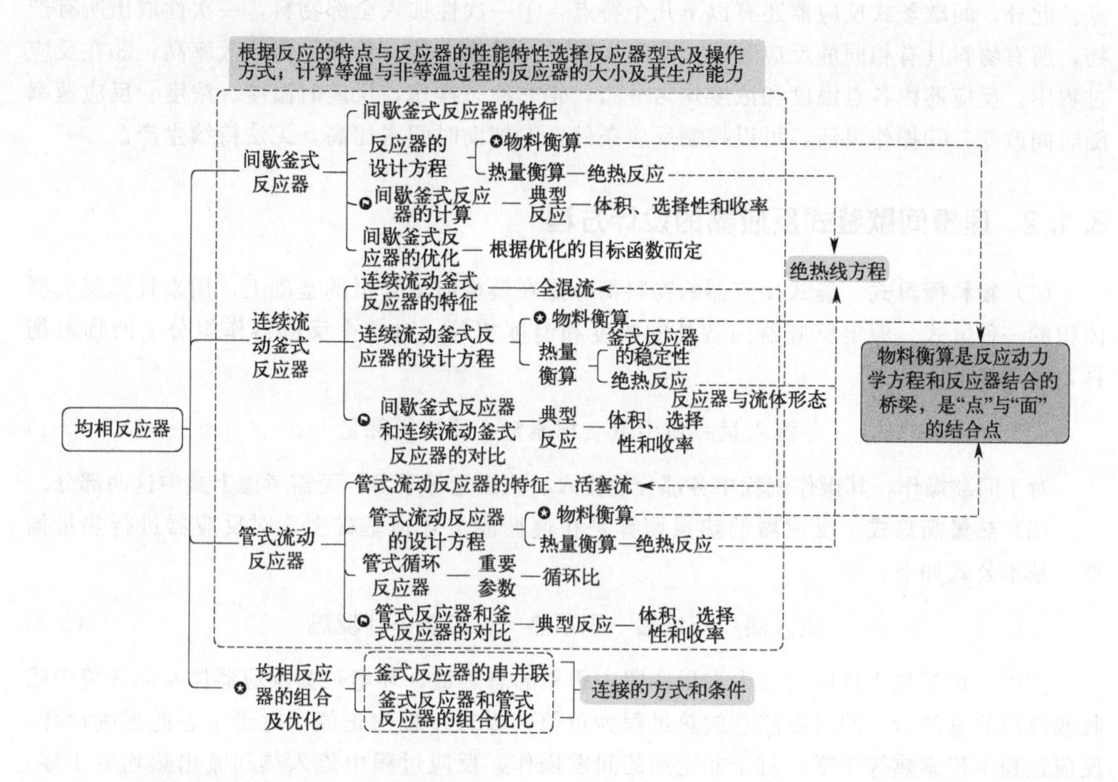

3.1　理想间歇釜式反应器

3.1.1　理想间歇釜式反应器的特征

间歇釜式反应器也称为间歇釜，如图 3-1 所示，主体部分是钢制的筒体，是在反应开始前把参与反应的物料一次性放进反应器中，反应过程结束后，生成的产物一次性完全取出的操作过程，又称为分批操作。搅拌器是完成搅拌操作最主要的部件，叶轮随转轴运动，使得原料充分混合，在罐顶和罐底部，分别有原物料的进口以及生成物的出口。间歇釜具有操作简单、物料混合效果好、灵活性强、产品变更方便等优点，备受中小型规模企业的青睐。间歇釜式反应器可用于反应时间长的产品生产，也可以用于小批量的精细生产，被广泛用于各大领域，如化工、医药领域等。

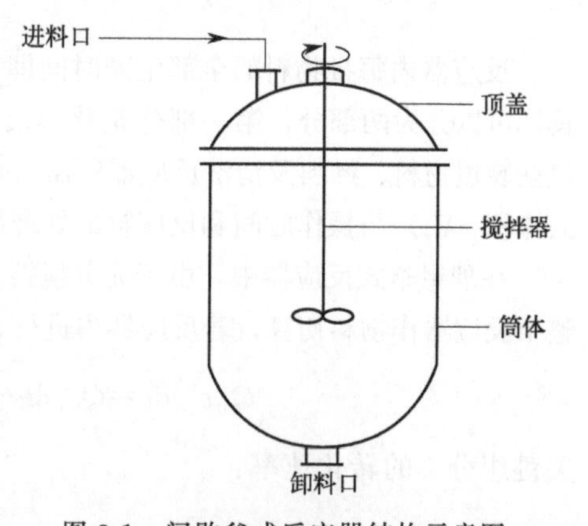

图 3-1　间歇釜式反应器结构示意图

在理想间歇釜式反应器中，由于充分搅拌，对于化学反应的瞬间状态，反应物的浓度均匀、温度均一。在整个间歇反应过程中，物质状态和反应器中环境参数都是动态变化的，动态是间歇操作过程的本质特性，物质的剩余状态、生成状态、反应器内温度、压强、热量流动、冷剂流动量等操作参数随时间的变化而变化，导致反应过程具有复杂性、不稳定性、非线性等特点。此外，间歇釜式反应器还有以下几个特点：①一次性加入全部物料，一次性取出所有产物，所有物料具有相同的反应时间；②结构简单、操作方便、传质、传热效率高；③在反应过程中，反应器内各点温度和浓度均匀分布；④非稳态操作，反应时温度、浓度、反应速率随时间改变；⑤操作灵活，可以控制反应条件；⑥辅助时间占比高，无法持续生产。

3.1.2 理想间歇釜式反应器的设计方程

（1）**物料衡算式** 釜式反应器的物料衡算是在遵循质量守恒的基础上，用来计算反应器体积的一种方式。假定反应器内各处的浓度和温度相等，对整个反应器作组分 i 的物料衡算，公式如下：

$$流入量=流出量+积累量+反应消耗量 \tag{3-1}$$

对于间歇操作，其操作流程中各部分的流入、流出量等于零，无需考虑上式中这两部分。

（2）**热量衡算式** 反应器的热量衡算是在遵循能量守恒基础上，对反应器进行热量衡算，基本公式如下：

$$流入热=流出热+积累热+反应热+环境热 \tag{3-2}$$

其中，积累热为反应过程中在反应器中积累的总热量，环境热为反应器体系向环境中吸收或放出的总热量，同时要注意放热过程为负值，吸热过程为正值。对于定态的连续操作，反应过程中积累热等于零；对于非定态的间歇操作，反应过程中流入热和流出热均等于零；而对于绝热条件下的釜式反应器，其在反应过程中的环境热等于零。

（3）**动量衡算式** 反应器的动量衡算是在遵循动量守恒的基础上，通过探究反应器中物料动量的变化规律进而得出压力的变化规律，多用于描述反应器的性能，以满足生产需求。

3.1.3 理想间歇釜式反应器的计算

反应器内每批物料的全部生产时间即为操作时间，包括从投入物料到反应完成所需的时间，具体可以分为两部分，第一部分是化学反应时间 t，取决于反应速率；第二部分是辅助时间 t_0，包括装填物料、卸料及清洗反应器所需的时间；操作时间是反应时间和辅助时间的总和。反应器的体积（V_r）与操作时间和反应物的处理量（Q）有关，而处理量取决于生产任务。

在理想釜式反应器中，由于充分搅拌，可认为反应器内物料的浓度和温度均一，因此可以对整个反应器作物料衡算，若反应器内进行 M 个均相反应，对关键组分 i 进行物料衡算，则有：

$$Q_0 c_{i0} \mathrm{d}t = Q c_i \mathrm{d}t - R_i V_r \mathrm{d}t + \mathrm{d}n_i \quad (i=1,2,\cdots,K) \tag{3-3}$$

关键组分 i 的转化速率：

$$R_i = \sum_{j=1}^{M} v_{ij} \bar{r}_j \tag{3-4}$$

式中，Q_0 和 Q 分别为反应器进口和出口处的体积流量，若关键组分 i 为反应物，则

R_i 为负；若 i 为产物，则 R_i 为正。将式(3-4) 代入式(3-3)，两边同时除以 dt，可将各物质的量转换为速率项，得到釜式反应器的物料衡算式：

$$Q_0 c_{i0} = Qc_i - V_r \sum_{j=1}^{M} v_{ij} \bar{r}_j + \frac{dn_i}{dt} (i=1,2,\cdots,K) \tag{3-5}$$

间歇釜式反应器在反应过程中，不存在物料的输入和输出，即 $Q_0 c_{i0} = Qc_i = 0$，故等温间歇釜式反应器的物料衡算式可由式(3-5) 变为：

$$-V_r \sum_{j=1}^{M} v_{ij} \bar{r}_j + \frac{dn_i}{dt} = 0 (i=1,2,\cdots,K) \tag{3-6}$$

3.1.3.1 单一反应反应时间及反应体积的计算

在间歇釜式反应器中进行某单一反应 A+B ⟶R，将 A 作为关键组分对其进行物料衡算，则有：

$$-V_r R_A + \frac{dn_A}{dt} = 0 \tag{3-7}$$

以转化率的形式表示 n_A，则：

$$n_A = n_{A0}(1-x_A) \tag{3-8}$$

将式(3-8) 代入式(3-7) 得：

$$-V_r R_A - n_{A0} \frac{dx_A}{dt} = 0 \tag{3-9}$$

对上式积分可以求得组分 A 的转化率从 0 到 x_{Af} 所需的反应时间：

$$t = \int_0^{x_{Af}} \frac{n_{A0} dx_A}{V_r(-R_A)} \tag{3-10}$$

该式对于等温、非等温、多相、均相间歇反应过程均适用。间歇釜式反应器的反应过程可以视为恒容过程，反应体积 V_r 为常数，对于均相反应，则式(3-10) 可变为：

$$t = c_{A0} \int_0^{x_{Af}} \frac{dx_A}{-R_A} \tag{3-11}$$

在等温间歇釜式反应器中进行 a 级不可逆单一反应，则关键组分 A 的反应速率为：

$$-R_A = kc_A^a = kc_{A0}^a (1-x_A)^a \tag{3-12}$$

将式(3-12) 代入式(3-11) 可得：

$$t = \frac{1}{kc_{A0}^{a-1}} \int_0^{x_{Af}} \frac{dx_A}{(1-x_A)^a} = \frac{(1-x_{Af})^{1-a} - 1}{(a-1)kc_{A0}^{a-1}} (a \neq 1) \tag{3-13}$$

由于反应速率常数为温度的函数：

$$k = A\exp\left(-\frac{E}{RT}\right) \tag{3-14}$$

在等温情况下 k 为常数，从阿伦尼乌斯方程可以看出，k 与温度成正比，温度升高会降低达到相同的转化率所需的反应时间。

若进行一级不可逆单一反应时，可得反应时间的表达式为：

$$t=\frac{1}{k}\ln\frac{1}{1-x_{Af}} \tag{3-15}$$

可以看出，对于一级不可逆单一反应，其反应时间与起始物料的浓度无关。由以上公式可知，对于间歇釜式反应器而言，达到指定转化率 x_{Af} 所需的反应时间取决于反应速率，而与反应器的体积无关。

而反应器的体积取决于反应物料单位时间处理量和操作时间，生产任务决定了物料的处理量，操作时间包括反应所需时间 t 和辅助时间（清洗、装填料等时间）t_0 两部分，由此可得间歇釜式反应器的反应体积：

$$V_r=Q_0(t+t_0) \tag{3-16}$$

对于实际反应而言，为了确保反应的正常进行，需要给反应釜留出一定的安全空间，故此引入装填系数 f，装填系数表示填入物料体积占总容积的百分比，通常根据经验在 0.4～0.85 之间取值，实际反应釜的体积 V 由下式计算：

$$V=\frac{V_r}{f} \tag{3-17}$$

【例 3-1】 在间歇操作搅拌釜式反应器中，用乙酸和丁醇生产乙酸丁酯，其反应式为：

$$\underset{A}{CH_3COOH}+\underset{B}{C_4H_9OH}\longrightarrow\underset{C}{CH_3COOC_4H_9}+\underset{D}{H_2O}$$

反应在 100℃等温进行，进料摩尔比为 A∶B=1∶4.97，并以少量硫酸为催化剂。由于丁醇过量，其动力学方程为：

$$-R_A=kc_A^2$$

式中，k 为 $1.74\times10^{-2}\,m^3/(kmol\cdot min)$。已知反应物密度 ρ 为 $750kg/m^3$（反应前后基本不变），若每天生产乙酸丁酯 2450kg（不考虑分离过程损失），每批物料的非生产时间取 0.5h，求乙酸转化率为 55%时所需间歇操作搅拌釜式反应器的体积（装料系数为 0.75）。

解：（1）已知乙酸、丁醇和乙酸乙酯的摩尔质量分别为 $M_A=60g/mol$，$M_B=74g/mol$，$M_C=116g/mol$，则

$$c_{A0}=\frac{\rho}{1\times M_A+4.97\times M_B}=\frac{750}{1\times60+4.97\times74}\approx1.75(kmol/m^3)$$

已知动力学方程为：

$$-R_A=kc_A^2=kc_{A0}^2(1-x_A)^2$$

将其代入

$$t=c_{A0}\int_0^{x_{Af}}\frac{dx_A}{-R_A}$$

可得

$$t=\frac{x_{Af}}{kc_{A0}(1-x_{Af})}=\frac{0.55}{1.74\times10^{-2}\times60\times1.75\times(1-0.55)}\approx0.67(\text{h})$$

（2）计算反应器的有效体积

每小时乙酸的消耗量为：

$$Q_{A0}=\frac{2450}{24\times116}\times\frac{1}{0.55}\approx1.60(\text{kmol/h})$$

每小时处理的原料总体积为：

$$Q_0=\frac{1.60\times10^3\times6.0\times10^{-2}+1.60\times10^3\times4.97\times7.4\times10^{-2}}{750}\approx0.91(\text{m}^3/\text{h})$$

反应体积为：

$$V_r=Q_0(t+t_0)=0.91\times(0.67+0.5)\approx1.06(\text{m}^3)$$

实际间歇操作釜式反应器的体积为：

$$V=\frac{V_r}{f}=\frac{1.06}{0.75}\approx1.41(\text{m}^3)$$

3.1.3.2　平行反应的时间及反应体积计算

反应物在同一时间参与两个及两个以上的反应称为平行反应。平行反应即是由一种物料在生成目标产物的同时，平行地进行其他反应得到副产物，在工业生产中要尽可能提高原料的转化率同时使反应沿着主反应的方向进行，即保证高的目的产物收率，抑制副反应的发生。设 A 为反应物，P 为目标产物，Q 为副产物，平行反应如下所示：

$$A\longrightarrow P,\ r_P=k_1c_A$$
$$A\longrightarrow Q,\ r_Q=k_2c_A$$

P 为目的产物，由 A 生成 P 的反应为主反应，由 A 生成 Q 的反应为副反应。

由等温间歇釜式反应器的物料衡算式可知：

组分 A：$$V_r(k_1+k_2)c_A+\mathrm{d}n_A/\mathrm{d}t=0 \tag{3-18}$$

组分 P：$$-V_rk_1c_A+\mathrm{d}n_P/\mathrm{d}t=0 \tag{3-19}$$

组分 Q：$$-V_rk_2c_A+\mathrm{d}n_Q/\mathrm{d}t=0 \tag{3-20}$$

由于该系统中两个反应是相互独立的，因此关键组分数为 2，上三式任选两个即可。对于恒容均相系统，上面三个式子两边分别除以反应器体积 V_r，可以得到：

$$(k_1+k_2)c_A+\mathrm{d}c_A/\mathrm{d}t=0 \tag{3-21}$$

$$-k_1c_A+\mathrm{d}c_P/\mathrm{d}t=0 \tag{3-22}$$

$$-k_2c_A+\mathrm{d}c_Q/\mathrm{d}t=0 \tag{3-23}$$

当 $t=0$ 时，$c_A=c_{A0}$，$c_P=0$，$c_Q=0$，对式(3-21) 积分可以求出反应时间为：

$$t=\frac{1}{k_1+k_2}\ln\frac{c_{A0}}{c_A} \tag{3-24}$$

$$t=\frac{1}{k_1+k_2}\ln\frac{1}{1-x_A} \tag{3-25}$$

从上面的计算可以看出，仅从反应物 A 转化多少来考虑，由 A 组分的物料衡算式即可求得所需的反应时间。但是在实际的工业生产中更注重目的产物 P 的收率，因此要进一步对产物 P 进行物料衡算，通过式(3-22) 来计算目的产物 P 的收率。下面，将式(3-24) 改写如下：

$$c_A=c_{A0}\exp[-(k_1+k_2)t] \tag{3-26}$$

将上式带入式(3-22) 积分后可得：

$$c_P=\frac{k_1c_{A0}}{k_1+k_2}\{1-\exp[-(k_1+k_2)t]\} \tag{3-27}$$

由上式可以计算出反应时间为 t 时目的产物 P 的浓度。

由 $c_Q=c_{A0}-c_A-c_P$ 得：

$$c_Q=\frac{k_2c_{A0}}{k_1+k_2}\{1-\exp[-(k_1+k_2)t]\} \tag{3-28}$$

反应物的浓度 c_A 随反应时间的增加而减少，反应产物 P 和 Q 的浓度随反应时间的增加而增高。

【例 3-2】 某厂通过间歇釜式反应器利用已二酸与已二醇以等摩尔比在 70℃下进行缩聚反应生产醇酸树脂，以硫酸作为催化剂，实验测得反应的动力学方程为：

$$-R_A=kc_A^2[\text{kmol/(L·min)}]$$

$$k=1.97[\text{L/(kmol·min)}]$$

$$c_{A0}=0.004(\text{kmol/L})$$

求：(1) 已二酸转化率分别为 $x_A=0.5$、$x_A=0.6$、$x_A=0.8$、$x_A=0.9$ 所需的反应时间是多少？

(2) 若每天处理 2400kg 已二酸，转化率为 80%，每批操作的非生产时间为 1h，计算反应器体积为多少？设反应釜装料系数为 0.75。

解：(1) 达到所要求的转化率所需的反应时间为：

$x_A=0.5$

$$t=\frac{1}{kc_{A0}}\times\frac{x_A}{1-x_A}=\frac{1}{1.97}\times\frac{0.5}{0.004\times(1-0.5)}\times\frac{1}{60}\approx 2.12(\text{h})$$

$x_A=0.6$

$$t=\frac{1}{1.97}\times\frac{0.6}{0.004\times(1-0.6)}\times\frac{1}{60}\approx 3.17(\text{h})$$

$x_A=0.8$

$$t=\frac{1}{1.97}\times\frac{0.8}{0.004\times(1-0.8)}\times\frac{1}{60}\approx 8.46(\text{h})$$

$x_A=0.9$

$$t=\frac{1}{1.97}\times\frac{0.9}{0.004\times(1-0.9)}\times\frac{1}{60}\approx 19.04(\text{h})$$

可见随着转化率的增加，所需的反应时间将急剧增加，因此，在确定最终转化率时应该考虑到这一因素。

（2）最终转化率为 0.80 时，每批所需的反应时间为 8.46h

$$每小时己二酸进料量=\frac{2400}{24\times 146}=0.685(\text{kmol/h})$$

$$Q_0=\frac{F_{A0}}{c_{A0}}=\frac{0.685}{0.004}=171.25(\text{L/h})$$

每批生产总时间＝反应时间＋非生产时间＝9.46(h)

反应器体积　　$V_R=Q_0 t_{总}=171.25\times 9.46=1620.025\text{L}\approx 1.62(\text{m}^3)$

考虑到装料系数，故实际反应器体积　　$V_R=\frac{1.62}{0.75}\approx 2.16(\text{m}^3)$

3.1.3.3　连串反应的计算

连串反应是反应产物进一步反应生成其他产物的反应。以一级不可逆连串反应为例：

$$\text{A}\xrightarrow{k_1}\text{L}\xrightarrow{k_2}\text{M}$$

假定 L 为主反应产物，M 为副反应产物。实际上连串反应分两步进行：

$$\text{A}\xrightarrow{k_1}\text{L}$$

$$\text{L}\xrightarrow{k_2}\text{M}$$

反应物 A 的转化速率为：

$$-R_A=k_1 c_A$$

$$即-\frac{\text{d}c_A}{\text{d}t}=k_1 c_A \tag{3-29}$$

产物 L 的生成速率为两个反应速率之差，为：

$$R_L=k_1 c_A-k_2 c_L$$

$$即\frac{\text{d}c_L}{\text{d}t}=k_1 c_A-k_2 c_L \tag{3-30}$$

若 $t=0$ 时，$c_A=c_{A0}$，$c_L=0$，$c_M=0$，积分式(3-29) 有：

$$c_A=c_{A0}\exp(-k_1 t) \tag{3-31}$$

为了确定 L 的浓度，将式(3-31) 代入式(3-30)，有：

$$\frac{\text{d}c_L}{\text{d}t}+k_2 c_L=k_1 c_{A0}\exp(-k_1 t)$$

结合上述初始 $t=0$，$c_{L0}=0$ 的条件，解得：

$$c_L=\frac{k_1c_{A0}}{k_1-k_2}[\exp(-k_2t)-\exp(-k_1t)] \tag{3-32}$$

M 的浓度为：

$$c_M=c_{A0}-c_A-c_L=c_{A0}\left[1+\frac{k_2\exp(-k_1t)-k_1\exp(-k_2t)}{k_1-k_2}\right] \tag{3-33}$$

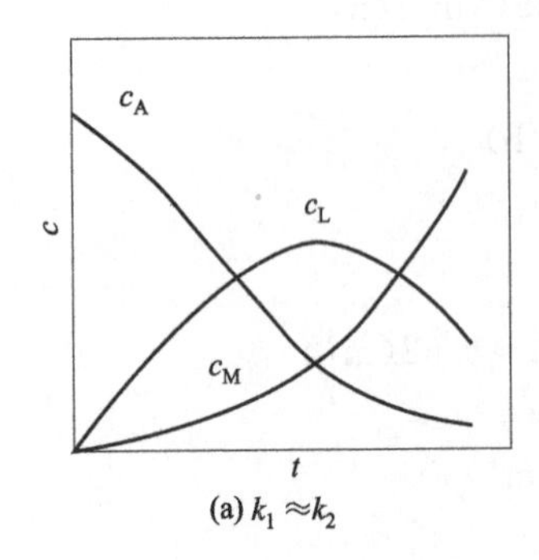

(a) $k_1\approx k_2$

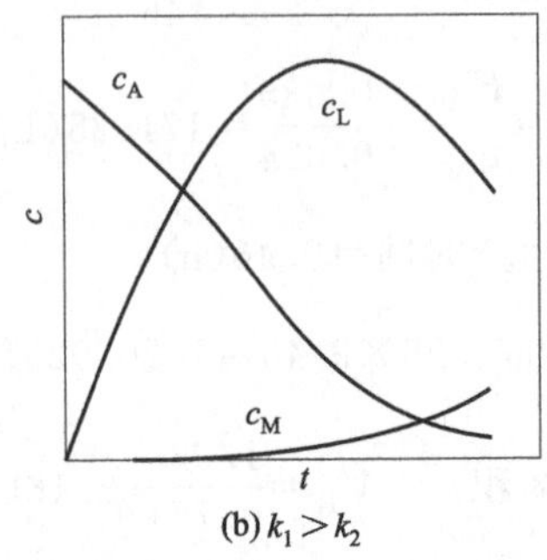

(b) $k_1>k_2$

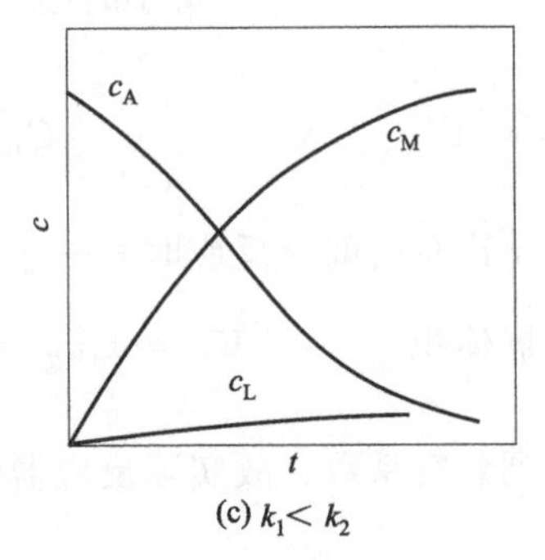

(c) $k_1<k_2$

图 3-2 连串反应的浓度-时间关系

图 3-2 表示反应组分 A 和产物 L 及 M 的浓度随反应时间的变化关系。不同 k 值的连串反应，尽管图形各不相同，但有其共同的特点：

① 反应组分 A 的浓度随反应的进行而单调递减；

② 副产物 M 的浓度随反应的进行而单调递增；

③ 中间产物 L 的浓度在反应初期随反应的进行而递增，在反应后期，当 $k_2c_L>k_1c_A$ 时，随反应的进行而递减，最大值 $c_{L,\max}$ 的大小与 k_2/k_1 有关，这是连串反应的特点。

因此当中间产物 L 为目的产物时，要对反应时间加以控制，使得 L 的收率最大。为此，可将式(3-32) 对 t 求导，然后令 $\frac{dc_L}{dt}=0$，可得最优反应时间：

$$t_{opt}=\frac{\ln(k_2/k_1)}{k_2-k_1} \tag{3-34}$$

理想间歇釜式反应器的优化

将式(3-34) 代入式(3-32) 可求 L 的最大浓度。

若 M 为目的产物，则反应时间越长，M 的收率越大。以上所涉及的连串反应仅是一级不可逆反应的情况，如果其中有可逆反应或不同级数的反应，或者连串-平行反应等复杂的情况，结论可以做出推广，只要是中间产物，肯定存在最大浓度。确定反应时间后，可进一步计算反应器的体积。

3.2 理想连续流动釜式反应器

3.2.1 理想连续流动釜式反应器的特征

连续流动釜式反应器（CSTR）就是在反应器中连续地加入反应物、流出产物，也被称为连续釜。为这一过程提供保障的内部元件有机械搅拌装置、加热装置、循环装置等。在稳态运行时，连续流动釜式反应器易于实现自动控制、操作简单、产品质量稳定，广泛应用于大规模生产，如在塑料、化纤和合成橡胶等领域。在强烈搅拌作用下，物料进入反应器的一瞬间，新鲜物料和反应器内原本存在的物料达到了完全混合，这种理想的流动模型即为全混流模型，这种时间上逆向混合叫作返混，即不同停留时间的流体之间的混合，连续流动釜式反应器的物料返混达到最大，由于强力搅拌作用保证了反应器内各处物料参数均一，且与出口位置一致，从而不存在位置上的自变量。在定态操作条件下，反应器内部物质的参数保持恒定，如温度、压力、浓度等各个状态参数不随时间变化，从而不存在时间上的自变量，后面的讨论都基于定态操作。理想连续流动釜式反应器的特点如下：

（1）反应器内物料的参数不随时间变化也不随位置变化；

（2）反应器为等速反应器；

（3）物料在反应器内的停留时间不同，返混最大；

（4）反应器内的温度、浓度等参数与出口处物料的参数一致。

3.2.2　理想连续流动釜式反应器的设计方程

物料衡算是描述反应物料量的变化规律，其中：

反应物组分　　　输入速率＝输出速率＋转化速率＋累积速率

产物组分　　　输入速率＋生成速率＝输出速率＋累积速率

根据全混流反应器的特征，可对整个反应器作物料衡算。取反应体积 V_r 作控制体积，设在时间间隔 dt 内，反应器里关键组分 i 量的变化为 dn_i，反应器进出口的物料体积流量分别为 Q_0 和 Q，因此在时间间隔 dt 内，进出反应器的关键组分 i 的量分别为 $Q_0c_{i0}dt$ 及 Qc_idt，关键组分的反应量则为 R_iV_rdt。根据质量守恒定律有：

$$Q_0c_{i0}dt = Qc_idt - R_iV_rdt + dn_i \tag{3-35}$$

关键组分 i 在反应器内的累积速率 dn_i/dt 可正可负，视具体情况而定。定态下操作的反应器，累积速率为零，式(3-35) 化为：

$$Q_0c_{i0} = Qc_i - V_r\sum_{j=1}^{M} v_{ij}\bar{r}_j\ (i=1,2,\cdots,K) \tag{3-36}$$

此为连续流动釜式反应器的物料衡算式。

3.2.3　理想连续流动釜式反应器的计算

假定物料进出口的流量相等，对设计计算的精确度带来的影响极其有限，反应式(3-36) 可简化为：

$$V_r = \frac{Q_0(c_i - c_{i0})}{\sum_{j=1}^{M} v_{ij}\bar{r}_j}(i=1,2,\cdots,K) \tag{3-37}$$

这就是连续釜式反应器反应体积的计算公式。只要原料的处理量及组成和反应速率方程已知，便可由式(3-37) 计算满足输出要求时所需的反应体积。

如果反应器中发生的是单一反应，并以组分 A 为关键组分，则式(3-37) 可写为：

$$V_r=\frac{Q_0(c_{A0}-c_A)}{-R_A} \tag{3-38}$$

式(3-38) 也可写成转化率的函数，即：

$$V_r=\frac{Q_0 c_{A0} x_{Af}}{-R_A(x_{Af})} \tag{3-39}$$

$-R_A(x_{Af})$ 为在出口转化率 x_{Af} 下的转化速率，由此可见，定态操作的连续釜式反应器是由物料衡算式直接计算反应体积。

空时：为了比较连续流动釜式反应器的生产能力，往往引用空间时间（简称空时）这一概念，其定义为：

$$\tau=\frac{V_r}{Q_0}=\frac{\text{反应体积}}{\text{进料体积流量}} \tag{3-40}$$

显然，空时具有时间的量纲。空时越小，反应器处理的物料量越大，而空时越大则相反。如果在进出口物料相同的条件下比较两个连续釜式反应器，则空时较小的反应器生产能力较大。当然，两种进料的体积流量必须在相同的温度和压力下计算。对于等体积均相反应过程，空时也等于物料在反应器中的平均停留时间。

空速：定义为空时的倒数，表示单位反应体积、单位时间内所处理的物料量，即

$$S=\frac{1}{\tau} \tag{3-41}$$

空速越大表明生产能力越大。

【例 3-3】 在间歇釜式反应器中等温进行下列均相反应：

$$A+B \longrightarrow R \qquad r_R=1.6c_A \quad \text{kmol/(m}^3\cdot\text{h)}$$
$$2A \longrightarrow D \qquad r_D=8.2c_A^2 \quad \text{kmol/(m}^3\cdot\text{h)}$$

r_D 及 r_R 分别为产物 D 和 R 的生成速率。反应用的原料为 A 和 B 的混合液，其中 A 的浓度等于 2kmol/m^3。计算：

(1) A 的转化率达 95%时所需的反应时间；

(2) 当 A 的转化率为 95%时，R 的收率是多少；

(3) 如果反应的温度没有改变，要求 D 的收率达到 70%，是否可以实现；

(4) 改用全混流反应器操作，反应温度与原料组成均不变，保持空时与 (1) 的反应时间相等，A 的转化率是否可达 95%?

(5) 在全混流反应器操作时，A 的转化率如要求仍达到 95%，其他条件不变，R 的转化率是多少?

解：(1) 反应物 A 的消耗速率为两反应速率之和

$$-R_A=r_R+2r_D=1.6c_A+2\times 8.2c_A^2=1.6c_A(1+10.25c_A)$$
$$c_A=c_{A0}(1-x_A)=2(1-0.95)=0.1(\text{kmol/m}^3)$$
$$t=c_{A0}\int_0^{x_{Af}}\frac{dx_A}{-R_A}$$

式中，$c_{A0}=2\text{kmol/m}^3$；$x_{Af}=0.95$。

代入上式中，得反应时间为 $t=0.396\text{h}=23.76\text{min}$。

(2) $S_R=\dfrac{dc_R/dt}{-dc_A/dt}=\dfrac{-dc_R}{dc_A}=\dfrac{1.6c_A}{1.6c_A+16.4c_A^2}=\dfrac{1}{1+10.25c_A}$

$$c_R=\int_{c_{A0}}^{c_A}(-S_R)dc_A=\int_2^{0.1}-\frac{dc_A}{1+10.25c_A}=\frac{1}{10.25}\ln(1+10.25c_A)\Big|_{0.1}^{2}$$

$$=0.2305(\text{kmol/m}^3)$$

$$y_R=\frac{c_R}{c_{A0}}=\frac{0.2305}{2}=0.11525$$

所以 R 的收率为 11.525%。

(3) 若转化率仍为 95%，且温度为常数，则 D 的瞬时选择性为：

$$S_D=\frac{2\times 8.2c_A}{1.6+16.4c_A}=\frac{32.8(1-x_A)}{34.4-32.8x_A}$$

D 的收率：

$$y_R=\int_0^{x_{Af}}S_D dx_A=\int_0^{0.95}\frac{32.8(1-x_A)}{34.4-32.8x_A}dx_A=0.8348>0.7$$

说明能使 D 的收率达到 70%。

(4) 根据连续釜式反应器的物料平衡，写出 A 的物料衡算式：

$$\tau=\frac{c_{A0}\times x_{Af}}{-R_A}$$

将题目中要求的空时代入上式：

$$0.396=\frac{2\times x_{Af}}{68.8-134.4x_{Af}+65.6x_{Af}^2}$$

整理得：

$$25.98x_{Af}^2-55.22x_{Af}+27.24=0$$

该式是关于 x_{Af} 的一元二次方程，根据求根公式可得：

$$x_{Af}=0.778 \text{ 或 } x_{Af}=1.347(\text{舍去})$$

将在该反应时间下的转化率与题目中要求的转化率对比：

$$0.778<0.95$$

故在该条件下 A 的转化率达不到 95%。

(5) 根据物质 A 计算反应空时：

$$\tau=\frac{2\times 0.95}{68.8-134.4\times 0.95+65.6\times 0.95^2}=\frac{1.9}{0.324}=5.864(\text{h})$$

理想等温间歇和连续流动釜式反应器的比较

根据物质 R 列出空时的计算式：

$$\tau=\frac{c_R}{1.6c_A}$$

根据两种物质的反应空时相同，计算 R 物质的最终浓度：

$$c_R=5.864\times1.6\times2\times0.05=0.94(\text{kmol/m}^3)$$

3.3 理想流动管式反应器

3.3.1 理想流动管式反应器的特征

管式反应器大多采用连续操作，使用半间歇操作和间歇操作的较为罕见，其反应速率快、反应物流速快，适用于大规模和持续性的化工生产，广泛应用于石油化工行业，近年来更是在生物柴油的生产制备方面表现出优异的性能。常见的管式反应器是一种呈管状、长度远大于管径的连续操作反应器，这种反应器结构简单、体积比较小、比表面积较大、耐高压、单位容积的传热面积大，尤其适用于强烈放热和加压下发生的化学反应。可以进行均相反应，也可以进行多相反应，此外，管式反应器还能够进行分段温度控制，为保证良好的传质与传热条件，使之达到理性的效果，一般要求流体为高速湍流流型。这种反应器管可以很长，如丙烯二聚的反应器管长以公里计算，但由于反应物分子在反应器内停留时间相等，所以在定常态下，反应器内任何一点截面上的反应物含量和化学反应速率均不随时间改变，只随管长变化，因此当化学反应速率很低时所需的管道较长，在工业上不易实现。反应器的结构可以是多管串联，也可以是多管并联。图 3-3 所示为水平管式反应器，常用于进行气相或均相液相反应，由连接 U 形管的无缝钢管组成，这种结构易于加工制造、操作和检修。

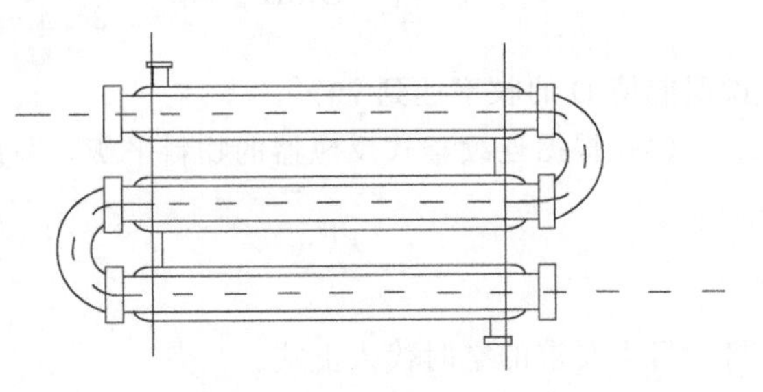
图 3-3 水平管式反应器

活塞流模型是另一种理想流动模型，也称为平推流模型（简称 PFR），其基本假定是径向流速分布均匀，即所有流体粒子以相同速度从进口向出口运动，就像一个活塞一样有序地向前移动（如图 3-4 所示），故称为活塞流。另外还假定在垂直于流体流动方向的任何横截面上，浓度均匀、温度均匀，即径向混合均匀。并假设在流体流动方向，即轴向上不存在流体的混合。长期以来管式反应器一直被视为活塞流反应器来处理，大大简化了反应器的设计。

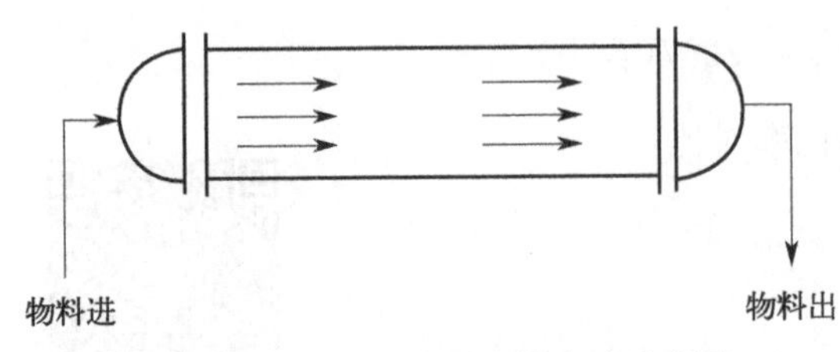

图 3-4 活塞流反应器流体流动示意图

（1）**基本假设**　径向上流速分布均匀，所有粒子以相同的速度从进口向出口运动；轴向上无返混。符合上述假设的反应器，同一时刻进入反应器的流体粒子必同一时刻离开反应器，所有粒子在反应器内停留时间相同。

（2）**特点**　径向上物料的所有参数都相同，轴向上不断变化。

（3）**反应器类型**　管径较小，流速较大的管式反应器。

3.3.2　理想流动管式反应器的设计方程

等温管式反应器的物料浓度随轴向改变，且其建立设计方程的依据为质量守恒定律，所以可取其中的微元体积 dV_r 作为控制体积（图 3-5），当采用活塞流模型的假定时，对于单一反应，对反应物 A 做物料衡算，则定态情况下：

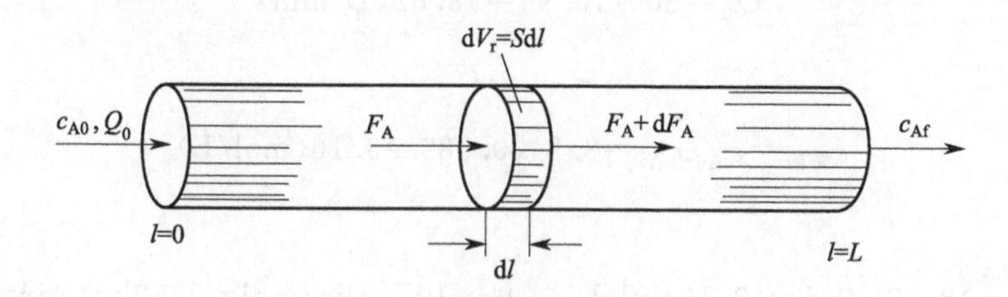

图 3-5　管式反应器示意图

$$流入量=流出量+反应量+累积量$$

$$F_A=(F_A+dF_A)+(-R_A)dV_r+0 \tag{3-42}$$

化简后有：

$$dF_A/dV_r=R_A \tag{3-43}$$

且

$$x_A=\frac{F_{A0}-F_A}{F_{A0}}$$

反应体积：

$$V_r=Q_0c_{A0}\int_0^{x_{Af}}\frac{dx_A}{-R_A(x_A)} \tag{3-44}$$

空时：

$$\tau=c_{A0}\int_0^{x_{Af}}\frac{dx_A}{-R_A(x_A)} \tag{3-45}$$

3.3.3　理想流动管式反应器的计算

【例 3-4】在一个体积为 300L 的反应器中，86℃等温下将浓度为 $3.2kmol/m^3$ 的过氧化氢异丙苯溶液分解以生产苯酚和丙酮。该反应为一级反应，反应温度下反应速率常数等于 $0.08s^{-1}$。最终转化率达 98.9%，试计算以下各种情况下苯酚的产量。

$$C_6H_5C(CH_3)_2OOH \longrightarrow CH_3COCH_3+C_6H_5OH$$

(1) 如果使用间歇釜式反应器，并设辅助操作时间为15min；

(2) 如果使用全混流反应器；

(3) 如果使用活塞流反应器。

解：(1) 间歇操作反应器

根据式(3-11)～式(3-15)，得

$$t = c_{A0}\int_0^{x_{Af}} \frac{dx_A}{-R_A} = c_{A0}\int_0^{x_{Af}} \frac{dx_A}{kc_{A0}(1-x_A)} = \frac{1}{k}\ln\frac{1}{1-x_{Af}}$$

$$= \frac{1}{0.08}\ln\frac{1}{1-0.989} = 56.37(s) = 0.94(min)$$

因 $$V_r = Q_0(t+t_0)$$

故 $$Q_0 = 300/15.94 = 18.82(L/min)$$

苯酚浓度：

$$c_{苯酚} = c_{A0}x_{Af} = 3.2\times0.989 = 3.16(mol/L)$$

苯酚产量：

$Q_0 c_{苯酚} M_{苯酚} = 18.82L/min\times3.16mol/L\times(94\times10^{-3})kg/mol = 5.59kg/min = 335.40kg/h$

(2) 全混流反应器

因 $$V_r = \frac{Q_0 c_{A0} x_{Af}}{kc_{A0}(1-x_{Af})} = \frac{Q_0 x_{Af}}{k(1-x_{Af})}$$

故 $$Q_0 = \frac{V_r k(1-x_{Af})}{x_{Af}} = \frac{300\times0.08\times60\times(1-0.989)}{0.989} = 16.02(L/min)$$

苯酚产量：

$Q_0 c_{苯酚} M_{苯酚} = 16.02L/min\times3.16mol/L\times(94\times10^{-3})kg/mol = 4.76kg/min = 285.60kg/h$

(3) 活塞流反应器

根据式(3-44)，得

$$V_r/Q_0 = c_{A0}\int_0^{x_{Af}} \frac{dx_A}{kc_{A0}(1-x_A)} = \frac{1}{k}\ln\frac{1}{1-x_{Af}}$$

将已知数据代入得：

$$\frac{0.3}{Q_0} = \frac{1}{0.08\times60}\ln\frac{1}{1-0.989}$$

解得： $$Q_0 = 0.32m^3/min = 320L/min$$

苯酚产量为：

$$Q_0 c_{苯酚} M_{苯酚} = 320L/min\times3.16mol/L\times(94\times10^{-3})kg/mol$$
$$= 95.05kg/min = 5703.00kg/h$$

循环管式反应器原理

理想釜式反应器和管式反应器的比较

3.4 均相变温反应器

针对工业生产中的不同情况，除了上述讨论的等温操作以外，绝热过程与变温操作过程也是化工生产中不可或缺的一部分。工业生产中，绝大多数的化学反应过程是在变温条件下进行。这是因为有些反应的热效应非常大，即使采用各种换热方式移走热量或者输入热量都难以维持等温，特别是气-固相固定床催化反应器，要想达到等温更为困难；另一方面，等温操作在许多反应过程中效果并不理想，需要最佳的温度分布，如工业上合成甲醇和氨等可逆放热反应；此外，对于某些复杂反应，主反应和副反应的活化能不同，温度对主反应和副反应速率的影响也不同。高温更有利于活化能大的反应，低温则有利于活化能小的反应，但是低温不利于反应速率的提高。因此，可以通过改变温度来改变产品的分布，以最大限度地提高目标产品的收率。本节简要探讨在进行热量衡算过程时需要建立的热力学方程。

热量衡算：单位时间内针对反应器或其微元体积进行热量衡算，满足下式：

流入体系的热量－流出体系的热量＋体系与环境交换的热量＋反应热＝体系内积累的热量 (3-46)

3.4.1 间歇釜式反应器非等温设计

间歇釜式反应器是封闭体系，与外界没有物质的交换，可取整体反应器进行热量衡算。由热力学第一定律可知，体系的热力学能（U）变化取决于其在实际情况下对物系之外的环境做了多少功（W）以及与环境之间发生了多少的热量（Q）交换。即：

$$\Delta U = Q + W \tag{3-47}$$

当不考虑做功因素的影响时，热力学第一定律可化简成为反应体系和体系之外的环境进行的热量交换与反应体系内能的变化相等，则有：

$$\mathrm{d}q = \mathrm{d}U \tag{3-48}$$

因：

$$H = U + pV \tag{3-49}$$

对于液相反应体系而言，体系在反应时其内能的变化与焓变几乎相同，且在釜式反应器中进行反应，式(3-49) 中的反应体积 V 没有变化，可以将式(3-48) 改写成为：

$$\mathrm{d}q = \mathrm{d}H \tag{3-50}$$

因焓是状态参数，其变化量与过程无关，体系从进口组成（温度 T）变至出口组成（温度 $T+\mathrm{d}T$）的焓变 $\mathrm{d}H$ 可以写成以下路径（图 3-6）进行计算：

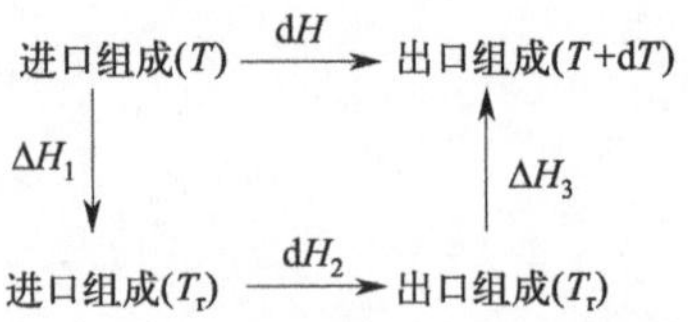

图 3-6　求焓变的玻恩-哈伯循环

其中

$$\Delta H_1 = m_t \int_T^{T_r} C_{pt} dT \approx m_t \bar{C}_{pt} (T_r - T) \tag{3-51}$$

式中，m_t 为反应物系的质量；C_{pt} 为反应物系的比热容，由于比热容为温度的函数，所以第二个等式是近似的；$\bar{C}_{pt}$ 为温度介于 T 和 T_r 之间反应物系的平均比热容。

若为单一反应：

$$dH_2 = \Delta H_r (-R_A) V_r dt \tag{3-52}$$

ΔH_r 为反应热，放热为负，吸热为正。

$$\Delta H_3 \approx m_t \bar{C}_{pt} (T + dT - T_r) \tag{3-53}$$

$$dH = \Delta H_1 + dH_2 + \Delta H_3 = m_t \bar{C}_{pt} dT + \Delta H_r (-R_A) V_r dt \tag{3-54}$$

反应物系与环境交换的热量为：

$$dq = UA_h (T_c - T) dt \tag{3-55}$$

式中，U 为总传热系数；A_h 为传热面积；T_c 为环境的温度。

则有

$$m_t \bar{C}_{pt} \frac{dT}{dt} = UA_h (T_c - T) - \Delta H_r V_r (-R_A) \tag{3-56}$$

这便是间歇釜式反应器反应物料的温度与时间的关系。

若为等温过程则反应体系的温度变化（dT）为零，则要求放热反应放出的热量必须全部移走，或者吸热反应从环境吸收相同的热量，式(3-56) 变为：

$$0 = UA_h (T_c - T) - \Delta H_r V_r (-R_A) \tag{3-57}$$

若为绝热过程则与外界交换的热量（dq）为零，放热反应放出的热量会导致体系温度升高，吸热反应会导致体系温度降低，式(3-56) 变为：

$$m_t \bar{C}_{pt} \frac{dT}{dt} = -\Delta H_r V_r (-R_A) \tag{3-58}$$

根据物料衡算式可知：

$$n_{A0} \frac{dx_A}{dt} = (-R_A) V_r$$

将上式代入式(3-58)，若 $\bar{C}_{pt}$ 可视为常数，则对其进行积分有：

$$T-T_0=\frac{n_{A0}(-\Delta H_r)}{m_t\bar{C}_{pt}}x_A \tag{3-59}$$

式中，T_0 为反应开始时的温度；$\bar{C}_{pt}$ 则为 T_0 与 T 之间的平均比热容，反应开始时转化率为零。由上式可知绝热过程的热量衡算式可以变成反应温度与转化率之间的线性关系式。

3.4.2　全混流釜式反应器非等温设计

将连续釜式反应器整体看作一个体系时，可知它是一种与外界环境既存在物质交换，也存在能量交换的敞开体系，如图3-7所示。定态操作下基于热力学第一定律对全混流釜式反应器进行热量衡算，忽略动能、势能和轴功的影响，则有：

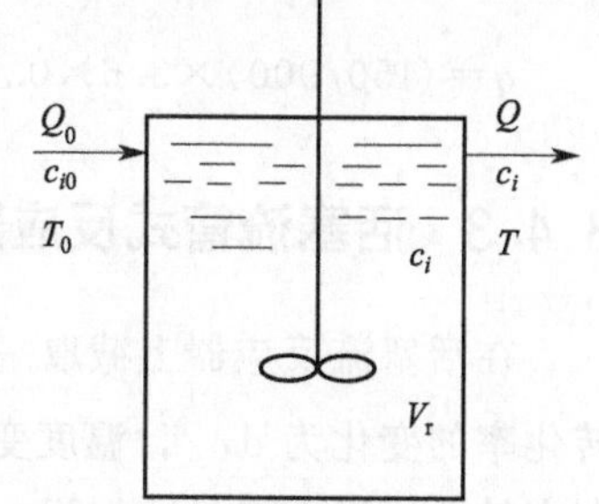

图3-7　全混流釜式反应器非等温设计

$$\Delta H=q \tag{3-60}$$

$$\Delta H=Q_0\rho\bar{C}_{pt}(T-T_0)+(\Delta H_r)_{T_0}(-R_A)V_r \tag{3-61}$$

$$q=UA_h(T_c-T) \tag{3-62}$$

$$Q_0\rho\bar{C}_{pt}(T-T_0)+(\Delta H_r)_{T_0}(-R_A)V_r=UA_h(T_c-T) \tag{3-63}$$

式(3-63)即为在定态操作下连续釜式反应器的热量衡算式，式中，第一项代表物料进出反应器由于温差所引起的焓变，第二项代表发生反应放出/吸收的热量，第三项则代表体系与外界交换的热量。

若在绝热条件下进行反应，则式(3-63)可以简化为：

$$T-T_0=\frac{c_{A0}(-\Delta H_r)_{T_0}}{\rho\bar{C}_{pt}}x_A \tag{3-64}$$

这与间歇釜式反应器在绝热条件下的热量衡算式的实质是一样的。

【例3-5】 全混釜中进行如下一级液相反应：

$$A \longrightarrow R$$

已知反应热 $\Delta H_r=-8.7\times10^4$ kJ/kmol，反应在200℃下进行，进料温度20℃，反应速率常数 $k=0.8\text{h}^{-1}$，A与R比热容均为2.3093kJ/(kg·K)，$\rho=900\text{kg/m}^3$。若处理物料量为150kg/h，$c_{A0}=3.6\text{kmol/m}^3$，要求出口转化率为0.97，求所需反应器体积与传热量。

解： 反应器体积：

$$V=\frac{Q_0c_{A0}x_{Af}}{-R_A(x_{Af})}=\frac{Q_0c_{A0}x_{Af}}{kc_{A0}(1-x_{Af})}$$

将已知数据代入：

$$V=\frac{150\times0.97}{900\times0.8\times(1-0.97)}=6.74\text{m}^3$$

按非发泡体系考虑，取装料系数 $f=0.8$，反应器实际体积为：

$$V_r = V/f = 6.74/0.8 = 8.43(m^3)$$

反应过程中需移除热量：

$$q = UA_h(T_c - T) = Q_0\rho C_{pt}(T - T_0) + (\Delta H_r)_{T_0}(-R_A)V_r$$

将已知数据代入：

$$q = (150/900) \times 3.6 \times 0.97 \times (-8.7 \times 10^4) + 150 \times 2.093 \times (473 - 293) = 5877 kJ/h$$

3.4.3 活塞流管式反应器非等温设计

在活塞流反应器上截取一段反应体积为 dV_r 的微元段，其长度为 dZ，在微元段内反应转化率的变化为 dx_A，温度变化为 dT，对微元体做热量衡算，忽略动能和位能的变化且不存在轴功，没有热量的累积。设单位截面积反应流体的质量流速为 G，管径为 d_t，流体在微元段中恒压比热容为 C_{pt}，T_r 为基准温度，T_c 为换热介质的温度，则反应体积：

$$dV_r = \frac{\pi}{4}d_t^2 dZ \tag{3-65}$$

流体流入微元段带入的热量

$$\frac{\pi}{4}Gd_t^2 C_{pt}T \tag{3-66}$$

流体流出微元段带出的热量

$$\frac{\pi}{4}Gd_t^2 C_{pt}(T + dT) \tag{3-67}$$

流体在微元段的反应热：

$$(-R_A)(\Delta H_r)_{T_r} dV_r \tag{3-68}$$

从微元段传给换热介质的热量：

$$dq = U(T_c - T)(\pi d_t)dZ \tag{3-69}$$

综上，代入 $dq = dH$ 可得：

$$-\frac{\pi}{4}Gd_t^2 C_{pt}dT - R_A dV_r(-\Delta H_r)_{T_r} - U(\pi d_t)(T - T_c)dZ = 0$$

$$GC_{pt}\frac{dT}{dZ} = (-R_A)(-\Delta H_r)_{T_r} - \frac{4U(T - T_c)}{d_t} \tag{3-70}$$

因为

$$Q_0 c_{A0} = \frac{G(\pi d_t^2/4)\omega_{A0}}{M_A} \text{及 } dV_r = \frac{\pi}{4}d_t^2 dZ$$

ω_{A0} 为组分 A 的初始质量分数，M_A 为 A 的分子量，所以式(3-70) 可改写成：

$$\frac{G\omega_{A0}}{M_A}\times\frac{dx_A}{dZ}=-R_A(x_A) \tag{3-71}$$

代入式(3-70) 得反应过程的温度与转化率的关系式：

$$GC_{pt}\frac{dT}{dZ}=\frac{G\omega_{A0}(-\Delta H_r)_{T_r}}{M_A}\times\frac{dx_A}{dZ}-\frac{4U}{d_t}(T-T_c) \tag{3-72}$$

这便是管式反应器的轴向温度分布方程，上式中右边第一项为反应热，第二项为与外界交换的热量。若为等温过程则反应温度不随反应器的位置变化，即上式中左边第一项为零；若为绝热过程，则与外界没有热量交换，右边第二项为零，式(3-72) 简化为：

$$dT=\frac{\omega_{A0}(-\Delta H_r)_{T_r}}{M_A C_{pt}}dx_A \tag{3-73}$$

积分上式得：

$$T-T_0=\frac{\omega_{A0}(-\Delta H_r)_{T_r}}{M_A\bar{C}_{pt}}x_A \tag{3-74}$$

与间歇釜式反应器相比，两者差别在于：间歇釜式反应器热量衡算过程中以时间 t 为自变量，衡算范围是基于整个釜式反应器；管式反应器热量衡算过程中以轴向距离 Z 为自变量，衡算范围是微元反应体积。

3.5　全混流釜式反应器的热稳定性

3.5.1　全混流釜式反应器的定态与稳定性

定态是指体系处于一种平衡状态，体系的各种参数不随时间而变化。而稳定性是指处于定态的体系抵抗外力影响的能力。本节主要针对全混流釜式反应器的定态操作进行讨论，包括何为热稳定性，定态最优稳定点的确定，以及在考虑工艺条件下定态操作的设计方程。同时还对定态操作的安全性进行拓展，进一步说明稳态操作的重要性。连续釜式反应器是在化学工业制造过程中最普遍采用的装置，可广泛应用于合成材料、医药、油漆、生物燃料、农药等的化学制造过程，在反应设备中也具有重要地位。因此，工业反应器在设计时，不但要确定反应器的尺寸规格，同时还要考虑怎样调节工作温度和设定可运行条件。而在连续釜式反应器体系中最关键的参数便是反应温度，温度的受控程度直接影响产物的质量及产率。对温度比较敏感、反应的热效应也大的反应体系，在散热系统不能及时满足传热的要求时，很容易出现“飞温”现象或“温度失控”，被称为热不稳定现象，这种热不稳定现象往往会导致反应系统的正常运行被破坏，以至于发生意外，故此在设计和操作时都需要考虑反应器的热稳定问题。

在某种定常态操作时，由于进料体积流量、传热/冷却介质等操作参数发生变化，致使反应系统偏离定态操作条件，而当干扰去除之后，整个反应系统可以很快地回归原有的定态，这种定态叫作稳定的定态。在另一个定态操作时，如果对上述操作参数出现了轻微的偏离干扰，造成整个反应器的运行情况发生改变，即使在减少了干扰之后，整个系统也不能恢复原来的运行状况，因此不具备抗干扰能力，这种状况叫作不稳定的定常态。

3.5.2 定态点的稳定性分析

定态下操作的连续釜式反应器，其操作温度和所达到的转化率应同时满足物料和热量衡算式，则联立物料和热量衡算式便可得到定态操作温度和转化率，也可以通过定态图解法来确定其定态操作温度（图 3-8），该方法简便而且直观。其原理是用图解的方法求方程组的解，下面以一级不可逆放热反应为例：

移热速率 $$Q_r = Q_0 \rho \bar{C}_{pt}(T - T_0) + UA_h(T - T_c) \tag{3-75}$$

放热速率 $$Q_g = \frac{V_r c_{A0}(-\Delta H_r)_{T_0} A\exp[-E/(RT)]}{1 + A\tau\exp[-E/(RT)]} \tag{3-76}$$

其中移热速率 Q_r，它由两项热组成，第一项为使进料从温度 T_0 升高至操作温度 T 所需的热量；第二项则为冷却介质所带走的热量，反应的放热速率为 Q_g。Q_g 与 Q_r 相等时的反应温度即 Q_g-T 线与 Q_r-T 线的交点横坐标，即为定态操作温度。

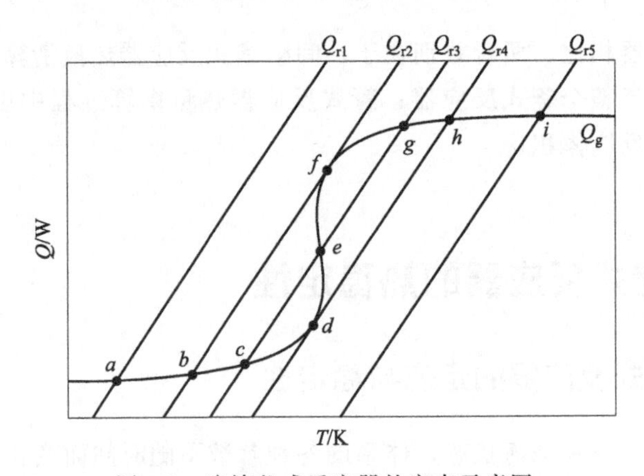

图 3-8 连续釜式反应器的定态示意图

由图 3-8 可以看出连续釜式反应器的放热曲线 Q_g 呈 S 形，移热曲线 Q_r 为直线，Q_{r1}、Q_{r2}、Q_{r3}、Q_{r4}、Q_{r5} 分别表示不同进料温度 T_1、T_2、T_3、T_4、T_5 时的移热线，它们与放热曲线 Q_g 的交点横坐标便是定态操作温度，满足 $Q_r = Q_g$。由式(3-75) 可见，给定条件下 Q_r 仅为温度的函数。而由式(3-76) 可见，Q_g 不仅是温度的函数，还是浓度的函数。连续釜式反应器的热稳定性问题只出现在一个特定区域内，即图 3-8 中移热线 Q_{r2} 和 Q_{r4} 与放热线围成的区域，由图可见存在多个定态点，但是并非所有的定态点都能稳定操作，分析图中 c、e、g 三个定态点可知，虽然都满足物料和热量衡算式，但各点的操作特性是不同的。

(1) **反应器在 g 点操作** 当受到外来的干扰而使体系温度升高时，因为反应速率与温度呈指数函数关联，所以温度的上升会引起反应速率加快，进而导致体系内释放更多的热能，但是由于 $Q_g < Q_r$，移走的热量大于反应放出的热量，体系被冷却，反应器内的温度会逐渐恢复到 g 点。而当外来的干扰使体系温度降低时，放热速率减小，由于 $Q_r < Q_g$，反应放出的热量大于移走的热量，故反应器内物料的温度会逐渐升高到 g 点。即当进料温度恢复正常以后，反应器内物料的温度能恢复到原来的定态温度，该点为稳定的

定态点。

（2）**反应器在 c 点操作**　上述分析结果同样适用于 c 点，即 c 点也具有抵抗温度波动干扰的能力，是稳定的定态点，但是该点的操作温度低，反应速率慢，转化率低，一般不采用。

（3）**反应器在 e 点操作**　对于 e 点而言，因 $dQ_g/dT > dQ_r/dT$，该点即为不稳定点。在这种温度点上进行操作时，所有放热速度的细微改变，均将引起反应器运行状况的改变，例如反应器内温度与转化率的剧烈改变。该区域也叫作热敏感区，当反应体系的温度受到干扰而上升时，会导致体系内释放更多的热能，使体系温度持续提高，若是气相反应则体系内压力也持续上升，当系统内气压骤然增大到突破容器的最高承压能力时，容器将出现爆裂，大量高压物质便会从爆裂处涌出。在实际的工业生产过程中，要求避免反应系统操作参数发生巨大波动，这就要求对 CSTR 的敏感性行为进行细致且缜密的研究，进而推导出 CSTR 反应器温度的敏感参数临界条件，以此来确定会导致反应器发生热失控的敏感参数区域及可以进行稳定操作的热稳定操作范围，这将在极大程度上避免反应失控的发生，指导我们对反应器进行优化和对反应系统进行安全控制。一般来说，体积流量越大，反应器有效容积越小，停留时间就越短，热灵敏区范围也就越小。进料浓度越小，热灵敏区范围越小，低浓度与短停留时间常使热灵敏区消失。所以在 CSTR 设计、放大时，可以调整操作变量消除热灵敏区，达到杜绝飞温现象的目的。

由上述分析可知定态点稳定的两个必要条件是：

$$Q_g = Q_r \tag{3-77}$$

$$\frac{dQ_g}{dT} < \frac{dQ_r}{dT} \tag{3-78}$$

3.5.3　操作参数对多重定态的影响

全混流釜式反应器的操作参数，包括进料温度、进料量、反应物浓度等，都会对反应器的热稳定性产生影响。

3.5.3.1　进料温度的影响

如果保持其他操作参数不变，只改变进料温度 T_0（或冷却介质温度），则 Q_g 线不变，而由公式(3-75) 可知 Q_r 线将保持斜率不变发生平行移动，如图 3-8 所示。图中五条相互平行的 Q_r 线表示不同的进料温度，最左边的移热线 Q_{r1} 代表进料温度较低，它与放热线仅有一个交点，表明只有一个定常态；当提高进料温度，移热线 Q_{r2} 与放热线有两个交点，表明有两个定常态；继续提高进料温度则移热线 Q_{r3} 与放热线有三个交点；若进料温度提高到进料线 Q_{r4} 以上的进料温度值以上，系统会自动升温到高于 h 点的操作温度，若反应要求的温度是点 h 处的温度，反应器开车时可以沿 Q_{r4} 线迅速达到反应所要求的温度，因

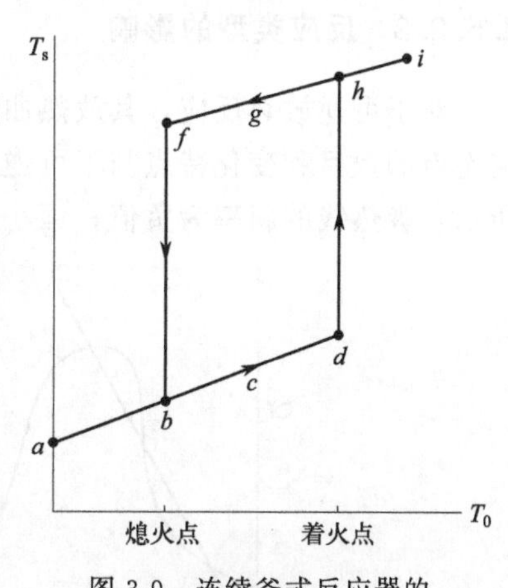

图 3-9　连续釜式反应器的着火点和熄火点

此 d 点也称为着火点（图 3-9）。在反应器停车时，可逐渐降低进料温度，使移热线向左平移，如果进料温度低于 Q_{r2} 线所对应的 T_2 值以下，系统会自动降温至 b 点以下温度，因此 f 点也称为熄火点。

3.5.3.2 进料流量的影响

进料流量改变时移热线和放热线都会发生变化，流量减少时移热线的斜率变大，如图 3-10(a) 所示。当进料流量为无限大或传热面积为零时（相当于绝热），这时移热线的斜率为 1（最小值），即图中的直线 A_0，当进料流量为零或传热面积无限大时，移热线与 Q_r 轴平行，反应物料的温度等于冷却介质的温度，如图 3-10(a) 中的 A_∞ 线。显然，所有其他流量下的移热线都位于 A_0 线和 A_∞ 之间。此外，流量增大，物料在反应器内的停留时间变短，反应物的转化率降低，单位体积反应物料在反应器中放出的热量减少，放热曲线向右移动；相反，流量减少时，物料在反应器内的停留时间变长，反应物的转化率提高，单位体积反应物料在反应器中放出的热量增加，放热曲线会向左移动。图 3-10(b) 为以一级不可逆反应为例，改变进料流量对全混流釜式反应器操作状态的影响，A、B、C、D、E 分别代表进料流量逐渐增加时的移热曲线，A'、B'、C'、D'、E'分别表示进料流量逐渐增加时的放热曲线，可依次得到 9、8、7、6 的操作点，且为热稳定的操作点。

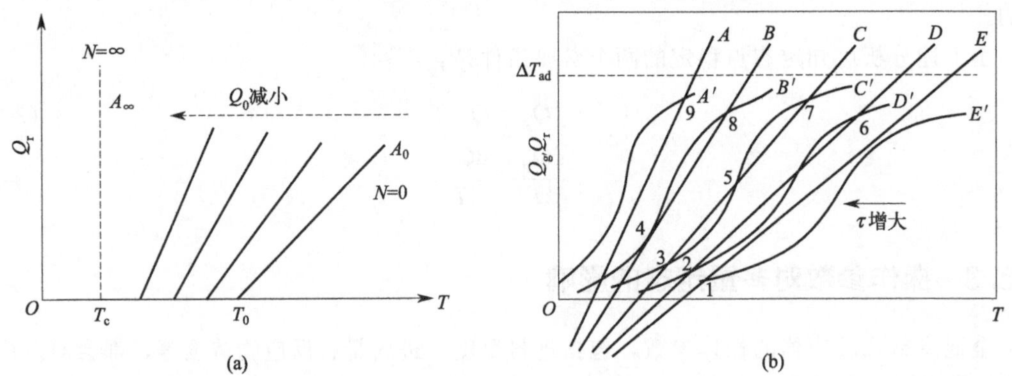

图 3-10 (a) 不同进料流量时的移热线；(b) 改变进料流量对全混釜操作状态的影响（一级不可逆放热反应）

3.5.3.3 反应类型的影响

对于可逆放热反应，其放热曲线如图 3-11(a) 所示，反应的放热曲线存在一极大值，但定态点的数目和变化特点与不可逆放热反应类似。对于吸热反应，其吸热曲线如图 3-11(b) 所示，吸热线的斜率为负值，恒小于供热线的斜率。吸热反应不存在多定态点。

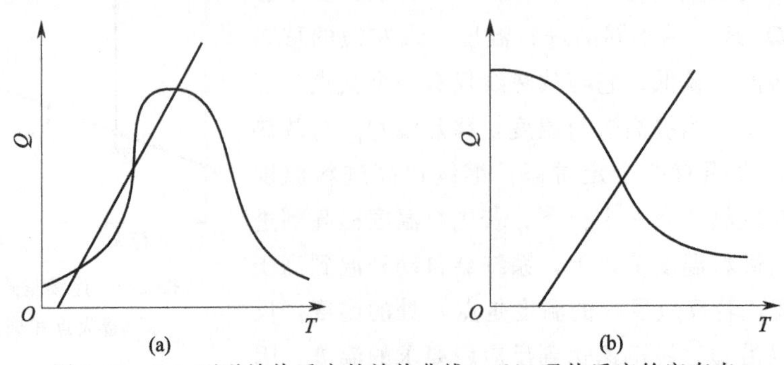

图 3-11 (a) 可逆放热反应的放热曲线；(b) 吸热反应的定态点

3.6　均相反应器的组合及优化

3.6.1　连续流动釜式反应器的串联与并联

3.6.1.1　连续流动釜式反应器的串联

由于反应器出口处反应物的浓度最低，所以连续流动釜式反应器总是在最低的反应物浓度下操作，从而降低了反应速率。对于正常动力学而言，由于转化速率（$-R_A$）随着转化率（x_A）的增加而降低，而连续流动釜式反应器是在出口转化率下恒速进行反应，即在最低的反应速率下进行反应。为了利用全混流反应器的优点，同时提高反应速率，可以采用多釜串联的方式，将反应物依次从上一级反应器出口流入下一级反应器的进口，如图 3-12 所示。多釜串联所需要的反应器总体积要小于单釜，并且串联的釜数越多，所需的总体积越小。但是，串联的釜数多了会导致相应管道、阀门等附件增多，操作复杂程度变大，所以要综合考虑经济效益来决定，此外，从机械加工的方便程度考虑，会选择等体积的釜进行串联。串联釜式反应器的计算主要包括两类：第一类是已知釜数和空时，计算出口转化率；第二类是已知空时和出口转化率，计算釜数。

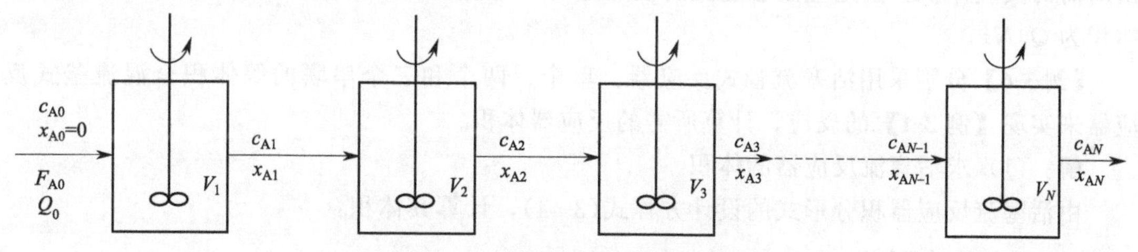

图 3-12　连续釜式反应器的串联

因系统为定态流动，且对于恒容系统，Q_0 不变，$V_i/Q_0=\tau_i$，对任意第 i 釜作组分 A 的物料衡算，有：

$$Q_0c_{Ai-1}-Q_0c_{Ai}=(-R_A)_iV_i \tag{3-79}$$

$$c_{Ai-1}-c_{Ai}=(-R_A)_i\tau_i \tag{3-80}$$

$$\tau_i=\frac{V_i}{Q_0}=\frac{c_{Ai-1}-c_{Ai}}{(-R_A)_i}$$

以上公式对于各釜体积和温度相同或不同情况下都是适用的。此时，在计算到某一釜时，相应地采用该釜的体积和该温度条件下的反应速率即可，如对一级不可逆反应 A ⟶P，第一段的出口浓度为：

$$\tau_1=\frac{V_1}{Q_0}=\frac{c_{A0}-c_{A1}}{(R_A)_1}=\frac{c_{A0}-c_{A1}}{k_1c_{A1}} \tag{3-81}$$

$$\Rightarrow c_{A1}=\frac{c_{A0}}{1+k_1\tau_1}$$

同理第二段和第三段的出口浓度分别为：

$$c_{A2}=\frac{c_{A1}}{1+k_2\tau_2}=\frac{c_{A0}}{(1+k_1\tau_1)(1+k_2\tau_2)} \tag{3-82}$$

$$c_{A3}=\frac{c_{A2}}{1+k_3\tau_3}=\frac{c_{A0}}{(1+k_1\tau_1)(1+k_2\tau_2)(1+k_3\tau_3)} \tag{3-83}$$

则第 N 段的出口浓度为：

$$c_{AN}=\frac{c_{AN-1}}{1+k_N\tau_N}=\frac{c_{A0}}{(1+k_1\tau_1)(1+k_2\tau_2)(1+k_3\tau_3)\cdots(1+k_N\tau_N)} \tag{3-84}$$

如各釜容积与温度均相等，则第 N 段出口处的浓度为：

$$c_{AN}=\frac{c_{A0}}{(1+k\tau)^N} \tag{3-85}$$

整理得：

$$\frac{1}{1-x_{AN}}=(1+k\tau)^N \tag{3-86}$$

或：

$$\tau=\frac{1}{k}\left[\left(\frac{1}{1-x_{AN}}\right)^{\frac{1}{N}}-1\right]$$

当釜数一定，由式(3-86) 即可算出达到最终转化率 x_{AN} 所需要的空时 τ，从而不难算出所需的反应体积。但是应注意这里的空时是对一个釜而言，总空时为 $N\tau$，因而总的反应体积为 $Q_0N\tau$。

【例 3-6】 分别采用活塞流管式反应器、单个、两个和三个串联的等体积全混流釜式反应器来实现**【例 3-1】**的反应，计算所需的反应器体积。

解：(1) 求活塞流反应器的体积

由活塞流反应器积分形式的设计方程式(3-44)，计算其体积：

$$V=\int_0^{x_{Af}}Q_0c_{A0}\frac{dx_A}{r_A}=\int_0^{x_{Af}}Q_0c_{A0}\frac{dx_A}{kc_{A0}^2(1-x_A)^2}=\frac{Q_0}{kc_{A0}}\times\frac{x_{Af}}{1-x_{Af}}$$

$$=\frac{0.91}{1.74\times10^{-2}\times60\times1.75}\times\frac{0.55}{1-0.55}=0.61(\mathrm{m^3})$$

活塞流反应器的体积与间歇釜式反应器以净反应时间计算的反应器体积相等，因为活塞流反应器不需要辅助时间。

(2) 求单个全混流釜式反应器体积

由设计方程式(3-40) 得：

$$\tau=\frac{V_r}{Q_0}=\frac{c_{A0}-c_A}{-R_A}=\frac{c_{A0}x_{Af}}{-R_A}$$

$$V=\frac{Q_0c_{A0}x_{Af}}{kc_{A0}^2(1-x_{Af})^2}=\frac{0.91\times1.75\times0.55}{1.74\times10^{-2}\times60\times1.75^2\times(1-0.55)^2}=1.35(\mathrm{m^3})$$

(3) 求两个等体积全混流釜式反应器串联总体积

由多釜串联全混流反应器中任一反应器的体积设计方程式：

$$\tau_i=\frac{V_i}{Q_0}=\frac{c_{Ai-1}-c_{Ai}}{(-R_A)_i}$$

可分别写出两个串联全混流反应器的体积计算式：

$$V_1=Q_0(c_{A0}-c_{A1})/kc_{A1}^2$$
$$V_2=Q_0(c_{A1}-c_{A2})/kc_{A2}^2$$

由 $V_1=V_2$，$x_{A2}=0.55$，解出：

$$c_{A2}=c_{A0}(1-x_{A2})=1.75\times0.45=0.7875(\text{kmol/m}^3)$$
$$\tau_i=0.47(\text{h})$$

所以

$$V_1=V_2=0.428(\text{m}^3)$$

两个串联全混流反应器的总体积

$$V=V_1+V_2=0.86(\text{m}^3)$$

（4）求三个等体积全混流反应器体积

由设计方程得：

$$\tau_i=(c_{Ai-1}-c_{Ai})/kc_{Ai}^2$$

如果以 τ_i 为参数，这是一个关于 c_{Ai} 的二次方程，可解出：

$$c_{Ai}=\frac{-1+\sqrt{1+4k\tau_i c_{Ai-1}}}{2k\tau_i}$$

三个等体积全混流反应器的 τ_i 相等，由此得：

$$c_{A1}=\frac{-1+\sqrt{1+4k\tau_i c_{A0}}}{2k\tau_i}$$

$$c_{A2}=\frac{-1+\sqrt{1+2(-1+\sqrt{1+4k\tau_i c_{A0}})}}{2k\tau_i}$$

$$c_{A3}=\frac{-1+\sqrt{1+2\left[-1+\sqrt{1+2(-1+\sqrt{1+4k\tau_i c_{A0}})}\right]}}{2k\tau_i}$$

由最终出口浓度 $c_{A3}=c_{A0}(1-x_A)=1.75\times(1-0.55)=0.7875\text{kmol/m}^3$，以及 $c_{A0}=1.75\text{kmol/m}^3$，$k=17.4\text{L/(kmol·min)}$，解出：

$$\tau_i=0.2921(\text{h})$$

得：

$$V_i=Q_0\tau_i=0.91\times0.2921=0.266(\text{m}^3)$$

三个串联全混流釜式反应器的总体积：

$$V=3V_i=0.80(\text{m}^3)$$

综上，几种不同返混程度的反应器中进行同一反应所需的总反应体积不同，分别列于表3-1。

表 3-1　不同反应器反应体积的比较

反应器	反应体积/m^3
间歇釜式反应器(不考虑辅助时间)	0.61
间歇釜式反应器(考虑辅助时间)	1.06
活塞流反应器	0.61
三个等体积全混流反应器串联	0.80
两个等体积全混流反应器串联	0.86
单个全混流反应器	1.35

以上比较充分表明，不同返混程度的反应器具有不同的反应推动力，最终影响反应器体积。

在各釜反应体积相等、操作温度相同的前提下，对于一级反应，不必进行逐釜计算便可由式(3-86)求空时，从而求所需的反应体积。然而对于非一级反应，纵使具备了这两个前提，也要做逐釜计算，通过试差才能求出达到最终转化率所需要的反应体积。

逐釜计算的作图法，实质是以$-R_A$对x_A作图，用图解法求出各釜的出口物料组成。因为出口转化率既要满足反应速率方程，又要符合物料衡算式，所以可由两者的交点决定釜的出口状态。由于反应速率是浓度的函数，故先由反应速率方程做出$(-R_A)$-c_A动力学曲线(图 3-13)，再根据：

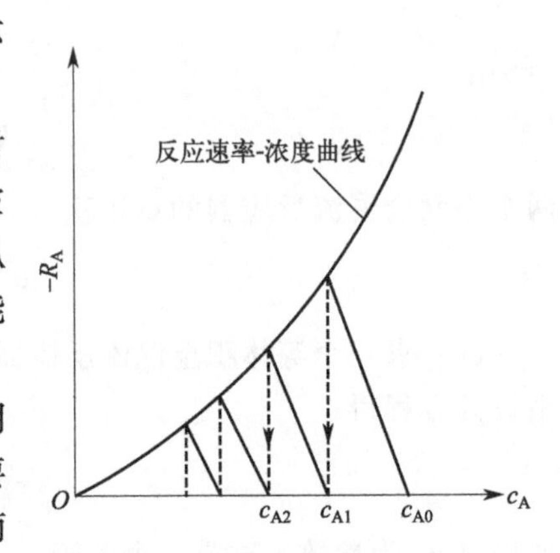

图 3-13　多釜串联操作的图解计算

$$(-R_A)_i=\frac{1}{\tau_i}(c_{Ai-1}-c_{Ai})=-\frac{1}{\tau_i}(c_{Ai}-c_{Ai-1}) \tag{3-87}$$

可见物料衡算式为一条直线，从横轴上c_{Ai-1}处出发，作斜率为$-\frac{1}{\tau_i}$的直线，使之与反应速率曲线相交，交点的横坐标即为c_{Ai}，将图做到规定的出口浓度为止，阶梯数代表其所需反应釜个数。若各釜的容积不等，图中斜率不同；如各釜的容积相等，则各操作线相互平行。

3.6.1.2　连续流动釜式反应器的并联

对于反常动力学而言，由于转化速率（$-R_A$）随着转化率（x_A）的增加而增大，而连续流动釜式反应器是在出口转化率下恒速进行反应，即在最高的反应速率下进行反应，此时采用单釜操作有利，所需的反应器体积最小。当用单釜反应所需的反应器体积太大时，可以考虑将多个小反应釜并联（图 3-14）。

并联操作：
$$Q_0=Q_{01}+Q_{02} \tag{3-88}$$

一般要求：
$$c_{A1}=c_{A2}=c_{Af}，x_{Af1}=x_{Af2}=x_{Af}$$

$$V_{R1}=c_{A0}Q_{01}(x_{Af1}-0)\frac{1}{(-R_A)x_{Af1}} \tag{3-89}$$

$$V_{R2}=c_{A0}Q_{02}(x_{Af2}-0)\frac{1}{(-R_A)x_{Af2}} \tag{3-90}$$

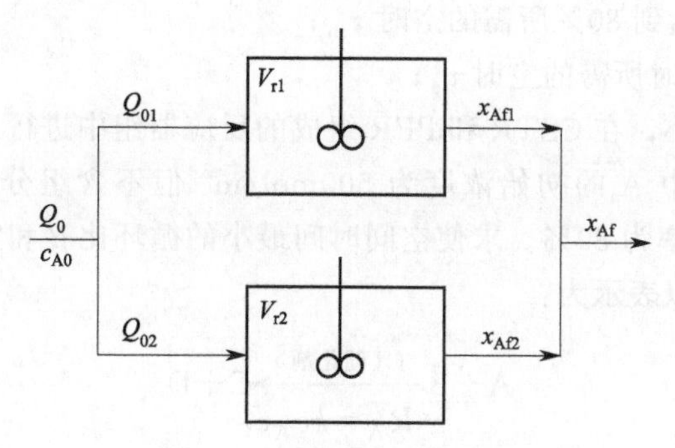

图 3-14 反应釜并联示意图

此时：$\dfrac{V_{R1}}{V_{R2}}=\dfrac{Q_{01}}{Q_{02}}$，$\dfrac{V_{R1}}{Q_{01}}=\dfrac{V_{R2}}{Q_{02}}$，即 $\tau_1=\tau_2$。

所以，并联操作要求各釜具有相同的空时，即各釜物料的出口转化率一致。

根据上述分析可知，①正常动力学：当 x_A 增加时转化速率（$-R_A$）减小，多釜串联比单个反应釜效果好，反应的总体积小于单釜体积，并且串联的釜数越多，反应釜的总体积越小，但同时设备费用也有所增大；②反常动力学：转化速率（$-R_A$）随 x_A 的增加而增加，多釜串联后反应釜的总体积大于单釜的反应体积，应该改用多釜并联的方式。

反应器的并联可以在同等情况下成倍增加产能，并可保证产物的转化率一致。而且并联反应器可以拉长反应催化剂的工作期限。由于催化活性降低，不但会产生积炭，还有可能造成催化剂中毒，反应器并联运转后，各自负载量减少，催化剂的中毒概率和程度也就会相应减少，可以增长催化剂的寿命和活性期，从而减少再生费用。

3.6.2 釜式反应器和管式反应器的组合优化

前面已针对单一反应对釜式反应器和管式反应器的体积进行比较，即对于正常动力学，管式反应器要优于釜式反应器，完成同样生产任务所需反应体积较小，亦即效率较高或生产强度较大。但对于反常动力学，情况则相反。对于另一种特殊的情况，当反应速率与转化率的关系存在一极大值时，此时不同反应器体积的大小取决于最终转化率的大小，若最终转化率小于与最大反应速率相对应的转化率 $x_{A,max}$，则 $V_{r_P}>V_{r_M}$。如最终转化率大于 $x_{A,max}$，V_{r_P} 可能大于也可能小于 V_{r_M}，在这种特殊情况下，最好的办法是采用两个反应器串联，先采用一个釜式反应器进行反应，使其转化率达到 $x_{A,max}$，然后再送入管式反应器继续反应至最终转化率 x_{Af}，这种办法所需的反应体积最小。

【例 3-7】乙酸乙酯（A）水解反应是其产物乙酸（C）催化下的自催化反应，其反应速率与乙酸乙酯和乙酸浓度的乘积成正比。该反应在间歇反应器中进行时，A 的转化率为 70%时所需的时间为 5.4×10^3s，反应时 A 和 C 的初始浓度分别为 500mol/m^3 和 50mol/m^3。

（1）求反应速率常数；

（2）绘制反应速率随 A 的转化率的变化关系，求最大反应速率 $-R_{A,max}$ 及其对应的转化率 $x_{A,max}$；

（3）假定反应时 A 和 C 的初始浓度分别为 500mol/m^3 和 50mol/m^3，求该反应在

CSTR 中进行时转化率达到 80%所需的空时 τ_m；

(4) 在 PFR 中反应时所需的空时 τ_p；

(5) 为了使空时最小，在 CSTR 和 PFR 组成的反应器组中进行上述反应，求所需空时；

(6) 假定反应原料中 A 的初始浓度为 500mol/m^3 但不含组分 C，反应在循环操作的 PFR 中进行，要求转化率为 80%。求使空间时间最小的循环比 β 和空时。

解：(1) 该反应可以表示为：

$$A+B \xrightarrow{C(\text{催化剂})} C+D$$

$$-R_A=kc_Ac_C$$

因为，$c_A=c_{A0}(1-x_A)$，$c_C=c_{A0}(\theta_C+x_A)$，所以：

$$-R_A=kc_{A0}^2(1-x_A)(\theta_C+x_A) \tag{3-91}$$

代入间歇反应器的操作方程，并积分得：

$$kc_{A0}=\frac{1}{\theta_C+1}\ln\frac{\theta_C+x_A}{\theta_C(1-x_A)} \tag{3-92}$$

已知，$c_{A0}=500\text{mol/m}^3$，$\tau=5400\text{s}$，$\theta_C=c_{C0}/c_{A0}=50/500=0.1$，$x_A=0.7$。代入上式可求得反应速率常数：

$$k=1.106\times10^{-6}[\text{m}^3/(\text{mol·s})]$$

(2) 式(3-91) 整理得：

$$\begin{aligned}-R_A&=kc_{A0}^2[-x_A^2+(1-\theta_C)x_A+\theta_C]\\&=(1.106\times10^{-6})\times500^2[-x_A^2+(1-0.1)x_A+0.1]\\&=0.2765(-x_A^2+0.9x_A+0.1)\end{aligned} \tag{3-93}$$

以 $-R_A$ 对 x_A 作图，可得如图 3-15(a) 所示的曲线。该曲线存在一最大值，曲线在最大值处的斜率为 0，即：

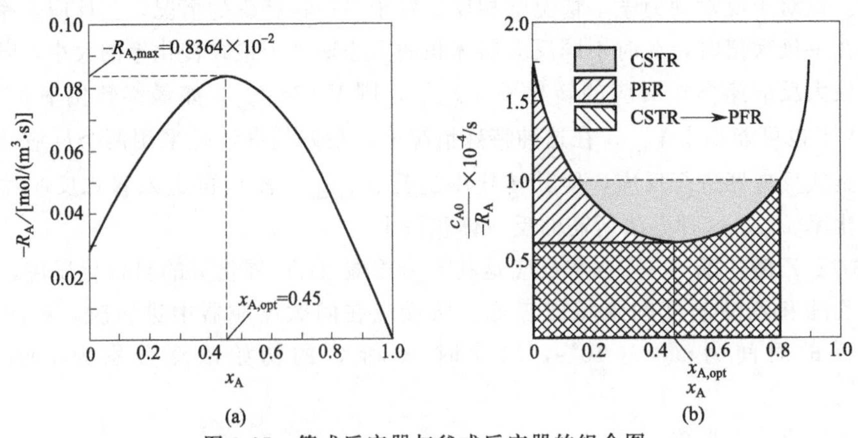

图 3-15　管式反应器与釜式反应器的组合图

$$d(-R_A)/dx_A=kc_{A0}^2[-2x_A+(1-\theta_C)]=0$$

所以，反应速率最大时的转化率为：

$$x_{A,\max}=(1-\theta_C)/2=(1-0.1)/2=0.45 \tag{3-94}$$

将式(3-94) 代入式(3-93) 可求得最大反应速率：

$$\begin{aligned}-R_{A,\max}&=kc_{A0}^2(1+\theta_C)^2/4=1.106\times10^{-6}\times500^2\times(1+0.1)^2/4\\&=8.364\times10^{-2}[\mathrm{mol/(m^3\cdot s)}]\end{aligned} \tag{3-95}$$

(3) 图 3-15(b) 中示出了 CSTR 中进行反应时所需的空时。根据 CSTR 的操作方程可求得 τ_m：

$$\begin{aligned}\tau_m&=\frac{c_{A0}x_A}{-R_A}=\frac{c_{A0}x_A}{kc_{A0}^2(1-x_A)(\theta_C+x_A)}\\&=\frac{0.8}{1.106\times10^{-6}\times500\times(1-0.8)\times(0.1+0.8)}\\&=8.037\times10^3(\mathrm{s})=2.23(\mathrm{h})\end{aligned}$$

(4) 图 3-15(b) 中示出了 PFR 中进行反应时所需的空间时间 τ_p。根据 PFR 的操作方程可求得 τ_p：

$$\begin{aligned}\tau_p&=c_{A0}\int_0^{x_A}\frac{dx_A}{kc_{A0}^2(1-x_A)(\theta_C+x_A)}=\frac{1}{kc_{A0}(1+\theta_C)}\int_0^{x_A}\left(\frac{1}{1-x_A}+\frac{1}{\theta_C+x_A}\right)dx_A\\&=\frac{1}{kc_{A0}(1+\theta_C)}\ln\frac{\theta_C+x_A}{(1-x_A)\theta_C}=\frac{1}{1.106\times10^{-6}\times500\times(1+0.1)}\ln\frac{0.1+0.8}{(1-0.8)\times0.1}\\&=6258(\mathrm{s})=1.74(\mathrm{h})\end{aligned} \tag{3-96}$$

(5) 如图 3-15(b) 所示，在达到最大反应速率对应的转化率 $x_{A,\max}=0.45$ 前采用 CSTR，之后采用 PFR，则可以使空间时间 τ_{m+p} 最小：

$$\begin{aligned}\tau_{m+p}&=\frac{c_{A0}x_{A,\max}}{-R_A(x_{A,\max})}+c_{A0}\int_{x_{A,\max}}^{x_A}\frac{dx_A}{-R_A}\\&=\frac{c_{A0}x_{A,\max}}{kc_{A0}^2(1-x_{A,\max})(\theta_C+x_{A,\max})}+\frac{1}{kc_{A0}(1+\theta_C)}\left[\ln\frac{\theta_C+x_A}{1-x_A}\right]_{x_{A,\max}}^{x_A}\\&=\frac{0.45}{1.106\times10^{-6}\times500\times(1-0.45)(0.1+0.45)}+\\&\quad\frac{1}{1.106\times10^{-6}\times500\times(1+0.1)}\ln\frac{(0.1+0.8)(1-0.45)}{(1-0.8)(0.1+0.45)}\\&=2690+2473=5163(\mathrm{s})=1.43(\mathrm{h})\end{aligned}$$

(6) 将 $\theta_C=0$ 代入式(3-91) 可得到反应速率的表达式，然后反应速率方程代入循环操作的 PFR 的操作方程：

$$\tau_R=c_{A0}(1+\beta)\int_{\frac{\beta x_{Af}}{1+\beta}}^{x_{Af}}\frac{dx_A}{kc_{A0}^2(1-x_A)x_A}=\frac{1+\beta}{kc_{A0}}\ln\left[\frac{1+\beta(1-x_{Af})}{\beta(1-x_{Af})}\right] \tag{3-97}$$

上式对 β 求微分，并令 $\frac{d\tau_R}{d\beta}=0$，则

$$\frac{1+\beta}{\beta[1+\beta(1-x_{Af})]}=\ln\left[\frac{1+\beta(1-x_{Af})}{\beta(1-x_{Af})}\right] \tag{3-98}$$

将 $x_{Af}=0.8$ 代入上式，用试差法可求得最佳循环比 β_{opt}：

$$\beta_{opt}=0.7304$$

将 β_{opt}、k、c_{A0}、x_{Af} 代入式(3-97)，可求得最佳循环比时所需空时：

$$\tau_R=\frac{1+0.7304}{1.106\times10^{-6}\times500}\ln\left[\frac{1+0.7304\times(1-0.8)}{0.7304\times(1-0.8)}\right]=6.446\times10^3(s)=1.79(h)$$

在釜数及最终转化率已确定的情况下，为了使总的反应体积最小，各釜的反应体积存在一最佳的比例，这实质上也是各釜的出口转化率（最后一釜除外）维持在什么数值下最好的问题，总的反应体积为：

$$V_r=V_{r1}+V_{r2}+\cdots+V_{rN}$$
$$=Q_0c_{A0}\left(\frac{x_{A1}-x_{A0}}{-R_{A1}}+\frac{x_{A2}-x_{A1}}{-R_{A2}}+\cdots+\frac{x_{AN}-x_{AN-1}}{-R_{AN}}\right)$$

将上式分别对 $x_{Ap}(p=1,2,\cdots,N-1)$ 求导得：

$$\frac{\partial V_r}{\partial x_{Ap}}=Q_0c_{A0}\left[\frac{1}{-R_{Ap}}-\frac{1}{-R_{Ap+1}}+(x_{Ap}-x_{Ap-1})\frac{\partial\frac{1}{-R_{Ap}}}{\partial x_{Ap}}\right]$$
$$(p=1,2,\cdots,N-1)$$

令 $\partial V_r/\partial x_{Ap}=0$ 有

$$\frac{1}{-R_{Ap+1}}-\frac{1}{-R_{Ap}}=(x_{Ap}-x_{Ap-1})\frac{\partial\frac{1}{-R_{Ap}}}{\partial x_{Ap}}(p=1,2,\cdots,N-1) \tag{3-99}$$

最小化公式推导

这便是保证总反应体积最小所必须遵循的条件。求解方程组式(3-99)，可得各釜的出口转化率，从而求出各釜的反应体积，此时其总和为最小。

3.6.3 复合反应的优化

复合反应优化的目的不仅是提高反应速率，更重要的是提高目的产物的选择性和收率。由第 2 章的定义可知复合反应的瞬时选择性为：

$$S=\mu_{PA}\frac{R_P}{-R_A}=\mu_{PA}\frac{dn_P}{-dn_A}=\frac{dy_P}{dx_A} \tag{3-100}$$

即

$$dy_P=Sdx_A \tag{3-101}$$

积分后得

$$y_{Pf}=\int_0^{x_{Af}}Sdx_A \tag{3-102}$$

且

$$y_{Pf}=S_0x_{Af} \tag{3-103}$$

式中，y_P 为瞬时收率；x_A 为瞬时转化率；S 为瞬时选择性；y_{Pf} 为总收率；x_{Af} 为总转化率；S_0 为总选择性，是针对整个反应器的总结果。由上述公式可以得到总选择性与瞬时选择性之间的关系为：

$$S_0=\frac{1}{x_{\mathrm{Af}}}\int_0^{x_{\mathrm{Af}}}S\mathrm{d}x_{\mathrm{A}} \tag{3-104}$$

需要注意以下几点：

① 对于间歇釜式反应器，瞬时收率会随时间发生变化；

② 对于在定态下操作的流动管式反应器，瞬时选择性不随时间变化，但会随位置变化；

③ 对于在定态下操作的连续釜式反应器，因反应器内所有参数不随时间变化也不随位置变化，瞬时选择性为常数，与总选择性相等。

图3-16中的曲线代表间歇釜式反应器的瞬时选择性与转化率的关系，则曲线与坐标围成的面积代表总收率。图3-16（a）代表随着反应物转化率增大目的产物瞬时选择性下降的情况，此时对于间歇釜式反应器满足 $y_{\mathrm{Pf}}=\int_0^{x_{\mathrm{Af}}}S\mathrm{d}x_{\mathrm{A}}$，即总收率等于整个曲边梯形的积分面积；而对于连续釜式反应器有 $y_{\mathrm{Pf}}=S_0x_{\mathrm{Af}}$，即总收率等于 $DFGO$ 围成矩形的面积；若采用两釜串联的方式，则总收率等于 $ABHO$ 与 $EFGH$ 两个矩形围成面积的总和。显然，在相同的总转化率下，间歇釜式反应器的总收率大于连续釜式反应器的总收率，而多釜串联系统介于两者之间，且串联的釜数越多越接近间歇釜式反应器。图3-16(b）代表随着反应物转化率增大目的产物瞬时选择性增大的情况，此时在相同的总转化率下，连续釜式反应器单釜的总收率（矩形 $AFGO$ 的面积）大于两釜串联（矩形 $DEHO$ 与 $BFGH$ 面积之和），大于间歇釜式反应器（曲边梯形的面积）。

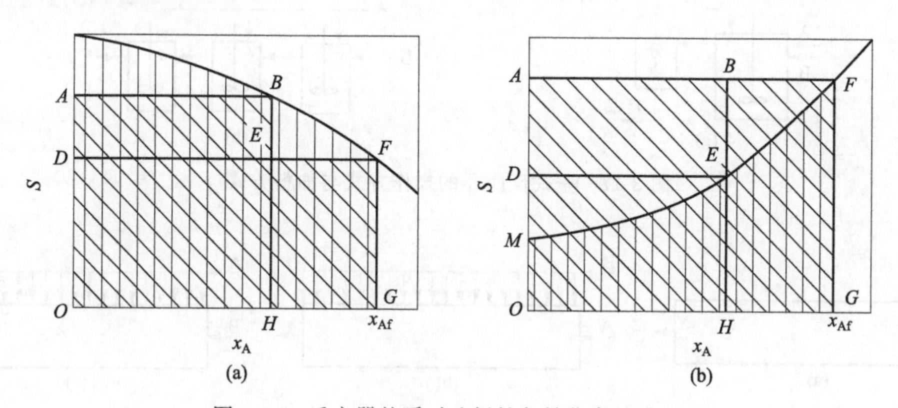

图3-16　反应器的瞬时选择性与转化率的关系

3.6.3.1　平行反应过程的优化

设在反应器中进行如下的平行反应：

主反应　　$A+B \longrightarrow P$　　$r_{\mathrm{P}}=k_1c_{\mathrm{A}}^{\alpha_1}c_{\mathrm{B}}^{\beta_1}$　　P为目的产物

副反应　　$A+B \longrightarrow Q$　　$r_{\mathrm{Q}}=k_2c_{\mathrm{A}}^{\alpha_2}c_{\mathrm{B}}^{\beta_2}$　　Q为副产物

瞬时选择性为：

$$S=\frac{1}{1+\frac{k_2}{k_1}c_{\mathrm{A}}^{\alpha_2-\alpha_1}c_{\mathrm{B}}^{\beta_2-\beta_1}} \tag{3-105}$$

(1) **温度对选择性的影响（浓度不变时）** 当 $E_1>E_2$ 时，高温对主反应有利，升高温度能同时提高生产强度和目的产物的选择性；当 $E_1<E_2$ 时，低温有利于提高目的产物的选择性，而高温有利于提高反应速率。

（2）**浓度对选择性的影响（温度不变时）** 当主反应级数大于副反应级数，即 $\alpha_1>\alpha_2$、$\beta_1>\beta_2$，同时升高反应物 A 和 B 的浓度，使目的产物的选择性增加，若要维持较高的 c_A 和 c_B，则应选择间歇釜式反应器、多釜串联连续釜式反应器[图 3-17(a)～(c)]或管式反应器[图 3-18(a)]；当主反应级数小于副反应级数，即 $\alpha_2>\alpha_1$、$\beta_2>\beta_1$，则反应物 A 和 B 在低浓度下有利于提高目的产物的选择性，此时可以选择单釜的连续釜式反应器或者体积逐渐变小的多釜串联釜式反应器[图 3-17(e)、(f)]；若要求反应物中一个组分浓度高、另一个组分浓度低，可以选择图 3-17(d)、(g)、(h)或图 3-18(b)、(c)。

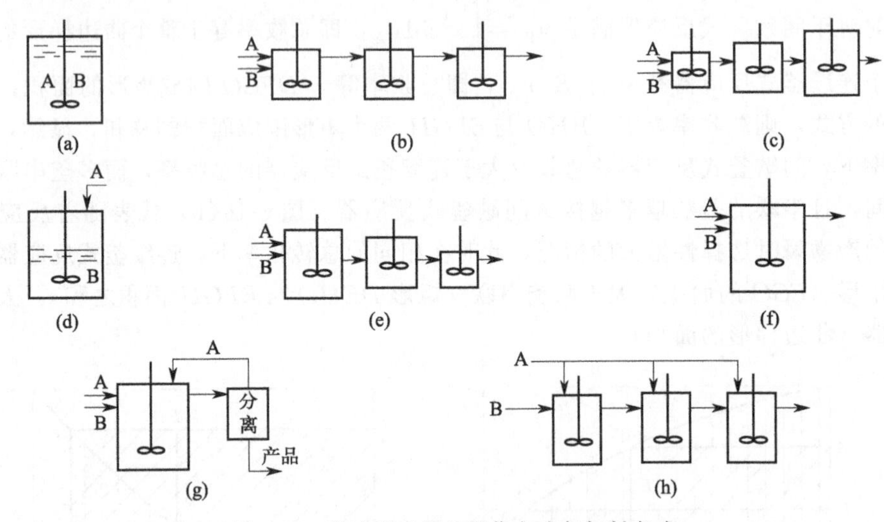

图 3-17　釜式反应器的操作方式与加料方式

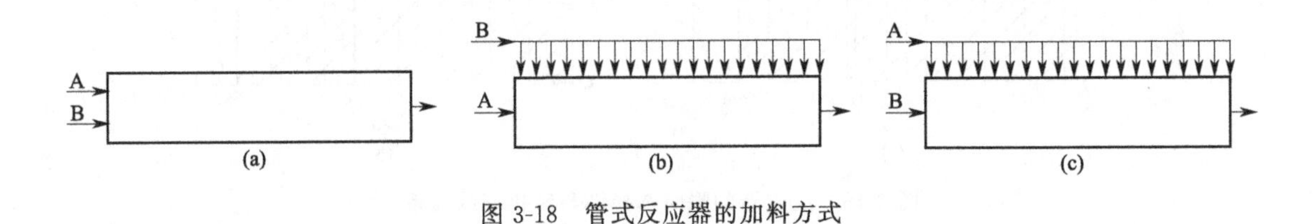

图 3-18　管式反应器的加料方式

【**例 3-8**】有一平行反应：

$$\text{主反应}\quad A+B\longrightarrow P\quad r_P=k_1c_A^{0.5}c_B^{1.5}$$

$$\text{副反应}\quad A+B\longrightarrow Q\quad r_Q=k_2c_A^{1.4}c_B^{0.8}$$

已知主反应活化能 E_1 大于副反应活化能 E_2，若要提高主反应的选择性，试定性确定合适的温度和最佳的反应器型式和操作方式。

解：根据选择性的定义，目的产物 P 的选择性：

$$S=\frac{1}{1+\frac{k_2}{k_1}c_A^{\alpha_2-\alpha_1}c_B^{\beta_2-\beta_1}}=\frac{1}{1+\frac{k_2}{k_1}c_A^{0.9}c_B^{-0.7}}$$

要提高主反应的选择性，则要提高 k_1/k_2 的比值，且要求反应物 A 的浓度低，而反应物 B

的浓度高。由于 $E_1>E_2$，若要提高 k_1/k_2 的比值则应选择在高温下进行操作，高温操作最好选择管式反应器。若选择管式反应器，为满足对反应物浓度的要求，反应物进料方式是不同的，反应物 A 应沿着管长轴向方向上分几处连续加入，而反应物 B 从管式反应器的入口加入。

3.6.3.2　连串反应过程的优化

而对于一级不可逆连串反应而言：

$$A \xrightarrow{k_1} L \xrightarrow{k_2} M$$

随着反应的进行，反应物 A 的浓度逐渐下降，而中间产物 L 的浓度先增加后减小，若 L 为目的产物，则存在最高收率，并且其收率取决于 k_2/k_1，而 k_2/k_1 为温度的函数，若 $E_1>E_2$，提高温度可以提高 L 的收率，或者通过选用合适的催化剂同样可以提高目的产物的收率。若 M 为目的产物，只要保证反应时间足够长即可使原料全部转化为 M。

【例 3-9】 在间歇釜式反应器中等温下进行下列反应：

$$NH_3+CH_3OH \xrightarrow{k_1} CH_3NH_2+H_2O$$

$$CH_3NH_2+CH_3OH \xrightarrow{k_2} (CH_3)_2NH+H_2O$$

这两个反应对各自的反应物均为一级，并已知反应温度下 $k_2/k_1=0.68$，试计算一甲胺的最大收率和与其相应的氨转化率。

解：由题意知这两个反应的速率方程为

$$r_1=k_1c_Ac_M \tag{3-106}$$

$$r_2=k_2c_Bc_M \tag{3-107}$$

式中，A、B 及 M 分别代表氨、一甲胺和醇。氨的转化速率：

$$-R_A=r_1=-\frac{dc_A}{dt}=k_1c_Ac_M$$

一甲胺的生成速率：

$$R_B=r_1-r_2=\frac{dc_B}{dt}=k_1c_Ac_M-k_2c_Bc_M$$

两式相除得：

$$-\frac{dc_B}{dc_A}=1-\frac{k_2c_B}{k_1c_A} \tag{3-108}$$

因 $c_A=c_{A0}(1-x_A)$，$c_B=c_{A0}y_B$，故式(3-108) 又可写成：

$$\frac{dy_B}{dx_A}=1-\frac{k_2y_B}{k_1(1-x_A)} \tag{3-109}$$

式(3-109) 为一阶线性常微分方程，初值条件为 $x_A=0$，$y_B=0$。式(3-109) 的解为：

$$y_B=\exp\left[-\int\frac{k_2\mathrm{d}x_A}{k_1(1-x_A)}\right]\left[\int\exp\left(\int\frac{k_2\mathrm{d}x_A}{k_1(1-x_A)}\right)\mathrm{d}x_A+c\right]$$

$$=\exp\left[\ln(1-x_A)^{k_2/k_1}\right]\left\{\int\exp\left[\ln(1-x_A)^{-k_2/k_1}\right]\mathrm{d}x_A+c\right\}$$

$$=(1-x_A)^{k_2/k_1}\left[\int(1-x_A)^{-k_2/k_1}\mathrm{d}x_A+c\right]$$

$$=(1-x_A)^{k_2/k_1}\left[\frac{-(1-x_A)^{1-k_2/k_1}}{1-k_2/k_1}+c\right]\tag{3-110}$$

式(3-110) 中 c 为积分常数，将初值条件代入式(3-110) 可得：

$$c=1/(1-k_2/k_1)$$

再代回式(3-110) 则有：

$$y_B=\frac{1}{1-k_2/k_1}\left[(1-x_A)^{k_2/k_1}-(1-x_A)\right]\tag{3-111}$$

为了求一甲胺的最大收率，将式(3-111) 对 x_A 求导得：

$$\frac{\mathrm{d}y_B}{\mathrm{d}x_A}=\frac{1}{1-k_2/k_1}\left[\frac{-k_2}{k_1}(1-x_A)^{k_2/k_1-1}+1\right]$$

令 $\mathrm{d}y_B/\mathrm{d}x_A=0$，则有：

$$\frac{k_2}{k_1}(1-x_A)^{k_2/k_1-1}=1$$

所以

$$x_A=1-(k_1/k_2)^{1/(k_2/k_1-1)}\tag{3-112}$$

此即一甲胺收率最大时氨的转化率，已知 $k_2/k_1=0.68$，代入式(3-112) 得：

$$x_A=1-(1/0.68)^{1/(0.68-1)}=0.7004$$

再代回式(3-111) 可得一甲胺的最大收率为：

$$y_{B,\max}=\frac{1}{1-0.68}\left[(1-0.7004)^{0.68}-(1-0.7004)\right]=0.4406，\text{或 }44.06\%$$

拓展阅读

连续釜式反应器的热稳定性与控制

1. 化工生产过程中，若反应器内进行的是放热反应，须将反应热及时移出体系之外，反应才能稳定进行。但实际生产过程中，因动力中断、进料温度变化、加料速度过快、冷却能力不足等原因导致反应热不能有效移出时便会致使反应热蓄积，加快反应速率，发生化学反应失控并引发严重的事故。

2. 反应器的热稳定性是指当反应过程中，热效应发生某些变化时，整个反应器系统的状态是否能基本上保持不变的一种特性。当波动消失后，反应过程能自动恢复到原来或新的平衡状态，则体系为热稳定的，否则是不稳定的。反应器型式不同，热稳定性的特性也不同。
3. 1953年，van Heedren 开创性地提出了连续釜式反应器定态稳定的必要条件（即斜率条件）。1955年，Bilous 和 Amundson 用数学方法得出了连续釜式反应器定态稳定的充要条件，其中 s 为定态，T_{ad} 为进口温度。

$$\left[1-\frac{\tau}{c_{A0}}\times\frac{\partial(-r_A)_s}{\partial x_A}\right]+\left[1+\left(\frac{dQ_H}{dx}\right)_s\right]>\left[\frac{\tau\Delta T_{ad}}{c_{A0}}\times\frac{\partial(-r_A)_s}{\partial T}\right]$$

$$\left[1-\frac{\tau}{c_{A0}}\times\frac{\partial(-r_A)_s}{\partial x_A}\right]\left[1+\left(\frac{dQ_H}{dx}\right)_s\right]>\left[\frac{\tau\Delta T_{ad}}{c_{A0}}\times\frac{\partial(-r_A)_s}{\partial T}\right]$$

学科素养与思考

3-1　反应动力学是处理“点”的问题，反应器设计和分析是将这些动的“点”结合起来，解决的是“面”的问题。反应器中的物料衡算，是联系“点”和“面”的桥梁。读者可以从相同的生产任务出发，针对不同类型的操作单元（釜式反应器、管式反应器）及不同的操作方式（连续操作、间歇操作）进行物料衡算，由计算结果进行分析完成相同生产任务所需要反应器体积、反应时间/空时的差异，通过对比反应器的体积参数不同导致的技术参数之间的差异，进而深入理解反应器的设计对工业生产的重要性。

3-2　釜式反应器定态操作中熄火点和热点温度失控是导致工程事故的主要原因。针对定态操作设计时，工程技术人员应科学合理地设计放热反应中原料的进料温度，避免工程事故的发生。另外，工程技术人员应具有精益求精的工匠意识，全面详实地收集资料，使设计出的反应器运行中更加安全、稳定、绿色节能。

习题

3-1　如何用图解法定性分析间歇釜式反应器、连续釜式反应器和多釜串联釜式反应器生产能力的大小。

3-2　分析釜式反应器和管式反应器内浓度的变化规律。

3-3　在等温间歇反应器中进行乙酸乙酯反应：

$$CH_3COOC_2H_5+NaOH\longrightarrow CH_3COONa+C_2H_5OH$$

该反应对于乙酸乙酯和氢氧化钠均为一级。反应开始时乙酸乙酯及氢氧化钠的浓度均为 0.02mol/L，反应速率常数等于 5.6L/(mol·min)，要求最终转化率达到 95%。试问：

(1) 当反应器的反应体积为 $1m^3$ 时，需要多长的反应时间？

(2) 当反应器的反应体积为 $2m^3$ 时，所需的反应时间又是多少？

3-4　拟设计一反应装置等温进行下列液相反应：

$$A+2B\longrightarrow R \qquad r_R=k_1c_Ac_B^2$$

$$2A+B\longrightarrow S \qquad r_S=k_2c_A^2c_B$$

目标产物为R，B的价格远较A高且又不易回收。试问：

(1) 如何选择原料配比？

(2) 若采用多段全混流反应器串联，何种加料方式最好？

3-5 在体积为300L的反应器中，86℃等温条件下将浓度为$3.2kmol/m^3$的过氧化氢异丙苯溶液分解，以生产苯酚和丙酮。该反应为一级反应，反应温度下反应速率常数为$0.08s^{-1}$。最终转化率为98.9%，试计算以下情况下苯酚的产量（苯酚的分子量为94）。

(1) 如果这个反应器是间歇操作釜式反应器，并设辅助操作时间为15min。

(2) 如果是全混流釜式反应器。

(3) 试比较上两问的计算结果。

3-6 己二酸（A）和己二醇（B）在硫酸催化下进行缩聚反应以生产醇酸树脂。反应速率方程为$r_A=kc_Ac_B$，实验测得反应速率常数为$1.97\times10^{-6}m^3/(mol\cdot min)$，反应混合物中己二酸的初始浓度为4mol/L，己二酸和己二醇的摩尔比为1∶1。若每天处理己二酸2400kg，要求己二酸的转化率为80%。试求：

(1) 该反应在间歇反应器中进行时所需反应体积，假定每批操作的辅助时间为1h。

(2) 若该反应在连续釜式反应器中进行，所需的反应体积为多少？

3-7 在连续釜式反应器中进行某一级不可逆反应，其速率方程为$r_A=0.02c_A$[mol/(L·min)]，日处理量为4800mol，原料中$c_{A0}=8mol/L$，要求反应最终转化率为99%。试求：连续釜式反应器反应时所需要的反应体积。

3-8 自催化反应：

$$A+P\longrightarrow P+P$$

进料中含有99%的A和1%的P，要求产物组成含有90%的P和10%的A，已知$-R_A=kc_Ac_P$，反应速率常数$k=1.0L/(mol\cdot min)$，$c_{A0}+c_{P0}=1mol/L$，求在理想间歇反应器中达到要求的产物组成所需的反应时间。

3-9 在两个全混流反应器串联的系统中等温进行液相反应：

$$2A\longrightarrow B \quad r_A=68c_A^2 \quad kmol/(m^3\cdot h)$$

$$B\longrightarrow R \quad r_R=14c_B \quad kmol/(m^3\cdot h)$$

进料中组分A的浓度为$0.2kmol/m^3$，流量为$4m^3/h$，要求A的最终转化率为90%，试问：总反应体积的最小值是多少？

3-10 在常压及800℃等温下在活塞流反应器中进行下列气相均相反应：

$$C_6H_5CH_3+H_2\longrightarrow C_6H_6+CH_4$$

在反应条件下该反应的速率方程为：

$$r=1.5c_Tc_H^{0.5} \quad mol/(L\cdot s)$$

式中，c_T及c_H依次为甲苯和氢的浓度，mol/L。原料气处理量为2kmol/h，其中甲苯与氢的摩尔比等于1。若反应器的直径为50mm，试计算甲苯最终转化率为95%时的反应器长度。

3-11 在内径为76.2mm的活塞流反应器中将乙烷热裂解以生产乙烯：

$$C_2H_6\rightleftharpoons C_2H_4+H_2$$

反应压力及温度分别为2.026×10^5Pa及815℃。进料含50%(摩尔分数) C_2H_6，其余为水蒸气。进气量为0.178kg/s，反应速率方程如下：

$$-\frac{dp_A}{dt}=kp_A$$

式中，p_A为乙烷的分压。在815℃时，速率常数$k=1.0s^{-1}$，平衡常数$K_p=7.49\times10^4Pa$，假定其他副反应可忽略，试求：

(1) 此条件下的平衡转化率；

(2) 乙烷的转化率为平衡转化率的50%时，所需的反应管长。

3-12 拟设计一等温反应器进行下列液相反应：

$$A+B \longrightarrow R \qquad r_R=k_1c_Ac_B$$
$$2A \longrightarrow S \qquad r_S=k_2c_A^2$$

目的产物为R，且R与B极难分离。试问：

(1) 在原料配比上有何要求？

(2) 若采用活塞流反应器，应采用什么样的加料方式？

(3) 如用半间歇反应器，又应用什么样的加料方式？

3-13 在管式反应器中进行气相基元反应：

$$A+B \longrightarrow C$$

加入物料A为气相，B为液体，产物C为气体。B在管的下部，且可忽略B所占的体积，B气化至气相，气相为B所饱和，反应在气相中进行。已知操作压力为1.013×10^5Pa，B的饱和蒸气压为2.532×10^4Pa，反应温度340℃，反应速率常数为$10^2m^3/(mol\cdot min)$，计算A的转化率达50%时，A的转化速率。如A的流量为$0.1m^3/min$，反应体积为多少？

3-14 液相平行反应：

$$A+B \longrightarrow P \qquad r_P=c_Ac_B^{0.3} \qquad kmol/(m^3\cdot min)$$
$$a(A+B) \longrightarrow Q \qquad r_Q=c_A^{0.5}c_B^{1.3} \qquad kmol/(m^3\cdot min)$$

式中，a为化学计量系数；目的产物为P。

(1) 写出瞬时选择性计算式；

(2) 若$a=1$，试求下列情况下的总选择性；

(a) 活塞流反应器，$c_{A0}=c_{B0}=10kmol/m^3$，$c_{Af}=c_{Bf}=1kmol/m^3$；

(b) 连续釜式反应器，浓度条件同(a)；

(c) 活塞流反应器。反应物A从反应器的一端连续地加入，而B则从不同轴向位置处分别连续地加入，使得器内各处B的浓度均等于$1kmol/m^3$。反应器进出口处A的浓度分别为$19kmol/m^3$和$1kmol/m^3$。

参考文献

[1] 李绍芬．反应工程[M]. 3版．北京：化学工业出版社，2013.

[2] 梁斌，等．化学反应工程[M]. 3版．北京：化学工业出版社，2019.

[3] 朱炳辰．化学反应工程[M]. 5版．北京：化学工业出版社，2011.

[4] 陈甘棠．化学反应工程[M]. 4版．北京：化学工业出版社，2021.

[5] 郭锴，唐小恒，周绪美．化学反应工程[M]. 3版．北京：化学工业出版社，2017.

[6] 王安杰，周裕之，赵蓓．化学反应工程学[M]. 北京：化学工业出版社，2005.

[7] 许志美．化学反应工程[M]. 北京：化学工业出版社，2019.

[8] 宋建成．间歇过程计算机集成控制系统[M]. 北京：化学工业出版社，1999.

[9] 周凤举．釜式反应器结构的探讨[J]. 化工设备与防腐蚀，2002(10)：334-370.

[10] 王思宇．对釜式反应器的学习与思考[J]. 山东化工，2019(5)：169.

[11] 苏力宏，等．化学反应工程[M]．西安：西北工业大学出版社，2015.
[12] 刘士涛．管式反应器制备生物柴油的固体催化剂研究[D]．南昌：南昌大学，2013.
[13] 黄仲九，房鼎业．化学工艺学[M]．北京：高等教育出版社，2001.
[14] 蒋慰孙，俞金寿．过程控制工程[M]．2版．北京：中国石化出版社，1999.
[15] 何衍庆，俞金寿，蒋慰孙．工业生产过程控制[M]．北京：化学工业出版社，2004.
[16] 邵惠鹤．工业过程高级控制[M]．上海：上海交通大学出版社，1997.
[17] 李倩，刘兴勤．化工反应原理与设备[M]．北京：化学工业出版社，2021.

第 4 章

停留时间分布与反应器的流动模型

第 3 章我们讨论了两种不同类型的理想反应器——釜式反应器与管式反应器。活塞流反应器中垂直于流体流动方向的所有流体粒子的停留时间相同。全混流反应器内受搅拌作用的影响，虽物料浓度、温度均一，但流体粒子在反应器内的停留时间参差不齐。这种不同的流体类型和停留时间分布，影响了反应速率、活性、选择性，这三项指标恰恰是反应器选型、设计和优化的主要技术参数。实际工业反应器，物料的流动往往偏离这两种理想的流动模型。本章的重点是基于停留时间分布的分析，从数学角度诠释反应器中流体粒子的真实工况，了解流体粒子偏离理想流体模型的程度，从而帮助我们确定非理想流体流动模型的参数。

本章学习要求

化学反应器中流体的工作状况与反应速率、转化率和选择性有着直接的关系，停留时间分布成为反应器与流动模型之间的一个桥梁，有助于在反应器设计与分析过程中“点”与“面”的结合，结合思维导图，可以从以下几个方面对知识点进行总结和学习。

4-1 掌握停留时间的两种表达方法和实验测定方法。结合思维导图将对应的知识点进行对接和延伸。

4-2 掌握利用停留时间统计特征值分析流体粒子的分布状况。不同的实验方法，停留时间统计特征值的表达形式不同，应掌握和熟记各种测试方法的停留时间统计特征值的表达形式和推理过程。

4-3 掌握理想反应器停留时间分布函数的表达形式，并深入理解理想反应器停留时间统计特征值的含义，学会利用统计特征值判断流体的状况。

4-4 掌握非理想流动模型——多釜串联和轴向扩散模型及其模型参数，理解模型参数的含义，会计算一级反应的非理想流动模型的停留时间分布函数、统计特征值，并通过这些函数结合反应动力学和物料衡算，计算一级反应的出口转化率。

4-5 了解宏观混合与微观混合的概念，理解混合现象与流动模型的关联性。

本章思维导图

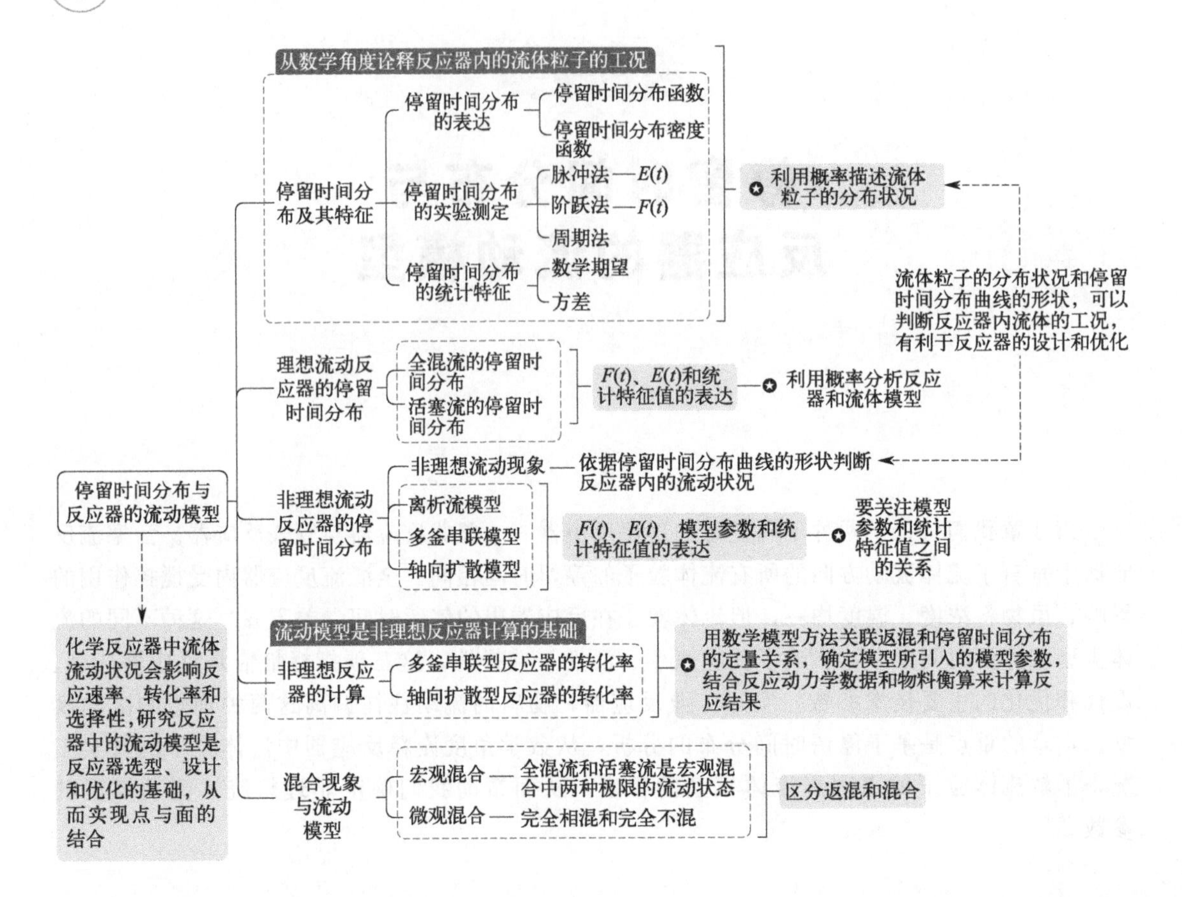

4.1 停留时间分布及其特征

在实际工业反应器中，由于流体在系统中流速分布不均匀，流体的分子扩散和湍流扩散、搅拌而引起的强制对流，以及由于设备设计安装不良而产生的死区（滞流区）、沟流和短路等原因，流体粒子在系统中的停留时间有长有短，有些很快便离开了系统，有些则经历很长一段时间后才离开，从而形成不同的停留时间分布，造成了反应程度的不同。因此，反应器出口物料是所有的具有不同停留时间的物料的混合物，而反应的实际转化率是这些物料的平均值。为了定量地描述出口物料的反应转化率或产物的定量分布，就必须定量地描述出口物料的停留时间。

4.1.1 停留时间分布的表达

停留时间分布有两种，一种是寿命分布，一种是时间分布。前者是指流体粒子从进入系统起到离开系统止，在系统内的停留时间，研究对象是系统。后者针对存留在系统中的流体粒子而言，从进入系统算起在系统中停留的时间，研究对象是反应器内的流体。实际测定得到的是对工况分析具有应用价值的寿命分布，所以通常所说的停留时间分布是指寿命分布。

物料在反应器中的停留时间分布，完全是一个随机的过程，根据概率论，我们可以借用两种概率分布定量地描述物料在流动系统中的停留时间分布，这两种概率形式就是停留时间分布密度函数 $E(t)$ 和停留时间分布函数 $F(t)$。

4.1.1.1　停留时间分布密度函数 $E(t)$

一个稳定的连续流动的系统，在某一瞬间注入系统一定量流体，其中各流体粒子将经历不同的停留时间后依次自系统中流出。为了方便描述，我们将红色粒子作示踪剂，某一瞬间将红色粒子流体代入流量（Q）稳定的被测系统，同时在系统的出口处记下不同时间间隔内流程的红色粒子数，根据观察结果，以出口流体中的红色粒子数对时间作图。流体粒子在不同的停留时间的质点数如表 4-1 所示。

表 4-1　停留时间、停留时间质点数和停留时间质点数的分布概率

停留时间 t	停留时间为 t_i 的质点数	停留时间 $\leqslant t_i$ 的质点数	停留时间 $\leqslant t_i$ 的质点分数
0	0	0	0
t_1	N_1	N_1	N_1/N
t_2	N_2	N_1+N_2	$(N_1+N_2)/N$
…	…	…	…
t_n	N_n	$\sum_{i=0}^{n} N_i$	$\sum_{i=0}^{n} N_i/N$
…	…	…	…
t_∞	N_∞	N	$N/N=1$

从表 4-1 中可以看出，对于单个质点来讲，其停留时间是随机的，没有规律性，但对于大量质点来讲，表中的 N_n、$\sum_{i=0}^{n} N_i$、$\sum_{i=0}^{n} N_i/N$ 和 t_n 之间有一定的联系。N_i 表示第 i 个时间段 Δt_i 流出系统的单位流体体积中红色粒子的个数，若粒子的总个数 $N_t=100$。

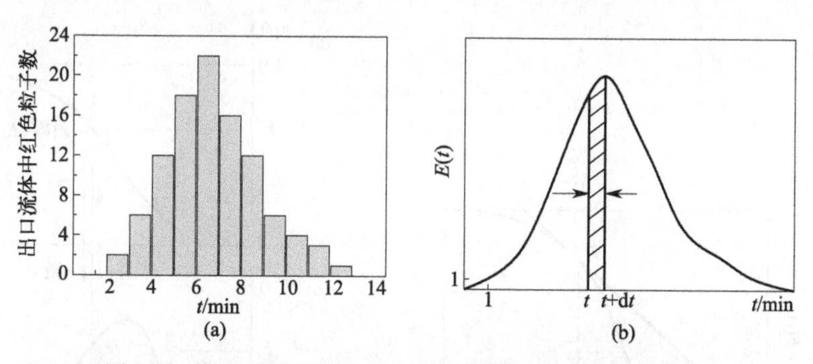

图 4-1　停留时间分布的直方图和停留时间分布密度函数

据表 4-1 可列出图 4-1 所对应的各时间间隔内红色粒子所占分数之和，即

$$\sum_{i=0}^{\infty} \frac{QN_i}{N_t} \mathrm{d}t_i = \frac{1}{N_t} \sum_{i=0}^{\infty} QN_i \, \mathrm{d}t_i \tag{4-1}$$

当时间趋于无限长时，所有的红色粒子将全部离开系统，此时：

$$\sum_{i=0}^{\infty} QN_i \mathrm{d}t_i = N_t \tag{4-2}$$

则式(4-1) 为 1，即 $\sum\limits_{i=0}^{\infty} \dfrac{QN_i}{N_t} \mathrm{d}t_i = \dfrac{1}{N_t} \sum\limits_{i=0}^{\infty} QN_i \mathrm{d}t_i = 1$ 所有不同停留时间质点分数之和为 1。

当 $\mathrm{d}t_i \to 0$ 时，$\dfrac{QN_i}{N_t} = E(t)$，量纲为时间的倒数 s^{-1}，停留时间分布密度具有归一化的性质：

$$\int_0^{\infty} E(t)\mathrm{d}t = 1 \tag{4-3}$$

根据 $E(t)$ 的性质，显然下列各式成立：

$$E(t) = 0(t < 0) \tag{4-4}$$

$$E(t) \geqslant 0(t \geqslant 0)$$

4.1.1.2 停留时间分布函数 $F(t)$

流过系统的物料中停留时间小于 t 的质点（或停留时间介于 $0 \sim t$ 之间的质点）的分数为 $F(t)$（见图 4-2）。

根据定义可知，停留时间趋于无限长时，$F(t)$ 也趋于 1。

$F(t)$与$E(t)$的关系：

$$E(t) = \frac{\mathrm{d}F(t)}{\mathrm{d}t} \tag{4-5}$$

$E(t)$ 与 $F(t)$ 的曲线形状如图 4-3 所示，即 $E(t)$ 曲线在任一 t 时的值就是 $F(t)$ 曲线上对应点的斜率。若 $E(t)$ 曲线已知，积分就可得到停留时间分布函数 $F(t)$。如果将 $E(t)$ 对 t 从 0 积分至 t 可得：

$$\int_0^t E(t)\mathrm{d}t = F(t) \tag{4-6}$$

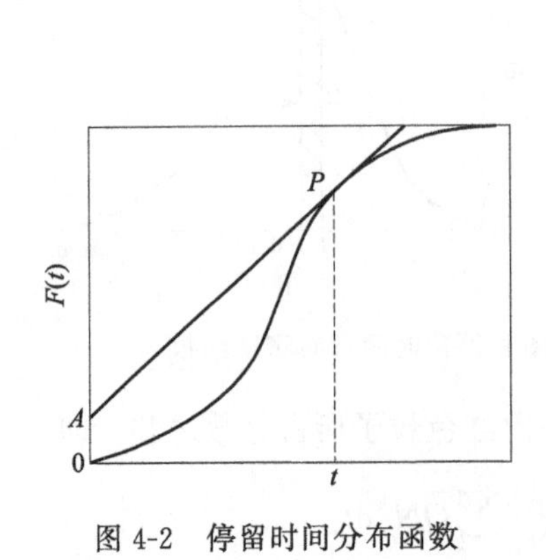

图 4-2　停留时间分布函数

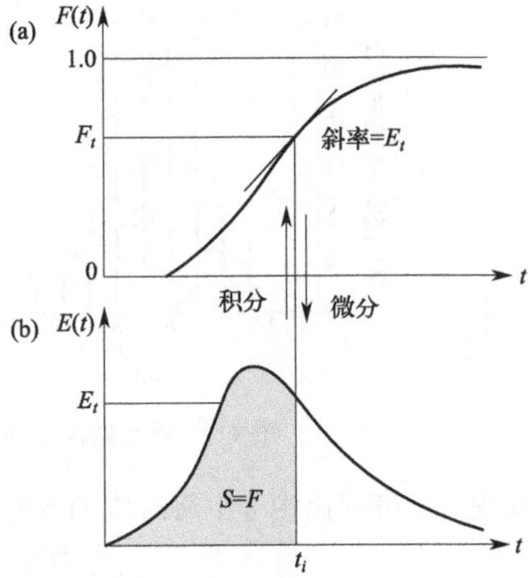

图 4-3　$E(t)$ 与 $F(t)$ 之间的关系

为了应用上方便，常使用无量纲停留时间 θ，其定义为：

$$\theta=\frac{t}{\bar{t}} \tag{4-7}$$

式中，$\bar{t}$ 为平均停留时间，对于在闭式系统中流动的流体，当流体密度维持不变时，其平均停留时间等于：

$$\bar{t}=\frac{V_r}{Q} \tag{4-8}$$

如果一个流体粒子的停留时间介于区间 $t+dt$ 内，则它的无量纲停留时间也一定介于区间 $\theta+d\theta$ 内。这是因为所指的是同一事件，所以 t 和 θ 介于这些区间的概率一定相等。

$$E(t)dt=E(\theta)d\theta \tag{4-9}$$

将式(4-7) 代入式(4-9)，化简后得 $E(\theta)$ 与 $E(t)$ 的关系为：

$$E(\theta)=\bar{t}E(t) \tag{4-10}$$

由于 $F(t)$ 本身是累积概率，而 θ 是 t 的确定性函数，根据随机变量的确定性函数的概率应与随机变量的概率相等的原则，有：

$$F(\theta)=F(t) \tag{4-11}$$

显然，式(4-10)、式(4-11)亦可用无量纲停留时间表示如下：

$$\int_0^{\infty}E(\theta)d\theta=1 \tag{4-12}$$

$$\int_0^{\theta}E(\theta)d\theta=F(\theta) \tag{4-13}$$

$$E(\theta)=\frac{dF(\theta)}{d\theta} \tag{4-14}$$

4.1.2　停留时间分布的实验测定

目前，普遍适用的停留时间分布实验测定方法是示踪响应法，通过用示踪剂来跟踪流体在系统内的停留时间。在入口物料中输入示踪剂为激励，在出口处获得示踪剂随时间变化的输出信号称为响应，根据示踪剂加入方式的不同，又可分为脉冲法、阶跃法及周期输入法三种。本节重点介绍脉冲法和阶跃法。

4.1.2.1　脉冲法

脉冲法的实质是：反应器内的流体达到定态流动后，在极短的时间内、在主流体入口处向流体系统快速注入一定量的示踪剂，给系统一个示踪物的脉冲信号，然后在出口处检测并分析示踪剂浓度随时间的响应曲线。脉冲法输入信号及输出响应曲线如图 4-4 所示。

若在某一瞬间向定态流动的流体系统中脉冲加入一定量的示踪物（Q），同时开始计时，连续分析响应曲线中示踪物的浓度（c），经过足够长时间后，注入系统中的示踪物流体会全部离开流体系统，根据 $E(t)$ 的定义得：

$$Qc(t)dt=mE(t)dt$$

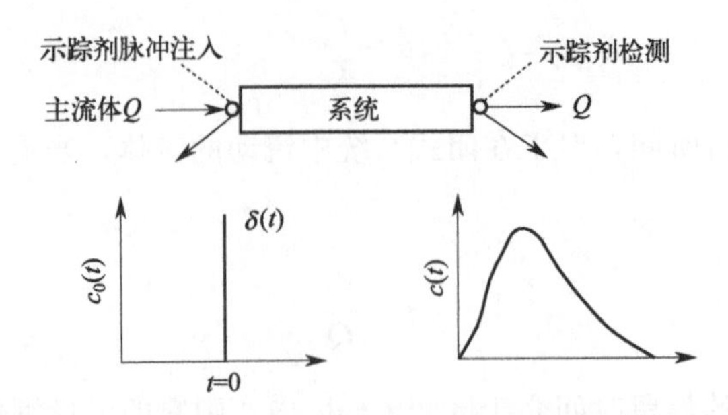

图 4-4　脉冲法测定停留时间分布

所以
$$E(t)=\frac{Qc(t)}{m} \tag{4-15}$$

式中，m 为示踪剂的加入量。响应浓度代入式(4-15) 可求得停留时间分布密度函数 $E(t)$，按式(4-6) 由 $F(t)$ 求得。

示踪剂的输入量 m 可通过下式计算：

$$m=\int_0^{\infty} Qc(t)\,\mathrm{d}t \tag{4-16}$$

若 Q 为常量，则响应曲线下的面积乘以主流体的体积流量 Q 应等于示踪剂的加入量，将式(4-16) 代入式(4-15) 可得：

$$E(t)=\frac{c(t)}{\int_0^{\infty} c(t)\,\mathrm{d}t} \tag{4-17}$$

如果系统出口检测的不是示踪剂的浓度而是其他物理量，由式(4-17) 可知，只要这些物理量与浓度成线性关系，就可直接将响应测定值代入式(4-17) 求 $E(t)$，无须换算成浓度后再代入。若所得的响应曲线有拖尾现象，即小部分流体的停留时间过长，应尽量使输入的示踪剂量已知，避免由于积分值计算所带来的误差。

【例 4-1】用脉冲示踪法测定一闭式反应器的停留时间分布密度函数。闭式反应器中不同停留时间所对应的响应浓度如下表所示：

t/s	0	30	60	90	120	150	180	210	240	270	300	330
$c(t)$/(kg/m^3)	0	0.04	0.125	0.3	0.425	0.52	0.42	0.29	0.175	0.08	0.03	0

试求流体在该反应器中停留时间分布函数 $E(t)$。

解：依据式(4-17) 可知 $E(t)=\dfrac{c(t)}{\int_0^{\infty} c(t)\,\mathrm{d}t}=\dfrac{c(t)}{\sum c_i(t)\Delta t_i}$

$$\sum c_i(t)\Delta t_i=(0+0.04+0.125+0.3+0.475+0.52+0.42+0.29+0.175+0.08+0.03+0)\times 30=2.455\times 30=73.7[(\mathrm{kg/m^3})\cdot \mathrm{s}]$$

因 $E(t)=\dfrac{c(t)}{73.7}$，则流体在该反应器中不同停留时间分布的 $E(t)$ 值如下表所示：

t/s	0	30	60	90	120	150
$c(t)$/(kg/m^3)	0	0.04	0.125	0.3	0.425	0.52
$E(t)$/($\times 10^{-3}$ s^{-1})	0	0.5	1.7	4.1	5.8	7.1

续表

t/s	180	210	240	270	300	330
$c(t)/(\mathrm{kg/m^3})$	0.42	0.29	0.175	0.08	0.03	0
$E(t)/(\times10^{-3}\mathrm{s^{-1}})$	5.7	3.9	2.4	1.1	0.4	0

则闭式反应器中不同停留时间所对应的停留时间分布密度函数图如下：

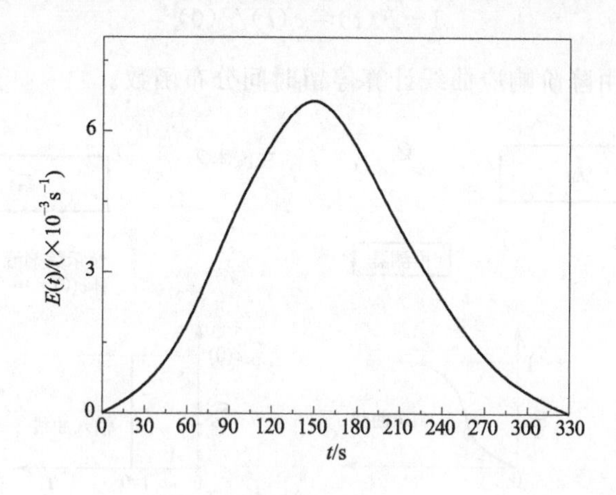

4.1.2.2 阶跃法

气相反应中，反应物在反应器中的停留时间短，很难实现脉冲加料，这种情况下使用阶跃法更方便。阶跃法的实质（见图4-5）：将在系统中作定常流动的流体切换为流量相同的含有示踪剂的流体，或者相反。前一种做法称为升阶法（或正阶跃法），后一种则叫降阶法（或负阶跃法）。无论是升阶法还是降阶法，切换前后进入系统的流体流量必须相等。

图4-5(a)、(b)分别代表升阶法的输入信号及输出响应曲线。设 $c(\infty)$ 为含示踪剂的流体中示踪剂的浓度，在整个输入阶段均保持不变，并把开始切换含示踪剂的流体的时间定为 $t=0$，因此，输入的阶跃函数可表示为：

$$c_0(t)=0(t=0)$$

$$c_0(t)=c(\infty)=\text{常数}(t\geqslant0) \tag{4-18}$$

降阶法是以不含示踪剂的流体切换含示踪剂的流体。图4-5(c)、(d)分别代表降阶法的输入信号及输出响应曲线。其输入函数为：

$$c_0(t)=c(0)=\text{常数}(t=0)$$

$$c(t)=0(t\geqslant0)$$

升阶法的出口流体中示踪剂从无到有，其浓度随时间而单调地递增[图4-5(b)]，最终达到与输入的示踪剂浓度 $c(\infty)$ 相等。在时刻 $t+\mathrm{d}t$ 到 t 的时间间隔内，从系统流出的示踪剂量为这部分示踪剂在系统内的停留时间必定小于或等于 t，而在相应的时间间隔内输入的示踪剂量为 $Qc(t)\mathrm{d}t$，所以，由 $F(t)$ 的定义可得：

$$F(t)=\frac{Qc(t)\mathrm{d}t}{Qc(\infty)\mathrm{d}t}=\frac{c(t)}{c(\infty)} \tag{4-19}$$

降阶法是以不含示踪剂的流体切换含示踪剂的流体。其输入函数为：

$$c_0(t)=c(0)=常数(t<0)$$

示踪剂浓度 $c(t)$ 从 $c(0)$ 随时间单调地递减至零。因为是用无示踪剂的流体来置换含示踪剂的流体，所以在时刻 t 与 $t+dt$ 间检测到的示踪剂在系统中的停留时间必然大于或等于 t，所以，比值 $c(t)/c(0)$ 应为停留时间大于 t 的物料所占的分数，即：

$$1-F(t)=c(t)/c(0) \tag{4-20}$$

利用式(4-20) 可由降阶响应曲线计算停留时间分布函数。

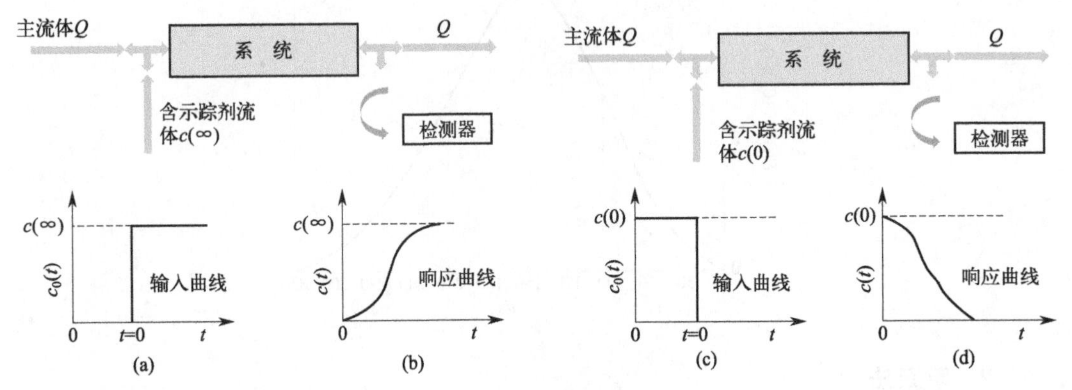

图 4-5 阶跃法测定停留时间分布

阶跃法和脉冲法的对比见表 4-2。

表 4-2 脉冲法和阶跃法对比

项目	脉冲法	阶跃法
实测数据	停留时间分布密度函数 $E(t)$	停留时间分布函数 $F(t)$
示踪剂用量	示踪剂耗量少	示踪剂耗量多
实质	极短的时间内向主流体中注入示踪剂	用示踪剂流体切换主流体或反之
适用范围	定态流动	
联系	$E(t)=\dfrac{dF(t)}{d(t)} \quad \int_0^t E(t)dt=F(t)$	

4.1.3 停留时间分布的统计特征值

对于不同流动状态下的停留时间函数进行定量比较，可以采用随机函数的特征值予以表达，随机函数的特征值有两个，一个是数学期望，另一个是方差。

数学期望也就是均值，对停留时间分布而言即平均停留时间 $\bar{t}$。均值为对原点的一阶矩，因此，根据一阶矩的定义，得平均停留时间为：

$$\bar{t}=\frac{\int_0^{\infty} tE(t)dt}{\int_0^{\infty} E(t)dt}=\int_0^{\infty} tE(t)dt \tag{4-21}$$

数学期望 $\bar{t}$ 为随机变量的分布中心，在几何图形上，是 $E(t)$ 曲线上面积的重心在横轴上的投影，根据 $E(t)$ 与 $F(t)$ 的关系，可以将上式写成：

$$\bar{t}=\int_0^{\infty} t\,\frac{dF(t)dt}{dt}=\int_0^1 t\,dF(t) \tag{4-22}$$

等时间间隔取样的实验数据，所得的 $E(t)$ 函数为离散型，此时式(4-21) 可以改写为：

$$\overline{t}=\frac{\sum tE(t)\Delta t}{\sum E(t)\Delta t}=\frac{\sum tE(t)}{\sum E(t)} \tag{4-23}$$

根据平均停留时间的对比，不足以比较不同的停留时间分布。方差为均值的二阶矩，又称离散度，以 σ_t^2 表示。

$$\int_0^{\infty}(t-\overline{t})^2E(t)\mathrm{d}t=\int_0^{\infty}t^2E(t)\mathrm{d}t-\overline{t}^2 \tag{4-24}$$

方差表示对均值的离散程度，方差越大，则停留时间分布越宽，也就是说停留时间长短不一参差不齐的程度越大。

等时间间隔取样的实验数据，可以将式(4-24) 改为：

$$\sigma_t^2=\frac{\sum t^2E(t)}{\sum E(t)}-\overline{t}^2 \tag{4-25}$$

4.1.4　用无量纲量 θ 表示停留时间统计特征值

无量纲停留时间 θ 定义为：$\theta=\frac{t}{\overline{t}}$。对于闭式系统中流动的流体，当流体密度维持不变时，平均停留时间 $\overline{t}=\tau=\frac{V_r}{Q}$，这时标的变化，产生下列表达：

(1) 平均停留时间

$$\overline{\theta}=\frac{\tau}{\tau}=1$$

(2) 一个流体粒子的停留时间介于区间 $(t, t+\mathrm{d}t)$ 内，则它的无量纲停留时间也一定介于 $(\theta, \theta+\mathrm{d}\theta)$。因为所指的是同一件事，所以这些区间的概率是相等的，即 $F(\theta)=F(t)$，$E(t)\mathrm{d}t=E(\theta)\mathrm{d}\theta$。

(3) 以 θ 为自变量，停留时间分布密度 $E(\theta)$ 的表达则有：

$$E(\theta)=\frac{\mathrm{d}F(\theta)}{\mathrm{d}\theta}=\frac{\mathrm{d}F(t)}{\mathrm{d}(t/\overline{t})}=\overline{t}\ \frac{\mathrm{d}F(t)}{\mathrm{d}t}=\overline{t}E(t)=\tau E(t)$$

此式表明以 θ 为自变量的寿命分布密度比以 t 为自变量的值大 τ 倍，其归一化性质依然存在：

$$\int_0^{\infty}E(\theta)\mathrm{d}\theta=1$$

(4) 设 σ_θ^2 为随机变量 θ 的方差，则 σ_θ^2 和 σ_t^2 的换算公式为：

$$\overline{\theta}=\int_0^1\theta\mathrm{d}F(\theta)=\int_0^1\frac{t}{\tau}\mathrm{d}F(t)=\frac{1}{\tau}\int_0^1t\mathrm{d}F(t)=\frac{\overline{t}}{\tau}=1$$

$$\overline{\theta}=\int_0^{\infty}\theta E(\theta)\mathrm{d}\theta \tag{4-26}$$

$$\sigma_\theta^2=\int_0^\infty(\theta-1)^2E(\theta)\,d\theta=\int_0^\infty(\theta-1)^2E(t)\bar{t}\,d\theta=\frac{1}{\bar{t}^2}\int_0^\infty(t-\bar{t})^2E(t)\,dt=\frac{\sigma_t^2}{\bar{t}^2}$$

$$\frac{\sigma_t^2}{\bar{t}^2}=\int_0^\infty\theta^2E(\theta)\,d\theta-1 \tag{4-27}$$

4.1.5 脉冲法和阶跃法的统计特征值

4.1.5.1 脉冲法的统计特征值

平均停留时间：

$$\bar{t}=\frac{\int_0^\infty tE(t)\,dt}{\int_0^\infty E(t)\,dt}\Rightarrow\bar{t}=\int_0^\infty tE(t)\,dt$$

$$E(t)=\frac{c(t)}{\int_0^\infty c(t)}\Rightarrow\bar{t}=\frac{\int_0^\infty tc(t)\,dt}{\int_0^\infty c(t)\,dt} \tag{4-28}$$

方差：

$$\sigma_t^2=\int_0^\infty t^2E(t)\,dt-\bar{t}^2=\frac{\int_0^\infty t^2c(t)\,dt}{\int_0^\infty c(t)\,dt}-(\bar{t})^2 \tag{4-29}$$

4.1.5.2 阶跃法的统计特征值

阶跃法的统计特征值可利用变量替换和分部积分法进行推导。

(1) **升阶法** 将式 $E(t)=\frac{dF(t)}{dt}$ 代入式(4-21) 得：

$$\bar{t}=\int_0^1 t\,dF(t) \tag{4-30}$$

设阶跃输入的示踪剂浓度为 $c(\infty)$，由式(4-19) 知 $dF(t)=dc(t)/c(\infty)$，代入式(4-30) 得：

$$\bar{t}=\frac{1}{c(\infty)}\int_0^{c(\infty)}t\,dc(t) \tag{4-31}$$

由分部积分法可知：

$$\int_0^{c(\infty)}t\,dc(t)=\int_0^T c(\infty)\,dt-\int_0^T c(t)\,dt \tag{4-32}$$

将式(4-32) 代入式(4-31) 则：

$$\bar{t}=\frac{1}{c(\infty)}\int_0^{c(\infty)}t\,dc(t)=\frac{1}{c(\infty)}\int_0^T c(\infty)\,dt-\int_0^T c(t)\,dt \tag{4-33}$$

$$\bar{t}=\int_0^T\left[1-\frac{c(t)}{c(\infty)}\right]dt \tag{4-34}$$

升阶法中方差可表达为如下公式：

$$\sigma_t^2=\frac{\int_0^{\infty}(t-\bar{t})^2E(t)\mathrm{d}t}{\int_0^{\infty}E(t)\mathrm{d}t}$$

由停留时间分布密度函数的归一化性质可得：

$$\sigma_t^2=\int_0^{\infty}(t-\bar{t})^2E(t)\mathrm{d}t=\int_0^{\infty}t^2E(t)\mathrm{d}t-\bar{t}^2$$

$$E(t)=\frac{\mathrm{d}F(t)}{\mathrm{d}t}\Longrightarrow \mathrm{d}F(t)=E(t)\mathrm{d}t\quad \sigma_t^2=\int_0^1 t^2\mathrm{d}F(t)-\bar{t}^2$$

$$F(t)=\frac{c(t)}{c(\infty)}\xrightarrow{\text{变量替换}}\sigma_t^2=\int_0^{\infty}t^2\mathrm{d}\left[\frac{c(t)}{c(\infty)}\right]-\bar{t}^2\xrightarrow{\text{变量替换}}\sigma_t^2=\frac{1}{c(\infty)}\int_0^{c(\infty)}t^2\mathrm{d}c(t)-\bar{t}^2$$

其中根据不定积分的分部积分公式可得：

$$\int_0^{c(\infty)}t^2\mathrm{d}c(t)=t^2c(t)\int_0^{c(\infty)}-\int_0^T c(t)\mathrm{d}(t^2)=T^2c(\infty)-2\int_0^T tc(t)\mathrm{d}t$$

$$\int_0^T t\mathrm{d}(t)=\frac{1}{2}T^2\Longrightarrow T^2c(\infty)=2\int_0^T tc(\infty)\mathrm{d}t$$

$$\int_0^{c(\infty)}t^2\mathrm{d}c(t)=2\int_0^T tc(\infty)\mathrm{d}t-2\int_0^T tc(t)\mathrm{d}t$$

$$\sigma_t^2=\frac{1}{c(\infty)}\int_0^{c(\infty)}t^2\mathrm{d}c(t)-\bar{t}^2=\frac{2}{c(\infty)}\left[2\int_0^T tc(\infty)\,\mathrm{d}t-2\int_0^T tc(t)\mathrm{d}t\right]-\bar{t}^2\Longrightarrow$$

$$\sigma_t^2=2\int_0^T t\left[1-\frac{c(t)}{c(\infty)}\right]\mathrm{d}t-\bar{t}^2$$

采用与导出式(4-34)相同的方法，将式(4-6)代入式(4-21)后，再将式(4-19)代入则有

$$\sigma_t^2=\frac{1}{c(\infty)}\int_0^{c(\infty)}t^2\mathrm{d}c(t)-\bar{t}^2 \tag{4-35}$$

由不定积分的分部积分可将上式改写为：

$$\begin{aligned}\sigma_t^2&=\frac{2}{c(\infty)}\left[\int_0^T tc(\infty)\,\mathrm{d}t-\int_0^T tc(t)\mathrm{d}t\right]-\bar{t}^2\\&=2\int_0^T t[1-c(t)/c(\infty)]\mathrm{d}t-\bar{t}^2\end{aligned} \tag{4-36}$$

(2) **降阶法** 是以不含示踪剂的流体切换含示踪剂的流体。因此，利用变量替换和分部积分的方法进行统计特征值推导时，注意示踪剂的浓度是由大变小。

降阶法统计特征值的推导

$$\bar{t}=\int_0^T\frac{c(t)}{c(0)}\mathrm{d}t;\sigma_t^2=2\int_0^T\frac{tc(t)}{c(0)}\mathrm{d}t-\bar{t}^2$$

【例4-2】 用脉冲法测定一流动反应器的停留时间分布，得到出口流中示踪剂的浓度 $c(t)$ 与时间 t 的关系如下：

t/min	0	2	4	6	8	10	12	14	16	18	20	22	24
$c(t)$/(g/min)	0	1	4	7	9	8	5	2	1.5	1	0.6	0.2	0

试求平均停留时间及方差。

解： 脉冲法的统计特征值为：

$$\bar{t}=\frac{\int_0^{\infty} tc(t)\mathrm{d}t}{\int_0^{\infty} c(t)\mathrm{d}t} \qquad \sigma_t^2=\frac{\int_0^{\infty} t^2c(t)\mathrm{d}t}{\int_0^{\infty} c(t)\mathrm{d}t}-\bar{t}^2$$

为了计算 $\bar{t}$ 和 σ_t^2，需求 $c(t)$、$tc(t)$ 和 $t^2c(t)$ 在 0～24min 范围内的定积分值，为此可算出不同时间下的 $c(t)$、$tc(t)$ 和 $t^2c(t)$，列于下表中。

t/min	$c(t)$/(g/m^3)	$tc(t)$/[min·(g/m^3)]	$t^2c(t)$/[min^2·(g/m^3)]
0	0	0	0
2	1	2	4
4	4	16	64
6	7	42	252
8	9	72	576
10	8	80	800
12	5	60	720
14	2	28	392
16	1.5	24	384
18	1	18	324
20	0.6	12	240
22	0.2	4.4	96.8
24	0	0	0

根据表中的数据可知，在[0,24]区间范围内，脉冲法测试过程中，将时间分成偶数个小区间，时间间隔为 2min，符合 Simpson 公式定积分计算的要求，利用 Simpson 法，可依次计算不同时间下的 $c(t)$、$tc(t)$ 和 $t^2c(t)$ 在[0,24]区间范围内定积分值。

$$\int_0^{24} c(t)\mathrm{d}t=\frac{2}{3}\times[0+4\times(1+7+8+2+1+0.2)+2\times(4+9+5+1.5+0.6)+0]$$
$$=78[\mathrm{min\cdot(g/m^3)}]$$

$$\int_0^{24} tc(t)\mathrm{d}t=\frac{2}{3}\times[0+4\times(2+42+80+28+18+4.4)+2\times(16+72+60+24+12)+0]$$
$$=710.4[\mathrm{min^2\cdot(g/m^3)}]$$

$$\int_0^{24} t^2c(t)\mathrm{d}t=\frac{2}{3}\times[0+4\times(4+252+800+392+324+96.8)+$$
$$2\times(64+576+720+384+240)+0]=7628.8[\mathrm{min^3\cdot(g/m^3)}]$$

$$\bar{t}=\frac{710.4}{78}=9.11(\mathrm{min})$$

$$\sigma_t^2=\frac{7628.8}{78}-(9.11)^2=14.81(\mathrm{min^2})$$

定积分的近似计算

数值积分是计算停留时间分布统计特征值时常用的方法。实际求解过程中，常遇到被积分函数难以用公式表示而用图形或表格给出，或被积分函数虽然能用公式表示，但计算其原函数很困难的情况。所以，我们就要考虑定积分近似计算的问题。定积分计算过程中常用的三种简便近似计算方法为矩形法、梯形法和抛物线法。抛物线法中涉及 Simpson 公式的使用条件和推导过程，具体的过程见二维码。

4.2 理想流动反应器的停留时间分布

第 3 章理想反应器中连续釜式反应器和管式反应器涉及两种理想的流体模型——全混流和活塞流，从停留时间分布的角度看这二者属于两种极端情况。本节将从数学角度诠释这两种理想流动模型的本质区别，并阐明其停留时间分布的数学描述。由于实际反应器的流动状况均介于这两种极端情况之间，因此，弄清这两种理想流动模型为分析、建立非理想流动模型奠定基础。

4.2.1 全混流模型的停留时间分布

理想的连续釜式反应器中物料浓度均一、温度均一，这实质上是全混流模型的直观结果，这种均一是由于强烈的搅拌作用所致。如何从停留时间分布理论去分析这种理想流动模型？

设连续进入全混流反应器的流体中示踪剂的浓度为 c_0，则单位时间内流入反应器及从反应器流出的示踪剂量分别为 Qc_0 和 Qc。由于反应器内示踪剂的浓度均一且等于出口流中的示踪剂浓度，所以，单位时间内反应器内示踪剂的累积量为 $V_r\mathrm{d}c/\mathrm{d}t$，于是对反应器作示踪剂的物料衡算得：

$$V_r\frac{\mathrm{d}c}{\mathrm{d}t}=Qc_0-Qc$$

由于 $\tau=\dfrac{V_r}{Q}$，则上式可写成：

$$\frac{\mathrm{d}c}{\mathrm{d}t}+\frac{1}{\tau}c=\frac{1}{\tau}c_0 \tag{4-37}$$

此即全混流模型的数学表达式。其初值条件为：

$$t=0 \qquad c=0$$

积分式(4-37) 得：

$$\int_0^c\frac{\mathrm{d}c}{c_0-c}=\frac{1}{\tau}\int_0^t\mathrm{d}t$$

即

$$\ln\frac{c_0-c}{c_0}=-\frac{t}{\tau} \tag{4-38}$$

或

$$1-\frac{c}{c_0}=\mathrm{e}^{-t/\tau} \tag{4-39}$$

根据 $F(t)$ 的定义，上式变为：

$$F(t)=1-\mathrm{e}^{-t/\tau} \tag{4-40}$$

将式(4-40) 对 t 求导得：

$$E(t)=\frac{1}{\tau}e^{-t/\tau} \tag{4-41}$$

图 4-6 为全混流反应器的 $E(t)$ 及 $F(t)$ 图。若采用无量纲时间，则

$$F(\theta)=1-e^{-\theta} \tag{4-42}$$

$$E(\theta)=e^{-\theta} \tag{4-43}$$

将式(4-43) 分别代入式(4-26) 及式(4-27)，可得全混流停留时间分布的平均停留时间和方差为：

$$\bar{\theta}=\int_0^{\infty}\theta e^{-\theta}d\theta=1 \tag{4-44}$$

$$\sigma_\theta^2=\int_0^{\infty}\theta^2 e^{-\theta}d\theta-1=1 \tag{4-45}$$

由此可见，返混程度达到最大时，停留时间分布的无量纲方差就为 1。

由图 4-6 可知，全混流反应器的 $E(t)$ 曲线随时间增加而单调下降，且当 $t\to\infty$ 时，$E(t)\to 0$。这说明流体粒子在全混反应器中的停留时间极度参差不齐。全混反应器的 $F(t)$ 曲线随时间而递增。

第 3 章我们对理想的全混流釜式反应器和活塞流管式反应器做了比较。结论是正常动力学条件下，完成相同的生产任务，活塞流反应器优于全混流反应器。

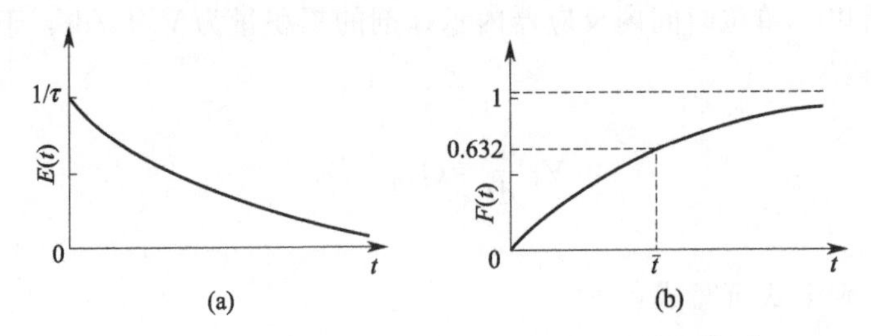

图 4-6　全混流反应器的 $E(t)$ 和 $F(t)$ 的函数图

如图 4-6 所示，当 $t=\tau$，$F(t)=0.632$，即在全混流反应器中有 63.2%的物料的停留时间小于平均停留时间，36.8%的物料的停留时间大于平均停留时间，转化率可大于活塞流反应器，但却抵不了 63.2%的物料的停留时间小于平均停留时间而带来的损失，所以活塞流反应器的转化率大于全混流反应器。因此，使停留时间分布集中，可以提高反应器的生产强度。

4.2.2　活塞流模型的停留时间分布

活塞流的流体特征是垂直于流体流动方向的径向所有的流体粒子的年龄相同，即流体粒子同时进入系统、同时离开系统。活塞流反应器的停留时间均一，均等于 $\bar{t}$。因此，活塞流反应器的停留时间分布函数的特征为：

$$F(t)=\begin{cases}0 & t<\bar{t}\\ 1 & t=\bar{t}\\ 0 & t>\bar{t}\end{cases}\xrightarrow{\text{采用无量纲时间}}F(\theta)=\begin{cases}0 & \theta<1\\ 1 & \theta=1\\ 0 & \theta>1\end{cases} \tag{4-46}$$

如图 4-7 所示，对活塞流反应器而言，$t\neq\bar{t}$ 时 $E(t)=0$，$t=\bar{t}$ 时 $E(t)$ 出现以高度无

限、宽度为零的峰值，数学上称为狄拉克函数（Dirac delta function）。

$$E(t)=\delta(t-\bar{t}) \text{或} E(\theta)=\delta(\theta-1) \tag{4-47}$$

狄拉克函数的特征如下：

$$\delta(x)=0, x\neq 0 \text{ 则 } E(t)=0, t\neq\tau \tag{4-48}$$

$$\delta(x)=\infty, x=0 \text{ 则 } E(t)=\infty, t=\tau \tag{4-49}$$

$$\int_{-\infty}^{\infty}\delta(x)\,\mathrm{d}x=1 \tag{4-50}$$

$$\int_{-\infty}^{\infty}g(x)\delta(x-\tau)\,\mathrm{d}x=g(\tau) \tag{4-51}$$

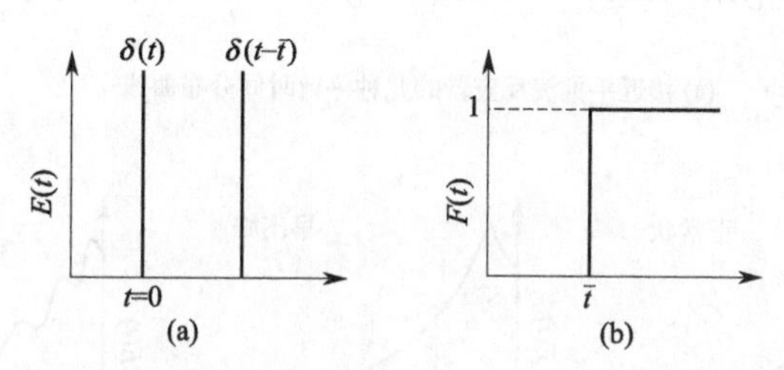

图 4-7　活塞流反应器的 $E(t)$ 和 $F(t)$ 的函数图

活塞流反应器的无量纲平均停留时间 $\bar{\theta}$ 及方差 σ_θ^2 为：

$$\bar{\theta}=\int_0^1\theta\mathrm{d}F(\theta)=\int_0^1\frac{t}{\tau}\mathrm{d}F(t)=\frac{1}{\tau}\int_0^1 t\mathrm{d}F(t)=\frac{\bar{t}}{\tau} \tag{4-52}$$

又因为 $\bar{t}=\tau$，所以 $\bar{\theta}=1$

$$\sigma_\theta^2=\int_0^\infty\theta^2\delta(\theta-1)\mathrm{d}\theta-1=\theta^2\big|_0^1-1=0 \tag{4-53}$$

由式(4-53) 知，活塞流反应器停留时间分布的无量纲方差 σ_θ^2 为零，表明所有的流体粒子在反应器的停留时间相同。方差越小，说明分布越集中，分布曲线就越窄。停留时间分布方差等于零这一特征说明系统内不存在返混。

4.3 非理想流动现象及其停留时间分布

实际反应器中因滞留区、沟流和短路、循环流、层流和扩散现象的存在，流体的流动状况会偏离理想状况，这些现象均可称为非理想流动（如图 4-8 所示）。

通常情况下，我们依据活塞流和全混流的停留时间分布函数的特征，结合实际反应器中停留时间分布密度函数 $E(t)$ 出现拖尾、早出峰、晚出峰和多峰的特征，可以对反应器内的流动状况和工作状况偏离理想状态的程度作出定性判断，对操作性能不佳的设备可能提供某些改进方向和措施。另外，利用停留时间分布曲线求取数学期望和方差，用数学方法关联返混和停留时间分布的定量关系，进而求取模型参数，作为进行物料、热量以及动量衡算的基础，进而对反应器进行设计和分析。

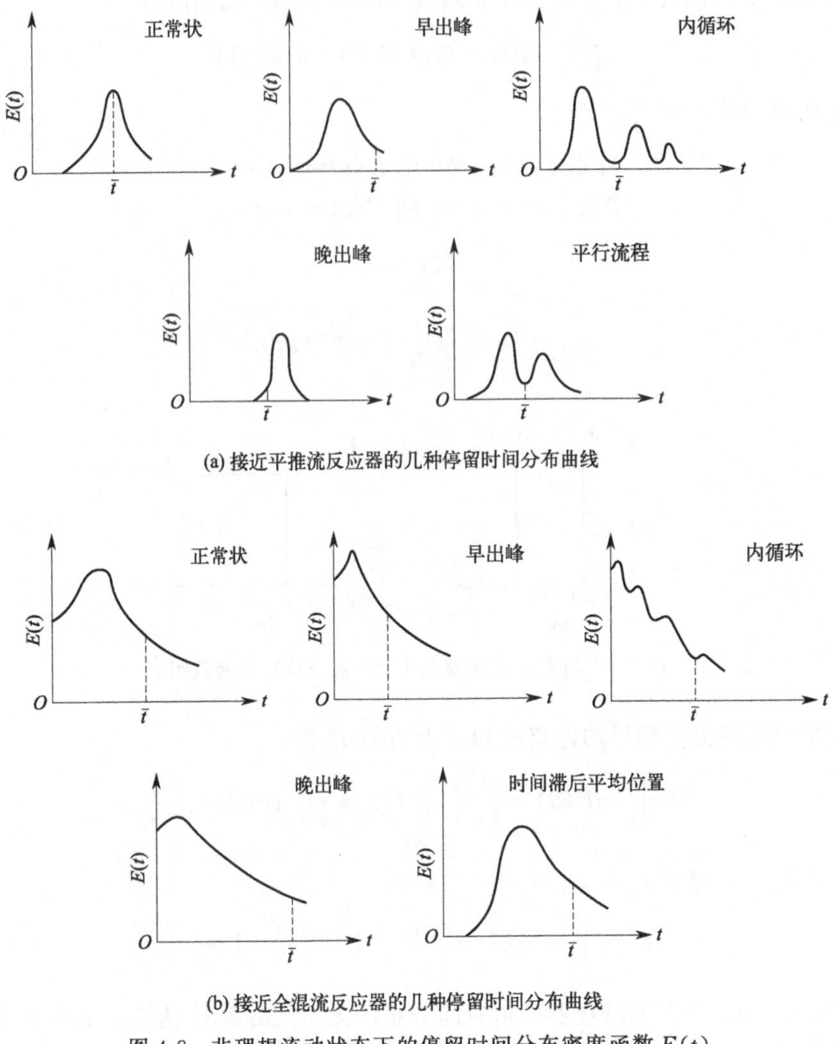

(a) 接近平推流反应器的几种停留时间分布曲线

(b) 接近全混流反应器的几种停留时间分布曲线

图 4-8 非理想流动状态下的停留时间分布密度函数 $E(t)$

4.4 非理想流动模型及模型参数

4.4.1 离析流模型

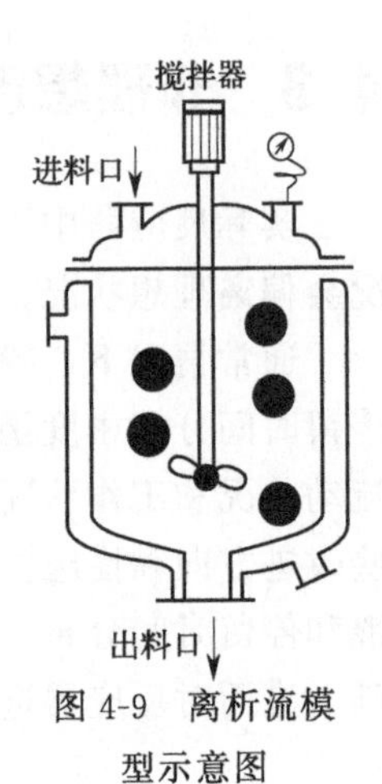

图 4-9 离析流模型示意图

离析流模型的基本假定：物料在反应器内以流体单元的形式存在(把每个流体粒子想象为刚性小球)，流体单元之间不存在任何形式的物质交换，彼此不发生微观混合；流体单元的停留时间不同。由于每个流体单元不与其周围发生任何关系，就像一个间歇反应器一样进行反应。因此就有了如图 4-9 的连续流动反应器中“漂浮”间歇反应器的情景。

由间歇反应器的设计方程可知，反应时间决定反应进行的程度，而每个间歇反应器的反应时间取决于它们在连续流动反应器中的停留时间。

设反应器进口的流体中反应物 A 的浓度为 c_{A0}，当反应时间为 t 时其浓度为 $c(t)$。根据反应器的停留时间分布知，停留时间在 t 到 $t+dt$ 间的流体粒子所占的分数为 $E(t)dt$，则这部分流体对反应器出口流体中 A 的浓度 $\bar{c}_A$ 的贡献应为 $c_A E(t)dt$，将所有这些贡献相加即得反应器出口处 A 的平均浓度 $\bar{c}_A$，则离析流模型方程为：

$$\bar{c}_A=\int_0^{\infty} c_A(t)E(t)dt \tag{4-54}$$

根据转化率的定义，式(4-54) 可改写成：

$$1-\bar{x}_A=\int_0^{\infty}[1-x_A(t)]E(t)dt=\int_0^{\infty}E(t)dt-\int_0^{\infty}x_A(t)E(t)dt$$

$$\bar{x}_A=\int_0^{\infty} x_A(t)E(t)dt \tag{4-55}$$

由于离析流模型是将停留时间分布密度函数直接引入数学模型方程中，所以它不存在模型参数。

活塞流反应器中每一横截面微元内反应流体都具有相同的停留时间，同一截面上所有微元内的浓度条件都是相等的，由于没有轴向混合，同一截面上微元之间的微观混合对微元内浓度没有影响。因此，可以将完全离析流动的反应器想象成一个活塞流反应器，刚性粒子从反应器进口加入，从不同的截面位置取出，如图 4-10 所示。

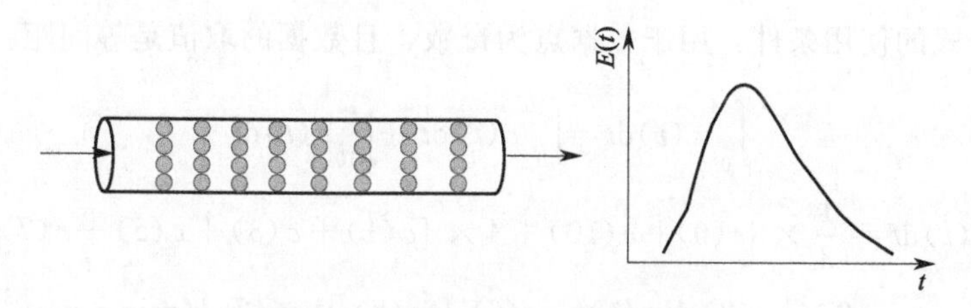

图 4-10　管式反应器中的离析流

不同截面位置反应的物料具有不同的停留时间，不同停留时间下的粒子便构成了停留时间分布，如果将取出的刚性粒子在最后混合在一起，总的反应转化率依然可以按照式(4-55)求得。

活塞流反应器的停留时间分布函数：

$$E(t)=\delta(t-\tau)$$

$$x_A=\int_0^{\infty} x_A^* E(t)dt=\int_0^{\infty}(1-e^{kt})\delta(t-\tau)dt=1-e^{kt} \tag{4-56}$$

与活塞流反应器的设计方程对一级反应计算所得的结果一致。

全混流反应器的停留时间分布函数为：

$$E(t)=\frac{1}{\tau}e^{-t/\tau}$$

$$x_A=\int_0^{\infty} x_A^* E(t)dt \tag{4-57}$$

$$x_A=\int_0^{\infty}(1-e^{kt})(1/\tau)e^{-t/\tau}dt=1+\frac{1}{\tau(k+1/\tau)}e^{-\left(k+\frac{1}{\tau}\right)t}\Big|_0^{\infty}=\frac{k\tau}{1+k\tau}$$

与按全混流反应器设计方程对一级反应计算的出口转化率相同。

【例 4-3】反应器内进行液相一级不可逆反应，反应速率常数 $k=0.1\mathrm{L/min}$，示踪物脉冲注入一反应器，测得其出口浓度随时间的变化关系如下，计算反应器出口转化率。

t/min	0	1	2	3	4	5	6	7	8	9	10	12	14
$c(t)/(\mathrm{g/m^3})$	0	1	5	8	10	8	6	4	3	2.2	1.5	0.6	0

解：依题可得 $c(t)$ 曲线：

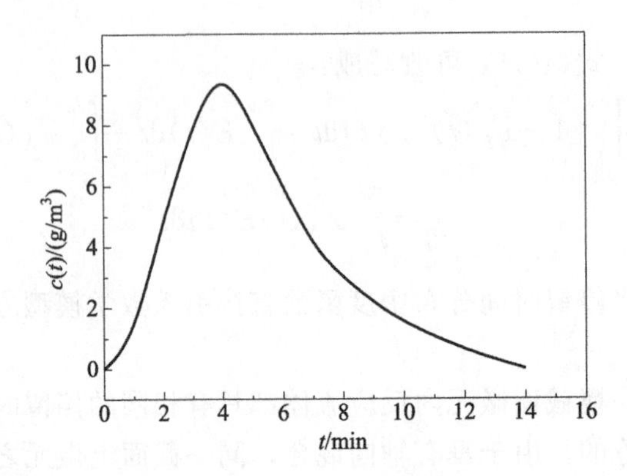

依据公式(4-17) 可知 $E(t)=\dfrac{c(t)}{\int_0^\infty c(t)\mathrm{d}t}$，需要求解$\int_0^\infty c(t)\mathrm{d}t$ 。

Simpson 公式的使用条件：用于数据点为奇数，且数据的取值是等间距：

$$\int_0^{14} c(t)\mathrm{d}t=\int_0^{10} c(t)\mathrm{d}t+\int_{10}^{14} c(t)\mathrm{d}t$$

$$\int_0^{10} c(t)\mathrm{d}t=\frac{1}{3}\times\{c(0)+c(10)+4\times[c(1)+c(3)+c(5)+c(7)]+2\times[c(2)+c(4)+c(6)+c(8)]\}=47.4(\mathrm{min\cdot g/m^3})$$

$$\int_{10}^{14} c(t)\mathrm{d}t=\frac{2}{3}\times[c(10)+4\times c(12)+c(14)]=2.6(\mathrm{min\cdot g/m^3})$$

$$\int_0^{14} c(t)\mathrm{d}t=\int_0^{10} c(t)\mathrm{d}t+\int_{10}^{14} c(t)\mathrm{d}t=50(\mathrm{min\cdot g/m^3})$$

由此可得，不同时间和响应浓度下的停留时间分布密度函数 $E(t)$：

t/min	0	1	2	3	4	5	6	7	8	9	10	12	14
$E(t)/(\times10^{-2}\mathrm{min^{-1}})$	0	2	10	1.6	20	16	12	8	6	4.4	3	1.2	0

离析流一级反应出口转化率为：

$$x_\mathrm{A}=\int_0^\infty x_\mathrm{A}^* E(t)\mathrm{d}t=\int_0^\infty 1-\mathrm{e}^{kt}E(t)\mathrm{d}t=1-\int_0^\infty \mathrm{e}^{kt}E(t)\mathrm{d}t$$

根据不同时间和响应浓度下的停留时间分布密度函数 $E(t)$ 可得：

t/min	0	1	2	3	4	5	6	7	8	9	10	12	14
$E(t)/(\times10^{-2}\mathrm{min^{-1}})$	0	2	10	1.6	20	16	12	8	6	4.4	3	1.2	0
$\mathrm{e}^{0.1t}/(\times10^{-2})$	1	90.5	81.9	74.1	67.0	60.7	54.9	49.7	44.9	40.7	36.8	30.1	24.7
$\mathrm{e}^{0.1t}E(t)/(\times10^{-2}\mathrm{min^{-1}})$	0	1.8	8.2	11.9	13.4	9.7	6.6	4.0	2.7	1.8	1.1	0.4	0

$$\int_0^{14} e^{0.1t}E(t)dt = \int_0^{10} e^{0.1t}E(t)dt + \int_{10}^{14} e^{0.1t}E(t)dt$$

$$= \frac{1}{3} \times \{c(0)+c(10)+4\times[c(1)+c(3)+c(5)+c(7)+c(9)]+$$

$$2\times[c(2)+c(4)+c(6)+c(8)]\} + \frac{2}{3}\times[c(10)+4\times c(12)+c(14)]$$

$$= \frac{1}{3}\times[0+1.1+4\times(1.8+11.9+9.7+4.0+1.8)+2\times(8.2+13.4+$$

$$6.6+2.7)]\times 10^{-2} + \frac{2}{3}\times(1.1+4\times 0.4+0)\times 10^{-2}$$

$$=0.617$$

反应器出口转化率：$x_A=1-0.617=0.383$

任何离析流反应器中进行一级反应，预测其出口转化率只需要反应器停留时间分布密度函数，不需要反应器内微观混合程度和具体的流动特性。

4.4.2　多釜串联模型

在【**例 3-8**】中曾经比较了单个全混反应器、活塞流反应器和多个全混流反应器串联时的反应效果，发现后者的性能介乎前二者之间，并且串联的釜数越多，其性能越接近于活塞流，当釜数为无限多时，其效果与活塞流一样。因此，可以用 N 个全混釜串联来模拟一个实际的反应器。

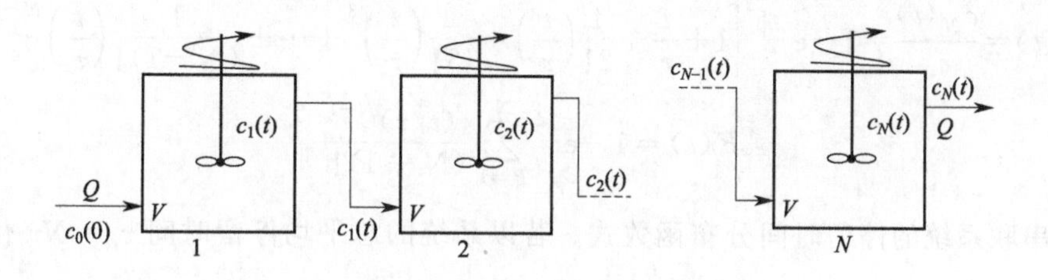

图 4-11　多釜串联模型示意图

设 N 个反应体积为 V 的全混釜串联操作，且釜间无任何返混，并忽略流体流过釜间连接管线所需的时间。图 4-11 为多釜串联模型示意图。图中 Q 为流体的流量，c 表示示踪剂的浓度。假定各釜温度相同，对第 P 釜作示踪剂的物料衡算得：

$$Qc_{P-1}(t)-Qc_P(t)=V_r\frac{dc_Pt}{dt} \tag{4-58}$$

或

$$\frac{dc_Pt}{dt}=\frac{1}{\tau}[c_{P-1}(t)-c_P(t)] \tag{4-59}$$

式中，τ 为流体在一个釜中的平均停留时间，等于 V_r/Q。

若示踪剂呈阶跃输入，且浓度为 c_0，则式(4-59) 的初始条件为：

$$t=0 \qquad c_P(0)=0 \qquad P=1,2,\cdots,N$$

当 $P=1$ 时，式(4-59) 可写成：

$$\frac{\mathrm{d}c_1(t)}{\mathrm{d}t}=\frac{1}{\tau}[c_0(t)-c_1(t)]$$

此即第 1 釜的物料衡算式，即前面的式(4-37)，且已求出其解为：

$$c_1(t)=c_0(1-\mathrm{e}^{-t/\tau}) \tag{4-60}$$

对于第 2 釜，由式(4-59) 得：

$$\frac{\mathrm{d}c_2(t)}{\mathrm{d}t}=\frac{1}{\tau}[c_1(t)-c_2(t)]$$

把式(4-60) 代入则有：

$$\frac{\mathrm{d}c_2(t)}{\mathrm{d}t}+\frac{c_2(t)}{\tau}=\frac{c_0}{\tau}(1-\mathrm{e}^{-\frac{t}{\tau}}) \tag{4-61}$$

解此一阶线性微分方程得：

$$\frac{c_2(t)}{c_0}=1-(1+\frac{t}{\tau})\mathrm{e}^{-t/\tau} \tag{4-62}$$

$$c_3(t)=\frac{c_3}{c_0}=1-\mathrm{e}^{-t/\tau}\left[1+\frac{t}{\tau}+\frac{1}{2}\left(\frac{t}{\tau}\right)^2\right]$$

依次对其他各釜求解，并由数学归纳法可得第 N 个釜的结果为：

$$F(t)=\frac{c_N(t)}{c_0}=1-\mathrm{e}^{-\frac{t}{\tau}}\left[1+\frac{t}{\tau}+\frac{1}{2!}\left(\frac{t}{\tau}\right)^2+\frac{1}{3!}\left(\frac{t}{\tau}\right)^3+\cdots+\frac{1}{(N-1)!}\left(\frac{t}{\tau}\right)^{N-1}\right]$$

$$F(t)=1-\mathrm{e}^{-\frac{t}{\tau}}\sum_{P=1}^{N}\frac{(t/\tau)^{N-1}}{(N-1)!} \tag{4-63}$$

此即多釜串联系统的停留时间分布函数式。若以系统的总平均停留时间 $\tau_t=N\tau$ 代入上式，则有：

$$F(t)=1-\mathrm{e}^{-t/\tau}\sum_{P=1}^{N}\frac{(Nt/\tau_t)^{P-1}}{(P-1)!} \tag{4-64}$$

也可以写成无量纲形式：

$$F(\theta)=1-\mathrm{e}^{-N\theta}\sum_{P=1}^{N}\frac{(N\theta)^{P-1}}{(P-1)!} \tag{4-65}$$

要注意这里的 $\theta=t/\tau_t$，即根据系统的总平均停留时间 τ_t 来定义，而不是每釜的平均停留时间 τ。总平均停留时间等于平均停留时间与釜的个数的乘积，即 $\bar{t}=\tau_t=\tau N$。

式(4-65) 计算了不同釜数串联的停留时间分布函数，结果如图 4-12 所示，釜数越多，其停留时间分布越接近活塞流。

将式(4-65) 对 θ 求导，可得多釜串联模型的停留时间分布密度：

$$E(\theta)=\frac{N^N}{(N-1)!}\theta^{N-1}\mathrm{e}^{-N\theta} \tag{4-66}$$

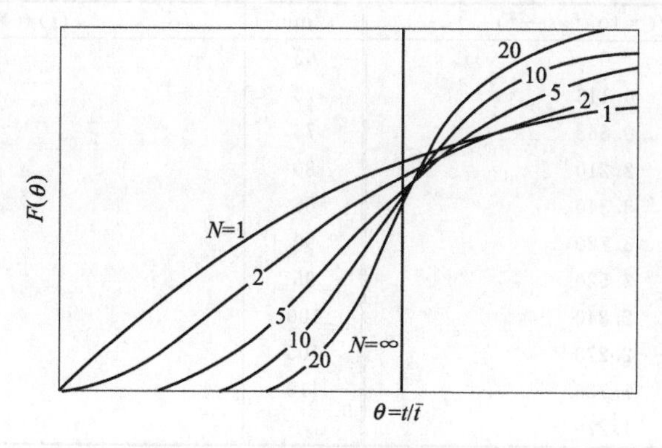

图 4-12　多釜串联模型的 $F(\theta)$

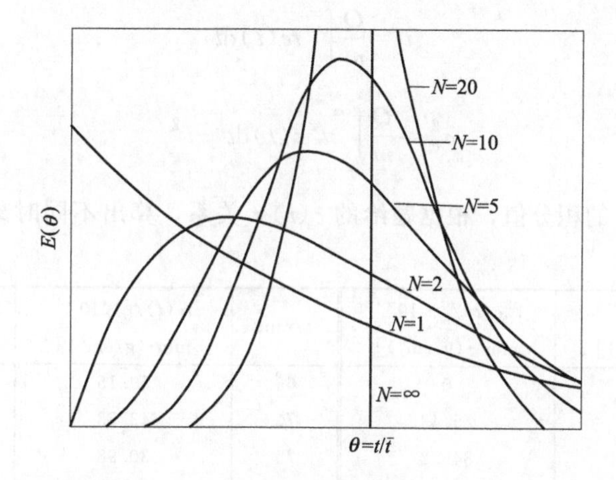

图 4-13　多釜串联模型的 $E(\theta)$

图 4-13 是根据式(4-66) 对不同的 N 值计算的结果，该图表明不同的 N 值模拟不同的停留时间分布，N 值增加，停留时间分布变窄。将式(4-66) 代入式(4-26)，可得多釜串联模型的平均停留时间为：

$$\bar{\theta}=\int_0^{\infty}\frac{N^N\theta^N \mathrm{e}^{-N\theta}}{(N-1)!}\mathrm{d}\theta=1 \tag{4-67}$$

把式(4-66) 代入式(4-27) 则得方差：

$$\sigma_\theta^2=\int_0^{\infty}\frac{N^N\theta^{N+1}\mathrm{e}^{-N\theta}}{(N-1)!}\mathrm{d}\theta-1=\frac{N+1}{N}-1=\frac{1}{N} \tag{4-68}$$

显然，由式(4-68) 知，当 $N=1$ 时，与全混流模型一致；而当 $N\to\infty$ 时，$\sigma_\theta^2=0$，则与活塞流模型相一致。所以，当 N 为任何正数时，其方差应介于 0 与 1 之间。

【例 4-4】 以苯甲酸为示踪剂，用脉冲法测定一反应体积为 $1735\mathrm{cm}^3$ 的液相反应器的停留时间分布。液体流量为 $40.2\mathrm{cm}^3/\mathrm{min}$，示踪剂用量 4.95g。不同时刻下出口液体中示踪物的浓度 $c(t)$ 如下表所示。若用多釜串联模型来模拟该反应器，试求模型参数 N。

t/min	$c(t)/(\times10^{-3}g/cm^3)$	t/min	$c(t)/(\times10^{-3}g/cm^3)$
10	0	65	0.910
15	0.113	70	0.619
20	0.863	75	0.413
25	2.210	80	0.300
30	3.340	85	0.207
35	3.720	90	0.131
40	3.520	95	0.094
45	2.840	100	0.075
50	2.270	105	0.001
55	1.735	110	0
60	1.276		

解：脉冲法测试停留时间分布

平均停留时间：
$$\bar{t}=\frac{Q}{m}\int_0^\infty tc(t)\mathrm{d}t$$

方差：
$$\sigma_\theta^2=\frac{Q}{m}\int_0^\infty t^2c(t)\mathrm{d}t-\bar{t}^2$$

为了计算 $\bar{t}$ 及 σ_θ^2 的积分值，根据题给的 $c(t)$-t 关系，算出不同时刻下的 $tc(t)$ 及 $t^2c(t)$ 值，结果列于下表中。

t/min	$tc(t)/[\times10^{-3}$ min·(g/cm^3)]	$t^2c(t)/[\times10^{-3}$ min^2·(g/cm^3)]	t/min	$tc(t)/[\times10^{-3}$ min·(g/cm^3)]	$t^2c(t)/[\times10^{-3}$ min^2·(g/cm^3)]
10	0	0	65	59.15	3845
15	1.695	25.43	70	43.33	3033
20	17.26	345.2	75	30.98	2323
25	55.25	1381	80	24.00	1920
30	100.2	3006	85	17.60	1496
35	130.2	4557	90	11.79	1061
40	140.8	5632	95	8.93	848.4
45	127.8	5751	100	7.50	750
50	113.5	5675	105	0.11	11.03
55	95.43	5248	110	0	0
60	76.56	4594			

根据表中的计算结果，由 Simpson 公式可得：

$$\int_0^\infty tc(t)\mathrm{d}t=\frac{5}{3}\times[0+4\times(1.695+55.26+130.2+\cdots+0.11)+2\times(17.26+100.2+140.8+\cdots+7.5)+0]\times10^{-3}=5.297(\mathrm{g/cm^3})$$

将有关数值代入 $\bar{t}=\frac{Q}{m}\int_0^\infty tc(t)\mathrm{d}t$，则 $\bar{t}=\frac{40.2}{4.95}\times5.297=43.02(\mathrm{min})$

与按 $\bar{t}=V/Q$ 计算的值 1735/40.2=43.16min 非常接近。同理可得方差为：

$$\sigma_t^2=\frac{40.2}{4.95}\times\frac{5}{3}\times[0+4\times(25.43+1381+4557+\cdots+750)+2\times(345.2+3006+5632+\cdots+11.03)+0]\times10^{-3}-43.02^2=233.4(\mathrm{min^2})$$

$$\sigma_\theta^2=\sigma_t^2/\bar{t}^2=233.4/43.02^2=0.1261$$

由式(4-68) 得模型参数为：

$$N=1/0.1261=7.93\approx 8$$

4.4.3　轴向扩散模型

轴向扩散模型是描述非理想流动的主要模型之一，特别适用于返混程度不大的系统，如管式、塔式非均相体系。

轴向扩散模型假定：①流体以恒定的流速 u 通过系统；②在垂直于流体运动方向的横截面上径向浓度分布均一，即径向混合达到最大；③由于湍流混合、分子扩散以及流速分布等传递机理而产生的扩散，仅发生在流动方向（即轴向），并以轴向扩散系数 D_a 表示这些因素的综合作用，且用费克定律加以描述。由于返混是逆着主流体流动方向进行，所以：

$$J=-D_a\frac{\partial c}{\partial Z} \tag{4-69}$$

同时假定在同一反应器内轴向扩散系数不随时间及位置而变，其数值大小与反应器的结构、操作条件及流体性质有关。

模型的建立：取微元体积 dV_r 作控制体积。因为通常反应器均为圆柱形，若其横截面积为 A_r 则 $dV_r=A_r dZ$（参见图 4-14）。对此微元体积作示踪剂的物料衡算即得模型方程。输入应包括两项，一是通过对流，二是通过扩散。

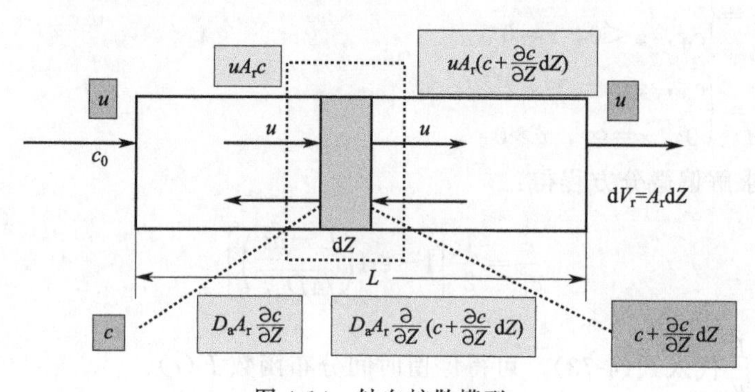

图 4-14　轴向扩散模型

输入项：$uA_r c+D_a A_r\dfrac{\partial}{\partial Z}\left(c+\dfrac{\partial c}{\partial Z}dZ\right)$，第一项表示对流，第二项表示扩散。

输出项：$uA_r\left(c+\dfrac{\partial c}{\partial Z}dZ\right)+D_a A_r\dfrac{\partial c}{\partial Z}$，第一项表示对流，第二项表示扩散。

累积项则为：$\dfrac{\partial c}{\partial t}A_r dZ$。

假定系统内不发生化学反应，则根据输入＝输出＋累积，将上列各项代入整理后可得：

$$\frac{\partial c}{\partial t}=D_a\frac{\partial^2 c}{\partial Z^2}-u\frac{\partial c}{\partial Z} \tag{4-70}$$

此即轴向扩散模型方程。这里共有两个自变量，一是时间自变量，二是空间自变量，即

轴向距离 Z，所以模型方程为一偏微分方程。式(4-70) 右边第一项，通过此项反映系统内返混的大小。若 $D_a=0$，则式(4-70) 化为活塞流模型方程：

$$\frac{\partial c}{\partial t}=-u\frac{\partial c}{\partial Z} \tag{4-71}$$

轴向扩散模型的实质：活塞流流动中叠加了一个扩散项，用一个轴向扩散系数表征一维的返混。

通常将式(4-70) 化为无量纲形式，这样使用起来比较方便。为此，引入下列各无量纲量：

$$\bar{t}=\frac{L}{u},\theta=\frac{t}{\bar{t}},\varphi=\frac{c}{c_0},\zeta=\frac{Z}{L},Pe=\frac{uL}{D_a}$$

代入式(4-70) 则得轴向扩散模型无量纲方程为：

$$\frac{\partial \varphi}{\partial \theta}=\frac{1}{Pe}\times\frac{\partial^2\varphi}{\partial \zeta^2}-\frac{\partial \varphi}{\partial \zeta} \tag{4-72}$$

Pe 为彼克列数，其物理意义为对流流动和扩散传递的相对大小，反映了返混的程度。

$$Pe=\frac{\text{对流传递速率}}{\text{扩散传递速率}}=\frac{uL}{D_a}$$

(1) **返混很小** 对设备中流动的流体进行阶跃示踪试验，则式(4-70) 可有解析解。

初始条件：$c=\begin{cases}0, & z>0, t=0\\ c_0, & z<0, t=0\end{cases}$

边界条件：$c=\begin{cases}c_0, & z=-\infty, t\gg 0\\ 0, & z=\infty, t\gg 0\end{cases}$

根据边界条件，求解偏微分方程得：

$$\frac{c}{c_0}=\frac{1}{2}\left[1-\operatorname{erf}\left(\frac{L-ut}{\sqrt{4D_a t}}\right)\right] \tag{4-73}$$

当 $Z=L$，将 $\bar{t}=\frac{L}{u}$ 代入式(4-73)，可得停留时间分布函数 $F(t)$：

$$F(t)=\frac{1}{2}\left[1-\operatorname{erf}\left(\frac{1-\frac{t}{L/u}}{2\sqrt{t/\left(\frac{L}{u}\right)}}\sqrt{\frac{uL}{D_a}}\right)\right] \tag{4-74}$$

平均停留时间 $\bar{t}=\frac{L}{u}$，$\theta=\frac{t}{\bar{t}}$，代入式(4-74) 则可得无量纲的停留时间分布函数：

$$F(\theta)=\frac{1}{2}\left[1-\operatorname{erf}\left(\frac{1-\theta}{2\sqrt{\theta}}\sqrt{\frac{uL}{D_a}}\right)\right] \tag{4-75}$$

式中，erf 为误差函数，$\mathrm{erf}(y)=\frac{2}{\sqrt{\pi}}\int_0^y \mathrm{e}^{-x^2}\,\mathrm{d}x$　(4-76)

$$\mathrm{erf}(\pm\infty)=\pm 1,\mathrm{erf}(0)=0$$

其值可从一般数学表中查得，$\mathrm{erf}(-y)=-\mathrm{erf}(y)$。

在不同的$\frac{D_a}{uL}$下，以 $F(\theta)$ 对 θ 作图，可得如图 4-15 所示的曲线。

式(4-75) 两边对 θ 求导，可得无量纲的停留时间分布密度函数 $E(\theta)$：

$$E(\theta)=\frac{1}{2\sqrt{\pi\frac{D_a}{uL}\theta^3}}\exp\left[-\frac{(1-\theta)^2}{\frac{4D_a}{uL}\theta}\right] \tag{4-77}$$

在不同的$\frac{D_a}{uL}$下，以 $E(\theta)$ 对 θ 作图，可得如图 4-16 所示的曲线。

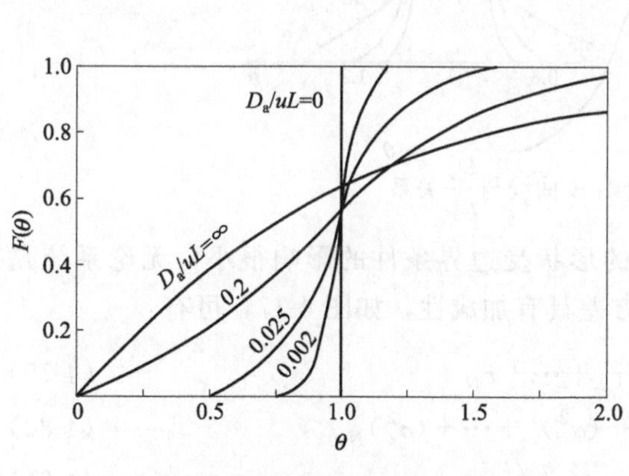

图 4-15　轴向扩散模型的 $F(\theta)$

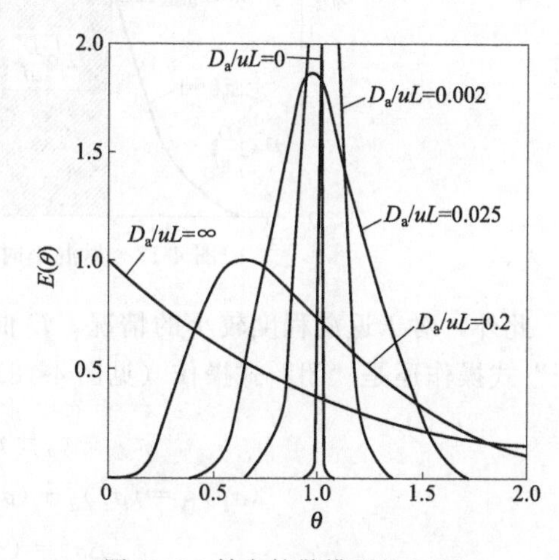

图 4-16　轴向扩散模型的 $E(\theta)$

由图 4-15 和图 4-16 可知：

当 $Pe\to 0$ 时，$D_a\to\infty$，对流传递速率比扩散传递速率要慢得多，流体形态属于全混流情况。Pe 越小，返混程度越大。

当 $Pe\to\infty$时，即 $D_a=0$，扩散传递与对流传递相比，可略去不计，流体形态属于活塞流。Pe 越大，返混程度越小。

返混程度较小时，$\frac{D_a}{uL}$与 $E(\theta)$ 的关系如图 4-17 所示。

$E(\theta)$ 达到最大时，$\theta=1$，由公式(4-77) 可知：

$$E(\theta)_{\max}=\frac{1}{\sqrt{4\pi\frac{D_a}{uL}}} \tag{4-78}$$

从曲线的最高点 $D_{\max}$ 的位置，或从拐点 $D_{拐}$ 的位置求$\frac{D_a}{uL}$，也可以从拐点之间的宽度以及曲线的方差定出$\frac{D_a}{uL}$。

在 $E(\theta)$ 曲线的拐点处，$E(\theta)_{inf}=0.61E(\theta)_{max}$：

$$\Delta\theta=\sqrt{8\frac{D_a}{uL}},\theta_{inf}=1\pm\sqrt{2\frac{D_a}{uL}}$$

由上述方法估算的误差与返混程度有关。$\frac{D_a}{uL}<0.01$，返混较小时，误差<5%；$\frac{D_a}{uL}<0.001$，误差<0.5%。

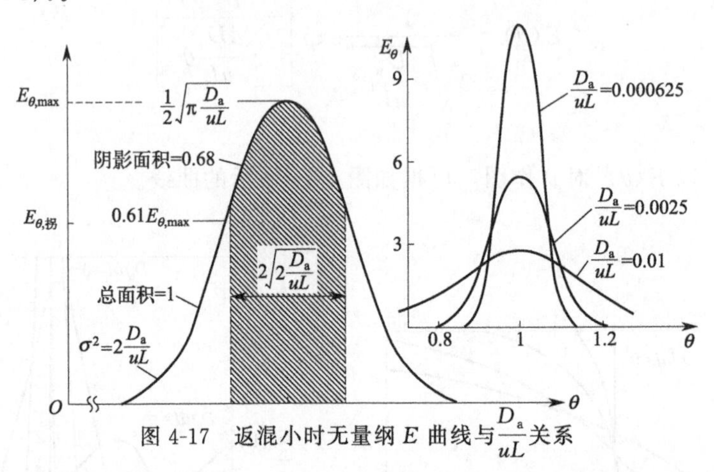

图 4-17 返混小时无量纲 E 曲线与$\frac{D_a}{uL}$关系

此外，对于返混程度较小的情况，E 曲线的形状受边界条件的影响很小，无论系统是“开”式操作还是“闭”式操作（见图 4-18），方差具有加成性，如图 4-17，可有：

$$\tau_{总}=\tau_a+\tau_b+\tau_c+\cdots+\tau_N \tag{4-79}$$

$$(\sigma_t^2)_{总}=(\sigma_t^2)_a+(\sigma_t^2)_b+(\sigma_t^2)_c+\cdots+(\sigma_t^2)_N \tag{4-80}$$

$$\Delta\sigma_t^2=(\sigma_t^2)_{出}-(\sigma_t^2)_{进} \tag{4-81}$$

$$\sigma_\theta^2=\frac{\sigma_t^2}{\tau^2}=2\left(\frac{D_a}{uL}\right)=\frac{2}{Pe} \tag{4-82}$$

$$\bar{\theta}=1$$

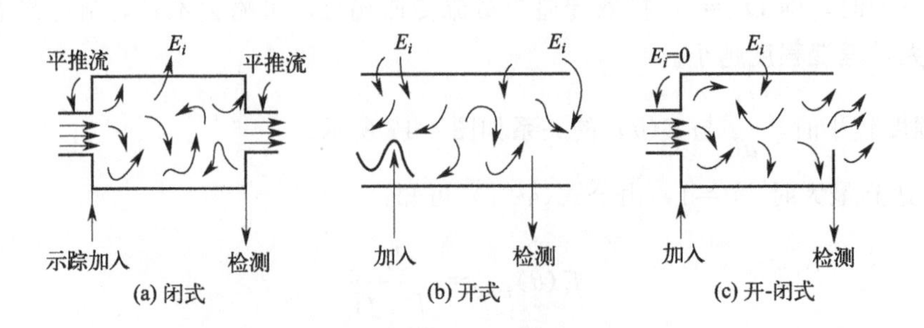

图 4-18 示踪测定时几种不同边界状况

【例4-5】用阶跃法测定某一闭式流动反应器的停留时间分布，得到离开反应器的示踪物浓度与时间的关系如下。

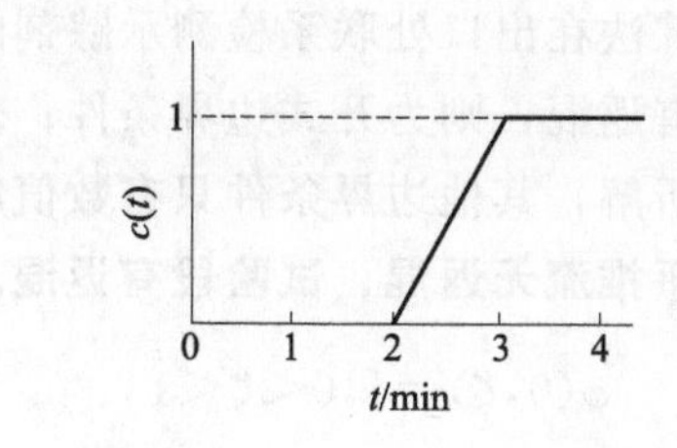

$$c(t)=\begin{cases}0 & t\leqslant 2\text{min}\\ t-2 & 2\text{min}<t<3\text{min}\\ 1 & t\geqslant 3\text{min}\end{cases}$$

试求：

① 该反应器的停留时间分布函数 $F(\theta)$ 及分布密度 $E(\theta)$。

② 数学期望 $\bar{\theta}$ 及方差 σ_θ^2。

③ 若用多釜串联模型来模拟该反应器，则模型参数是多少？

④ 若用轴向扩散模型来模拟该反应器，则模型参数是多少？

⑤ 若在此反应器内进行一级不可逆反应，反应速率常数 $k=1\text{min}^{-1}$，且无副反应，试求反应器出口转化率。

闭式流动反应器模型参数和出口转化率的计算

对于开式容器，示踪剂进出口两侧的返混程度和试验段相同。

解析过程见公式(4-73)～式(4-77)，可知试验段的浓度为：

$$c=\frac{1}{2\sqrt{\pi\theta\left(\frac{D_a}{uL}\right)}}\exp\left[-\frac{(1-\theta)^2}{4\theta\left(\frac{D_a}{uL}\right)}\right] \tag{4-83}$$

由 $F(\theta)=\frac{c}{c_0}$，$E(\theta)=\frac{\mathrm{d}F(\theta)}{\mathrm{d}t}$，可得：

$$F(\theta)=\frac{1}{2}\left[1-\text{erf}\left(\frac{1-\theta}{2\sqrt{\theta}}\sqrt{\frac{uL}{D_a}}\right)\right] \tag{4-84}$$

$$E(\theta)=\frac{1}{2\sqrt{\pi\frac{D_a}{uL}\theta^3}}\exp\left[-\frac{(1-\theta)^2}{\frac{4D_a}{uL}\theta}\right] \tag{4-85}$$

$$\bar{\theta}=1-2\left(\frac{D_a}{uL}\right)=1+\left(\frac{1}{Pe}\right) \tag{4-86}$$

$$\sigma_\theta^2=\frac{\sigma_t^2}{\tau^2}=2\left(\frac{D_a}{uL}\right)+8\left(\frac{D_a}{uL}\right)^2=\frac{2}{Pe}+8\left(\frac{1}{Pe}\right)^2 \tag{4-87}$$

对于“开-闭”式容器：

$$\bar{\theta}=1+\left(\frac{D_a}{uL}\right)=1+\left(\frac{1}{Pe}\right) \tag{4-88}$$

$$\sigma_\theta^2=\frac{\sigma_t^2}{\tau^2}=2\left(\frac{D_a}{uL}\right)+3\left(\frac{D_a}{uL}\right)^2=\frac{2}{Pe}+3\left(\frac{1}{Pe}\right)^2 \tag{4-89}$$

(2) **返混较大时** 用脉冲示踪法在出口处联系检测示踪剂的浓度。反应器内有返混，返混程度较大，浓度曲线如边界处有返混，则为开式边界条件；若边界处没有返混，则为闭式边界条件。只有开式系统才有解析解，其他边界条件只有数值解。

对于闭式容器，即边界处为平推流无返混，试验段有返混。

$$\varphi(0,\zeta)=1,0<\zeta<1 \tag{4-90}$$

$$0=\psi(\theta,0^+)-\frac{1}{Pe}\left(\frac{\partial\psi}{\partial\zeta}\right)_{0^+} \tag{4-91}$$

$$\left(\frac{\partial\psi}{\partial\zeta}\right)_{1^-}=0 \tag{4-92}$$

可用分离变量法求解式(4-72)、式(4-90)～式(4-92)，即将 $\varphi(0,\zeta)=f(\theta)g(\zeta)\exp\left(\frac{\zeta Pe}{2}\right)$代入式(4-72)，把其化为一对常微分方程求解，再根据停留时间分布函数的定义可得：

$$F(\theta)=1-e^{Pe/2}\sum_{n=1}^{\infty}\frac{8\omega_n\sin\omega_n\exp[-(Pe^2+4\omega_n)\theta/4Pe]}{Pe^2+4Pe+4\omega_n^2} \tag{4-93}$$

式中，ω_n 为下列方程的正根：

$$\tan\omega_n=\frac{4\omega_n Pe}{4\omega_n^2-Pe^2} \tag{4-94}$$

将式(4-93) 对 θ 求导可得停留时间分布密度：

$$E(\theta)=e^{Pe/2}\sum_{n=1}^{\infty}\frac{(-1)^{n+1}8\omega_n^2\exp[-(Pe^2+4\omega_n)\theta]/4Pe}{Pe^2+4Pe+4\omega_n^2} \tag{4-95}$$

按照式(4-93) 及式(4-95) 分别以 $F(\theta)$ 和 $E(\theta)$ 对 θ 作图，得图 4-15 和图 4-16 所示的 $F(\theta)$ 曲线和 $E(\theta)$ 曲线。由图可见，随着模型参数 Pe 的倒数的减小，停留时间分布变窄。平均停留时间与方差为：

$$\bar{\theta}=1$$

$$\sigma_\theta^2=\frac{2}{Pe}-\frac{2}{Pe^2}(1-e^{-Pe}) \tag{4-96}$$

4.4.4 非理想反应器的计算

定态操作的反应器应用轴向扩散模型模拟时，关键组分的物料衡算式即为模型设计方程。

$$D_a\frac{\partial^2 c_A}{\partial Z^2}-u\frac{dc_A}{dZ}+R_A=0 \tag{4-97}$$

边界条件如下：

$$Z=0,uc_{A0}=uc_A-D_a\frac{dc_A}{dZ}\Big|_{0^+} \tag{4-98}$$

$$Z=L_r, \frac{\mathrm{d}c_A}{\mathrm{d}Z}\bigg|_{L_r^-}=0 \tag{4-99}$$

若在反应器中等温下进行一级不可逆反应，则 $R_A=kc_A$，代入式(4-97) 有：

$$D_a \frac{\partial^2 c_A}{\partial Z^2}-u\frac{\mathrm{d}c_A}{\mathrm{d}Z}+kc_A=0 \tag{4-100}$$

式(4-100) 为二阶线性常微分方程，可解析求解，求解过程如下：

$$\frac{\mathrm{d}^2 y}{\mathrm{d}x^2}+a\frac{\mathrm{d}y}{\mathrm{d}x}+by=f(t), \text{令 } f(t)=0, \text{则}\frac{\mathrm{d}^2 y}{\mathrm{d}x^2}+a\frac{\mathrm{d}y}{\mathrm{d}x}+by=0$$

令 $y=\mathrm{e}^{\lambda t}$ 代入方程$\frac{\mathrm{d}^2 y}{\mathrm{d}x^2}+a\frac{\mathrm{d}y}{\mathrm{d}x}+by=0$，得$(\lambda^2+a\lambda+b)\mathrm{e}^{\lambda t}=P(\lambda)\mathrm{e}^{\lambda t}=0$

其中，$\lambda^2+a\lambda+b=P(\lambda)$，$\mathrm{e}^{\lambda t}$ 为方程的解。

因为 $\mathrm{e}^{\lambda t}\neq 0$，所以 $P(\lambda)=0$，即 $\lambda^2+a\lambda+b=0$

解得：

(1) $y=C_1\mathrm{e}^{\lambda_1 t}+C_2\mathrm{e}^{\lambda_2 t}$　　$(a^2-4b>0)$

(2) $y=(C_1+C_2 t)\mathrm{e}^{\lambda_1 t}$　　$(a^2-4b=0)$

(3) $y=\mathrm{e}^{\lambda t}(C_1\cos\beta t+C_2\sin\beta t)$　　$(a^2-4b<0)$

本题中 $a^2-4b>0$，故采用结果 (1)。

结合边界条件式(4-98) 和式(4-99)，即可得轴向扩散模型计算公式的解：

$$\frac{c_A}{c_{A0}}=\frac{4\alpha}{(1+\alpha)^2\exp\left[-\frac{Pe}{2}(1-\alpha)\right]-(1-\alpha)^2\exp\left[-\frac{Pe}{2}(1+\alpha)\right]} \tag{4-101}$$

式中

$$\alpha=(1+4k\tau/Pe)^{1/2} \tag{4-102}$$

为了加深对这个公式的理解，我们对这个公式的两个极端情况进行以下讨论。

泰勒级数：

$$f(x)=f(x_0)+f'(x_0)(x-x_0)+\frac{f''(x_0)(x-x_0)}{2!}+\cdots+\frac{f^{n'}(x_0)(x-x_0)^n}{n!}+\cdots$$

当 $Pe\to\infty$时，$\alpha\to 1$，依照泰勒级数将 $\alpha=(1+4k\tau/Pe)^{1/2}$ 展开得：

$$\alpha=1+\frac{1}{2}\left(\frac{4k\tau}{Pe}\right)-\frac{1}{8}\left(\frac{4k\tau}{Pe}\right)^2+\cdots \tag{4-103}$$

把式(4-103) 代入式(4-101) 整理得：

$$\frac{c_A}{c_{A0}}=\exp(-k\tau) \tag{4-104}$$

显然，式(4-104) 为用活塞流模型对一级反应进行计算的结果。这也说明轴向扩散模型只不过是在活塞流模型的基础上叠加一轴向扩散项。

当 $Pe\to 0$ 时，将 $\exp[-Pe(1-\alpha)/2]$作级数展开，使用的方法依然是泰勒级数展开，由于级数的高次项计算烦琐，且对结果影响不大，我们将其忽略，只取前几项。得到如下结果：

$$\frac{c_A}{c_{A0}}=\frac{4\alpha}{(1+\alpha)^2(1-\frac{Pe}{2}+\alpha\frac{Pe}{2})-(1-\alpha)^2(1-\frac{Pe}{2}-\alpha\frac{Pe}{2})}=\frac{4\alpha}{4\alpha-\alpha Pe+\alpha^3 Pe}=\frac{1}{1+k\tau} \tag{4-105}$$

我们发现：它和全混流的计算公式一样。于是我们可以得出如下结论：活塞流和全混流模型是轴向扩散模型的特例，也就是 Pe 取两个不同的极限的时候的结果。一级不可逆反应（见图 4-19），轴向扩散模型随 Pe 的取值不同，可以模拟从活塞流到全混流的任何返混情况。

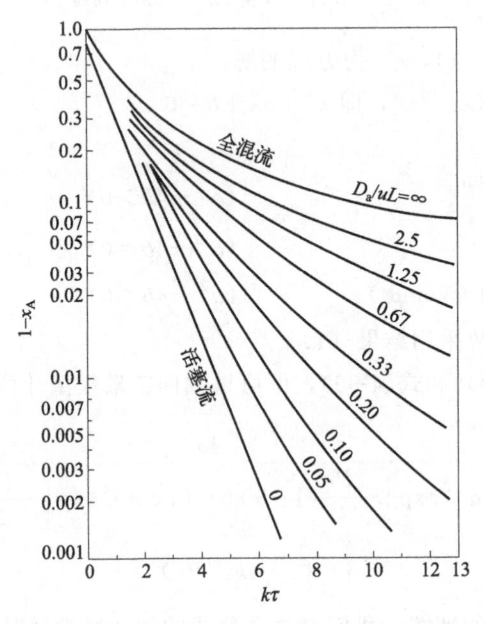

图 4-19　用轴向扩散模型计算一级不可逆反应的转化率

【例 4-6】 在直径 10cm、长 6.36m 的管式反应器中进行等温一级反应 A ⟶B，反应速率常数为 $k=0.25\text{L/min}$，脉冲示踪实验结果如下：

t/min	0	1	2	3	4	5	6	7	8	9	10	12	14
$c(t)$/(g/m³)	0	1	5	8	10	8	6	4	3	2.2	1.5	0.6	0

试分别以：(1) 闭式边界的轴向扩散模型；(2) 多釜串联模型；(3) 活塞流模型；(4) 全混流模型，计算反应出口转化率。

解：由脉冲示踪实验确定其流动特性

$$\int_0^{14}c(t)\mathrm{d}t=\int_0^{10}c(t)\mathrm{d}t+\int_{10}^{14}c(t)\mathrm{d}t$$

$$\int_0^{14}c(t)\mathrm{d}t=[0+4\times(1+8+8+4+2.2)+2\times(5+10+6+3)+1.5]/3+2\times(1.5+2\times0.6+0)/2=50(\text{min}\cdot\text{g/m}^3)$$

由 $E(t)=c(t)/\int_0^{\infty}c(t)\mathrm{d}t$，得如下结果：

t/min	0	1	2	3	4	5	6
$c(t)/(\mathrm{g/m^3})$	0	1	5	8	10	8	6
$E(t)/\mathrm{min}^{-1}$	0	0.02	0.1	0.16	0.2	0.16	0.12
$tE(t)$	0	0.02	0.2	0.48	0.8	0.8	0.72
$t^2E(t)$/min	0	0.02	0.4	1.44	3.2	4.0	4.32
t/min	7	8	9	10	12	14	
$c(t)/(\mathrm{g/m^3})$	4	3	2.2	1.5	0.6	0	
$E(t)/\mathrm{min}^{-1}$	0.08	0.06	0.044	0.03	0.012	0	
$tE(t)$	0.56	0.48	0.4	0.3	0.012	0	
$t^2E(t)$/min	3.92	3.84	3.60	3.0	1.68	0	

$$\tau=\int_0^{\infty}tE(t)\mathrm{d}t=\int_0^{10}tE(t)\mathrm{d}t+\int_{10}^{14}tE(t)\mathrm{d}t$$

$$=[0+4\times(0.02+0.48+0.8+0.56+0.4)+2\times(0.2+0.8+0.72+0.48)+0.3]/3+2\times(0.3+2\times0.14+0)/2=5.16(\mathrm{min})$$

$$\int_0^{\infty}t^2E(t)\mathrm{d}t=\int_0^{10}t^2E(t)\mathrm{d}t+\int_{10}^{14}t^2E(t)\mathrm{d}t$$

$$=[0+4\times(0.02+1.44+4.0+3.92+3.60)+2\times(0.4+3.2+4.32+3.84)+3.0]/3+2\times(3.0+2\times1.68+0)/2=32.51(\mathrm{min}^2)$$

$$\sigma_t^2=\int_0^{\infty}t^2E(t)\mathrm{d}t-\tau^2=5.9(\mathrm{min}^2)$$

(1) 闭式边界的轴向扩散模型　由式(4-27) 和式(4-96) 得：

$$\sigma_t^2=\tau^2[2/Pe-(2/Pe^2)(1-\mathrm{e}^{-Pe})]$$

解得 $Pe=7.5$，扩散系数为：

$$D_{\mathrm{a}}=k\tau=1.29$$

由式(4-104) 计算反应转化率，式中 $\alpha=\sqrt{1+4D_{\mathrm{a}}/Pe}=1.30$，则：

$$x_{\mathrm{A}}=1-\frac{4\times1.30\times\mathrm{e}^{7.5/2}}{(1+1.30)^2\mathrm{e}^{4.87}-(1-1.30)^2\mathrm{e}^{-4.87}}=68.0\%$$

(2) 多釜串联模型　根据停留时间分布方差和均值求串联的反应釜个数，由式(4-71) 得：

$$N=\tau^2/\sigma_t^2=4.35$$

即该管式反应器内的返混情况相当于4.35个串联的全混流反应器，每个反应器空时为：

$$\tau_i=\frac{\tau}{N}=1.18(\mathrm{min})$$

反应出口转化率

$$x_{\mathrm{A}}=1-1/(1+k\tau_i)^N=67.5\%$$

(3) 活塞流模型　由一级反应的活塞流反应器出口转化率计算公式得：

$$x_A=1-e^{-k\tau}=1-e^{-D_a}=72.5\%$$

（4）全混流模型　由一级反应的全混流反应器出口转化率计算公式得：

$$x_A=k\tau/(1+k\tau)=D_a/(1+D_a)=56.3\%$$

对于非一级反应，式(4-97) 为非线性二阶常微分方程，一般难以解析求解，可用数值法求解。图 4-20 是对二级不可逆反应进行数值计算的结果。

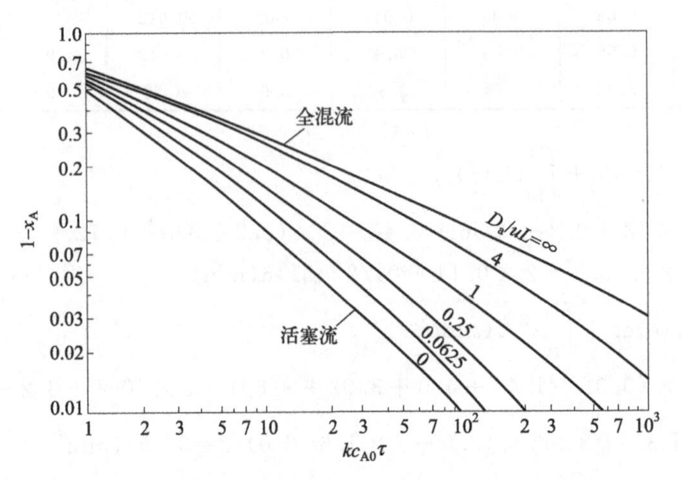

图 4-20　用轴向扩散模型计算二级不可逆反应的转化率

比较图 4-19 及图 4-20 可知，在其他条件相同的情况下，二级反应的转化率受返混的影响比一级反应大。一般而言，反应级数越高，返混对反应结果的影响越大。

4.5　混合现象与流动模型

化学反应是不同物质分子间的化学作用，这种反应进行的必要条件是反应物之间的接触。因此任何化学反应的进行都要使反应物料达到充分地混合。然而，混合只是一种总称，按其性质分类可以有多种不同的情况。

按照混合对象的年龄可以把混合分为：

（1）**同龄混合**　即相同年龄物料之间的混合。这里所说的物料年龄就是物料在反应器中已停留的时间。例如，在间歇反应过程中，如果物料是一次投入的，则在反应进行的任何时刻，所有物料都具有相同的停留时间，此时搅拌引起的混合就是同龄混合。

（2）**返混**　即不同年龄物料之间的混合。在连续流动釜式反应器中，搅拌的结果使先期进入反应器的物料与刚进入反应器的物料相混，这种不同时刻进入反应器的物料的混合，即不同年龄（不同停留时间）物料之间的混合，称为返混。

4.5.1　宏观混合

宏观混合是指设备尺度上的混合现象。即如在连续流动釜式反应器中，由于机械搅拌作用，使反应器内的物料产生设备尺度上的环流，从而使物料在设备尺度上得到混合。如果搅拌作用强烈到足以使物料得到充分地混合，使反应器内的物料在设备尺度上达到均匀，这就是全混流的状态。如果物料自进入反应器后，在流动方向上互不相混，这又是另一种极端的流动状态—活塞流。因此，全混流和活塞流在宏观混合上是两种极端的流动状态。

4.5.2　微观混合

微观混合是指小尺度的湍流脉动将流体破碎成微团，微团间碰撞、合并和再分散，以及通过分子扩散使反应物系达到分子尺度均匀的过程。在发生混合作用时，各个微团之间可能达到完全相混，也可能完全不混或是介于两者之间。微团之间达到完全均一的混合状态，就是通常讨论的均相反应过程。

具有相同宏观混合状态的反应器，其微观混合状态可以完全不同。例如，对达到宏观均匀的全混流反应器，可以有如图 4-21 所示的三种不同的微观混合状态：微观完全离析、微观完全混合和微观部分混合。

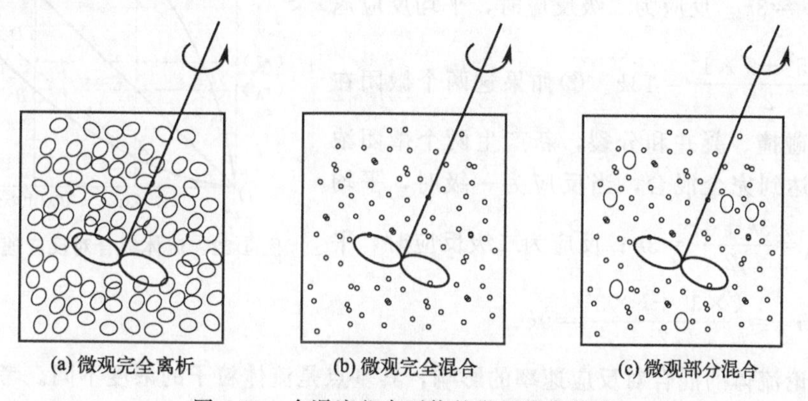

图 4-21　全混流釜中可能的微观混合状态

在 4.4 节中提出了离析流模型，其基本假定是流体粒子从进入反应器起到离开反应器止，粒子之间不发生任何物质交换，或者说粒子之间不产生混合，这种状态称为完全离析，即各个粒子都是孤立的，各不相干的。如果粒子之间发生混合又是分子尺度的，则这种混合称为微观混合。当反应器不存在离析的流体粒子时，微观混合达到最大，这种混合状态称为完全微观混合或最大微观混合。这就说明了两种极端的混合状态，一种是不存在微观混合，即完全离析，这种流体称为宏观流体；另一种是不存在离析，即微观完全混合，相应的流体叫作微观流体。介乎两者之间则称为部分离析或微观部分混合，即两者并存。

混合状态的不同，将对化学反应产生不同的影响（见图 4-22）。设浓度分别为 c_{A1} 和 c_{A2} 而体积相等的两个流体粒子，在其中进行 α 级不可逆反应。如果这两个粒子是完全离析的，则其各自的反应速率应为 $r_{A1}=kc_{A1}^{\alpha}$、$r_{A2}=kc_{A2}^{\alpha}$，其平均反应速率则为：

$$\langle r_A\rangle=\frac{1}{2}(r_{A1}+r_{A2})=\frac{k}{2}(c_{A1}^{\alpha}+c_{A2}^{\alpha}) \tag{4-106}$$

假如这两个粒子间存在微观混合，且混合程度达到最大，则混合后 A 的浓度为$(c_{A1}+c_{A2})/2$，自然反应也是在此浓度下进行，因此这种情况的平均反应速率应为：

$$\langle r'_A\rangle=k[(c_{A1}+c_{A2})/2]^{\alpha} \tag{4-107}$$

这就说明了微观混合程度不同将会对化学反应的速率发生影响。微观混合为零即完全离析时

的平均反应速率 $\langle r_A \rangle$，而微观混合最大时则为 $\langle r'_A \rangle$，两者孰大，与 α 值有关。显然对于一级反应，由上两式可知 $\langle r_A \rangle = \langle r'_A \rangle$。由于反应速率与浓度成线性关系，因此其平均结果相同。若 $\alpha>1$，r_A 与 c_A 的关系曲线为凹曲线；$\alpha<1$ 时则为凸曲线，如图 4-22 所示。由图可见，$\alpha>1$ 时，完全微观混合下的平均反应速率 $\langle r'_A \rangle$ 相应于 B 点的纵坐标，而完全离析时的平均反应速率应等于 D 点的纵坐标，这不难通过平面几何的办法加以证明。所以，当反应级数大于 1 时，$\langle r_A \rangle > \langle r'_A \rangle$，即微观混合使平均反应速率下降。同理可知 $\alpha<1$ 时，$\langle r_A \rangle < \langle r'_A \rangle$，即微观混合的存在使平均反应速率加快。

设在反应器中有体积相同而停留时间不同的两个流体微团，反应物浓度 c_A 分别为 5 和 1。①如果这两个微团不发生碰撞、凝并和分裂，即完全没有发生微观混合，当反应为一级时，平均反应速率 $r_A=\dfrac{5k+1k}{2}=3k$；反应为二级反应时，平均反应速率 $r_A=\dfrac{k\times 5^2+k\times 1^2}{2}=13k$。②如果这两个微团在瞬间完成了碰撞、凝并和分裂，新产生两个微团浓度均匀，即达到完全混合，当反应为一级时，平均反应速率 $r_A=\dfrac{3k+3k}{2}=3k$；反应为二级反应时，平均反应速率 $r_A=\dfrac{k\times 3^2+k\times 3^2}{2}=9k$。

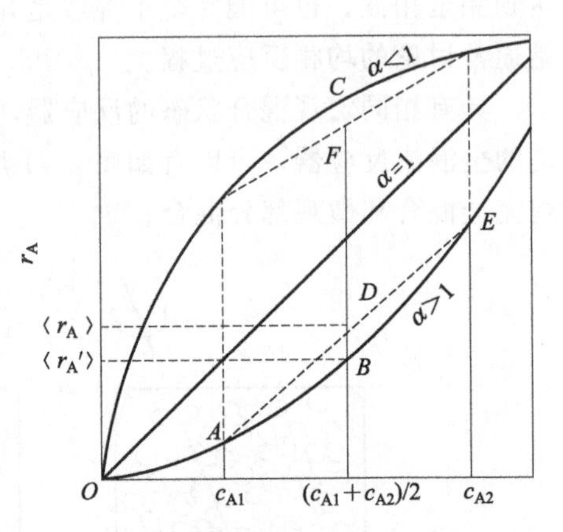

图 4-22　流体混合对反应速率的影响

以上讨论流体的混合对反应速率的影响，其基点是流体粒子的浓度不同。考察流体混合对反应器工况的影响，先看间歇反应器，间歇反应器中所有流体粒子均具有相同的停留时间，因而其组成亦应相同。所以微观混合的程度不影响反应器的工况。再看活塞流反应器，因为同一横截面上所有流体粒子停留时间相同，组成自然也相同，所以，微观混合的程度对活塞流反应器的工况不产生影响。全混流反应器的情况则不同，由于同一横截面上流体粒子的停留时间不同，其组成也就不同。除一级反应外，微观混合的程度将影响反应器的工况。这种影响随着停留时间分布的不同而不同，返混程度越严重，微观混合程度的影响越大。

【例 4-7】 如果忽略分子扩散，管式层流反应器中的流动状况可视为微观完全离析，其停留时间分布密度函数为：

$$E(t)=\begin{cases} 0 & t<\dfrac{1}{2}\tau \\ \dfrac{1}{2}\times\dfrac{\tau^2}{t^3} & t\gg\dfrac{1}{2}\tau \end{cases}$$

现在上述反应器中进行一个二级反应 A ⟶ P。已知 $k=100\text{cm}^3/(\text{mol}\cdot\text{s})$，平均停留时间 $\tau=10\text{s}$。

反应物的进料浓度为 10^{-3}mol/cm^3，计算该反应器的出口转化率，并和活塞流反应器、全混流反应器（微观完全混合）进行比较。

解： 间歇反应器中，二级反应的转化率和反应时间的关系为：

$$x_A = 1-\frac{1}{1+ktc_{A0}} = 1-\frac{1}{1+0.1t}$$

所以，层流管式反应器出口的平均转化率为：

$$x_A = \int_{\frac{\tau}{2}}^{\infty}\left(1-\frac{1}{1+0.1t}\right)\frac{\tau^2}{2t^3}dt = 50\int_{\frac{\tau}{2}}^{\infty}\left(1-\frac{1}{1+0.1t}\right)\frac{dt}{t^3} = 50\left[\int_{\frac{\tau}{2}}^{\infty}\frac{dt}{t^3}-\int_{5}^{\infty}\frac{dt}{(1+0.1t)t^3}\right]$$

$$=50\left\{\left(-\frac{1}{2t^2}\right)_5^{\infty}-\left[\frac{0.2t-1}{2t^2}-0.01\ln\left(\frac{0.1t+1}{t}\right)\right]_5^{\infty}\right\}=1-0.551=0.449$$

活塞流反应器的转化率为：

$$x_A = 1-\frac{1}{1+k\tau c_{A0}} = 1-\frac{1}{1+100\times10\times10^{-3}} = 0.5$$

全混流反应器的转化率为：

$$x_A = 1-\frac{\sqrt{1+4k\tau c_{A0}}-1}{2k\tau c_{A0}} = 1-\frac{\sqrt{5}-1}{2} = 0.382$$

4.5.3 早晚混合

值得注意的是如果两个反应器的停留时间分布相同，微观混合的程度也相同，是否两者的工况也相同呢？混合的早晚的实质是什么？

图4-23两种情况均为活塞流反应器和全混流反应器相串联，其差别仅在顺序的不同，显然两者的停留时间分布应该是一样的。图4-24为流体流过系统的平均停留时间，若两个反应器的反应体积相等，则在活塞流反应器内流体的平均停留时间应为 $\bar{t}/2$，故在 $t=\bar{t}/2$ 处分布曲线出现跳跃（见图4-24）。如果这两个系统的微观混合程度也相同，比如说都达到了完全微观混合，那么，在相同的空时和反应温度下进行相同的化学反应，两者所达到的转化率是否也相同？

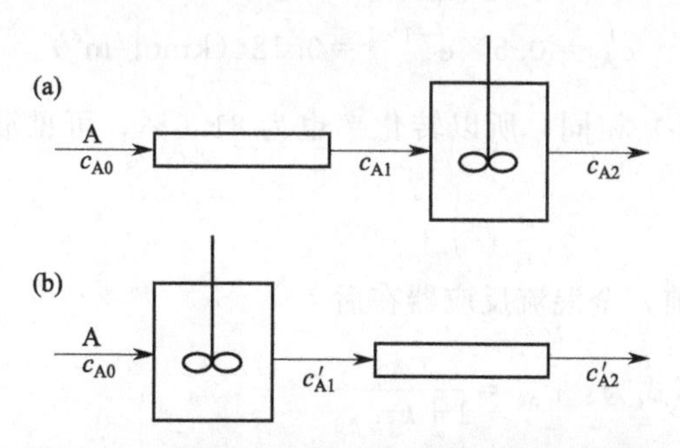

图4-23　活塞流反应器和全混流反应器的串联

【例4-8】 如图4-23所示的两个串联反应器系统，在相同的温度及空时下进行同样的反应。若相串联的全混流反应器和活塞流反应器的空时均等于1min，进口流体中 $c_{A0}=1\text{kmol/m}^3$，试分别计算这两种串联情况所达到的转化率。假设所进行的反应为：(1) 一级反应；(2) 二级反应，反应温度下两者的反应速率常数分别为 1min^{-1} 及 $1\times10^{-3}\text{m}^3/(\text{mol}\cdot\text{min})$。

解：(1) 一级反应

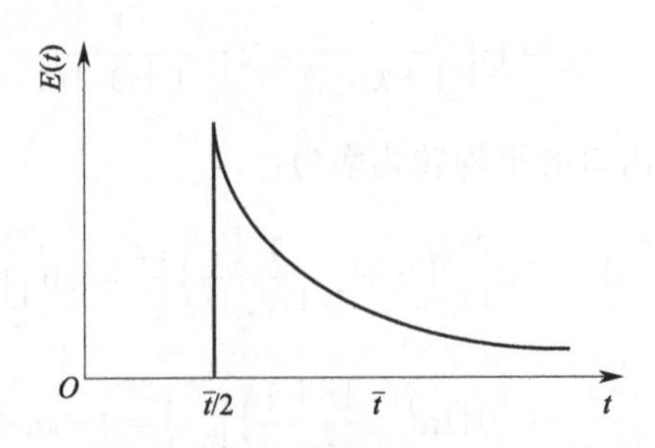

图 4-24　活塞流系统与全混流系统串联停留时间分布

① 活塞流反应器在前，全混流反应器在后

活塞流反应器的计算式为：$c_A=c_{A0}e^{-k\tau}$

将有关数据代入得到图 4-23(a) 情况下活塞流反应器出口流体中 A 的浓度为：

$$c_{A1}=1\times e^{-1\times1}=0.368(\text{kmol/m}^3)$$

全混流反应器的计算式为：　$$c_{A2}=\frac{c_{A1}}{1+k\tau}$$

因此，图 4-23(a) 的出口流体中 A 的浓度为：

$$c_{A2}=\frac{0.368}{1+1\times1}=0.184(\text{kmol/m}^3)$$

从而可算出所达到的转化率为 1−0.184/1=0.816，即 81.6%。

② 全混流反应器在前，活塞流反应器在后

同理利用式 $c_A=c_{A0}e^{-k\tau}$ 及式 $c_{A2}=\frac{c_{A1}}{1+k\tau}$ 可对图 4-23(b) 进行计算：

$$c'_{A1}=\frac{1}{1+1\times1}=0.5(\text{kmol/m}^3)$$

$$c'_{A2}=0.5\times e^{-1\times1}=0.184(\text{kmol/m}^3)$$

出口浓度与图 4-23(b) 相同，所以转化率也为 81.6%，可见混合早晚对于一级反应不发生影响。

(2) 二级反应

① 活塞流反应器在前，全混流反应器在后

活塞流反应器的计算式为：$c_{A1}=\frac{c_{A0}}{1+k\tau c_{A0}}$

将有关数值代入得到图 4-23(a) 活塞流反应器出口 A 的浓度为：

$$c_{A1}=\frac{1}{1+1\times1}=0.5(\text{kmol/m}^3)$$

全混流反应器的计算式为：$c_{A2}=\frac{1}{2k\tau}(-1+\sqrt{1+4k\tau c_{A1}})$

所以，图 4-23(a) 的出口浓度：

$$c_{A2}=\frac{1}{2\times1\times1}(-1+\sqrt{1+4\times1\times1\times0.5})=0.366(\text{kmol/m}^3)$$

故最终转化率为 1－0.366/1＝0.634 或 63.4%。

② 全混流反应器在前，活塞流反应器在后

同理可对图 4-23(b) 进行计算：

由式 $c_{A2}=\frac{1}{2k\tau}(-1+\sqrt{1+4k\tau c_{A1}})$，求得：$c'_{A1}=0.618(\text{kmol/m}^3)$

由式 $c_{A1}=\frac{c_{A0}}{1+k\tau c_{A0}}$，求得：$c'_{A2}=0.382(\text{kmol/m}^3)$

因此最终转化率为 1－0.382/1＝0.618 或 61.8%。由此可见，混合的早晚对二级反应有影响，晚混合对二级反应有利。显然，这种影响并不是很大的。

计算结果表明：除一级反应外，两者的转化率是不一样的，其原因是混合早晚的缘故。图 4-23(a) 属于晚混合，而图 4-23(b) 则为早混合；前者是在浓度水平低的情况下进行混合，后者则是在高浓度水平下的混合，故此虽然混合程度相同，但由于混合后的浓度不同，反应速率的变化自然不一样，结果两者的最终转化率也就有所差异。实际工作中，流动反应器的工况不仅与所进行的反应的动力学及停留时间分布有关，而且还与流体的混合有关，这包括微观混合的程度（或离析程度）和混合的早晚两个方面。混合早晚的实质是混合后的浓度水平高低的问题。

拓展阅读

停留时间分布统计特征值在化学反应工程中的应用

1. 物料在反应器中的停留时间分布，完全是一个随机的过程。在实际工业反应器中，不同的流体形态造成物料不同的停留时间分布，导致反应程度的不同。
2. 停留时间分布是通过 $E(t)$ 和 $F(t)$ 函数来表达的，对于不同流动状态下的停留时间函数进行定量比较，可以采用随机函数的特征值予以表达，随机函数的特征值有两个，一个是数学期望，另一个是方差。数学期望即为平均停留时间 $\bar{t}$，方差表示对均值平均停留时间的离散程度。
3. 通过停留时间分布函数，利用数学统计方法中的概率和特征，即可获知流体粒子在反应器中的流体形态，获悉返混和停留时间分布的定量关系，进而求取模型参数，作为进行物料、热量以及动量衡算的基础，进而对反应器进行设计和分析。
4. 大千世界，无所不能。纷杂的、解决不了的问题最后毫不例外地都交给了聪明的数学家，建立数学模型，任其演绎。从数学角度诠释流体模型和反应器类型，体现了数学之美和数学理论对生产实践的指导作用。特别是在今天数字经济时代，把数学分析有机地结合到流体形态的数字化分析中，将有助于推动反应器的智能化设计与分析。

学科素养与思考

4-1　停留时间分布是利用概率和数值分析方法对流体粒子的状态进行分析，实则是从数学角度诠释反应器内流体的工作状况。读者可以通过数学建模、对反应器内的流动特性进行模拟和预测。

4-2 化学反应器的设计与分析是建立在数学模型的基础之上。读者可利用统计特征值判断反应器内流体的工作状况。通过本章内容的学习，读者可以尝试多维度思考化工设计，深入了解如何利用现代数学理论方法去解决工程实践问题，进而领略数学之用和数学之美。

习题

4-1 设 $F(\theta)$ 及 $E(\theta)$ 分别为闭式流动反应器的停留时间分布函数及停留时间分布密度，θ 为对比时间。

(1) 若该反应器为活塞流反应器，试求：

(a) $F(1)$；(b) $E(1)$；(c) $F(0.5)$；(d) $E(0.5)$；(e) $E(1.5)$

(2) 若该反应器为全混流反应器，试求：

(a) $F(1)$；(b) $E(1)$；(c) $F(0.5)$；(d) $E(0.5)$；(e) $E(1.5)$

(3) 若该反应器为一个非理想流动反应器，试求：

(a) $F(\infty)$；(b) $F(0)$；(c) $E(\infty)$；(d) $\int_0^\infty E(\theta)\mathrm{d}\theta$；(e) $\int_0^\infty \theta E(\theta)\mathrm{d}\theta$

4-2 用脉冲法测定某一闭式流动反应器的停留时间分布，得到离开反应器的示踪物浓度与时间关系如下：

t/min	0	1	2	3	4	5	6	7	8	9	10
$c(t)$/(g/L)	0	0	3	5	6	6	4.5	3	2	1	0

(1) 试求该反应器的停留时间分布及平均停留时间。

(2) 若反应器内的物料为微观流体，且进行一级不可逆反应，反应速率常数 $k=0.05\mathrm{L/s}$，预计反应器出口转化率？

(3) 若反应器内的物料为宏观流体，其他条件均不变，试问反应器出口处的转化率又为多少？

4-3 为了测定一个闭式流动反应器的停留时间分布，采用脉冲示踪法，测得反应器出口物料中示踪物浓度如下，试计算：

(1) 反应物料在该反应器中的平均停留时间 $\bar{t}$ 和方差 σ_θ^2；

(2) 停留时间小于 4.0min 的物料所占的分数。

4-4 已知一等温闭式液相反应器的停留时间分布密度函数 $E(t)=16\exp(-4t)$，min^{-1}，试求：

(1) 平均停留时间；

(2) 空时；

(3) 空速；

(4) 停留时间小于 1min 的物料所占的分数；

(5) 停留时间大于 1min 的物料所占的分数；

(6) 若用多釜串联模型拟合，该反应器相当于几个等体积的全混釜串联？

(7) 若用轴向扩散模型拟合，则模型参数 Pe 为多少？

(8) 若反应物料为微观流体，且进行一级不可逆反应，其反应速率常数为 $6\mathrm{min}^{-1}$，$c_{A0}=1\mathrm{mol/L}$，试分别采用轴向扩散模型和多釜串联模型计算反应器出口转化率，并加以比较；

(9) 若反应物料改为宏观流体，其他条件均与上述相同，试估计反应器出口转化率，并与微观流体的结果加以比较。

4-5 微观流体在全长为 10m 的等温管式非理想流动反应器中进行二级不可逆液相反应，其反应速率常数 k 为 $0.266\mathrm{L/(mol\cdot s)}$，进料浓度 c_{A0} 为 10mol/L，物料在反应器内的线速度为 0.25m/s，实验测定反应器出口转化率为 80%，为了减小返混的影响，现将反应器长度改为 40m，其他条件不变，试估计延长后的反应器出口转化率将为多少？

4-6　在一个全混流釜式反应器中等温进行零级反应 A ⟶ B，反应速率 $r_A = 9\text{mol}/(\text{min}\cdot\text{L})$，进料浓度 c_{A0} 为 10mol/L，流体在反应器内的平均停留时间 $\bar{t}$ 为 1min，请按下述情况分别计算反应器出口转化率：

(1) 若反应物料为微观流体；

(2) 若反应物料为宏观流体。

并将上述计算结果加以比较，结合习题 4-4 进行讨论。

4-7　在具有如下停留时间分布的反应器中，等温进行一级不可逆反应 A ⟶ P，其反应速率常数为 2min^{-1}。

$$E(t)=\begin{cases}0 & t<1\text{min}\\ \exp(1-t) & t\geqslant 1\text{min}\end{cases}$$

试分别用轴向扩散模型及离析流模型计算该反应器出口的转化率，并对计算结果进行比较。

参考文献

[1]　程振民，朱开宏，袁渭康．高等反应工程[M]．北京：化学工业出版社，2021.

[2]　梁斌，等．化学反应工程[M]．3 版．北京：化学工业出版社，2019.

[3]　朱炳辰．化学反应工程 [M]．5 版．北京：化学工业出版社，2011.

[4]　王安杰，周裕之，赵蓓．化学反应工程学[M]．北京：化学工业出版社，2005.

[5]　陈甘棠．化学反应工程[M]．3 版．北京：化学工业出版社，2020.

[6]　陈甘棠，梁玉衡．化学反应技术基础[M]．北京：科学出版社，1981.

[7]　郭锴，唐小恒，周绪美．化学反应工程[M]．3 版．北京：化学工业出版社，2017.

第5章

气-固相催化反应本征动力学

化学工业之所以能够发展到今天这样庞大的规模，生产出不同种类的产品，在国民经济中占有如此重要的地位，与催化剂的发明和发展是分不开的。催化作用对于现代能源转化、化学品制造以及环境保护而言，已是必不可少的。催化反应依据聚集状态可以分为均相催化和多相催化。反应在两相界面上进行称为多相催化。在多相催化反应中，催化剂多为固体，其中气-固相反应是最常见且也是最重要的一类反应，如氨和甲醇的合成、乙烯氧化制环氧乙烷、丙烷或丙烯氨氧化制丙烯腈等。本章主要介绍气-固相反应过程所涉及的动力学方程和本征动力学研究方法。

本章学习要求

工业催化剂是具有丰富的孔和一定内外表面的颗粒的集合体。在催化剂化学组成和结构确定的情况下，催化剂的性能与寿命决定于构成催化剂的颗粒-孔系的“宏观物理结构和性质”，研究固体表面的吸附、反应和脱附作用是研究气-固相催化剂反应动力学的重要基础。结合思维导图，可以从以下几个方面对知识点进行对接和学习。

5-1 固体催化剂通常为多孔结构，孔与吸附、脱附和扩散有着密不可分的关系，描述孔结构的特性指标有很多，其中最常见的是密度、孔容、孔隙率、平均孔半径和孔径分布，重点掌握比表面积、孔、密度之间的换算关系。

5-2 催化是表面上的科学，多相催化表面吸附是动力学建立的理论基础，掌握思维导图第二个框图中Langmuir理想吸附，理解真实吸附弗伦德利希、焦姆金和BET模型。

5-3 了解气-固相反应机理的类型，掌握气-固相反应动力学推导过程中的两个假设——定态和速控，并在此基础上理解和掌握朗格缪尔-欣谢尔伍德（L-H）历程。

5-4 气-固相催化反应动力学研究的目的是为催化反应提供动力学模型。丙烷脱氢反应动力学研究的案例分析，有助于读者理解动力学研究的方法和流程，并为第6章多相催化系统中化学反应与传递现象的理解奠定基础。

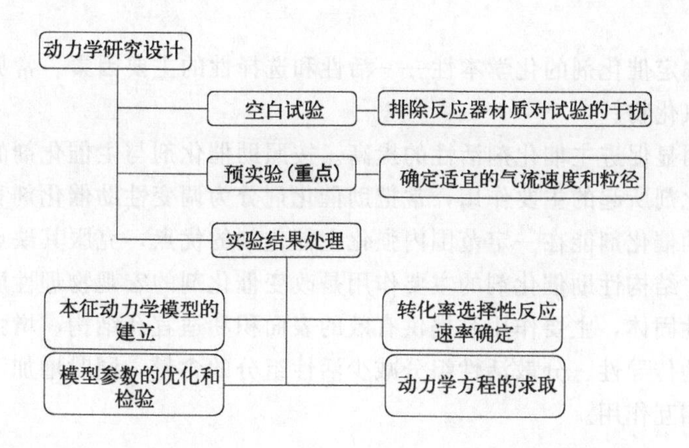

本章思维导图

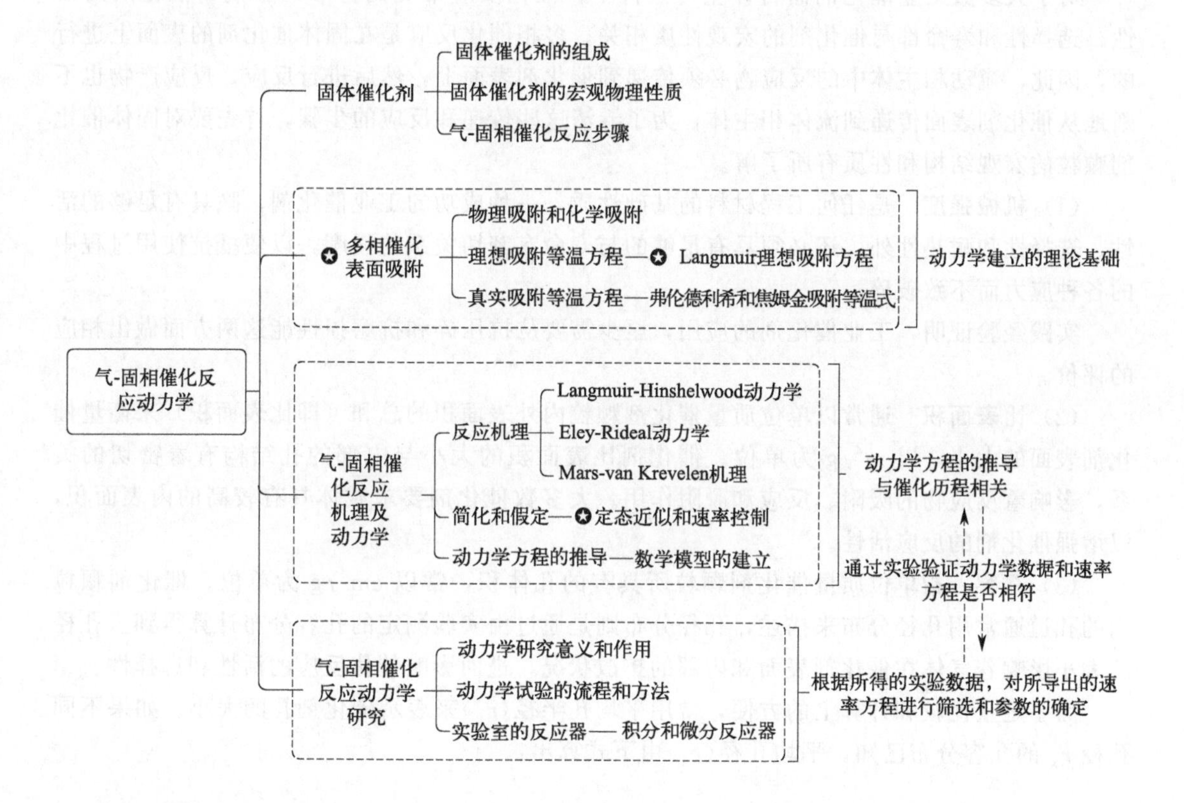

5.1 固体催化剂

5.1.1 固体催化剂的组成

固体催化剂一般由活性组分、载体和助催化剂组成。固体催化剂之所以起催化作用，是由于活性组分、助催化剂和载体与参加反应的组分之间能发生一定的作用。其中，活性组分起主要催化作用。

活性组分是确定催化剂的化学本性——活性和选择性的主要因素。常见的催化剂活性组分是金属和金属氧化物。

助催化剂可明显促进主催化剂活性的提高。按照助催化剂与主催化剂的组合关系和主催化剂加入的助催化剂所起的主要作用，常把助催化剂分为调变性助催化剂和结构性助催化剂两大类。调变性助催化剂能在一定范围内强化主催化剂的优点，克服其缺点，对降低活化能发挥着重要作用。结构性助催化剂的主要作用是改变催化剂的宏观物理性质。

载体是多孔性固体，主要作用是提供有效的表面积和适宜孔结构、增强催化剂的机械强度、改善催化剂的传导性、分散活性组分减少活性组分的含量，同时增加活性组分和载体之间的溢流现象和相互作用。

5.1.2 固体催化剂的宏观物理性质

对于大多数工业催化剂而言，生产条件下，催化反应常受到扩散的影响，催化剂的活性、选择性和寿命都与催化剂的宏观性质相关。多相催化反应是在固体催化剂的表面上进行的，因此，流动相主体中的反应物必须传递到催化剂表面上，然后进行反应，反应产物也不断地从催化剂表面传递到流体相主体，为了弄清这些传递和反应的步骤，首先要对固体催化剂颗粒的宏观结构和性质有所了解。

(1) **机械强度** 是任何工程材料的基础性质。一种成功的工业催化剂，除具有足够的活性、选择性和耐热性外，还必须具有足够的与寿命有密切关系的强度，以便抵抗使用过程中的各种应力而不致破碎。

实践经验证明，工业催化剂的应用，至少需要从抗压碎和抗磨损性能这两方面做出相应的评价。

(2) **比表面积** 通常以单位质量催化剂颗粒内外表面积的总和（即比表面积）来衡量催化剂表面的大小，以 m^2/g 为单位。催化剂比表面积的大小与内部的孔结构有着密切的关系，影响着反应物的吸附、反应和脱附作用。大多数催化剂要求载体具有较高的内表面积，以增强催化剂的反应活性。

(3) **孔容** 指单位质量催化剂颗粒所具有的孔体积，常以 cm^3/g 为单位。催化剂颗粒内的孔道通常用孔径分布来描述，孔径分布则是通过由实验测定的孔容分布计算得到。孔径的大小影响着气体在催化剂表面和内部的扩散状况，进而影响催化反应的活性和选择性。

为了定量比较和计算上的方便，常用平均孔半径$\langle r_a \rangle$来表示催化剂孔的大小。如果不同孔径 r_a 的孔容分布已知，平均孔径$\langle r_a \rangle$由下式算出：

$$\langle r_a \rangle = \frac{1}{V_g}\int_0^{V_g} r_a \mathrm{d}V \tag{5-1}$$

式(5-1) 中 V 为半径为 r_a 的孔的体积，按单位质量催化剂计算，V_g 为催化剂的总孔容。Wheeler 提出最简化的表征催化剂孔结构的平行孔模型，其特征是催化剂中孔道是由一系列互不相交、内壁光滑、半径不等的平行圆柱状孔组成。根据这个模型，只要催化剂的比表面积 S_g 及总孔容 V_g 已知，也可按下列办法估算平均孔径。

$$S_g = n(2\pi\langle r_a \rangle \overline{L})$$

$$V_g = n(\pi\langle r_a\rangle^2\overline{L})$$

两式相除得：

$$\langle r_a\rangle = 2V_g/S_g \tag{5-2}$$

（4）**孔隙率**　简称孔率（ε_p），对单一颗粒而言，孔隙率是指孔隙体积与催化剂颗粒体积（固体体积与孔隙体积之和）之比。孔隙率与孔容的差别在于前者按单位颗粒体积，而后者则是按单位质量催化剂计算的孔体积。两者的关系为：

$$\varepsilon_p = V_g\rho_p \tag{5-3}$$

ρ_p 为颗粒密度，或称表观密度。除了颗粒密度之外，还有所谓真密度 ρ_t 和堆密度 ρ_b，它们的定义可分别表示如下：

$$\rho_p = \frac{\text{固体的质量}}{\text{颗粒的体积}},\quad \rho_t = \frac{\text{固体的质量}}{\text{固体的体积}},\quad \rho_b = \frac{\text{固体的质量}}{\text{床层的体积}}$$

由此可见三者的分子都是单位体积的固体质量，差别只在于体积计算的不同。ρ_p 按颗粒体积（固体体积与孔体积之和）计算，ρ_t 按固体体积计算，堆密度 ρ_b 按床层体积计算，所谓床层体积（也叫作堆体积）包括颗粒体积和颗粒与颗粒间的空隙体积两个部分。颗粒密度、真密度与堆密度相比，堆密度最小，真密度最大。

如果催化床层的孔隙率为 ε，则 $\rho_b = \rho_p(1-\varepsilon) = \rho_t(1-\varepsilon_p)(1-\varepsilon)$。

对于固体颗粒，尤其是形状不规则而又较细的颗粒，还要介绍另一个常用的概念——形状系数，ψ_a，其意义为和颗粒体积相同的球体的外表面积 a_s 与颗粒的外表面积 a_p 之比，即

$$\psi_a = a_s/a_p \tag{5-4}$$

由于体积相同的几何体中以球体的外表面积为最小，所以 $a_s < a_p$，$\psi_a < 1$。$\psi_a = 1$ 表明颗粒为球形。ψ_a 表示颗粒外形与球形相接近的程度，又称圆球度。

【例 5-1】　已知一催化剂颗粒的质量为 1.083g，体积为 1.033cm^3，测得孔容为 0.255cm^3/g，比表面积为 100m^2/g，试求这粒催化剂的 ρ_p、ε_p 及 $\langle r_a\rangle$。

解：由前边给的 ρ_p 和 ε_p 的定义得：

$$\rho_p = 1.083/1.033 = 1.048(\text{g/cm}^3)$$

$$\varepsilon_p = 0.255/(1/1.048) = 0.267$$

由式(5-2) 得：

$$\langle r_a\rangle = 2V_g/S_g = 2\times0.255/100\times10^4 = 50.1\times10^{-8}(\text{cm}) = 50.1\times10^{-10}(\text{m})$$

5.2　多相催化与吸附

5.2.1　表面催化概念的产生及发展

最早关于表面反应的研究可追溯到 1775 年和 1790 年。Priestley 研究发现乙醇可以在热的铜表面分解成焦油和气体。1796 年 van Mamm 分析了乙醇分解过程的产物，发现包含水、

催化理论的代表性人物和催化理论的产生及发展

氢气与碳，这项工作促进了催化脱氢领域开创性的研究。20年后，表面反应的研究取得重要进展。1817年，Davy发现热的铂网置于煤矿环境中会自发地发出白光，但没有火焰产生，并且铂丝接触明火后会熄灭火焰。据此，Davy设计了一款可用于检验煤矿中瓦斯气体的安全照明灯，极大地保障了矿工的生命安全。1834年，Faraday发现裸露的铂置于少量的油脂中会占据铂的表面，进而影响反应的进行。Faraday认为是一种电场力将反应物气体吸附在铂的表面，揭开了吸附与反应认知的面纱。基于这些事实，1836年，Berzelius进行了大量的铂表面反应实验，认为铂的作用力比简单的电场力微妙得多，提出"催化作用"的概念，并且认为与催化作用相伴的还有"催化力"，在这种作用力影响下的反应叫催化反应，这是最早关于催化反应的理论。1850年，Wilhelmy通过研究酸在蔗糖水解中的作用规律，分析了酸与反应速率的关系，并进行了化学动力学的定量研究。1884年前后，Ostward等科学家研究了各种酸对酯的水解作用及蔗糖转化等现象的酸碱催化作用，认为催化剂现象的本质在于某些物质具有一种特殊性能，这种物质使原本没有它参加而速度很慢的反应加速。1895年，Ostward提出催化剂是一种物质，它能改变某一反应的反应速率，而不能改变平衡常数。Sabatier注意到Berzelius、Ostwald、van't Hoff等认为催化作用的发生是因为反应物被吸附到多孔催化剂的空隙中，压缩到足够的浓度会发生反应。但Sabatier认为反应物气体在催化剂孔隙内浓缩这一观点，不足以解释催化现象，他认为催化过程中反应物在催化剂表面形成了一种临时的不稳定化合物，是这些不稳定中间产物的生产与分解引起了催化作用。虽然Climemt与Desomes在1806年就提出了类似的观点，但这一观点当时并未引起研究人员的足够重视。起初，Sabatier的观点也不被大多数化学家认可，然而，Sabatier的理论能够解释大量的催化反应，因此，后来Sabatier的观点逐渐被化学家所认可。1912年，Sabatier获得了诺贝尔化学奖。Sabatier提出的不稳定中间产物与化学吸附态有关，这一理论对后期物理化学学科和催化理论起到极大的推动作用。19世纪到20世纪，物理化学学科和催化理论的发展，促使最伟大、最具有深远意义的合成氨工业的发展，合成氨催化剂的研究和开发带动了现代化工的飞速发展。随着多相催化在生产实践中的应用，20世纪50年代后期，随着固体物理理论和物理表征技术的发展，半导体电子催化理论、电催化理论和单电子催化理论应运而生。

5.2.2 物理吸附和化学吸附

固体催化剂之所以能起催化作用，乃是由于它与各个反应组分的气体分子或者是其中的一类分子能发生一定的作用，而吸附就是最基本的现象。实验表明：气体在固体表面上的吸附有两种不同的类型，即物理吸附与化学吸附。二者的比较见表5-1。

表5-1 物理吸附与化学吸附的差别

内容	物理吸附	化学吸附
吸附力	范德华力	化学键力
吸附热	较小，一般在几百到几千焦/摩尔	较大，近于化学反应热，一般大于几万焦/摩尔
选择性	无选择性	有选择性
吸附稳定性	吸附快，脱附也容易	被吸附分子结构发生变化，降低了反应活化能
分子层	多层吸附	单层吸附
吸附速率	较快，不受温度影响，吸附量随温度的升高而减少	较慢，吸附速率随温度的升高而加快
作用	在催化反应中不起多大作用	多相催化反应的重要特征

物理吸附的引力是范德华作用力，不论哪一种气体都可以被固体吸附。分子不同，引力不同，吸附量也不同。物理吸附一般在低温下进行，吸附量随着温度的升高而迅速减少。物理吸附是多层吸附，吸附速率较快，脱附也容易，是可逆的。同时，物理吸附的吸附热小，一般在 8～25kJ/mol，与相应的气体液化热相近，故吸附容易达到平衡。由于一般催化反应的温度较高（在物质的临界点以上），此时物理吸附已极微小，所以，物理吸附在催化反应过程中不起多大作用，可以忽略不计。

化学吸附是固体表面与吸附分子间的化学键力所造成的，不是所有的气体都能被吸附，只有那些能起到催化作用的表面才能与反应气体起化学吸附，化学吸附具有显著的选择性。化学吸附一般在高温下进行，吸附速率随温度的升高而增加。化学吸附是单分子层吸附，且吸附热较大，与化学反应热同一数量级，通常在 40～200kJ/mol 之间。由于化学吸附使被吸附的分子结构发生变化，降低了化学反应的活化能，改变了催化反应的历程，从而加快了反应速率，起到催化作用。

化学吸附速率可以通过气体分子与固体分子表面碰撞的三种因素来确定。

（1）**单位表面上的气体分子碰撞数**　根据分子运动论可知，气体分子对固体表面的碰撞频率越大，吸附速率也越大。气相中组分在单位时间内对单位表面的碰撞数与气相中组分 A 的道尔顿分压 p_A 成正比。

（2）**吸附活化能**　化学吸附需要活化能 E_a，只有能量超过 E_a 的气体分子才有可能被吸附，这种分子占总分子数的分数为 $\exp\left(-\frac{E_a}{RT}\right)$。

（3）**表面覆盖率用 θ_A 表示**　表面覆盖率 θ_A 表示已被组分 A 覆盖的活性位总数的分数，则未覆盖表面分数 $\theta_V=1-\theta_A$。

考虑到上述三个因素，吸附速率为：$r_a=kp_A\exp\left(-\frac{E_a}{RT}\right)(1-\theta_A)$。吸附是可逆的，被吸附的分子也会脱附，形成一种动态平衡。

影响脱附速率的因素有两种：①与表面覆盖率 θ_A 有关；②与脱附的活化能 E_d 有关，与 $\exp\left(-\frac{E_d}{RT}\right)$ 成正比。

设气体 A 为催化剂的吸附位 σ 吸附：

$$A+\sigma \underset{k_d}{\overset{k_a}{\rightleftharpoons}} A\sigma$$

将该反应视为基元步骤，则根据质量作用定律，吸附速率方程为：

$$r_a=kp_A\exp\left(-\frac{E_a}{RT}\right)(1-\theta_A) \tag{5-5}$$

脱附速率 r_d 与已吸附的分子数目成正比：

$$r_d=k'\theta_A\exp\left(-\frac{E_d}{RT}\right) \tag{5-6}$$

吸附的净速率：

$$r=kp_A\exp\left(-\frac{E_a}{RT}\right)(1-\theta_A)-k'\theta_A\exp\left(-\frac{E_d}{RT}\right)$$

5.2.3 理想吸附等温方程

朗格缪尔（Langmuir）吸附等温线型是最简单而又常用的理想吸附模型。

该模型的基本假定是：①吸附表面在能量上是均匀的，即催化剂表面各吸附位具有相同的能量；②被吸附分子间的作用力可略去不计；③属单层吸附。

当吸附达到平衡时，净速率为零，即 $r=0$。根据这个模型，E_a、E_d、k、k'均不随表面覆盖率而变，令 $k_a=k\exp\left(-\frac{E_a}{RT}\right)$，$k_d=k'\exp\left(-\frac{E_d}{RT}\right)$，$\theta_V=1-\theta_A$。

$$r=r_a-r_d=0\Longrightarrow k_a p_A(1-\theta_A)=k_d\theta_A$$

或表示为

$$\theta_A=\frac{K_A p_A}{1+K_A p_A} \tag{5-7}$$

式中，$K_A=\frac{k_a}{k_d}$，叫作吸附平衡常数。吸附平衡常数的大小表示气体分子被吸附的强弱。式(5-7) 即为理想吸附等温方程，也叫朗格缪尔吸附等温式，它定量地描述了表面覆盖率 θ_A 与平衡分压 p_A 之间的关系。它代表了在均匀表面上，吸附分子彼此没有相互作用，而且吸附是单分子层情况下吸附达平衡时的规律。

虽然单分子层吸附等温线具有式(5-7) 表达的关系，但是吸附等温线所描述的关系符合式(5-7) 的却不一定都是单层吸附。如 2～3nm 以下的微孔吸附剂，虽然是多分子层吸附，其吸附等温线所描述的关系也符合式(5-7)。

5.2.4 真实吸附等温方程

(1) **弗罗因德利希（Freundlich）型** 大量的实践表明：催化剂的表面是不均匀的，吸附能量也是有强有弱。假定吸附热是随表面覆盖度的增加而按幂数关系减少，吸附速率和脱附速率分布写为：

$$r_a=k_a p_A\theta_A^{-\alpha} \tag{5-8}$$

$$r_d=k_d\theta_A^{\beta} \tag{5-9}$$

由此可得：

$$\theta_A=bp_A^{1/n} \tag{5-10}$$

式中，α、β、b、n 均为常数，而且

$$\begin{cases}\alpha+\beta=n, n>1\\ b=(k_a/k_d)^{1/n}\end{cases} \tag{5-11}$$

式(5-11) 适用于低覆盖率的情况。

(2) **焦姆金（Temkin）** 非均匀表面的催化剂，吸附活化能 E_a 随表面覆盖率增加而增加，脱附活化能 E_d 随表面覆盖率增加而减少。开始吸附时，气体首先被吸附在表面活性最高的部位，属强吸附，放出的吸附热大。随着高活性表面的逐渐被覆盖，吸附越来越弱，放出的吸附热越来越小，而所需要的活化能越来越大。因此，吸附速率也随覆盖率而变化。致

使吸附及脱附的活化能 E_a 及 E_d，以及吸附热 q 均随吸附量的变化而改变，亦即随覆盖率而变，设其呈线性关系：

$$E_a=E_a^0+\alpha\theta_A \tag{5-12}$$

$$E_d=E_d^0-\beta\theta_A \tag{5-13}$$

E_a^0 及 E_d^0 分别为覆盖率等于零时的吸附活化能和脱附活化能。α、β 为常数。

因为

$$q=E_d-E_a$$

所以，将式(5-12）及式(5-13）代入 $q=E_d-E_a$ 得：

$$q=(E_d^0-E_a^0)-(\alpha+\beta)\theta_A=q^0-\gamma\theta_A \tag{5-14}$$

式中，$q^0=E_d^0-E_a^0$，$\gamma=\alpha+\beta$，$\alpha+\beta$ 为常数。此种情况下，可导出吸附及脱附速率与覆盖率成指数函数的方程为：

$$r_a=k_a^0 p_A\exp\left(-\frac{E_a^0}{RT}-\frac{\alpha\theta_A}{RT}\right)f(\theta_A)$$

$$r_d=k_d^0\exp\left(-\frac{E_a^0}{RT}+\frac{\beta\theta_A}{RT}\right)f'(\theta_A)$$

$f(\theta_A)$ 的变化对 r_a 的影响比 $\exp\left(-\frac{\alpha\theta_A}{RT}\right)$ 的影响小得多，$f(\theta_A)$ 可近似地归并到常数项中。同理，$f'(\theta_A)$ 的变化对 r_d 的影响比 $\exp\left(\frac{\beta\theta_A}{RT}\right)$ 的影响小得多，$f'(\theta_A)$ 也可近似地归并到常数项中。达平衡时，$r_a-r_d=0$，有

$$r=r_a-r_d=k'_a p_A e^{-g\theta_A}-k'_d e^{h\theta_A}$$

$$k'_a=k_a^0 f(\theta_A)\exp\left(-\frac{E_a^0}{RT}\right), g=\frac{\alpha}{RT}$$

$$k'_d=k_d^0 f'(\theta_A)\exp\left(-\frac{E_d^0}{RT}\right), h=\frac{\beta}{RT}$$

$$k'_a p_A e^{-g\theta_A}=k'_d e^{h\theta_A}$$

$$(g+h)\theta_A=\ln(K_0 p_A^*) \tag{5-15}$$

式中，$K_0=k'_a/k'_d$。令 $f=g+h=\frac{\alpha+\beta}{RT}$，式(5-15）变化为：$\theta_A=\frac{1}{f}\ln(K_0 p_A^*)$，即为真实吸附等温方程，也叫作焦姆金吸附等温式。此式适用于中等覆盖率情况。

(3) **BET 型物理吸附模型**　是布鲁诺尔-埃米特-特勒（Brunauer-Emmett-Teller，BET）三人以 Langmuir 理想模型的等温式为基础（图 5-1），推广到多分子层吸附。

依据式(5-7）的表达 $\theta_A=\frac{K_A p_A}{1+K_A p_A}$，有下列情况：

① 当压力足够低或吸附很弱时，$K_A p_A \ll 1$，则 $\theta_A=K_A p_A$，即 θ_A 与 p_A 成线性关系。

② 当压力足够低或吸附很弱时，$K_A p_A \gg 1$，即 $\theta_A \approx 1$，即 θ_A 与 p_A 无关。

③ 当压力适中时，$\theta_A = \dfrac{K_A p_A}{1+K_A p_A}$。

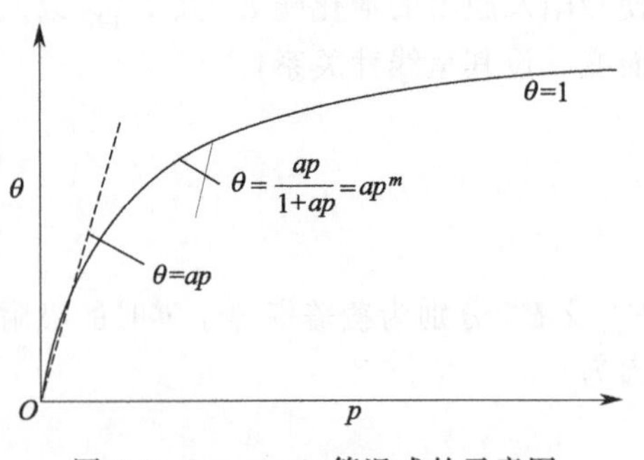

图 5-1　Langmuir 等温式的示意图

当吸附质的温度接近正常沸点时，由于吸附气体本身的范式引力，还可以发生多层吸附。当然第一层的吸附与以后各层的吸附有本质不同。前者是气体分子与固体表面直接吸附。第二层以后各层是相同分子之间的相互作用。

假定自第二层开始至第 n 层（$n \to \infty$）的吸附热都等于吸附质的液化热，当气体靠近其沸点并在固体上吸附达到平衡时，气体的吸附量 V 与平衡压力 p 之间的关系即为 BET 公式：

$$V = \frac{V_m p C}{(p_s - p)\left[1 - \left(\frac{p}{p_s}\right) + C\left(\frac{p}{p_s}\right)\right]} \tag{5-16}$$

式中，V 为平衡压力为 p 时吸附气体的总体积；V_m 为催化剂表面覆盖单分子层气体时所吸附的气体的体积；p 为被吸附气体在吸附温度下平衡时的压力，通常在 0.05～0.35 之间；p_s 为被吸附气体在吸附温度下的饱和蒸气压；C 为与被吸附气体种类有关的常数。上式可改写为：

$$\frac{p}{V(p_s - p)} = \frac{1}{V_m C} + \frac{C-1}{V_m C} \times \frac{p}{p_s} \tag{5-17}$$

式中，截距为 $\dfrac{1}{V_m C}$，斜率为 $\dfrac{C-1}{V_m C}$，$V_m = \dfrac{1}{截距+斜率}$。

图 5-2 是吸附等温线的几种重要形式，图中，朗格缪尔式、弗罗因德利希式、焦姆金式

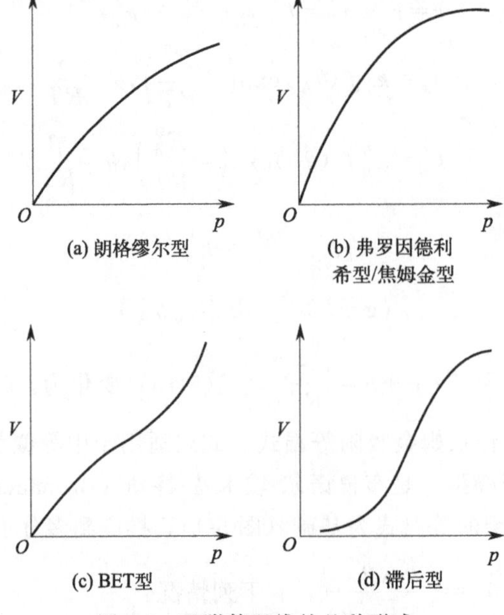

图 5-2　吸附等温线的几种形式

所代表的等温线在形式上是相近的。BET 式只适用于物理吸附，焦姆金式只适合化学吸附，朗格缪尔式和弗罗因德利希式对物理吸附和化学吸附都适用，但一般不能在整个压力范围内做到贴合，压力过高时，弗罗因德利希式不适用，吸附量不可能随着压力的增高而无限增长。

5.3　气-固相催化反应动力学方程的建立

5.3.1　气-固相催化反应步骤

前面已简单介绍了多孔固体颗粒的宏观结构和吸附等温方程。下面将以在多孔催化剂颗粒上进行不可逆反应 A(g)⟶B(g)为例，阐明反应过程进行的步骤。

图 5-3 为气体分子和固体催化剂接触时的结构示意图，催化剂颗粒内部为纵横交错的孔道，其外表面则为一气体层流边界层所包围，是气相主体与催化剂颗粒外表面间的传递作用的阻力所在。由于化学反应系发生在催化剂表面上，因此反应物 A 必须从气相主体向催化剂表面传递，反之在催化剂表面上生成的产物 B 又必须从表面向气相主体扩散，其具体步骤可叙述如下（图 5-3 中的标号与下列序号相对应）：

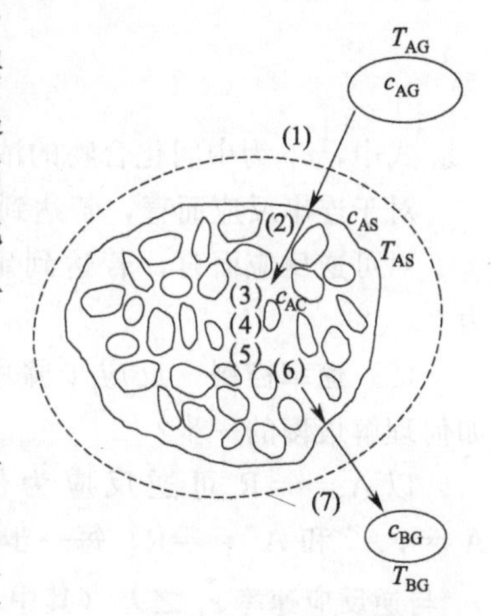

图 5-3　多相催化反应过程步骤

(1) 反应物 A 由气相主体扩散到颗粒外表面；

(2) 反应物 A 由颗粒外表面向孔内扩散，到达可进行吸附/反应的活性中心；

(3)、(4)、(5) 依次进行 A 的吸附，A 在表面上反应生成 B，产物 B 自表面解吸，总称为表面反应过程，其反应历程决定了该催化反应的本征动力学；

(6) 产物 B 由内表面扩散到颗粒外表面；

(7) 产物 B 由颗粒外表面扩散到气相主体。

步骤 (1)、(7) 属外扩散。步骤 (2)、(6) 属内扩散（孔扩散），步骤(3)～(5)属表面反应过程。在这些步骤中，内扩散和表面反应发生于催化剂颗粒内部，且两者是同时进行的，属于并联过程，而组成表面反应过程的(3)～(5)三步则是串联的。外扩散发生于流体相与催化剂颗粒外表面之间，属于相间传递过程。外扩散与催化剂颗粒内的扩散和反应也是串联进行的。由于扩散的影响，流体主体、催化剂外表面上及催化剂颗粒中心反应物的浓度 c_{AG}、c_{AS} 和 c_{AC} 将是不一样的，且 $c_{AG}>c_{AS}>c_{AC}$。对于反应产物，其浓度高低顺序相反。

对于气-固相催化反应过程而言，反应速率是由反应实际进行场所的浓度和温度决定的，即由催化剂表面活性中心上的浓度 c_{AS} 和温度 T_S 决定，采用幂函数形式动力学方程可表示为：$-r_A=k\,e^{-\frac{E_i}{RT_S}}c_{AS}^{\alpha}$。排除了传递过程影响的动力学方程称为本征动力学方程，其中的参数 k、E_i、α 分别为本征的频率因子、活化能和反应级数。气-固相反应必须通过气体分子在催化剂表面作用并生成活性中间物质，降低了活化能才能进行催化反应。因此，本征状态下，气-固相催化剂表面进行的催化反应过程可以认为是通过图 5-3 中的（3）、（4）、（5）三个步骤完成。

5.3.2 定态近似和速率控制

多相催化反应的动力学研究，其首要问题是找出反应速率方程。多相催化反应是一个多步骤过程，包括吸附、脱附及表面反应等步骤。写出各步骤的速率方程并不困难，吸附及脱附的速率方程上一节已介绍过，表面反应步骤则属于基元反应，可以应用质量作用定律。问题是如何从所确定的反应步骤导出多相催化反应的总包速率方程。要从各反应步骤的速率中导出总包速率方程，需要做一些简化假定。广泛应用的是定态近似和速率控制步骤这两个假定。

（1）**定态近似** 若反应过程达到定态，中间化合物的浓度就不随时间而变化，即

$$\frac{\mathrm{d}c_i}{\mathrm{d}t}=0(i=1,2,\cdots,N) \tag{5-18}$$

式中，c_i 为中间化合物的浓度。

对于连串反应而言，若达到定态，针对中间产物的反应速率相等。

对可逆反应而言，若达到定态，按平衡处理，正反应速率等于逆反应速率，净速率为 0。

（2）**速率控制** 反应步骤中最慢的一步视为速率控制步骤。如何理解最慢的一步？

以 $A \rightleftharpoons R$ 可逆反应为例，其催化过程包括两个过程：$A \rightleftharpoons A^*$ 和 $A^* \rightleftharpoons R$，每一步的反应速率 r_i 可写成正反应速率 $\overrightarrow{r_i}$ 与逆反应速率 $\overleftarrow{r_i}$ 之差（其中，$i=1$，2）。

$$A \rightleftharpoons A^* \quad r_1=\overrightarrow{r_1}-\overleftarrow{r_1}$$

$$A^* \rightleftharpoons R \quad r_2=\overrightarrow{r_2}-\overleftarrow{r_2}$$

式中，$\overrightarrow{r_1}=\overrightarrow{k_1}c_A$，$\overleftarrow{r_1}=\overleftarrow{k_1}c_{A^*}$，$\overrightarrow{r_2}=\overrightarrow{k_2}c_{A^*}$，$\overleftarrow{r_2}=\overleftarrow{k_2}c_R$。

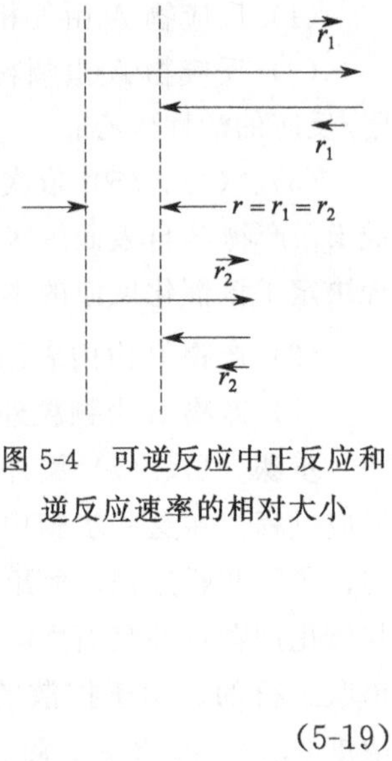

图 5-4 可逆反应中正反应和逆反应速率的相对大小

这两个反应步骤均为可逆反应。催化过程中，各反应速率的相对大小可用图 5-4 来表示。根据定态近似的假设，虽然其净速率相等（$r_1=r_2=r$），然而它们接近平衡的程度则是不相同的。

$$\frac{\overrightarrow{r_1}-\overleftarrow{r_1}}{\overrightarrow{r_1}} 及 \frac{\overrightarrow{r_2}-\overleftarrow{r_2}}{\overrightarrow{r_2}} \tag{5-19}$$

由于 $\overrightarrow{r_1} \gg \overrightarrow{r_2}$，故第一个反应步骤接近平衡的程度，远较第二个步骤为大，此时第二个步骤便可视为速率控制步骤，其速率也就表示为由该反应步骤所构成的化学反应的反应速率。

定态近似和速率控制步骤是推导化学反应速率方程时应用的两个重要概念。针对复杂的多相催化过程，除速率控制步骤外的其余反应步骤则近似地按平衡处理。引入这两个概念后，动力学方程的推导得以实现或简化。

5.3.3　气-固相催化反应机理

反应物在催化剂表面活性位置上发生吸附，从而为反应提供了另一个路径。反应动力学和反应机理密切相关。本节中主要介绍三种动力学表达式，这些表达式描述了一些简单的模型反应的动力学，这些模型反应在一定程度上都与提出的机理有关。

(1) **艾力-里迪尔 (Eley-Rideal) 双分子历程**　吸附质点 A 与气态分子 B 之间的双分子反应：

$$A_{ads}+B_g \longrightarrow P_g$$

1939 年，Eley 和 Rideal 研究金属表面氢化反应时，推测了这个机理。这个机理的基础是：一种反应物完全、有效地吸附于催化剂表面，另一种气相反应物与之反应生成产物。

$$A+ \underset{|}{\overset{|}{—S—}} \underset{\text{脱附 } k_1'}{\overset{\text{吸附 } k_1}{\rightleftharpoons}} \overset{A}{\underset{}{\overset{|}{—S—}}} +B \xrightarrow{\text{表面反应 } k_2} \overset{|}{—S—} +\text{产物}$$

用 Langmuir 表达式表示 A_{ads} 的浓度，用 p_B 表示 B_g 的浓度，建立动力学表达式：

$$r=-\frac{dp_B}{dx}=k_2 p_B \theta_A \tag{5-20}$$

(2) **朗格缪尔-欣谢尔伍德 (Langmuir-Hinshelwood，L-H) 历程**　如果是双分子同时被吸附的情况，设分子 A 和 B 同时吸附在催化剂表面上：

$$A+B+2\sigma \underset{k_d}{\overset{k_a}{\rightleftharpoons}} A\sigma+B\sigma \rightleftharpoons C+D \tag{5-21}$$

$$A+B+ \overset{|\ \ |}{—S—S—} \underset{\text{脱附 } k_1'}{\overset{\text{吸附 } k_1}{\rightleftharpoons}} \overset{A\ \ B}{\overset{|\ \ |}{—S—S—}} \xrightarrow{\text{表面反应 } k_2} \overset{C\ \ D}{\overset{|\ \ |}{—S—S—}} \underset{\text{吸附 } k_3'}{\overset{\text{解析 } k_3}{\rightleftharpoons}} \overset{|\ \ |}{—S—S—} +C+D$$

由于 A 和 B 分子同时被吸附，则未覆盖率应为 $\theta_V=1-\theta_A-\theta_B$。设分子 A 的吸附速率为 r_{aA}，脱附速率为 r_{dA}，则

$$r_{aA}=k_{aA}p_A(1-\theta_A-\theta_B) \tag{5-22}$$

$$r_{dA}=k_{dA}\theta_A \tag{5-23}$$

同理，分子 B 的吸附速率和脱附速率分别为：

$$r_{aB}=k_{aB}p_B(1-\theta_A-\theta_B) \tag{5-24}$$

$$r_{dB}=k_{dB}\theta_B \tag{5-25}$$

当吸附达到平衡时，净速率为零：

$$r_{aA}=r_{dA};\quad r_{aB}=r_{dB} \tag{5-26}$$

联立求解式(5-22) ～式(5-26)，可得

$$\theta_A=\frac{K_A p_A}{1+K_A p_A+K_B p_B}$$

$$\theta_B=\frac{K_B p_B}{1+K_A p_A+K_B p_B}$$

未覆盖率为 $$\theta_V=1-\theta_A-\theta_B=\frac{1}{1+K_Ap_A+K_Bp_B}$$

从 $\theta_A=\frac{K_Ap_A}{1+K_Ap_A+K_Bp_B}$，$\theta_B=\frac{K_Bp_B}{1+K_Ap_A+K_Bp_B}$两式可以看出，$p_B$ 增加时 θ_A 变小，即气体 B 的存在可使气体 A 的吸附受到阻抑。同理，气体 A 的吸附也要妨碍气体 B 的吸附。从 θ_A 和 θ_B 的表达式很容易推广到多种气体吸附的情况。

如果有 m 种不同分子同时被吸附，对于分压为 p_i 的第 i 组分的覆盖率为：

$$\theta_i=\frac{K_ip_i}{1+\sum_{i=1}^{m}K_ip_i} \tag{5-27}$$

未覆盖率为： $$\theta_V=\frac{1}{1+\sum_{i=1}^{m}K_ip_i} \tag{5-28}$$

在吸附过程中，被吸附的分子发生解离现象时，即由分子解离成原子，这些原子各占据一个吸附位：

$$A_2+2\sigma \underset{k_d}{\overset{k_a}{\rightleftharpoons}} 2A\sigma$$

其吸附速率和脱附速率可表示为：

$$r_a=k_ap_A(1-\theta_A)^2$$
$$r_d=k_d\theta_A^2 \tag{5-29}$$

净吸附速率 $$r=k_ap_A(1-\theta_A)^2-k_d\theta_A^2$$

达到平衡时，净速率为零，则有 $$\theta_A=\frac{\sqrt{K_Ap_A}}{1+\sqrt{K_Ap_A}} \tag{5-30}$$

式(5-30) 即为朗格缪尔解离吸附等温方程。

从朗格缪尔吸附等温线可以看出，吸附量（覆盖率）与压力的关系呈双曲线型。欣谢尔伍德（Hinshelwood）利用本模型成功地处理了许多气-固相催化反应，所以又被称为朗格缪尔-欣谢尔伍德（Langmuir-Hinshelwood）机理，其后又得到霍根（Hougen）-华生（Watson）一派的发展，成为应用非常广泛的一个多相催化历程 L-H-H-W。

(3) **Mars-van Krevelen 机理** 这个机理最早用于多孔胶负载的熔盐 V/K（钒/钾盐）催化剂上 SO_2 氧化的动力学。Mars-van Krevelen 机理基于吸附分子于已被吸附的分子之上的反应。如反应：

$$A(g)+B(g)\longrightarrow C(g)$$

假设上面的反应按照以下步骤进行，□代表催化剂表面的空位：

① A 在吸附态的 B 上吸附：$A(g)+B(ads)\longrightarrow A-B(ads)$ (5-31)

② 吸附态的复合反应： $A-B(ads)\longrightarrow C(ads)$ (5-32)

③ 产物 C 的脱附： $C(ads)\longrightarrow C(g)+$□ (5-33)

④ B 的吸附：　$B(g)+\square \longrightarrow B(ads)$　(5-34)

B 的吸附之所以放在最后，是因为催化剂上的空位是在反应中产生的。建立动力学关系时，如果假设 A 与吸附态 B 一相互作用就生成产物，那么步骤①和步骤②可以合并。同时假设脱附步骤③与化合反应或步骤④相比是快速反应。若假设这个反应实际上只有两步，且 B 的吸附速率常数为 k_1，其他步骤合并：

$$A(g)+B(ads)\xrightarrow{k_1}C(g)+\square \tag{5-35}$$

如果以 θ_B 表示表面上 B 的覆盖度，$\theta_\square$ 表示空位的比例（$\theta_B+\theta_\square=1$），那么这两步的反应速率分别为：

$$r_1=k_1p_A\theta_B \tag{5-36}$$

$$r_2=k_2p\theta_\square=k_2p_B(1-\theta_B) \tag{5-37}$$

当反应达到平衡时 $r_1=r_2$

$$\theta_B=\frac{k_2p_B}{k_1p_A+k_2p_B} \tag{5-38}$$

总反应速率为：

$$r=k_1p_A\theta_B=\frac{k_1k_2p_Ap_B}{k_1p_A+k_2p_B} \tag{5-39}$$

则：

$$\frac{1}{r}=\frac{1}{k_1p_A}+\frac{1}{k_2p_B} \tag{5-40}$$

在两种特定的条件下：当 $k_1\ll k_2$ 时，$r=k_1p_A$

当 $k_2\ll k_1$ 时，$r=k_2p_B$

Mars-van Krevelen 机理后来常用来描述烃类选择性氧化反应的动力学，详情可见二维码。**Mars-van Krevelen 机理**又被称为氧化-还原机理（或晶格氧作用机理）。

Mars-van Krevelen 机理

5.3.4　气-固相反应速率方程的建立

以反应 $A+B\rightleftharpoons R$ 及所假定的反应为例。由于反应是在催化剂的活性表面上进行，因此，多相催化反应是由吸附、表面反应和脱附步骤组成。设多相催化反应 $A+B\rightleftharpoons R$ 是由下列步骤组成：

A 的吸附：$A+\sigma\rightleftharpoons A\sigma$　(5-41)

B 的吸附：$B+\sigma\rightleftharpoons B\sigma$　(5-42)

表面反应：$A\sigma+B\sigma\rightleftharpoons R\sigma+\sigma$　(5-43)

R 的脱附：$R\sigma\rightleftharpoons R+\sigma$　(5-44)

如果按不同的速率控制步骤作推导，将得到不同的反应速率方程。

(1) **表面反应控制** 此时第三步为速率控制步骤，该步的速率即等于反应速率，将质量作用定律应用于式(5-43)所示的表面反应，得：

$$r=\overrightarrow{k}_s\theta_A\theta_B-\overleftarrow{k}_s\theta_R\theta_V \tag{5-45}$$

θ_V 为未覆盖率，等于 $1-\theta_A-\theta_B-\theta_R$。其余三步达到平衡，所以：

$$k_{aA}p_A\theta_V=k_{dA}\theta_A \text{ 或 } \theta_A=K_Ap_A\theta_V \tag{5-46}$$

$$k_{aB}p_B\theta_V=k_{dB}\theta_B \text{ 或 } \theta_B=K_Bp_B\theta_V \tag{5-47}$$

$$k_{aR}p_R\theta_V=k_{dR}\theta_R \text{ 或 } \theta_R=K_Rp_R\theta_V \tag{5-48}$$

式中，$K_A=k_{aA}/k_{dA}$，$K_B=k_{aB}/k_{dB}$，$K_R=k_{aR}/k_{dR}$。将式(5-46)～式(5-48)代入式(5-45)得：

$$r=\overrightarrow{k}_sK_Ap_AK_Bp_B\theta_V^2-\overleftarrow{k}_sK_Rp_R\theta_V^2 \tag{5-49}$$

因 $\theta_A+\theta_B+\theta_R+\theta_V=1$，利用此关系并将式(5-46)～式(5-48)相加可求得：

$$\theta_V=\frac{1}{1+K_Ap_A+K_Bp_B+K_Rp_R}$$

再代入式(5-49)即得反应速率方程为：

$$r=\frac{\overrightarrow{k}_sK_AK_Bp_Ap_B-\overleftarrow{k}_sK_Rp_R}{(1+K_Ap_A+K_Bp_B+K_Rp_R)^2}=\frac{k(p_Ap_B-p_R/K_P)}{(1+K_Ap_A+K_Bp_B+K_Rp_R)^2} \tag{5-50}$$

式中，k 为该反应的正反应速率常数，等于 $\overrightarrow{k}_sK_AK_B$。$K_P=\dfrac{\overrightarrow{k}_sK_AK_B}{\overleftarrow{k}_sK_R}$，为该反应的化学平衡常数。当化学反应达到平衡时，$r=0$，由式(5-50)正好得到化学平衡常数的定义式，因为 $k\neq0$，只能是分子中括号部分等于零。

(2) **组分 A 的吸附控制** 此时第一步为速率控制步骤，反应速率等于 A 的吸附速率，由式(5-41)得：

$$r=k_{aA}p_A\theta_V-k_{dA}\theta_A \tag{5-51}$$

其余三步达到平衡，第三步表面反应达到平衡时，由式(5-43)有：

$$\theta_R\theta_V/(\theta_A\theta_B)=\overrightarrow{k}_s/\overleftarrow{k}_s=K_S \tag{5-52}$$

K_S 为表面反应平衡常数。上式中的 θ_B 及 θ_R 分别以式(5-47)及式(5-48)代入得：

$$\theta_A=K_Rp_R\theta_V/(K_SK_Bp_B) \tag{5-53}$$

代入式(5-51)则有：

$$r=k_{aA}p_A\theta_V-\frac{k_{dA}K_Rp_R\theta_V}{K_SK_Bp_B} \tag{5-54}$$

又因 $\theta_A+\theta_B+\theta_R+\theta_V=1$，将式(5-47)、式(5-48)、式(5-53)代入此关系可得：

$$\theta_V=\frac{1}{1+\dfrac{K_Rp_R}{K_SK_Bp_B}+K_Bp_B+K_Rp_R}$$

于是式(5-54)化为：

$$r=\frac{k_{aA}p_A-\dfrac{k_{dA}K_Rp_R}{K_SK_Bp_B}}{1+\dfrac{K_Rp_R}{K_SK_Bp_B}+K_Bp_B+K_Rp_R}=\frac{k_{aA}(p_A-p_R/K_Pp_B)}{1+K_Ap_R/K_Pp_B+K_Bp_B+K_Rp_R} \tag{5-55}$$

式中，化学平衡常数 K_P 与各吸附平衡常数以及表面反应平衡常数之间的关系与式(5-50) 相同。

(3) **组分R的脱附控制**　此时最后一步为速率控制步骤，故由式(5-54) 得反应速率为：

$$r=k_{dR}\theta_R-k_{aR}p_R\theta_V \tag{5-56}$$

前三步达到平衡，故将式(5-46)、式(5-47) 代入式(5-56) 得：

$$\theta_R=K_SK_AK_Bp_Ap_B\theta_V$$

根据 $\theta_A+\theta_B+\theta_R+\theta_V=1$，所以：

$$\theta_V=\frac{1}{1+K_Ap_A+K_Bp_B+K_SK_AK_Bp_Ap_B}$$

将 θ_R 及 θ_V 代入式(5-56) 得脱附控制时反应速率方程：

$$r=\frac{k_{dR}K_SK_AK_Bp_Ap_B-k_{aR}p_R}{1+K_Ap_A+K_Bp_B+K_SK_AK_Bp_Ap_B}=\frac{k(p_Ap_B-p_B/K_P)}{1+K_Ap_A+K_Bp_B+K_RK_Pp_Ap_B} \tag{5-57}$$

式中，$k=k_{dR}K_SK_AK_B$。式(5-57) 即为脱附控制时的反应速率方程。

以上对反应 $A+B \rightleftharpoons R$ 根据所设的反应步骤推导了三种不同的速率控制步骤下该反应的速率方程。在推导过程中均未考虑惰性气体的存在。若反应物系中含惰性气体，它虽然不参与化学反应，但如能为催化剂所吸附，则会影响反应速率。此种情况下，在所推出的速率方程右边的分母中还应加入 K_Ip_I 项，p_I 为惰性气体的分压，K_I 为惰性气体的吸附平衡常数。式(5-50) 变为：

$$r=\frac{k(p_Ap_B-p_R/K_P)}{(1+K_Ap_A+K_Bp_B+K_Rp_R+K_Ip_I)^2} \tag{5-58}$$

以上三个速率方程式(5-50)、式(5-55) 及式(5-57) 均是基于理想表面而导出的。这三个式子细节上有所不同，但从总体上都可概括成如下的形式：

$$\text{反应速率}=\frac{\text{动力项学}\times\text{推动力}}{(\text{吸附相})^n}$$

动力学项指的是反应速率常数 k，它是温度的函数。如果是可逆反应，推动力项表示离平衡的远近，离平衡越远，推动力越大，反应速率也越大。这三个式中都包含 $p_Ap_B-p_R/K_P$，这就是推动力项。若为不可逆反应，推动力再不是两项之差，仅包含反应物的分压，此时推动力表示反应进行的程度。吸附项则表明哪些组分被催化剂所吸附，以及各组分吸附的强弱。这类速率方程称为双曲型速率方程。表5-2列出了若干反应机理和相应的控制步骤的速率表达式。从式中可以看出，吸附项中的 n 表示设计活性点位的数目，吸附项中包含 $\sqrt{K_ip_i}$ 项，表示其中 i 组分是解离吸附。对于 $A+B \rightleftharpoons R+S$，吸附项中含有 $\frac{K_Ap_Rp_S}{Kp_B}$ 项或 $\frac{K_{RS}p_Rp_S}{p_B}$ 项，则表示A的吸附是控制步骤；如果吸附项中包含有 $\left(\frac{K_{RS}p_Rp_S}{p_B}\right)^{1/2}$ 项，则表示A的解离吸附控制步骤。

表 5-2 气-固相催化反应机理及其反应速率方程举例

化学式	机理	以左方机理式为控制步骤时的相应反应速率方程
$A \rightleftharpoons R$	$A+\sigma \rightleftharpoons A\sigma$	$r=\dfrac{k(p_A-p_R/K)}{1+K_R P_R(1+K_S)}$
	$A\sigma \rightleftharpoons R\sigma$	$r=\dfrac{k(p_A-p_R/K)}{1+K_A p_A+K_R/p_R}$
	$R\sigma \rightleftharpoons R+\sigma$	$r=\dfrac{k(p_A-p_R/K)}{1+K_A p_A}$
$A \rightleftharpoons R$	$2A+\sigma \rightleftharpoons A_2\sigma$	$r=\dfrac{k(p_A^2-p_R^2/K^2)}{1+K_R/p_R+K_A p_A^2}$
	$A_2\sigma+\sigma \rightleftharpoons 2A\sigma$	$r=\dfrac{k(p_A^2-p_R^2/K^2)}{(1+K_R p_R+K_A p_A^2)^2}$
	$A\sigma \rightleftharpoons R\sigma$	$r=\dfrac{k(p_A-p_R/K)}{1+K_A p_A^2+K'_A p_A+K_R p_R}$
	$R\sigma \rightleftharpoons R+\sigma$	$r=\dfrac{k(p_A-p_R/K)}{1+K_A p_A^2+K'_A p_A}$
$A \rightleftharpoons R$	$A+2\sigma \rightleftharpoons 2A_{1/2}\sigma$	$r=\dfrac{k(p_A-p_R/K)}{(1+\sqrt{K_R p_R}+K'_R p_R)^2}$
	$2A_{1/2}\sigma \rightleftharpoons R\sigma+\sigma$	$r=\dfrac{k(p_A-p_R/K)}{(1+\sqrt{K_A p_A}+K_R p_R)^2}$
	$R\sigma \rightleftharpoons R+\sigma$	$r=\dfrac{k(p_A-p_R/K)}{1+\sqrt{K_A p_A}+K'_A p_A}$
$A+B \rightleftharpoons R+S$	$A+\sigma \rightleftharpoons A\sigma$	$r=\dfrac{k[p_A-p_R p_S/(K p_B)]}{1+K_{RS} p_R p_S/p_B+K_B p_B+K_R p_R+K_S p_S}$
	$B+\sigma \rightleftharpoons B\sigma$	$r=\dfrac{k[p_B-p_R p_S/(K p_A)]}{1+K_{RS} p_R p_S/p_A+K_A p_A+K_R p_R+K_S p_S}$
	$A\sigma+B\sigma \rightleftharpoons R\sigma+S$	$r=\dfrac{k(p_A p_B-p_R p_S/K)}{(1+K_A p_A+K_B p_B+K_R p_R+K_S p_S)^2}$
	$\begin{cases} R\sigma \rightleftharpoons R+\sigma \\ S\sigma \rightleftharpoons S+\sigma \end{cases}$	$r=\dfrac{k(p_A p_B/p_S-p_R/K)}{1+K_A p_A+K_B p_B+K_R p_R+K_{AB} p_A p_B/p_S}$
$A+B \rightleftharpoons R+S$	$A+2\sigma \rightleftharpoons 2A_{1/2}\sigma$	$r=\dfrac{k[p_A-p_R p_S/(K p_B)]}{[1+(K_{RS} p_R p_S/p_B)^{1/2}+K_B p_B+K_R p_R+K_S p_S]^2}$
	$B+\sigma \rightleftharpoons B\sigma$	$r=\dfrac{k[p_B-p_R p_S/(K p_A)]}{1+\sqrt{K_A p_A}+(K_{RS} p_R p_S/p_A)+K_R p_R+K_S p_S}$
	$2A_{1/2}\sigma+B\sigma \rightleftharpoons R\sigma+S\sigma+\sigma$	$r=\dfrac{k(p_A p_B-p_R p_S/K)}{(1+\sqrt{K_A p_A}+K_B p_B+K_R p_R+K_S p_S)^3}$
	$R\sigma \rightleftharpoons R+\sigma$	$r=\dfrac{k(p_A p_B/p_S-p_R/K)}{1+\sqrt{K_A p_A}+K_B p_B+(K_{AB} p_A p_B/p_S)+K_S p_S}$
	$S\sigma \rightleftharpoons S+\sigma$	$r=\dfrac{k(p_A p_B/p_R-p_S/K)}{1+\sqrt{K_A p_A}+K_B p_B+K_R p_R+K_{AB} p_A p_B/p_R}$

注：K 为平衡常数。

【例 5-2】 环己烷是化工生产的重要原料，工业上用镍催化剂通过苯加氢而制得，其反应式为

$$C_6H_6+3H_2 \rightleftharpoons C_6H_{12}$$

反应温度在 200℃以下，该反应可视为不可逆放热反应。假定在镍催化剂上有两类活性位，一类吸附苯和中间化合物；另一类只吸附氢，而环己烷则可认为不被吸附，其反应步骤为：

$$H_2+2\sigma_2 \rightleftharpoons 2H\sigma_2 \tag{5-59}$$

$$C_6H_6+\sigma_1 \rightleftharpoons C_6H_6\sigma_1 \tag{5-60}$$

$$C_6H_6\sigma_1+H\sigma_2 \rightleftharpoons C_6H_7\sigma_1+\sigma_2 \tag{5-61}$$

$$C_6H_7\sigma_1+H\sigma_2 \rightleftharpoons C_6H_8\sigma_1+\sigma_2 \tag{5-62}$$

$$C_6H_8\sigma_1+H\sigma_2 \rightleftharpoons C_6H_9\sigma_1+\sigma_2 \tag{5-63}$$

$$C_6H_9\sigma_1+H\sigma_2 \rightleftharpoons C_6H_{10}\sigma_1+\sigma_2 \tag{5-64}$$

$$C_6H_{10}\sigma_1+H\sigma_2 \rightleftharpoons C_6H_{11}\sigma_1+\sigma_2 \tag{5-65}$$

$$C_6H_{11}\sigma_1+H\sigma_2 \rightleftharpoons C_6H_{12}\sigma_1+\sigma_2 \tag{5-66}$$

若式(5-61)为速率控制步骤，假定除苯和氢外，其他中间化合物的吸附都很弱，试推导动力学方程。

解：由于式(5-61)是控制步骤，故定态下的反应速率：

$$r=k_S\theta_{1B}\theta_{2H} \tag{5-67}$$

式中，θ_{1B} 和 θ_{2H} 分别为苯和氢的表面覆盖率。因为第1步及第2步达到平衡，且除苯和氢外，其他中间化合物吸附都很弱，显然有：

$$\theta_{1B}=\frac{K_Bp_B}{1+K_Bp_B} \tag{5-68}$$

$$\theta_{2H}=\frac{(K_Hp_H)^{0.5}}{1+(K_Hp_H)^{0.5}} \tag{5-69}$$

将式(5-68)及式(5-69)代入式(5-67)可得反应速率：

$$r=k_S\frac{\sqrt{K_H}K_B\sqrt{p_H}p_B}{(1+\sqrt{K_Hp_H})(1+\sqrt{K_Bp_B})} \tag{5-70}$$

在90～180℃温度范围内，$K_Hp_H \ll 1$，故式(5-70)又可简化为：

$$r=\frac{kp_Bp_H^{0.5}}{1+K_Bp_B} \tag{5-71}$$

式中，$k=k_SK_BK_H^{0.5}$。

采用真实吸附模型来推导速率方程，其方法与使用理想吸附模型相同，即遵循前面所归纳的几个步骤，差别只在于吸附速率方程和吸附平衡等温式的不同。非均匀表面的催化剂，其吸附活化能E_a随表面覆盖率增加而增加，脱附活化能E_d随表面覆盖率增加而减少。

【例5-3】 设合成氨反应 $N_2+3H_2 \rightleftharpoons 2NH_3$ 的反应步骤如下：

$$N_2+2\sigma \rightleftharpoons 2N\sigma \tag{5-72}$$

$$H_2+2\sigma \rightleftharpoons 2H\sigma \tag{5-73}$$

$$N\sigma+H\sigma \rightleftharpoons NH\sigma+\sigma \tag{5-74}$$

$$NH\sigma+H\sigma \rightleftharpoons NH_2\sigma+\sigma \tag{5-75}$$

$$NH_2\sigma+H\sigma \rightleftharpoons NH_3\sigma+\sigma \tag{5-76}$$

$$NH_3\sigma \rightleftharpoons NH_3+\sigma \tag{5-77}$$

式(5-72)氮的吸附为速率控制步骤，试根据焦姆金吸附模型推导反应速率方程。

解：由于氮的吸附为速率控制步骤，根据焦姆金吸附模型可写出该步的速率方程为：

$$r=k_a p_N \exp\left(-\frac{\alpha\theta_N}{RT}\right)-k_d \exp\left(\frac{\beta\theta_N}{RT}\right) \tag{5-78}$$

其余各步达到平衡，为处理方便可将其合并，将反应式(5-73) 乘 3，反应式(5-74) 至反应式(5-77) 各分别乘 2，然后相加可得：

$$2N\sigma+3H_2 \rightleftharpoons 2NH_3+2\sigma \tag{5-79}$$

氮的吸附为速率控制步骤，其他步骤按平衡状态处理，式(5-79) 达到平衡，故有：

$$K_P^2=\frac{p_A^2}{p_H^3 p_N^*} \tag{5-80}$$

式中，p_A 和 p_H 分别为氨和氢的分压；p_N^* 不是气相中氮的分压，而是与 p_A 和 p_H 成平衡时氮的分压。由焦姆金吸附等温式(5-15) 知：

$$\theta_N=\frac{RT}{\alpha+\beta}\ln(K_0 p_N^*) \tag{5-81}$$

将式(5-80) 代入式(5-81) 则有：

$$\theta_N=\frac{RT}{\alpha+\beta}\ln\left(K_0 \frac{p_A^2}{p_H^3 K_P^2}\right) \tag{5-82}$$

将 θ_N 代入式(5-78)，整理后得合成氨反应速率方程：

$$r=\vec{k} p_N \left(\frac{p_A^2}{p_H^3}\right)^{-a}-\overleftarrow{k}\left(\frac{p_A^2}{p_H^3}\right)^{b} \tag{5-83}$$

式中，$a=\alpha/(\alpha+\beta)$，$b=\beta/(\alpha+\beta)$，$\vec{k}=k_a(K_0/K_P^2)^{-a}$，$\overleftarrow{k}=k_d(K_0/K_P^2)^{b}$。由此可见，由真实吸附模型导出的速率方程为幂函数型，当然，并非普遍如此。对于铁催化剂，由实验测定得到 $a=b=0.5$，所以，式(5-83) 变为：

$$r=\vec{k} p_N \frac{p_H^{1.5}}{p_A}-\overleftarrow{k}\frac{p_A}{p_H^{1.5}} \tag{5-84}$$

通过上述速率方程的建立，可以归纳出推导多相催化反应速率方程的步骤如下：

① 根据参加反应的物质和反应过程，假设反应的历程；

② 确定速率控制步骤，以该步的速率表示反应速率，并写出该步的速率方程；

③ 非速率控制步骤可认为是达到平衡，写出各步的平衡式，将各反应组分的覆盖率变为各反应组分分压的函数；

④ 根据覆盖率之和等于 1，并结合由③得到的各反应组分的覆盖率表达式，可将未覆盖率变为各反应组分分压的函数；

⑤ 将③和④得到的各反应组分覆盖率以及未覆盖率的表达式代入②所列出的速率控制步骤速率方程，化简整理后即得该反应的速率方程；

⑥ 验证动力学数据与所设反应历程推导的速率方程是否符合。

5.4 气-固相催化反应本征动力学研究

5.4.1 动力学研究的意义和作用

反应动力学主要研究化学反应进行的机理和速率，为了获得进行工业反应器的设计和操作所必需的动力学数据（如反应模式、速率方程、活化能、反应级数等），从反应工程的观点看，气-固相催化反应的动力学研究，首要问题是找出反应速率方程，从而在较大范围内更准确地反映出浓度、温度、空速、压力等条件对反应速率、转化率和选择性的影响，为反应器的设计提供科学的依据。本节结合具体的实例，重点讲解动力学研究的流程和方法。

5.4.2 丙烷脱氢反应的动力学研究

动力学实验，是对确定催化剂（一般是筛选出的最优催化剂）在不同的操作条件下，测定其操作条件变化时对同一催化剂性能影响的定量关系。

用流动法研究催化反应动力学，首先必须考虑到气体在反应器中的流动状况和扩散效应，才能得到动力学数据的正确数值。换言之，只有在排除了内外扩散因素影响的前提下，才能研究催化剂的本征动力学。否则，不同的评价数据难以有较好的可比性。下面就以丙烷脱氢反应为例，详细讲解本征动力学试验的思路和方法。

【例 5-4】 Pt-Sn/Al_2O_3 催化丙烷脱氢，实验装置如图 5-5 所示。反应器为自制的固定床微分反应器，由 ϕ10mm×1.5mm 的不锈钢管与电热炉组成。反应管分三段，即预热段、反应段（催化剂床层段）和支撑段，反应床层温度由 DWT-720 型精密温控仪控制，温度偏差为±1℃。Pt-Sn/Al_2O_3（非晶形），其质量组成为 0.15∶0.15∶99.7。

$$C_3H_8 \longrightarrow H_2 + C_3H_6 \tag{5-85}$$

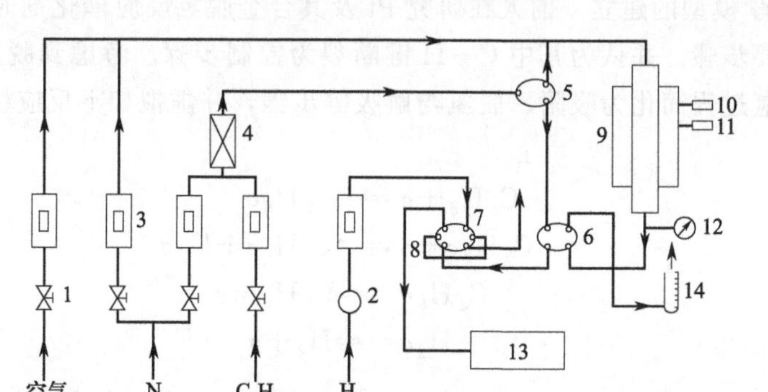

1—针形阀；2—氢气稳压阀；3—气体转子流量计；4—气体混合器；5—三通阀；
6—四通阀；7—六通阀；8—定量管；9—反应器；10—温度控制仪；
11—温度显示仪；12—压力表；13—102G 色谱仪；14—皂沫流量计

图 5-5 Pt-Sn/Al_2O_3 催化丙烷脱氢实验装置

进行本征动力学试验的流程和方法如下：①首先要进行空白试验，即不装催化剂而只用空反应器（及惰性材料）进行仿真的评价试验，以排除反应器材质对试验的干扰。②本征动力学研究的关键问题在于确定最适宜的催化剂粒径和最适宜的气体流速这两项基本数据。

③试验结果的处理，包括本征动力学模型的建立，转化率、选择性和反应速率的确定，模型参数的优化和建议，动力学方程的最终求解。

（1）空白实验　在氮烃摩尔比 1.0、温度 640℃下考查，结果见表 5-3。该结果表明，实验中丙烯选择性接近 0，材质对所研究反应无催化作用。在高温 640℃下，丙烷仅微量裂解，在实验条件范围内，丙烯的选择性均高于 90%，因此本动力学研究仅考虑主反应。

表 5-3　空白实验结果

组分	N_2	C_3H_8	C_3H_6	C_2H_4	C_2H_6
原料气的摩尔分数	49.83%	49.99%	0.18%	0	0
尾气的摩尔分数	49.75%	49.75%	0.22%	0.25%	0.03%

（2）内外扩散影响的排除　如图 5-6 所示，当催化剂粒径在 0.45mm 以下、$W/F_0(C_3H_8)$ 20g·h/mol 的高流速区时，内外扩散影响均已排除。因此，动力学实验条件选择在此范围内。

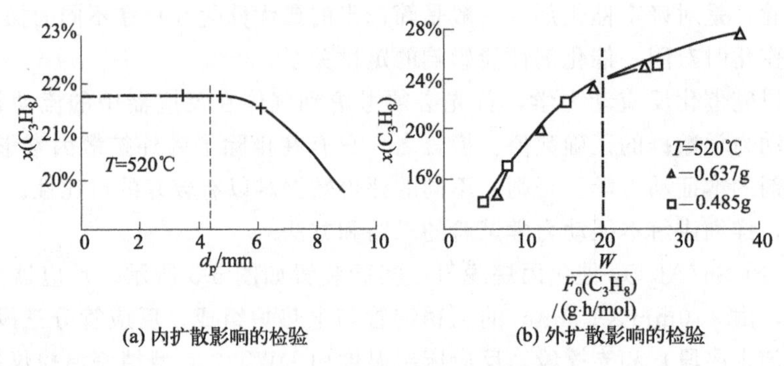

图 5-6　内外扩散影响的检验

（3）实验结果处理

① 本征动力学模型的建立　前人在研究 Pt 及其合金脱氢反应催化剂时，认为脱氢反应可能包含 3 个主要步骤。并认为其中 C—H 键断裂为控制步骤。考虑到脱氢过程的复杂性，这里将丙烷的脱氢过程简化为吸附、脱氢与解吸等步骤，并虚拟如下反应机理，作为建立机理模型的依据。

$$C_3H_8+\sigma \rightleftharpoons C_3H_8\sigma \tag{5-86}$$

$$C_3H_8\sigma+\sigma \rightleftharpoons C_3H_6\sigma+H_2\sigma \tag{5-87}$$

$$C_3H_6\sigma \rightleftharpoons C_3H_6+\sigma \tag{5-88}$$

$$H_2\sigma \rightleftharpoons H_2+\sigma \tag{5-89}$$

式(5-88) 为控制步骤。从表面反应控制机理出发，可得该反应速率表达式：

$$r=\frac{k_+[K(C_3H_8)p(C_3H_8)-K(C_3H_6)K(H_2)p(C_3H_6)p(H_2)/K_p]}{[1+K(C_3H_8)p(C_3H_8)+K(C_3H_6)+K(H_2)p(H_2)]^2} \tag{5-90}$$

$$K_p=k_+/k_-$$

式中，K_p 为化学平衡常数；σ 为催化剂。

② 转化率、选择性和反应速率的确定　反应在常压下进行。

丙烷转化率

$$x(C_3H_8)=[1-p(C_3H_8)/p_0(C_3H_8)]/1+\varepsilon(C_3H_8)p(C_3H_8)/p_0(C_3H_8) \tag{5-91}$$

丙烯选择性

$$S(C_3H_6)=p(C_3H_6)[1+\varepsilon(C_3H_8)x(C_3H_8)]/[p_0(C_3H_8)x(C_3H_8)] \quad (5\text{-}92)$$

式中，$\varepsilon(C_3H_8)$为膨胀率；$p_0(C_3H_8)$为丙烯转化后及其初始分压。

由活塞流反应器理论得$-r=dx(C_3H_8)/d[W/F_0(C_3H_8)]$，表明反应速率$-r$即为$x(C_3H_8)$-$W/F_0(C_3H_8)$所示的等温线上的斜率。根据上述计算方法，对实验数据进行处理得到反应速率值。结果见表5-4（表中产物分布经换算即得各产物分压）。

表5-4 产物分布、丙烷转化率、丙烷选择性以及反应速率典型数据

温度/℃	$W/F_0(C_3H_8)$/(g·h/mol)	产物分布/%						$x(C_3H_8)$/%	$S(C_3H_6)$/%	r	r_1
		C_3H_8	C_3H_6	H_2	CH_4	C_2H_6	C_2H_4			/[$\times10^{-3}$mol/(g·h)]	
460	5.85	42.50	5.25	5.25	0.09	0.02	0.07	10.7	98.5	4.84	4.80
	3.85	43.20	4.35	4.35	0.06	0.01	0.05	9.5	96.5	6.31	5.98
	2.83	44.16	3.66	3.66	0.06	0.01	0.05	8.1	95.2	7.05	6.82
	1.95	45.79	2.60	2.60	0.05	0.01	0.04	5.8	93.1	8.17	7.91
480	7.69	39.96	6.90	6.90	0.14	0.05	0.09	14.5	98.1	7.5	8.50
	5.85	40.42	6.70	6.70	0.10	0.03	0.07	14.1	98.5	9.5	8.94
	3.85	41.30	5.56	5.56	0.08	0.02	0.06	12.3	96.5	12.3	11.1
	2.83	42.53	4.54	4.54	0.07	0.02	0.05	10.5	03.8	13.5	12.9
	2.40	43.51	3.89	3.89	0.07	0.02	0.05	9.1	91.7	14.5	13.9
	1.95	44.51	3.29	3.29	0.06	0.01	0.05	7.6	90.5	15.6	14.8
500	7.69	37.96	8.10	8.10	0.23	0.06	0.17	18.3	97.2	13.5	16.5
	4.44	39.18	6.89	6.89	0.11	0.02	0.09	15.5	95.8	20.4	19.5
	3.34	40.51	5.94	5.94	0.09	0.01	0.08	13.5	94.2	22.6	22.0
	2.40	42.41	4.62	4.62	0.07	0.01	0.06	10.7	93.1	24.0	25.2
	1.95	43.47	4.00	4.00	0.06	0.01	0.05	9.1	92.5	25.5	26.6

③ 模型参数的优化及检验 所建立的动力学方程为非线性方程，决定采用Powell法来优化以上各参数，为此建立其相应的目标函数。设：

$$f[k_+,K(C_3H_8),K(C_3H_6),K(H_2)](j)$$

$$=r(j)-\frac{k_+[K(C_3H_8)p(C_3H_8)(j)-K(C_3H_6)p(C_3H_6)(j)\times K(H_2)p(H_2)(j)/K_p]}{[1+K(C_3H_8)p(C_3H_8)(j)+K(C_3H_6)p(C_3H_6)(j)+K(H_2)p(H_2)(j)]^2}$$

那么其相应的目标函数为：

$$\text{FUNC}[k_+,K(C_3H_8),K(C_3H_6),K(H_2)]$$

$$=\sum_{i=1}^{m}\{f[k_+,K(C_3H_8),K(C_3H_6),K(H_2)](j)\}^2$$

$$k_+,K(C_3H_8),K(C_3H_6),K(H_2),K_p>0$$

在利用Powell法计算时，为了使模型参数的计算更加准确可靠，K_p采用文献值[8]代入计算：

$$K_p=1.05\times10^7e^{-30.1/RT} \quad (5\text{-}93)$$

计算结果见表5-5。

表5-5 各温度下的动力学参数

温度/℃	k/[mol/(g·h·MPa)]	$K(C_3H_8)$	$K(C_3H_6)$	$K(H_2)$	相关系数
		/$\times10$MPa^{-1}			
460	0.447	0.886	0.738	0.836	0.991
480	0.910	0.787	0.676	0.767	0.993
500	1.891	0.582	0.571	0.639	0.985

再根据 Arrhenius 及 van't Hoff 方程，可得到：

$$k_{+}=k_{+,0}\mathrm{e}^{-E/RT} \tag{5-94}$$

$$K_{i}=K_{i,0}\mathrm{e}^{-Q_{i}/RT} \tag{5-95}$$

$$\ln k_{+}=\ln k_{+,0}+(-E/RT) \tag{5-96}$$

$$\ln K_{i}=\ln K_{i,0}+Q_{i}/RT \tag{5-97}$$

式中，i 分别为 C_3H_8、C_3H_6 和 H_2。

以 $\ln k_{+}$、$\ln K_{i}$ 对 $1/T$ 作图，可以得到相应的活化能（吸附能）以及各指前因子参数，见表 5-6。

表 5-6　活化能（吸附能）、指前因子的参数估计

k_{+},K_{i}	k_{+}	$K(C_3H_8)$	$K(C_3H_6)$	$K(H_2)$
活化能(吸附能)	40.6	11.5	7.66	7.34
指前因子	5.58×10^{10}	3.34×10^{-4}	3.97×10^{-3}	4.18×10^{-3}
相关系数	0.999	0.962	0.984	0.98

④ 动力学方程的求取

$$r=\frac{5.58\times10^{10}\mathrm{e}^{-40.6/RT}[3.34\times10^{-4}\mathrm{e}^{11.5/RT}p(C_3H_8)-1.82\times10^{-12}\mathrm{e}^{45.1/RT}p(C_3H_6)p(H_2)]}{[1.0+3.44\times10^{-4}\mathrm{e}^{11.5/RT}p(C_3H_8)+3.97\times10^{-3}\mathrm{e}^{7.66/RT}p(C_3H_6)+4.81\times10^{-3}\mathrm{e}^{7.34/RT}p(H_2)]^2}$$

活化能 $E=169.9(\mathrm{kJ/mol})(=40.6\mathrm{kcal/mol})$

经检验，动力学方程的速率计算值与实验值的平均总偏差为 5.8%，表明所求模型可取。本动力学结果对催化剂工程设计与反应器设计均有指导作用。

典型多相催化反应——甲醇反应机理及宏观动力学研究

工业合成甲醇反应是典型的多相催化反应，已有 90 多年的发展历史，经过众多的理论探索和生产实践，对甲醇的性质、热力学、催化剂、反应机理及动力学认知，已形成了较为完整的知识体系。华东理工大学对国产 301 型铜基催化剂甲醇合成反应动力学进行了系统研究，结合宋维端、朱炳辰、张均利、应卫勇等人的研究，通过分析，对多相催化反应过程中传质现象有所认识，了解了本征动力学、宏观动力学和内扩散有效因子的影响在动力学研究中的应用。

人物故事

Langmuir 对吸附的研究及其贡献

1. 欧文·朗格缪尔（Irving Langmuir）是美国化学家和物理学家。1881 年出生于美国，美国哥伦比亚大学冶金工程专业毕业，1906 年从德国哥廷根大学博士毕业，师从能斯特。1909 年至 1950 年，朗格缪尔在美国通用汽车公司工作，从事充气白炽灯泡研究期间，发现氢气和热钨丝作用产生氢原子。

2. Langmuir 早期的工作是在高真空下的清洁金属丝表面进行的，他认识到氢气可以吸附在钨丝表面，氢气可以和热钨丝作用产生氢气是通过氢-氢键断裂来实现的。
3. Langmuir 的开拓性研究工作是他建立了著名的 Langmuir 吸附等温线方程。这个方程可以用来描述气体在清洁表面的吸附，用最简单的方式描述了恒温状态下载金属表面位点上的气相原子 A 的吸附平衡。$M+A_g \rightleftharpoons A-M$。
4. Langmuir 推进了物理和化学领域的研究进展，因为他在表面化学上的成就被授予 1932 年诺贝尔化学奖。Langmuir 是第一个成为诺贝尔奖得主的工业化学家。美国新墨西哥州索科罗“朗格缪尔大气实验室（Langmuir Laboratory for Atmospheric Research）”以他的名字命名，美国表面化学的研究期刊也被命名为“朗格缪尔（Langmuir）”。

学科素养与思考

5-1　固体催化剂在光催化、电催化、光电催化水裂解和二氧化碳还原等反应中被广泛应用。固体催化剂的组成和结构决定了催化剂性能的优劣。读者可以结合具体的催化反应，采用不同的活性组分、助催化剂和载体进行设计组合，探索催化机理，感知催化剂的设计魅力。

5-2　不知历史，焉知未来？追溯 Eley、Rideal、Langmuir、Hinshelwood、Mars-van Krevelen 等科学家的生平和科学贡献，可以帮助读者了解科学思想产生的来龙去脉，结合催化研究热点，思考和探索新的催化机理。

5-3　本章结合实践生产中的多相工业催化剂体系，引导读者思考、演绎和推理反应方程，帮助读者掌握催化研究中从特殊到一般的认识规律。

5-4　反应动力学和反应机理密切相关，化学家一直致力于通过理论计算确定化学反应的机理和速率。目前，实验室研究仍是认识反应过程动力学特征的主要途径，且研究过程中需要运用热力学、动力学和数学解析方法方面的知识。因此，通过本章的学习，读者在学习气-固相本征动力学研究方法的基础上，进一步思考本征动力学研究和实践生产中催化反应的动力学研究是否有区别。

习题

5-1　在 Pt 催化剂上进行异丙苯分解反应

$$C_6H_5CH(CH_3)_2 \rightleftharpoons C_6H_6+C_3H_6$$

以 A、B 及 R 分别表示为异丙苯、苯及丙烯，反应步骤如下：

$$A+\sigma \rightleftharpoons A\sigma$$

$$A\sigma \rightleftharpoons B\sigma+R$$

$$B\sigma \rightleftharpoons B+\sigma$$

若表面反应为速率控制步骤，试推导异丙苯分解的速率方程。

5-2　在银催化剂上进行乙烯氧化反应

$$\underset{(A)}{2C_2H_4}+\underset{(B)}{O_2} \longrightarrow \underset{(R)}{2C_2H_4O}$$

其反应步骤可假设如下

(1) $A+\sigma \rightleftharpoons A\sigma$

(2) $B_2+2\sigma \rightleftharpoons 2B\sigma$

(3) $A\sigma+B\sigma \rightleftharpoons R\sigma+\sigma$

(4) $R\sigma \rightleftharpoons R+\sigma$

若第 (3) 步是速率控制步骤，试推导动力学方程。

5-3 设有反应 $A \longrightarrow B+D$，其反应步骤如下

(1) $A+\sigma \rightleftharpoons A\sigma$；(2) $A\sigma \longrightarrow B\sigma+D$；(3) $B\sigma \rightleftharpoons B+\sigma$

若第 (1) 步是控制步骤，试推导其动力学方程。

5-4 一氧化碳变换反应

$$\underset{(A)}{CO}+\underset{(B)}{H_2O} \longrightarrow \underset{(C)}{CO_2}+\underset{(D)}{H_2}$$

在较低温度下，其动力学方程可表示为

$$r=\frac{kp_Ap_B}{1+K_Ap_A+K_Cp_C}$$

试拟定该反应合适的反应步骤。

5-5 在一体积为 4L 的恒容反应器中进行水解反应，反应物的含水量为 12.32%（质量分数），混合物的密度为 1g/mL，反应物的分子量为 88。在等温常压下不断取样分析，反应物随时间变化的浓度数据如下：

项目	数值								
反应时间/h	1.0	2.0	3.0	4.0	5.0	6.0	7.0	8.0	9.0
c_A/(mol/L)	0.9	0.61	0.42	0.28	0.17	0.12	0.08	0.045	0.03

利用上述数据，试用积分法和微分法求其动力学方程。

5-6 在镍催化剂上进行甲烷化反应

$$CO+3H_2 \rightleftharpoons CH_4+H_2O$$

由实验测得 200℃时甲烷的生成速率 r_{CH_4}，与 CO 和 H_2 的分压（p_{CO} 及 p_{H_2}）的关系如下表。

项目	数值				
p_{CO}/MPa	0.1013	0.1823	0.4133	0.7294	1.063
p_{H_2}/MPa	0.1013	0.1013	0.1013	0.1013	0.1013
r_{CH_4}/[$\times10^{-3}$mol/(g·min)]	7.33	13.2	30.0	52.8	77

若该反应的动力学方程可用幂函数型方程表示，试用最小二乘法求一氧化碳的反应级数及正反应速率常数。

5-7 在铂催化剂上，乙烯深度氧化的动力学方程可表示为

$$r=\frac{kp_Ap_B}{(1+K_Bp_B)^2}$$

式中，p_A、p_B 分别为乙烯及氧的分压。在 473K 等温下的实验数据如下表。

序号	p_A /$\times10^{-3}$MPa	p_B /$\times10^{-3}$MPa	r/[$\times10^{-4}$mol/(g·min)]	序号	p_A /$\times10^{-3}$MPa	p_B /$\times10^{-3}$MPa	r/[$\times10^{-4}$mol/(g·min)]
1	8.99	3.23	0.672	7	7.75	1.82	0.828
2	14.22	3,00	1.072	8	6.17	1.73	0.656
3	8.86	4.08	0.598	9	6.13	1.73	0.649
4	8.32	2.03	0.713	10	6.98	1.56	0.791
5	4.73	0.89	0.610	11	2.87	1.06	0.418
6	7.75	1.74	0.834				

试求该反应温度下的反应速率常数 k 和吸附平衡常数 K_B。

5-8　燃煤和燃油锅炉等产生的烟气中含有危害环境和人体健康的氮氧化物，简称 NO_x，可采用选择性催化还原（SCR）的方法加以处理。在矾钛氧化物催化剂上，进行如下反应：

$$4NO + 4NH_3 + O_2 \longrightarrow 4N_2 + 6H_2O$$

其反应步骤包括：

① $1/4O_2 + 1/2\sigma_1 \rightleftharpoons 1/2O\sigma_1$

② $NO + O\sigma_1 \rightleftharpoons [NO]O\sigma_1$

③ $NH_3 + \sigma_2 \rightleftharpoons NH_3\sigma_2$

④ $NH_3\sigma_2 + O\sigma_1 \longrightarrow NH_2\sigma_2 + OH\sigma_1$

⑤ $NH_2\sigma_2 + [NO]O\sigma_1 \longrightarrow \sigma_2 + O\sigma_1 + N_2 + H_2O$

⑥ $OH\sigma_1 \rightleftharpoons 1/2H_2O + 1/2O\sigma_1 + 1/2\sigma_1$

假定步骤④是反应速率的控制步骤，试推导反应速率的表达式。

参考文献

[1]　李绍芬．反应工程[M]. 3版．北京：化学工业出版社，2013.

[2]　程振民，朱开宏，袁渭康．高等反应工程[M]．北京：化学工业出版社，2020.

[3]　陈甘棠．化学反应工程[M]. 3版．北京：化学工业出版社，2020.

[4]　朱利安 R. H. 罗斯．多相催化：基本原理与应用［M］．田野，张立红，赵宜成，李永丹译．北京：化学工业出版社，2021.

[5]　米镇涛．化学工艺学[M]. 2版．北京：化学工业出版社，2006.

[6]　王尚弟，孙俊全，王正宗．催化剂工程导论[M]. 3版．北京：化学工业出版社，2015.

[7]　傅献彩，沈文霞，姚天扬．物理化学[M]. 4版．北京：高等教育出版社，1990.

[8]　Rossini F. Selected Values of Properties of Hydrocarbons. American Petroleum Institute, Research Project, 1947:44.

第6章

多相催化反应中的传递现象

与均相反应相比，非均相反应过程的特征是在反应器内含有大量分子的聚集体。非均相反应过程又称多相反应过程，是指反应物系中存在两个或两个以上相的反应过程，包括气-固相催化反应过程、气-固相非催化反应过程、气-液相反应过程、气-液-固相反应过程等。气-固相催化反应是一种典型的多相催化反应过程。对于气-固相催化反应系统，真正的反应场所是固相催化剂表面，一般反应场所的温度和浓度与气相主体的温度和浓度都存在温度和浓度的差异。这一差异是由热质传递所造成，进而造成对化学反应结果的改变。学习本章分析气-固相催化反应过程中热质传递与化学反应的相互影响，特别是内外扩散对催化反应的影响，将有助于了解非均相反应过程区别于均相反应过程的特征和处理方法。

本章学习要求

6-1 在第5章气-固相催化反应本征动力学学习的基础上，本章重点讨论了气-固相催化反应过程中的传递现象对催化反应的影响。在学习基础理论的基础上，着重掌握传递现象中1个模数、2个判据、3个因子和4个系数。这四个重点概念中所涉及的知识点已经在思维导图中做了详细的关联，同学们在复习的过程中只需将知识点和相关内容做深入细致的对接，并加深对知识点的理解和掌握。

6-2 内扩散有效因子与催化剂的形状有着密切的关系，梳理过程中要注意不同形状的催化剂物料衡算过程的推导过程，掌握内扩散有效因子和催化剂形状之间的数理关系。

6-3 根据气-固相多相催化反应过程中传递现象对反应的影响程度，掌握合理的避免内外扩散的影响方法。掌握有效利用扩散形式和催化剂宏观结构中的孔结构，并依据孔的择形效应做好化学反应工业路线的设计方法，将有助于提高化学反应的选择性、转化率和收率。

本章思维导图

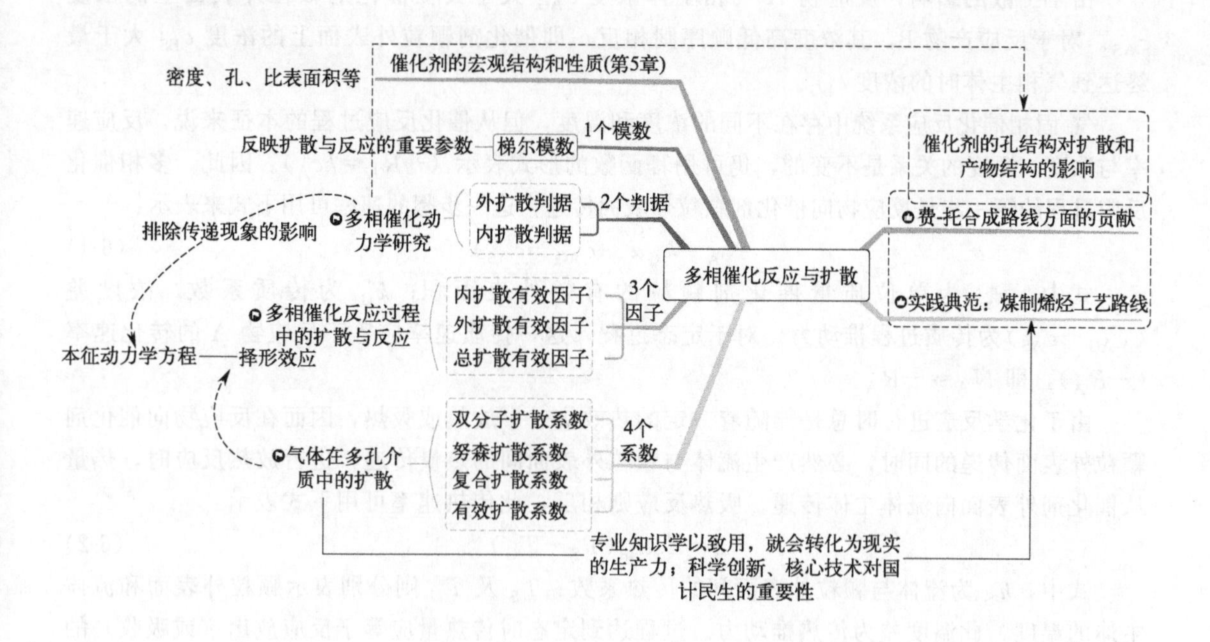

6.1　流体与催化剂颗粒外表面间的传质速率与传热速率

在反应器中，催化剂颗粒外表面各点均处于不同的流动状态，造成外表面传质和传热系数的不均匀性，如图 6-1 所示。可将颗粒相与流体相间通过的边界层划分为两个区域。边界层以外是流体主体相，由于湍流作用因此组分浓度均匀。边界层以内为层流区（又称为滞留层），热质传递是通过热传导和分子扩散的方式完成的。

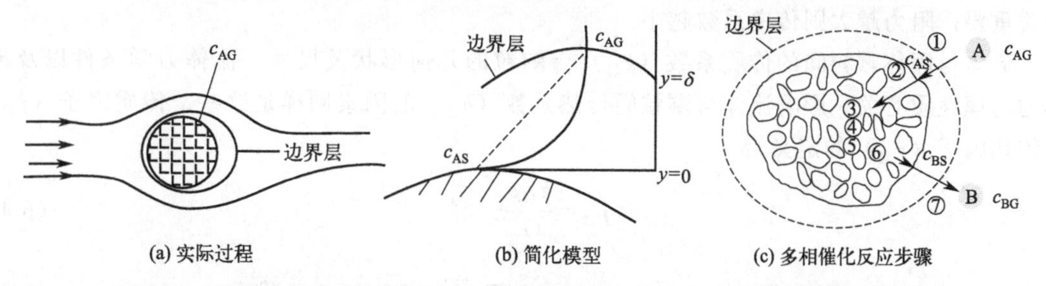

图 6-1　外部传递过程的实际过程、简化模型和扩散步骤（多相催化反应步骤）

为了便于讨论，假定在催化剂颗粒内部发生的是单组分不可逆反应 A ⟶ B。气相主体通过催化剂生产产物 B 经历了以下几个过程：

① 反应物 A 由气相主体扩散到颗粒外表面；

② 反应物 A 由外表面向孔内扩散，到达可进行吸附/反应的活性中心；

③、④、⑤依次进行 A 的吸附，A 在表面上反应生成 B，产物 B 自表面解吸，这总称为表面反应过程，其反应历程决定了该催化反应的本征动力学；

⑥ 产物B由内表面扩散到颗粒外表面；

⑦ 产物B由颗粒外表面扩散到气相主体。

由于扩散的影响，反应物A气相主体浓度 c_{AG} 大于其在催化剂颗粒外表面上的浓度 c_{AS}。对于反应产物B，其浓度高低顺序则相反，即催化剂颗粒外表面上的浓度 c_{BS} 大于最终达到气相主体时的浓度 c_{BG}。

气-固相催化反应系统中存在不同的浓度和温度，但从催化反应过程的本征来说，反应速率与浓度、温度的关系是不变的，仍可用幂函数的形式表示（$-R_A=kc_A^n$）。因此，多相催化反应过程的第一步是反应物向催化剂颗粒外表面传递，这一步骤的速率可用下式来表示：

$$N_A=k_G a_m(c_{AG}-c_{AS}) \tag{6-1}$$

式中，a_m 为单位质量催化剂颗粒的有效外表面积；k_G 为传质系数；浓度差 $(c_{AG}-c_{AS})$ 为传质过程推动力。对于定态过程，这一传质速率应等于反应物A的转化速率 $(-R_A)$，即 $N_A=-R_A$。

由于化学反应进行时总是伴随着一定的热效应——放热或吸热，因而在反应物向催化剂颗粒外表面传递的同时，必然产生流体与颗粒外表面间的热量传递，进行放热反应时，热量从催化剂外表面向流体主体传递，吸热反应则相反，此传热速率可用下式表示：

$$q=h_S a_m(T_S-T_G) \tag{6-2}$$

式中，h_S 为流体与颗粒外表面间的传热系数；T_S 及 T_G 则分别表示颗粒外表面和流体主体的温度，此温度差为传热推动力。过程达到定态时传热量应等于反应放出（或吸收）的热量，即

$$q=(-R_A)(-\Delta H_r) \tag{6-3}$$

式(6-1)～式(6-3)为相间传递的基本方程。

6.1.1 传递系数

传递系数反映了传递过程阻力的大小，实质上也就是围绕催化剂颗粒外表面上层流边界层的厚薄。温度差和浓度差产生于层流边界层的两侧。传递阻力的大小对于传递速率的影响至关重要，阻力越大则传递系数越小。

流体与固体颗粒间的传质系数（k_G）与颗粒的几何形状及尺寸、流体力学条件以及流体的物理性质有关。影响流体与颗粒间传热系数（h_S）的因素同样是这些。传质因子（j_D）和传热因子（j_H）的定义为：

$$j_D=\frac{k_G\rho}{G}Sc^{2/3} \tag{6-4}$$

$$j_H=\frac{h_S}{GC_p}Pr^{2/3} \tag{6-5}$$

式中，G 为质量流速；Sc 和 Pr 分别为施密特数和普朗特数。

$$Sc=\mu/\rho D,Pr=C_p\mu/\lambda_f$$

式中，μ 为动力黏滞系数；ρ 为密度；D 为管径；C_p 为定压比热容；λ_f 为热传导系数。无论 j_D 还是 j_H，均是雷诺数的函数，其函数形式与床层结构有关。对于固定床：

$$\varepsilon j_D=0.357/Re^{0.359} \tag{6-6}$$

式中，ε 为床层孔隙率。

上式应用范围为 $3 \leqslant Re \leqslant 1000$，$0.6 \leqslant Sc \leqslant 5.4$。

$$\varepsilon j_{\mathrm{H}} = 0.395 / Re^{0.36} \tag{6-7}$$

式(6-7)的应用范围为 $0.6 \leqslant Pr \leqslant 3000$，$30 \leqslant Re \leqslant 10^5$。上两式中的雷诺数均系按颗粒的直径来定义，即

$$Re = d_{\mathrm{p}} G / \mu$$

根据传热与传质的类比原理有

$$j_{\mathrm{D}} = j_{\mathrm{H}} \tag{6-8}$$

但是也有些文献报道固定床的 j_{D} 和 j_{H} 相差颇大。结合式(6-4)和 j_{D} 与 Re 的关联式(6-6)可知，传质系数 k_{G} 将随质量流速 G 的增长而变大，从而也就加快了外扩散传质速率；反之，质量速度下降，外扩散传质阻力变大，甚至会成为过程的控制步骤。

6.1.2　流体与颗粒外表面间的浓度差和温度差

为了确定定态下流体与颗粒外表面间的浓度差和温度差，将式(6-1)、式(6-2)合并可得：

$$k_{\mathrm{G}} a_{\mathrm{m}} (c_{\mathrm{AG}} - c_{\mathrm{AS}})(-\Delta H_{\mathrm{r}}) = h_{\mathrm{S}} a_{\mathrm{m}} (T_{\mathrm{S}} - T_{\mathrm{G}})$$

并以式(6-4)、式(6-5)代入，整理后则有：

$$T_{\mathrm{S}} - T_{\mathrm{G}} = (c_{\mathrm{AG}} - c_{\mathrm{AS}}) \frac{-\Delta H_{\mathrm{r}}}{\rho C_{\mathrm{p}}} \left(\frac{Pr}{Sc}\right)^{2/3} \left(\frac{j_{\mathrm{D}}}{j_{\mathrm{H}}}\right) \tag{6-9}$$

就多数气体而言，$Pr/Sc \approx 1$，对于固定床，j_{D} 与 j_{H} 近似相等，于是式(6-9)可简化为：

$$T_{\mathrm{S}} - T_{\mathrm{G}} = \frac{-\Delta H_{\mathrm{r}}}{\rho C_{\mathrm{p}}} (c_{\mathrm{AG}} - c_{\mathrm{AS}}) \tag{6-10}$$

由式(6-10)可知：催化剂外表面与流体主体的温度差 $\Delta T = T_{\mathrm{S}} - T_{\mathrm{G}}$ 和浓度差 $\Delta c = c_{\mathrm{AG}} - c_{\mathrm{AS}}$ 成线性关系。对于热效应 ΔH_{r} 不很大的反应，只有 Δc 比较大时，ΔT 才较显著。而热效应大的反应，即使 Δc 不很大，ΔT 依然可能相当大，无论放热反应还是吸热反应均如此。

放热反应更值得注意，反应放出的热量会影响固体表面的温度，此种情况下 T_{S} 大于 T_{G}，且 ΔT 太大会造成催化剂局部温度的升高而损坏。绝热条件下反应，流体相的浓度从 c_{AG} 降至 c_{AS} 时，由热量衡算知流体的温度变化为：

相间浓度差和温度差的变化

$$(\Delta T)_{\mathrm{ad.}} = \frac{-\Delta H_{\mathrm{r}}}{\rho C_{\mathrm{p}}} (c_{\mathrm{AG}} - c_{\mathrm{AS}}) \tag{6-11}$$

对比式(6-10)与式(6-11)知 $\Delta T = (\Delta T)_{\mathrm{ad.}}$，前提是流体主体和催化剂外表面间的浓度差，与绝热条件下反应时流体相的浓度变化相等。

【例 6-1】 为除去 H_2 气中少量 O_2 杂质，用装有 Pt/Al_2O_3 催化剂的脱氧器进行以下反应 $2H_2 + O_2 \longrightarrow 2H_2O$，反应速率（$O_2$）可按下式计算：

$$r_{\mathrm{A}} = 3.09 \times 10^{-5} \exp(-2.19 \times 10^4 / RT) p_{\mathrm{A}}^{0.804} \ \mathrm{mol/(g \cdot s)}$$

式中，p_{A} 为 O_2 分压，Pa。脱氧器催化剂床层空隙率 $\varepsilon = 0.35$，气体质量速率 $G =$

1250kg/(m^2·h)，催化剂的颗粒直径 $d_p=1.86$cm，外表面积 $a_m=0.5434m^2/g$。在本题条件下 O_2 的扩散系数为 0.414m^2/h，混合气体黏度 1.03×10^{-5}Pa·s，密度 0.117kg/m^3，反应热 2.424×10^5J/mol，相间传热系数 2.424×10^6J/(m·h·K)。

现测得脱氧器内某处气相压力为 0.1135MPa，温度 373K，各气体体积分数为 H_2 96.0%、O_2 4.0%，试判断在该处条件下，相间的传质、传热阻力可否忽略不计（不考虑内扩散阻力）？

6.1.3 等温外扩散有效因子

为了说明外扩散对多相催化反应的影响，引用外扩散有效因子 η_x，其定义为：

$$\eta_x=\frac{\text{外扩散有影响时颗粒外表面处的反应速率}}{\text{外扩散无影响时颗粒外表面处的反应速率}} \tag{6-12}$$

显然，颗粒外表面上的反应物浓度 c_{AS} 总是低于气相主体的浓度 c_{AG}，因此，只要反应级数为正，则 $\eta_x\leqslant1$；反应级数为负时，则恰恰相反，$\eta_x\geqslant1$。

下面只讨论颗粒外表面与气相主体间不存在温度差且粒内也不存在内扩散阻力时，外扩散的情况。以一级不可逆反应为例，无外扩散影响时反应速率为 $k_W c_{AG}$，有内扩散影响时则为 $k_W c_{AS}$，故由式(6-12)得外扩散有效因子为：

$$\eta_x=\frac{k_W c_{AS}}{k_W c_{AG}}=\frac{c_{AS}}{c_{AG}} \tag{6-13}$$

对于定态过程

$$k_G a_m(c_{AG}-c_{AS})=k_W c_{AS} \tag{6-14}$$

解上式得

$$c_{AS}=c_{AG}/(1+Da) \tag{6-15}$$

$$Da=k_W/k_G a_m \tag{6-16}$$

代入式(6-13) 则得一级不可逆反应的外扩散有效因子：

$$\eta_x=1/(1+Da) \tag{6-17}$$

式中，Da 称丹克莱尔数，是化学反应速率与外扩散速率之比，当 k_W 一定时，此值越小，$k_G a_m$ 越大，即外扩散影响越小。

若为 α 级不可逆反应，其丹克莱尔数的定义是：

$$Da=k_W c_{AG}^{\alpha-1}/(k_G a_m) \tag{6-18}$$

仿照推导式(6-17)的方法，可导出不同级数时的 α 值为：

$$\alpha=2 \qquad \eta_x=\frac{1}{4Da^2}(\sqrt{1+4Da}-1)^2 \tag{6-19}$$

$$\alpha=\frac{1}{2} \qquad \eta_x=\frac{2+Da^2}{2}\left[1-\sqrt{1-\frac{4}{(2+Da^2)^2}}\right]^{\frac{1}{2}} \tag{6-20}$$

$$\alpha=-1 \qquad \eta_x=2/(1+\sqrt{1-4Da}) \tag{6-21}$$

根据上述 η_x 及 Da 各公式，可作出图 6-2，由图可知：除反应级数为负外，外扩散有效因子总是随丹克莱尔数的增加而降低；且 α 越大 η_x 随 Da 增加而下降得越明显；无论 α 为何值，Da 趋于零时，η_x 总是趋于 1。因此，反应级数越高，采取措施降低外扩散阻力，以提高外扩散有效因子，就显得尤为必要。

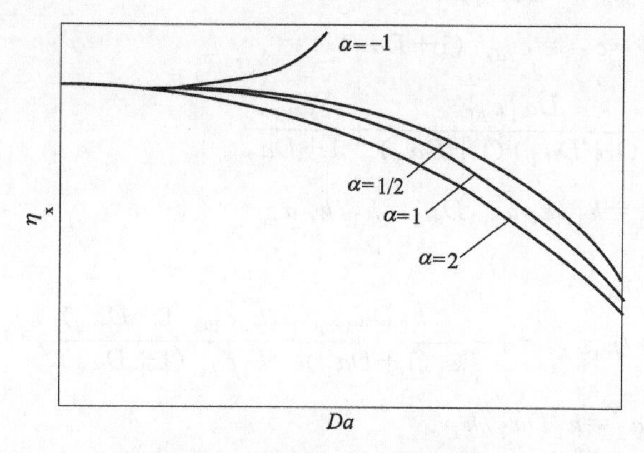

图 6-2　等温外扩散有效因子与丹克莱尔数之间的关系

非等温条件下外扩散有效因子的表达及其特征

当气相主体和催化剂外表面温差不可忽略时，外扩散有效因子如何表达？非等温条件下外扩散有效因子的特性是什么？见上方二维码中的内容。

6.1.4 等温外扩散对典型复合反应选择性的影响

$$平行反应：A \xrightarrow{k_1} B(目的反应)$$

$$A \xrightarrow{k_2} D(副反应)$$

生成目的产物 B 的反应为 α 级，生成 D 的反应为 β 级，则有

$$r_B = k_1 c_{AS}^{\alpha}$$

$$r_D = k_2 c_{AS}^{\beta}$$

由反应瞬时选择性的定义可写出：

$$S = r_B/(r_B + r_D) = 1\bigg/\left(1 + \frac{k_2}{k_1} c_{AS}^{\beta-\alpha}\right) \tag{6-22}$$

如外扩散阻力甚小以致对过程无明显影响，则 $c_{AS} = c_{AG}$，此时的瞬时选择性为：

$$S' = 1\bigg/\left(1 + \frac{k_2}{k_1} c_{AG}^{\beta-\alpha}\right) \tag{6-23}$$

外扩散对于平行反应选择性的影响，取决于 $\beta-\alpha$ 是正还是负，若 $\alpha>\beta$，则 $S<S'$，即外扩散影响的存在，使生成目的产物 B 的选择性降低，这是因为外扩散阻力的存在，使得 $c_{AS}<c_{AG}$，当生成目的产物 B 的反应级数 α 大于副反应的反应级数 β 时，外扩散阻力对主反应的影响程度大于对副反应的影响，故生成 B 的选择性下降；反之，若 $\alpha<\beta$，则 $S>S'$。

对一级不可逆连串反应：

$$A \xrightarrow{k_1} B \xrightarrow{k_2} D$$

B 为目的产物，假设 A、B 和 D 的传质系数均相等，当过程为定态时可写出：

$$k_G a_m (c_{AG} - c_{AS}) = k_1 c_{AS} \tag{6-24}$$

$$k_G a_m(c_{BS}-c_{BG})=k_1 c_{AS}-k_2 c_{BS} \tag{6-25}$$

$$k_G a_m(c_{DS}-c_{DG})=k_2 c_{BS} \tag{6-26}$$

由以上各式可得：

$$c_{AS}=c_{AG}/(1+Da_1) \tag{6-27}$$

$$c_{BS}=\frac{Da_1 c_{AG}}{(1+Da_1)(1+Da_2)}+\frac{c_{BG}}{1+Da_2} \tag{6-28}$$

式中 $Da_1=k_1/k_G a_m, Da_2=k_2/k_G a_m$

反应的瞬时选择性：

$$S=(k_1 c_{AS}-k_2 c_{BS})/k_1 c_{AS}=1-\frac{k_2 Da_1}{k_1(1+Da_2)}-\frac{k_2 c_{BG}(1+Da_1)}{k_1 c_{AG}(1+Da_2)} \tag{6-29}$$

由 Da_1 与 Da_2 的表达式可知：$Da_2=k_2 Da_1/k_1$

将此式代入式(6-29) 可得：

$$S=\frac{1}{1+Da_2}-\frac{k_2 c_{BG}(1+Da_1)}{k_1 c_{AG}(1+Da_2)} \tag{6-30}$$

当 $Da_1=Da_2=0$，即外扩散对过程没有影响时，上式变为：

$$S'=1-k_2 c_{BG}/k_1 c_{AG} \tag{6-31}$$

虽然主反应与副反应的反应级数相同，但外扩散阻力的存在，使连串反应的选择性降低。因此，对于连串反应，需设法降低外扩散阻力，以提高反应的选择性。若颗粒外表面与气相主体间由于热传导阻力而存在温度差，如前所述，对于放热反应一般是 $T_S>T_G$，这时，对复合反应选择性的影响取决于各反应的活化能。

【例 6-2】 $A\xrightarrow{k_1}B\xrightarrow{k_2}D$ 为一级不可逆放热连串反应，已知 $T_G=450K$，$c_{BG}/c_{AG}=0.5$，$T_S-T_G=10K$，$(k_G a_m)_A=(k_G a_m)_B=40cm^3/(g \cdot s)$，$k_1=6.0\times10^8\exp(-E_1/RT)[cm^3/(g \cdot s)]$，$k_2=1.2\times10^6\exp(-E_2/RT)[cm^3/(g \cdot s)]$，$E_1=80.0kJ/mol$，$E_2=60.0kJ/mol$。试求反应选择性。

解：$A\xrightarrow{k_1}B\xrightarrow{k_2}D$ 为一级不可逆放热连串反应，分下列三种情况讨论：

(1) 只考虑浓度差不考虑温度差，可认为 $T_S=T_G=450K$，可算得 $k_1=0.310cm^3/(g \cdot s)$，$k_2=0.130cm^3/(g \cdot s)$。

$$Da_1=0.310/40=7.75\times10^{-3}, Da_2=0.130/40=3.25\times10^{-3}$$

代入式(6-30) 得考虑外扩散影响时的选择性为：

$$S=\frac{1}{1+3.25\times10^{-3}}-\frac{0.130\times(1+7.75\times10^{-3})\times0.5}{0.310\times(1+3.25\times10^{-3})}=0.786$$

若不考虑外扩散的影响，则由式(6-31) 得选择性为：

$$S'=1-0.130\times0.5/0.310=0.790$$

(2) 同时考虑气相与颗粒外表面的浓度差和温度差，则有 $T_S=460K$，$k_1=0.494mol/(g \cdot s)$，$k_2=0.184mol/(g \cdot s)$，$Da_1=0.01235$，$Da_2=0.0046$，代入式(6-30) 得选择性为：

$$S=\frac{1}{1+0.0046}-\frac{0.184\times1.01235\times0.5}{0.494\times1.0046}=0.808$$

(3) 若只考虑颗粒表面温度差，而不考虑浓度差则由式(6-31) 可得选择性为：

$$S''=1-0.184\times0.5/0.494=0.814$$

比较以上结果可知：当 $T_S=T_G$ 时，外扩散阻力的影响，总是使连串反应的选择性降低；对于放热反应，由于传热阻力使 $T_S>T_G$，对于主反应活化能比副反应活化能高的情况，其选择性 S 虽比 S''小，却比 S'大。

【例 6-3】 在固体催化剂上进行平行反应

$$A \xrightarrow{k_1} B(目的反应)$$

$$A \xrightarrow{k_2} C(副反应)$$

主、副反应均为一级反应，主反应活化能 $E_1=83.6$kJ/mol，副反应活化能 $E_2=125.4$kJ/mol，主、副反应的反应热（$-\Delta H$）均为 158.84kJ/mol。现有组分 A 摩尔分数分别为（1）10%、（2）40%的两种进料，当气体主体温度为 350℃，反应气体流量为 800kg/(m²·h)时，常压下进料（1）的实测反应速率为 0.015kmol/(kg cat·h)，生成目的产物 B 的选择性为 98%。在同样反应条件下，改用进料（2）时，试估计产物 B 的选择性。

反应气体的物性数据均为：$\rho_g=0.6\text{kg/m}^3$，$\mu=0.1\text{kg/(m}^2\cdot\text{h)}$，$\lambda_g=0.146\text{kJ/(m}\cdot\text{h}\cdot\text{K)}$，$C_p=1.672\text{kJ/(kg}\cdot\text{K)}$，组分 A 的扩散系数 $D=0.12\text{m}^2/\text{h}$，催化剂为 $d_p=3$mm 的圆球，密度 $\rho_g=1280\text{kg/m}^3$。反应传热系统关联式为 $j_H=\dfrac{h}{FC_p}Pr^{\frac{2}{3}}=\dfrac{1.10}{Re^{0.41}-0.15}$。

解：在题述反应条件下

$$Re=\frac{d_pF}{\mu}=\frac{3\times10^{-3}\times800}{0.1}=24$$

$$Pr=\frac{C_p\mu}{\lambda_g}=\frac{1.672\times0.1}{0.146}=1.14$$

$$Sc=\frac{\mu}{\rho_gD}=\frac{0.1}{0.6\times0.12}=1.39$$

$$j_D=\frac{0.725}{Re^{0.41}-0.15}=0.205$$

所以气相主体和催化剂外表面间的传质系数为

$$k_G=\frac{j_DF}{\rho_gSc^{\frac{2}{3}}}=\frac{0.205\times800}{0.6\times1.39^{\frac{2}{3}}}=219.4(\text{m/h})$$

$$j_H=\frac{1.1}{Re^{0.41}-0.15}=0.311$$

所以气相主体和催化剂外表面间的传热系数为

$$h=\frac{j_HFC_p}{Pr^{\frac{2}{3}}}=\frac{0.311\times800\times1.672}{1.14^{\frac{2}{3}}}=381.2[\text{kJ/(m}^2\cdot\text{h}\cdot\text{K)}]$$

催化剂比表面积 $a=\dfrac{6}{d_p\rho_g}=\dfrac{6}{3\times10^{-3}\rho_g}=\left(\dfrac{2000\text{m}^2}{\text{m}^3}\right)/(1280\text{kg/m}^3)=1.56(\text{m}^2/\text{kg})$

进料（1）组分A的浓度

$$c_{AG}=\frac{p_A}{RT}=\frac{0.1}{0.082\times623}=1.96\times10^{-3}(\text{kmol/m}^3)$$

气相主体和催化剂外表面间组分A的浓度差

$$\Delta c_{AG}=\frac{-r_A}{k_G a}=\frac{0.015}{219.4\times1.56}=4.38\times10^{-5}(\text{kmol/m}^3)$$

气膜传质阻力使催化剂外表面组分A浓度下降约2.2%。

用进料（1）时气相主体和催化剂外表面间温度差

$$\Delta T=\frac{(-r_A)(-\Delta H)}{ha}=\frac{0.015\times10^3\times158.84}{381.2\times1.56}=4(\text{K})$$

设用进料（2）时反应速率为$-r_{A2}$，催化剂外表面组分A浓度为c_{AS2}，温度为T_{S2}，假设组分A主要由目的反应消耗，则有

$$-r_{A2}=\frac{0.015\times c_{AS2}\times\exp\left(-\frac{10000}{T_{S2}}\right)}{1.96\times10^{-3}\times\exp\left(-\frac{10000}{627.2}\right)}$$

$$c_{AS2}=7.84\times10^{-3}-\frac{-r_{A2}}{219.4\times1.56}$$

$$T_{S2}=623.2+\frac{-r_{A2}}{381.2\times1.56}$$

经迭代求解得到

$$-r_{A2}=0.29[\text{kmol/(kg cat}\cdot\text{h)}]$$

$$c_{AS2}=6.99\times10^{-3}(\text{kmol/m}^3)$$

$$T_{S2}=700.7(\text{K})$$

因为主、副反应均为一级反应，所以影响选择性的因素仅为催化剂表面的温度。

对进料（1）有

$$\left(\frac{dc_B}{dc_C}\right)_1=\frac{k_{10}e^{-\frac{10000}{627.2}}}{k_{20}e^{-\frac{15000}{627.2}}}=\frac{0.98}{0.02}=49$$

所以 $$\frac{k_{10}}{k_{20}}=0.0169$$

对进料（2）有

$$\left(\frac{dc_B}{dc_C}\right)_2=\frac{k_{10}e^{-\frac{10000}{700.7}}}{k_{20}e^{-\frac{15000}{700.7}}}=0.0169\times\frac{6.34\times10^{-7}}{5.05\times10^{-10}}=21.2$$

所以组分B的选择性为$\frac{21.2}{21.2+1}=95.5\%$。可见，对进料（1）和进料（2），假设组分

A 主要由目的反应消耗是可以接受的。

6.2　气体在多孔介质中的扩散

多相催化反应过程中，化学反应主要是在催化剂颗粒的内表面上进行，因此，由气相主体传递至颗粒外表面的反应物分子，要通过孔道继续向催化剂颗粒内部扩散。下面先讨论在单一孔道的扩散类型。

6.2.1　扩散的类型

若孔内外不存在压力差，因而也就不存在由于压力差造成的层流流动时，流体中的某一组分靠扩散才可能进入孔内。不同压力下，气体分子的平均自由程 λ 可由下式估算：

$$\lambda=1.013/p \tag{6-32}$$

式中，p 的单位为 Pa。因孔半径 r_a 和分子运动平均自由程 λ 的相对大小不同，孔扩散分为以下两种形式。

(1) 当 $\lambda/(2r_a)\leqslant 10^{-2}$ 时，孔内扩散属正常扩散

这时的孔内扩散与通常的气体扩散完全相同。扩散速率主要受分子间相互碰撞的影响，与孔半径尺寸无关。二组分气体 A、B 间的正常扩散系数 D_{AB} 可以从相关手册或书籍上查找，缺乏数据时，可进行试验测定或根据下列经验公式估算：

$$D_{AB}=\frac{0.001T^{1.75}\sqrt{\dfrac{1}{M_A}+\dfrac{1}{M_B}}}{p\left[(\Sigma V)_A^{1/3}+(\Sigma V)_B^{1/3}\right]^2} \tag{6-33}$$

式中，p 为总压，atm；T 为热力学温度，K；M_A 和 M_B 分别为组分 A 和 B 的摩尔质量，g/mol；$(\Sigma V)_A$ 和 $(\Sigma V)_B$ 分别为组分 A 及 B 的扩散体积，cm^3。由上式可知，二组分的分子扩散系数与压力成反比，与温度的 1.75 次方成正比，扩散系数的单位为 cm^2/s。某些常见组分的原子与分子扩散体积的数值可参考表 6-1。

表 6-1　简单分子和原子的扩散体积

原子扩散体积/cm^3		简单分子的扩散体积/cm^3					
C	16.5	H_2	7.07	Ar	16.1	H_2O	12.7
H	1.98	D_2	6.70	Kr	22.8	CCl_2F_2	114.8
O	5.48	He	2.88	Xe	37.9	Cl_2	37.7
N	5.69	N_2	17.9	CO	18.9	SF_4	69.7
Cl	19.5	O_2	16.6	CO_2	26.9	Br_2	67.2
S	17.0	空气	20.1	N_2O	35.9	SO_2	41.1
芳烃及多环化合物	20.2	Ne	5.59	NH_3	19.9		

在化学反应过程中，经常遇到的是多组分扩散，在多组分流动物系中组分的扩散系数与物系组成有关，且各组分的扩散系数与扩散通量有一定的关系，此时组分 A 的扩散系数 D_{1m} 可由下式计算：

$$\frac{1}{D_{1m}}=\sum_{j=2}^{n}\frac{y_j-y_1N_j/N_1}{D_{1j}} \tag{6-34}$$

上式称为Stefan-Maxwell方程。如果系统中无化学反应发生，系统中各组分扩散通量之比与其分子量之比存在如下关系：

$$N_A/N_B=\sqrt{M_B/M_A} \tag{6-35}$$

对于存在化学反应的系统，各组分的扩散通量与其化学计量系数成正比。存在化学反应的多组分系统中惰性组分I的扩散通量 $N_I=0$。如果混合物系只有 A_1 组分扩散，其他组分均为不流动组分，则组分 A_1 向其余 $n-1$ 个组分构成的混合物扩散，其扩散系数 D_{1m} 可用下式计算：

$$\frac{1}{D_{1m}}=\frac{1}{1-y_1}\sum_{j=2}^{n}\frac{y_j}{D_{1j}} \tag{6-36}$$

式中，y_j 为组分 A_j 的摩尔分数；D_{1j} 为组分 A_1 与组分 A_j 所组成的二组分系统的扩散系数。

(2) 当 $\lambda/(2r_a)\geqslant10$ 时，孔内扩散为努森扩散

这时主要是气体分子与孔壁的碰撞，而分子之间的相互碰撞则影响甚微，故分子在孔内的努森扩散系数 D_K 只与孔半径 r_a 有关，与系统中共存的其他气体无关。D_K 可按下式估算：

$$D_K=9.7\times10^3 r_a\sqrt{T/M} \tag{6-37}$$

式中，孔半径 r_a 的单位为cm；D_K 的单位为 cm^2/s；T 为温度，单位为K；M 为分子量。对于圆筒形微孔，容积/表面积的比值是 $r_a/2$，故可由颗粒密度 ρ_p (g/cm^3)、比表面积 S_g (m^2/g) 及孔隙率 ε_p 来表示：$r_a=\frac{2V_g}{S_g}=\frac{2\varepsilon_p}{S_g\rho_p}$，代入式(6-37) 得：

$$D_K=19400\frac{\varepsilon_p}{S_g\rho_p}\sqrt{T/M}$$

当气体分子的平均自由程与颗粒孔半径的关系介于上述两种情况之间时，则两种扩散均起作用，这时应使用复合扩散系数 D，对二组分扩散有：

$$D_A=\frac{1}{1/(D_K)_A+(1-by_A)/D_{AB}} \tag{6-38}$$

$$b=1+N_B/N_A \tag{6-39}$$

式中，N_A、N_B 分别为气体A和B的扩散通量；y_A 为气体A的摩尔分数；D_A 为A气体的复合扩散系数；$(D_K)_A$ 为气体A的努森扩散系数。上式中含有 b 与 y_A，而 b 又与 N_A、N_B 有关，使用起来不方便。若为等物质的量二组分逆向扩散，则 $N_A=-N_B$，式(6-38) 可简化为：

$$D_A=\frac{1}{1/(D_K)_A+1/D_{AB}} \tag{6-40}$$

图6-3表示了不同孔径下的不同扩散区及其扩散系数的数量级情况。分子筛的微孔结构

和尺寸非常规整。一般孔径为 5～10Å（1Å＝0.1nm），与分子本身的尺寸为同一数量级，因此只有结构尺寸比孔径小的分子得以扩散通过而较大的不能通过，这种扩散称为构型扩散。扩散在催化反应中发挥着重要的作用，构型选择是分子筛催化剂引起关注的重要原因。甲醇制烯烃（MTO）是一种重要的非油性物质乙烯和丙烯生产的替代路线，以小孔径 SAPO 分子筛为活性催化剂，成为构型扩散对产物选择性影响的典型案例。

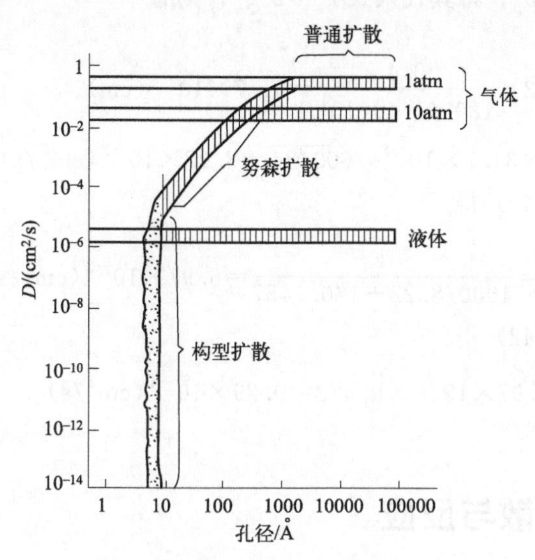

图 6-3　不同孔径下的扩散区及扩散类型（1Å＝0.1nm）

构型扩散
对催化反应
选择性的影响

6.2.2　多孔颗粒中的扩散

上面讨论的是单一孔道中的扩散，在多孔催化剂或多孔固体颗粒中，组分 i 的摩尔扩散通量为：

$$N_i=-\frac{P}{RT}D_{\mathrm{e}i}\ \frac{\mathrm{d}y_i}{\mathrm{d}Z}=-D_{\mathrm{e}i}\ \frac{\mathrm{d}c_i}{\mathrm{d}Z} \tag{6-41}$$

式中，$D_{\mathrm{e}i}$ 为组分 i 在催化剂中的有效扩散系数；Z 为气体组分 i 的扩散距离。当催化剂粒内孔道是任意取向，而颗粒的孔隙率为 ε_{p} 时，对颗粒的单位外表面而言，微孔开口所占的分数也是 ε_{p}。孔道间会有相互交叉，各孔道的形状和每根孔道的不同部位的截面积也会有差异，由于这些因素，使得在颗粒中的扩散距离与在圆柱形孔道中的扩散距离有所不同，通常是引入一校正参数 τ_{m}，称为曲折因子。校正后的扩散距离为 $\tau_{\mathrm{m}}Z$，由上可得催化剂颗粒的有效扩散系数为：

$$D_{\mathrm{e}i}=\varepsilon_{\mathrm{p}}D_i/\tau_{\mathrm{m}} \tag{6-42}$$

τ_{m} 的数值因催化剂颗粒的孔结构而变化，一般需由实验测定，其数值范围多在 3～5 之间。气体在催化剂颗粒中的扩散，除努森扩散之外，还可能有表面扩散，即被吸附在孔壁上的气体分子沿着孔壁的移动，其移动方向也是顺着其表面吸附层的浓度梯度的方向，而这个浓度梯度是与孔内气相中该组分的浓度梯度相一致的。

【例 6-4】 噻吩（C_4H_4S）在氢气中于 600K、3.04MPa 时，在催化剂颗粒中进行扩散。

用BET法测得催化剂的比表面积为$180m^2/g$，孔隙率为0.4，颗粒密度为$1.4g/cm^3$，而且测知其孔径分布相当集中，试计算噻吩在上述条件下于该催化剂中的有效扩散系数。已知$\tau_m=3.0$，噻吩与氢二组分分子扩散系数等于$0.0457cm^2/s$。

解：令A代表噻吩，B代表氢

(1) 求$(D_K)_A$。已知$V_g=\varepsilon_p/\rho_p$，将其代入式$r_a=2\dfrac{V_g}{S_g}$，则有

$$r_a=2\varepsilon_p/S_g\rho_p=2\times\frac{0.4}{180\times1.4\times10^4}=31.7\times10^{-8}(\mathrm{cm})$$

由式(6-37)得：$(D_K)_A=9.7\times10^3\times31.7\times10^{-8}\sqrt{600/84}=8.22\times10^{-3}(\mathrm{cm^2/s})$

(2) 求复合扩散系数。由式(6-40) 得：

$$D_A=\frac{1}{1/(D_K)_A+1/D_{AB}}=\frac{1}{1000/8.22+1/0.0457}=6.97\times10^{-3}(\mathrm{cm^2/s})$$

(3) 求有效扩散系数。由式(6-42) 得：

$$D_{eA}=D_A\varepsilon_p/\tau_m=6.97\times10^{-3}\times0.4/3=9.29\times10^{-4}(\mathrm{cm^2/s})$$

6.3 多孔催化剂中的扩散与反应

在多相催化反应中，与外扩散不同的是，内扩散与反应并行进行。反应物分子从气相主体穿过颗粒外表面的层流边界层，到达催化剂外表面后，一部分反应物在催化剂的作用下开始反应。由于固体催化剂的多孔性，使得颗粒内部孔道壁面所构成的内表面要比颗粒外表面大得多。因此，随着扩散的进行、克服扩散阻力以及反应消耗，反应物的浓度逐渐下降，反应速率也相应地降低，到颗粒中心时反应物浓度最低（或等于零），反应速率也最小。颗粒的内扩散与催化剂的形貌有很大的关系，下面就针对薄片催化剂和球形催化剂内的反应组分的浓度分布进行重点分析。

6.3.1 薄片催化剂内反应组分的浓度分布

取厚度为$2L$的薄片催化剂，在其上进行一级不可逆反应。假定层流边界层的厚度处处相等，颗粒外表面上温度均一，浓度也均一。假定该催化剂颗粒是等温的，且其孔隙结构均匀，各向同性。假定该薄片催化剂的厚度远较其长度和宽度为小，则反应物A从颗粒外表面向颗粒内部的扩散可按一维扩散问题处理，即只考虑与长方体两个大的侧面相垂直的方向（图6-4所示的Z方向）上的扩散，而忽略其他四个侧面方向上的扩散。为了确定颗粒内反应物A的浓度分布，需先建立描述此过程的反应-扩散微分方程。为此，可在颗粒内取一厚度为dZ的微元，对此微元作反应物A的物料衡算即可。对于定态过程，由质量守恒定律得：

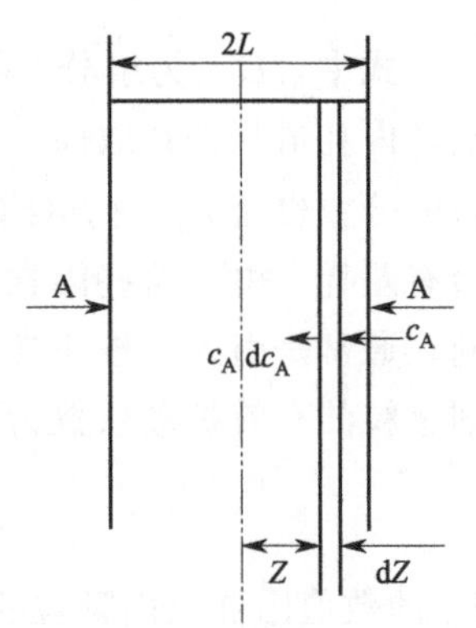

图6-4 薄片催化剂内的定态变化过程

单位时间内扩散进入微元的组分A量－单位时间内由微元扩散出的组分A量

=在微元内反应掉的组分 A 量

设有效扩散系数 D_e 为常数，扩散面积为 a，则上式可写成：

$$D_e a\left(\frac{\mathrm{d}c_A}{\mathrm{d}Z}\right)_{Z+\mathrm{d}Z}-D_e a\left(\frac{\mathrm{d}c_A}{\mathrm{d}Z}\right)_Z=k_p c_A a\,\mathrm{d}Z \tag{6-43}$$

式中，k_p 系以催化剂颗粒体积为基准的反应速率常数。

$$\left(\frac{\mathrm{d}c_A}{\mathrm{d}Z}\right)_{Z+\mathrm{d}Z}=\left(\frac{\mathrm{d}c_A}{\mathrm{d}Z}\right)_Z+\frac{\mathrm{d}}{\mathrm{d}Z}\left(\frac{\mathrm{d}c_A}{\mathrm{d}Z}\right)\mathrm{d}Z$$

代入式(6-43)化简后可得：

$$\frac{\mathrm{d}^2 c_A}{\mathrm{d}Z^2}=\frac{k_p}{D_e}c_A \tag{6-44}$$

式(6-44)就是薄片催化剂上进行一级不可逆反应时的反应-扩散微分方程，其边界条件为：

$$Z=L,\quad c_A=c_{AS} \tag{6-45}$$

$$Z=0,\quad \mathrm{d}c_A/\mathrm{d}Z=0 \tag{6-46}$$

解式(6-44)～式(6-46)即得催化剂颗粒内反应物的浓度分布。引入下列无量纲量：

$$\xi=c_A/c_{AS},\quad \zeta=Z/L,\quad \phi^2=L^2\frac{k_p}{D_e}$$

将式(6-44)～式(6-46)无量纲化可得：

$$\frac{\mathrm{d}^2\xi}{\mathrm{d}\zeta^2}=\phi^2\xi \tag{6-47}$$

$$\zeta=1\qquad \xi=1 \tag{6-48}$$

$$\zeta=0\qquad \mathrm{d}\xi/\mathrm{d}\zeta=0 \tag{6-49}$$

式(6-47)为二阶常系数线性齐次微分方程，其通解为：

$$\xi=A\mathrm{e}^{\phi\zeta}+B\mathrm{e}^{-\phi\zeta} \tag{6-50}$$

结合边界条件式(6-48)和式(6-49)，求得积分常数 A 和 B：

$$A=B=1/(\mathrm{e}^{\phi}+\mathrm{e}^{-\phi}) \tag{6-51}$$

将式(6-51)代入式(6-50)得薄片催化剂内反应物的浓度分布方程：

$$\frac{c_A}{c_{AS}}=\frac{\cosh(\phi\zeta)}{\cosh(\phi)}=\frac{\cosh(\phi Z/L)}{\cosh(\phi)} \tag{6-52}$$

以 ϕ 为参数，根据式(6-52)以 ζ 对 ξ 作图，如图 6-5 所示。

由图可见：

① 无论 ϕ 为何值，无量纲浓度 ξ 总是随无量纲距离 ζ 的减小而降低，即从颗粒外表面到颗粒中心处反应物 A 的浓度逐渐降低。

② ϕ 值不同，其降低的程度也不同：ϕ 值越大，反应物的浓度变化越急剧，例如，当 $\phi=10$ 时，浓度下降得很快，在 $\xi=0.5$ 处反应物的浓度已接近为零；随着 ϕ 值的减小，浓度分布变得平坦，如 $\phi=0.5$ 时，催化剂颗粒内反应物的浓度几乎与外表面处相等。

③ 颗粒内部浓度分布是反应物的扩散与反应综合作用的结果，ϕ 是处理扩散与反应间

题的重要参数。

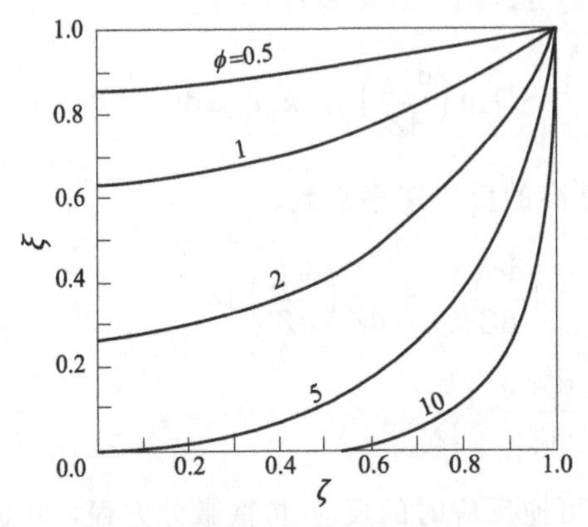

图 6-5　薄片催化剂内反应物的浓度分布

薄片催化剂内反应组分浓度分布的计算

6.3.2　球形催化剂内反应组分的浓度分布

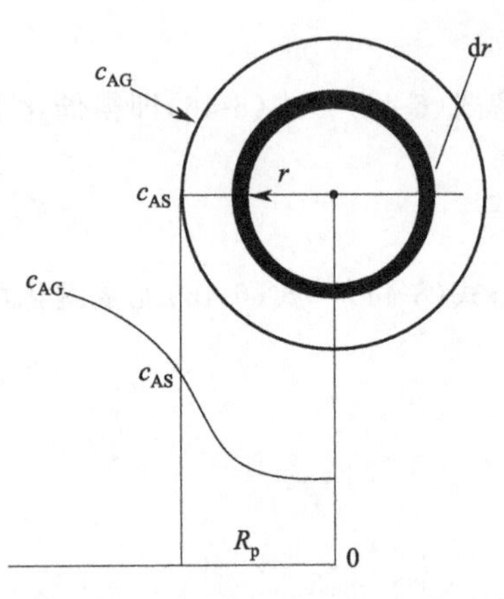

图 6-6　球形催化剂的浓度分布

对于半径为 R_p 的球形催化剂粒子，在球形颗粒内进行等温一级不可逆反应。定态条件下，扩散通道和扩散面积的乘积对微元体积的导数等于反应速率，取任一半径 r 处厚度为 dr 的壳层（见图 6-6），上述微元体内，扩散面积为 $4\pi r^2$，微元体积为 $4\pi r^2 dr$，对组分 A 作物料衡算。

由 $r+dr$ 面进入 dr 的物料量：$4\pi(r+dr)^2 D_e\left(\frac{dc_A}{dr}\right)_{r+dr}$；

由 r 面出去的物料量为：$4\pi r^2 D_e\left(\frac{dc_A}{dr}\right)_r$；反应掉的物料量：$4\pi r^2 k_p c_A dr$，对微元体积进行物料衡算：

$$\begin{cases} 4\pi(r+dr)^2 D_e\left(\dfrac{dc_A}{dr}\right)_{r+dr} - 4\pi r^2 D_e\left(\dfrac{dc_A}{dr}\right)_r = 4\pi r^2 k_p c_A dr \\ \left(\dfrac{dc_A}{dr}\right)_{r+dr} = \left(\dfrac{dc_A}{dr}\right)_r + \dfrac{d}{dr}\left(\dfrac{dc_A}{dr}\right)_r dr \end{cases} \tag{6-53}$$

则物料衡算方程可简化为：

$$\frac{d^2 c_A}{dr^2} + \frac{2}{r} \times \frac{dc_A}{dr} = \frac{k_p}{D_e} c_A \tag{6-54}$$

此方程为变系数常微分方程，对于式(6-54)，需作变量变换方能求解。令 $c_A r = u$，将其变为二阶常系数线性齐次微分方程，其通解为：

$$u = c_1 e^{\frac{3\varphi}{R_p} r} + c_2 e^{-\frac{3\varphi}{R_p} r} \tag{6-55}$$

边界条件为：$r = R_p$，$c_A = c_{AS}$；$r = 0$，$dc_A/dr = 0$

解式(6-55) 即得圆球形催化剂颗粒内反应物的浓度分布为：

$$\frac{c_A}{c_{AS}}=\frac{R_p\sinh(3\phi r/R_p)}{r\sinh(3\phi)} \tag{6-56}$$

圆球形催化剂颗粒内反应物浓度分布的计算

对于半径为 R_p 的无限长圆柱或两端面无孔的有限长圆柱，其扩散反应方程为：

$$\frac{d^2c_A}{dr^2}+\frac{1}{r}\times\frac{dc_A}{dr}=\frac{k_p}{D_e}c_A \tag{6-57}$$

式(6-57) 为零阶变型贝塞尔方程，其通解为：$c_A(r)=c_1I_0(kr)+c_2kI_0(kr)$，因其为零阶，因此 $c_2=0$，故 $c_A(r)=c_1I_0(kr)$

结合给定的边界条件，$r=R_p$，$c_A=c_{AS}$，$\phi=\frac{V_p}{a_p}\sqrt{\frac{k_p}{D_e}}$，$\frac{k_p}{D_e}=\frac{4\phi^2}{R_p^2}$

圆柱催化剂内的浓度变化为：

$$\frac{c_A}{c_{AS}}=\frac{I_0(2\phi r/R_p)}{I_0(2\phi)} \tag{6-58}$$

式中，I_0 为零阶一类变型贝塞尔函数。

6.3.3　内扩散有效因子与梯尔模数

颗粒内的浓度分布是反应物的扩散与反应综合作用的结果，而无量纲参数 ϕ 值的大小又反映了浓度分布的特征，从 ϕ 值可以判断内扩散对反应过程的影响程度。无量纲参数 ϕ 叫作梯尔模数，是处理扩散与反应问题的一个极其重要的特征参数。梯尔模数表示表面反应速率与内扩散速率的相对大小。ϕ 值越大，表明表面反应速率大而内扩散速率小，说明内扩散阻力对反应过程的影响大，反之则影响小。

$$\phi^2=L^2\frac{k_p}{D_e}=\frac{aLk_pc_{AS}^n}{D_eac_{AS}/L}=\frac{表面反应速率}{内扩散速率} \tag{6-59}$$

为了计算催化剂颗粒上的反应速率，引用内扩散有效因子 η，其定义如下：

$$\eta=\frac{内扩散对过程有影响时的反应速率}{内扩散对过程无影响时的反应速率} \tag{6-60}$$

内扩散有影响时催化剂颗粒内的浓度是不均匀的，需要求出此时的平均反应速率：

$$\langle r_A\rangle=\frac{1}{L}\int_0^L k_pc_A\mathrm{d}Z \tag{6-61}$$

将式(6-52) 代入上式可得：

$$\langle r_A\rangle=\frac{k_pc_{AS}}{L\cosh\phi}\int_0^L\cosh(\phi Z/L)\,\mathrm{d}Z=\frac{k_pc_{AS}\tanh(\phi)}{\phi} \tag{6-62}$$

式(6-62) 为内扩散有影响时的反应速率，而内扩散没有影响时，颗粒内部的浓度均与外表面上的浓度 c_{AS} 相等，因此一级不可逆反应速率为 k_pc_{AS}，把这两个反应速率代入式(6-60)，化简后可得薄片催化剂上进行一级不可逆反应时，内扩散有效因子：

$$\eta=\tanh(\phi)/\phi \tag{6-63}$$

由圆球状催化剂内浓度变化公式：

$$\frac{c_A}{c_{AS}}=\frac{R_p\sinh\left(\frac{3\phi}{R_p}r\right)}{r\sinh(3\phi)}$$

当有内扩散影响时，代入式(6-60) 反应速率为：

$$r=\int_0^R 4\pi r^2 k_p c_A \mathrm{d}r=\int_0^R 4\pi r^2 k_p \frac{c_{AS}R_p\sinh\left(\frac{3\phi}{R_p}r\right)}{r\sinh(3\phi)}\mathrm{d}r \tag{6-64}$$

$$r=\frac{4\pi k_p c_{AS}R_p}{\sinh(3\phi)}\int_0^R r\sinh\left(\frac{3\phi}{R_p}r\right)\mathrm{d}r=\frac{R_p}{3\phi}\int_0^R r\mathrm{d}\left[\cosh\left(\frac{3\phi}{R_p}r\right)\right]$$

$$r=\frac{R_p}{3\phi}\left[r\cosh\left(\frac{3\phi}{R_p}r\right)-\int\cosh\left(\frac{3\phi}{R_p}r\mathrm{d}r\right)\right]\Bigg|_0^{R_p}=\left\{\frac{R_p}{3\phi}\left[r\cosh\left(\frac{3\phi}{R_p}r\right)-\frac{R_p}{3\phi}\sinh\left(\frac{3\phi}{R_p}r\right)\right]\right\}\Bigg|_0^{R_p}$$

$$=\frac{{R_p}^2}{3\phi}\left[\cosh(3\phi)-\frac{1}{3\phi}\sinh(3\phi)\right] \tag{6-65}$$

将式(6-65) 代入式(6-64) 得：

$$r=4\pi k_p c_{AS}\frac{{R_p}^2}{3\phi}\left[\frac{\cosh(3\phi)}{\sinh(3\phi)}-\frac{1}{3\phi}\times\frac{\sinh(3\phi)}{\sinh(3\phi)}\right]=\frac{4}{3}\pi {R_p}^3 k_p c_{AS}\frac{1}{\phi}\left[\frac{1}{\tanh(3\phi)}-\frac{1}{3\phi}\right] \tag{6-66}$$

圆球状催化剂内扩散无影响时： $r=\frac{4}{3}\pi {R_p}^3 k_p c_{AS}$ (6-67)

依据内扩散的定义可知，圆球状催化剂内扩散因子为 $\eta=\frac{1}{\phi}\left[\frac{1}{\tanh(3\phi)}-\frac{1}{3\phi}\right]$ (6-68)

依据圆柱体中催化剂的浓度分布式(6-58) 和内扩散有效因子的定义式(6-60)，可得：

圆柱的内扩散有效因子为： $\eta=\frac{I_1(2\phi)}{\phi I_0(2\phi)}$ (6-69)

式中，I_0 为零阶一类变型贝塞尔函数；I_1 为一阶一类变型贝塞尔函数，其值可从贝塞尔函数表中查得。

ϕ 为适用于不同几何形状的催化剂颗粒的梯尔模数：

$$\phi=\frac{V_p}{a_p}\sqrt{\frac{k_p}{D_e}} \tag{6-70}$$

式中，V_p 和 a_p 分别为颗粒的体积与外表面积。

综上所述，内扩散有效因子计算式的推导可概括为如下几步：

① 建立催化剂颗粒内反应物浓度分布的微分方程，即扩散反应方程，确定相应的边界条件，解此微分方程而求得浓度分布。

② 根据浓度分布而求得颗粒内的平均反应速率。

③ 由内扩散有效因子的定义即可导出其计算式。

分别按式(6-63)、式(6-68) 及式(6-69)，以 η 对 ϕ 作图，如图 6-7 所示。ϕ 值较小或 ϕ

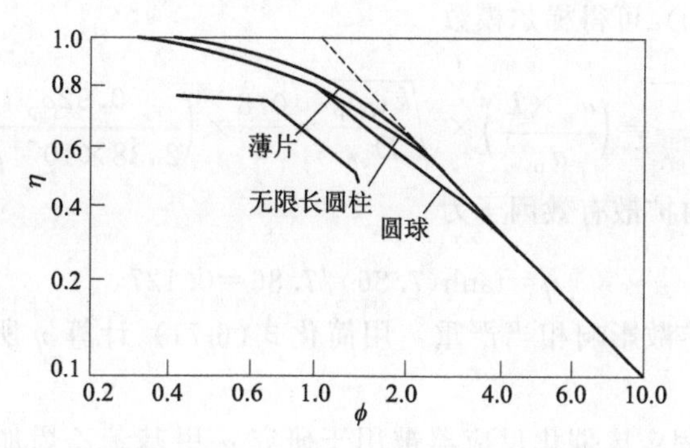

图 6-7 催化剂的内扩散有效因子与梯尔模数的关系

值较大时，三条曲线几乎重合为一；当 $0.4<\phi<3$ 时，三者才有较明显的差别。无论是何种形状的催化剂颗粒，当 $\phi<0.4$ 时，$\eta\approx1$，即内扩散的影响可忽略。而当 $\phi>3.0$ 时，即内扩散影响严重时，三条曲线与其渐近线（图中的虚线）相重合，此时：

$$\eta=1/\phi \tag{6-71}$$

在实际生产中，要提高多相催化反应的反应速率，以强化反应器的生产强度，办法之一就是使内扩散有效因子值增大。从 ϕ 的定义可知，减小催化剂颗粒尺寸，ϕ 值减小，η 值可增大。此外，增大催化剂的孔容和孔半径，可提高有效扩散系数 D_e 的值，从而使 ϕ 值减小，η 值增大。

非等温条件下的内扩散有效因子的表达及其特征

当反应热效应较大、催化剂热导率又较小时，在催化剂颗粒内部，除了存在传质阻力引起的浓度分布外，还会存在传热阻力引起的温度分布。这时内扩散有效因子的计算将比等温条件下复杂得多。非等温条件下的内扩散有效因子如何表达？按等温情况来处理颗粒内的扩散与反应问题，是不是会带来较大的误差？

【例 6-5】 在铬铝催化剂上进行丁烷脱氢反应，其反应速率方程为

$$r_A=k_W c_A$$

r_A 的量纲为 mol/(g·s)。在 0.1013MPa 及 773K 时，$k_W=0.92\text{cm}^3/(\text{g·s})$。若在该温度下采用厚度 $2L$ 为 8mm 的薄片催化剂进行反应，催化剂的平均孔半径为 48×10^{-10}m，孔容为 $0.35\text{cm}^3/\text{g}$，曲折因子等于 2.5。试计算内扩散有效因子。

解：由式(6-32) 知，0.1013MPa 下气体分子的平均自由程近似等于 10^{-5}cm，而

$$\frac{\lambda}{2r_a}=\frac{10^{-5}}{2\times48\times10^{-8}}=10.4>10$$

因此，气体在催化剂颗粒内的扩散属于努森扩散，其扩散系数可用式(6-37) 求得

$$D_K=9700\times(48\times10^{-8})\times(773/58)^{1/2}=1.70\times10^{-2}(\text{cm}^2/\text{s})$$

式中，58 为丁烷的分子量。将式 $\varepsilon_p=V_g\rho_p$ 代入式(6-42) 得有效扩散系数

$$D_{eA}=V_g\rho_p D_K/\tau_m=0.35\times(1.70\times10^{-2})\rho_p/2.5=2.38\times10^{-3}\rho_p(\text{cm}^2/\text{s})$$

已知反应速率常数 k_W 系以催化剂的质量为基准，需将其换算为以颗粒体积为基准。

$$k_p=k_W\rho_p=0.92\rho_p(\text{s}^{-1})$$

将有关数值代入式(6-70)可得梯尔模数

$$\phi=\frac{V_p}{a_p}\times\sqrt{\frac{k_p}{D_{eA}}}=\left(\frac{a_p\times L}{a_p}\right)\times\sqrt{\frac{k_W\rho_p}{D_{eA}}}=\frac{0.8}{2}\times\left(\frac{0.92\rho_p}{2.38\times10^{-3}\rho_p}\right)^{1/2}=7.86$$

代入式(6-63)可算出内扩散有效因子为

$$\eta=\tanh(7.86)/7.86=0.127$$

由于 $\phi=7.86>3$，内扩散影响相当严重，用简化式(6-71)计算 η 所得的值与用精确式(6-68)计算完全一致。

【例 6-6】 一微分固定床催化反应器被用于研究 α-甲基苯乙烯加氢生成异丙苯的反应，仅含溶解氢的 α-甲基苯乙烯被送入 Pd/Al_2O_3 催化剂床层。在整个反应器中，H_2 在液相中的浓度可视为恒定，其值为 $2.6\times10^{-6}\,mol/cm^3$。反应器定态操作，其温度为 40.6℃。用两种不同粒度的催化剂，在不同液相流率下测得的反应速率数据列于下表。

$q_v/(cm^3/s)$	$r/[\times10^6 mol/(g\ cat\cdot s)]$		$q_v/(cm^3/s)$	$r/[\times10^6 mol/(g\ cat\cdot s)]$	
	$d_p=0.054cm$	$d_p=0.162cm$		$d_p=0.054cm$	$d_p=0.162cm$
2.5		0.65	11.5		0.85
3.0	1.49		12.5	1.80	
5.0	1.56	0.72	15.0	1.90	0.95
8.0	1.66	0.80	25.0	1.94	1.02
10.0	1.70	0.82	30.0		1.01

在实验条件下，反应速率对 H_2 为一级。根据上述数据计算内扩散有效因子、本征反应速率常数及 H_2 在充满液体的催化剂孔道中的有效扩散系数。

解：由实验数据可知，反应速率随液相流率的增加而增加，在相同液相流率下，小颗粒催化剂的反应速率大于大颗粒催化剂，说明催化剂颗粒内部传质和外部传质对反应均有影响。因此，在实验条件下有：

$$-r_H=\eta k_i c_{HS}=k_1 a(c_{HG}-c_{HS}) \tag{6-72}$$

由上式可得

$$c_{HS}=\frac{k_1 a c_{HG}}{\eta k_i+k_1 a}$$

因此

$$-r_H=\frac{\eta k_i a c_{HG}}{\eta k_i+k_1 a}=\frac{c_{HG}}{\dfrac{1}{\eta k_i}+\dfrac{1}{k_1 a}}$$

或

$$\frac{c_{HG}}{-r_H}=\frac{1}{\eta k_i}+\frac{1}{k_1 a} \tag{6-73}$$

因为 ηk_i 与液相流量无关，而 $k_1 a$ 则受液相流量影响，所以根据式(6-73)，可利用表中所列实验数据对内部传递和外部传递的影响进行分析，分别估算 ηk_i 和 $k_1 a$，由两种不同粒径催化剂的 ηk_i 值又可计算 η 和 k_i。由 Dwivedi 和 Upadhay 的传质 j 因子关联式

$$j_D=\frac{k_1\rho}{q_v}\left(\frac{\mu}{\rho D}\right)^{\frac{2}{3}}=\frac{0.458}{\varepsilon_B}\left(\frac{d_p q_v}{\mu}\right)^b \tag{6-74}$$

可知 j_D 正比于 $\left(\frac{d_p q_v}{\mu}\right)^b$ 或 q_v^b，当 d_p 一定时，式(6-73) 可改写成

$$\frac{c_{HG}}{-r_H}=\frac{1}{\eta k_i}+\frac{A}{q_v^b} \tag{6-75}$$

对同一粒径的催化剂颗粒，A 是常数。式(6-75) 表明 $\frac{c_{HG}}{r_H}$ 与 q_v^{-b} 的标绘应为一直线。

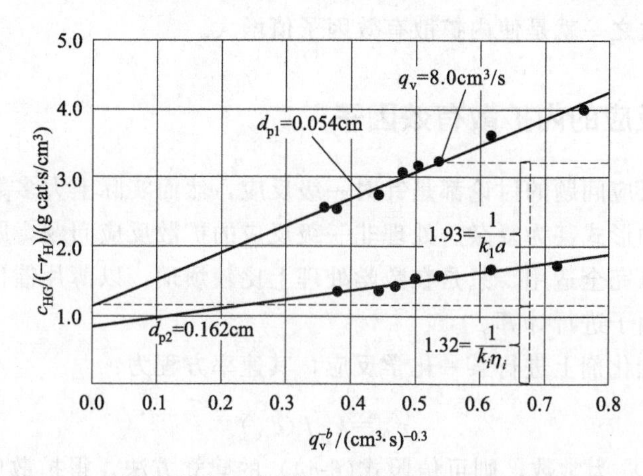

图 6-8　外部传质对 α-甲基苯乙烯加氢表观反应速率的影响

当 $q_v^{-b}=0$ 时，其截距为 $\frac{1}{\eta k_i}$。b 需根据实验数据通过拟合确定。对于表中所列的实验数据，当 $b=0.3$ 时，$\frac{c_{HG}}{-r_H}$ 对 q_v^{-b} 标绘成直线，如图 6-8 所示。对 $d_p=0.054\text{cm}$ 的颗粒，其截距 $\frac{1}{\eta k_i}=0.77$；对 $d_p=0.162\text{cm}$ 的颗粒，其截距 $\frac{1}{\eta k_i}=1.32$。

因为对两种颗粒 k_i 是相同的，由两直线截距的比值可得

$$\frac{\eta_1}{\eta_2}=\frac{(\eta_2 k_i)^{-1}}{(\eta_1 k_i)^{-1}}=\frac{1.32}{0.77}=1.71$$

两种颗粒 ϕ 的比值为

$$\frac{\phi_1}{\phi_2}=\frac{d_{p1}}{d_{p2}}=\frac{0.054}{0.162}=0.333$$

利用此两比值和 η 与 ϕ 的关系可求得

$$\eta_1=0.88,\phi_1=0.58$$

$$\eta_2=0.51,\phi_2=1.74$$

由 $\frac{1}{\eta k_i}=0.77$ 可求得

$$k_1=\frac{1}{0.88\times 0.77}=1.5[\text{cm}^3/(\text{g}\cdot\text{s})]$$

颗粒内有效扩散系数可根据 ϕ 的定义计算

$$\phi_1=\frac{d_{p1}}{6}\sqrt{\frac{k_i\rho}{D_e}}=0.58$$

催化剂颗粒密度 $\rho_p=1.53\text{g/cm}^3$，于是

$$D_e=5.5\times10^{-4}(\text{cm}^2/\text{s})$$

结论：从 ϕ 的定义可知，减小催化剂颗粒尺寸，ϕ 值减小，η 值增大。此外，增大催化剂的孔容和孔半径，可提高有效扩散系数的值，从而使 ϕ 值减小，η 值增大。因此，强化反应器的生产强度办法之一就是使内扩散有效因子值增大。

6.3.4 非一级反应的内扩散有效因子

上述关于扩散反应问题的讨论都是针对一级反应，然而实际上大多数反应均属非一级反应，而且速率方程的形式甚为复杂。处理非一级反应的扩散反应问题，原则上，与一级反应所采用的方法与步骤完全适用，只是在数学处理上比较烦琐。以薄片催化剂为例，对非一级反应的内扩散有效因子进行计算。

设在等温薄片催化剂上进行某一化学反应，其速率方程为：

$$r_A=k_p f(c_A)$$

并设有效扩散系数 D_e 为常数，则可仿照式(6-44) 的建立方法，得扩散反应方程为：

$$\frac{d^2c_A}{dZ^2}=\frac{k_p}{D_e}f(c_A) \tag{6-76}$$

因

$$\frac{d^2c_A}{dZ^2}=\frac{dc_A}{dZ}\left[\frac{d}{dc_A}\times\frac{dc_A}{dZ}\right]$$

并设 $p=dc_A/dZ$，式(6-76) 变为：

$$p\frac{dp}{dc_A}=\frac{k_p}{D_e}f(c_A) \tag{6-77}$$

$$z=L, c_A=c_{AS}, p=p_s=(dc_A/dZ)_s$$
$$z=0, c_A=c_{AC}, p=dc_A/dZ=0$$

式中，c_{AC} 为颗粒中心处组分 A 的浓度；$(dc_A/dZ)_s$ 为颗粒外表面处的浓度梯度。积分式(6-77) 得：

$$p_s=\left(\frac{dc_A}{dZ}\right)_s=\left[\frac{2k_p}{D_e}\int_{c_{AC}}^{c_{AS}}f(c_A)\,dc_A\right]^{1/2} \tag{6-78}$$

于是扩散进入催化剂颗粒的组分 A 量为：

$$D_e a_p\left(\frac{dc_A}{dZ}\right)_s=D_e a_p\left[\frac{2k_p}{D_e}\int_{c_{AC}}^{c_{AS}}f(c_A)\,dc_A\right]^{1/2} \tag{6-79}$$

对于定态过程，这也等于在颗粒内起反应的组分 A 量。如果内扩散没有影响，则催化剂颗粒内组分 A 的浓度与外表面处的浓度 c_{AC} 相等，相应起反应的组分 A 量应为 $La_pk_p f(c_{AS})$。将这两个量代入式(6-60) 整理后可得内扩散有效因子为：

$$\eta=\frac{\sqrt{2D_e}}{L\sqrt{k_p}f(c_{AS})}\left[\int_{c_{AC}}^{c_{AS}}f(c_A)\,dc_A\right]^{1/2} \tag{6-80}$$

当内扩散影响大时，对于不可逆反应，颗粒中心浓度 $c_{AC}\approx 0$；对于可逆反应，则 $c_{AC}\approx c_{Ae}$，而 c_{Ae} 是可以计算出来的。按照这样的办法用式(6-80) 计算 η 对于内扩散影响大的过程是足够精确的，内扩散影响小时则仅为一个近似的估计。另外，由式(6-80) 可以导出一级不可逆反应的精确式(6-63)。值得关注的是，非一级反应的内扩散有效因子与颗粒外表面的浓度 c_{AS} 有关，而一级反应则与此无关。

因 $L=V_p/a_p$，代入式(6-80) 得：

$$\eta=\frac{a_p\sqrt{2D_e}}{V_p\sqrt{k_p}f(c_{AS})}\left[\int_{c_{AC}}^{c_{AS}}f(c_A)\,dc_A\right]^{1/2} \tag{6-81}$$

由于内扩散有效因子与催化剂颗粒几何形状的关系可通过 V_p/a_p 值来反映，故式(6-81) 可用于球形、圆柱状的催化剂颗粒内扩散有效因子的计算。

【例 6-7】 在直径为 8mm 的球形催化剂上等温进行甲苯氢解反应（甲苯和氢气分别用字母 A 和 B 表示）：

$$C_6H_5CH_3+H_2 \longrightarrow C_6H_6+CH_4$$

反应温度下反应速率方程为：

$$r_A=0.32c_Ac_B^{0.5}\quad \text{kmol/(s·m}^3\text{颗粒)}$$

原料气中甲苯和氢的浓度分别为 0.1kmol/m^3 及 0.48kmol/m^3，试计算甲苯转化率等于10%时的内扩散有效因子。假定外扩散阻力可忽略，甲苯在催化剂中的有效扩散系数等于 $8.42\times10^{-8}\text{m}^2/\text{s}$。

解：由于是非一级反应，可用式(6-81) 计算内扩散有效因子。当甲苯的浓度为 c_A 时，则氢的浓度为 $c_{B0}-(c_{A0}-c_A)=(c_{B0}-c_{A0})+c_A$，所以，由题给条件知

$$\begin{aligned} f(c_A)&=c_Ac_B^{0.5}=c_A[(c_{B0}-c_{A0})+c_A]^{0.5}\\ &=c_A[0.48-0.1+c_A]^{0.5}=c_A(0.38+c_A)^{0.5} \end{aligned}$$

由积分表可查出下列积分

$$\int_0^{c_{AS}}c_A(0.38+c_A)^{0.5}dc_A=\frac{4\times0.38^{2.5}}{15}-\frac{2(2\times0.38-3c_{AS})(0.38+c_{AS})^{3/2}}{15}$$

由于外扩散阻力可忽略，因之气相主体浓度也就等于催化剂外表面上的浓度，当转化率为10%时，甲苯的浓度为

$$c_{AS}=0.1-0.1\times0.1=0.09(\text{kmol/m}^3)$$

代入上式可求得该积分值为

$$\int_0^{0.09}c_A(0.38+c_A)^{0.5}dc_A=2.686\times10^{-3}$$

将有关数值代入式(6-81) 得

$$\eta=\frac{4\pi\times(0.004)^2\times\sqrt{2\times8.42\times10^{-8}}\times(2.686\times10^{-3})^{1/2}}{\frac{4}{3}\pi\times(0.004)^3\times\sqrt{0.32}\times0.09\times(0.38+0.09)^{1/2}}=0.4567$$

6.3.5 总有效因子

前面分别介绍了外扩散有效因子 η_x 和内扩散有效因子 η，若反应过程中内、外扩散都有影响、则定义总有效因子 η_0 为：

$$\eta_0=\frac{\text{内外扩散都有影响时的反应速率}}{\text{无扩散影响时的反应速率}} \tag{6-82}$$

根据前边已讨论过的内容，对一级反应可以写出：

$$-R_A=k_G a_m(c_{AG}-c_{AS})=\eta k_W c_{AS}=\eta_0 k_W c_{AG} \tag{6-83}$$

在反应过程达到定态时这三个等式是等效的，第一式表示反应速率与外扩散速率相等；第二式是以内扩散有效因子表示的反应速率，式中的 c_{AS} 已暗含着外扩散的影响；第三式是以总有效因子表示的反应速率。由此可导出：

$$c_{AS}=c_{AG}/\left(1+\frac{k_W}{k_G a_m}\eta\right) \tag{6-84}$$

及

$$-R_A=\eta k_W c_{AG}/\left(1+\frac{k_W}{k_G a_m}\eta\right)=\left(\frac{\eta}{1+\eta Da}\right)k_W c_{AG} \tag{6-85}$$

式(6-85) 与式(6-83) 对比可知：

$$\eta_0=1/(1+\eta Da) \tag{6-86}$$

若只有外扩散影响，内扩散阻力可不计，即 $\eta=1$，则式(6-86) 简化为：

$$\eta_0=1/(1+Da) \tag{6-87}$$

将式(6-87) 与式(6-17) 相比较，可知总有效因子 η_0 与外扩散有效因子 η_x 相等。因为在内扩散影响可不计时，总有效因子就只是由外扩散影响所造成。

当只有内扩散影响，外扩散阻力可不计，即 $c_{AG}=c_{AS}$，$Da=0$，则式(6-86) 简化为：

$$\eta_0=\eta \tag{6-88}$$

将薄片催化剂上进行一级不可逆反应时内扩散有效因子的计算式(6-63) 及丹克莱尔数 Da 的定义式(6-16) 代入式(6-86) 得：

$$\eta_0=\frac{\tanh(\phi)}{\phi\left[1+\frac{k_W}{k_G a_m \phi}\tanh(\phi)\right]} \tag{6-89}$$

但

$$\frac{k_W}{k_G a_m \phi}=\frac{k_W \phi}{k_G a_m \phi^2}=\frac{k_W \phi D_e}{k_G a_m L^2 k_p}$$

因 $k_W=a_m L k_p$，所以 $\frac{k_W}{k_G a_m \phi}=\frac{\phi D_e}{k_G L}=\frac{\phi}{Bi_m}$

代入式(6-60) 得：

$$\eta_0=\frac{\tanh(\phi)}{\phi\left[1+\frac{\phi\tanh(\phi)}{Bi_m}\right]} \tag{6-90}$$

式中，$Bi_m = k_G L / D_e$，称为传质的 Biot 数，其物理意义为颗粒外表面处反应相内浓度梯度和反应相外浓度差，它表示内扩散阻力的相对大小。传质 Biot 数 $Bi_m \to \infty$ 时，表示传质阻力主要在内部，外扩散阻力可不计，式(6-90) 化为：

$$\eta_0 = \tanh(\phi)/\phi = \eta$$

当传质 Biot 数 $Bi_m \to 0$ 时，表示传质阻力主要在外部，内扩散阻力可忽略，此时，$\tanh(\phi)/\phi = 1$，由式(6-89) 知：

$$\eta_0 = \frac{1}{1 + k_W/(k_G a_m)} = \frac{1}{1 + Da} = \eta_x$$

多相催化反应过程中扩散与反应并存，引入有效因子这一概念极其重要，它能使复杂的扩散反应问题得以简化处理。特别是内扩散有效因子这一概念，它反映了多相催化反应过程中催化剂内表面利用的程度，对催化剂的生产和应用均起到指导作用，使反应器的设计计算得以简化。

【例 6-8】 在 0.1013MPa、773K 下进行丁烷脱氢制备丁烯的等温气-固相催化反应

$$C_4H_{10} \xrightarrow{\text{cat.}} C_4H_8 + H_2$$

反应为针对丁烷的一级反应，反应速率方程为

$$r_A = k_W c_A \quad [\text{mol}/(\text{g}\cdot\text{s})]$$

$$k_W = 0.92 \quad [\text{cm}^3/(\text{g}\cdot\text{s})]$$

催化剂外表面对气相的传质系数为 $k_G a_m = 0.23\text{cm}^3/(\text{g}\cdot\text{s})$，进料流量为 $2\text{m}^3/\text{min}$，进料为纯丁烷。若采用厚度为 2mm 的薄片催化剂，催化剂的比表面积为 $150\text{m}^2/\text{g}$，孔容为 $0.36\text{cm}^3/\text{g}$，曲折因子为 2.5，试计算内、外扩散均有影响时的总有效因子。

解：首先计算内扩散有效因子

平均自由程　$$\lambda = \frac{1.013}{p} = \frac{1.013}{0.1013 \times 10^6} = 10^{-5}(\text{cm})$$

催化剂的平均孔径　$$\langle r_a \rangle = \frac{2V_g}{S_g} = \frac{2 \times 0.36}{150 \times 10^4} = 4.8 \times 10^{-7}(\text{cm})$$

$$\frac{\lambda}{2\langle r_a \rangle} = \frac{10^{-5}}{2 \times 4.8 \times 10^{-7}} = 10.4 > 10$$

故气体在催化剂内的扩散可按照努森扩散处理。

扩散系数　$$D_K = 9700 \times 4.8 \times 10^{-7}\sqrt{\frac{773}{58}} = 1.70 \times 10^{-2}(\text{cm}^2/\text{s})$$

气体在催化剂内的有效扩散系数

$$D_{eA} = \frac{\varepsilon_p D_K}{\tau} = \frac{V_p \rho_p D_K}{\tau} = \frac{0.36 \times 1.70 \times 10^{-2}}{2.5}\rho_p = 2.448 \times 10^{-3}\rho_p$$

再将反应速率常数换算为以催化剂颗粒体积为基准

$$k_p = k_W \rho_p = 0.92\rho_p$$

则薄片催化剂的 Thiele 模数为

$$\phi=\frac{L}{2}\sqrt{\frac{k_p}{D_{eA}}}=\frac{0.2}{2}\sqrt{\frac{0.92\rho_p}{2.448\times10^{-3}\rho_p}}=1.94$$

$$\eta=\frac{\tanh(\phi)}{\phi}=\frac{\tanh(1.94)}{1.94}=0.4946$$

对于一级不可逆反应的外扩散过程 $Da=\frac{k_W}{k_G a_m}=\frac{0.92}{0.23}=4$

因此，该过程的总有效因子为 $\eta_0=\frac{\eta}{1+\eta Da}=\frac{0.4946}{1+0.4946\times4}=0.166$

6.3.6 等温内扩散对典型复合反应选择性的影响

内扩散的存在使颗粒内反应物浓度降低，从而使反应速率变慢。如果在催化剂颗粒内同时进行多个反应，内扩散对反应选择性的影响又如何呢？

平行反应：

$$A\xrightarrow{k_1}B \qquad r_B=k_1c_A^{\alpha},\alpha>0$$

$$A\xrightarrow{k_2}D \qquad r_D=k_2c_A^{\beta},\beta>0$$

若内扩散对反应过程无影响，则催化剂颗粒内反应物浓度与外表面处的浓度 c_{AS} 相等，若 B 为目的产物，由瞬时选择性定义得：

$$S'=\frac{R_B}{-R_A}=\frac{r_B}{r_B+r_D}=\frac{k_1c_{AS}^{\alpha}}{k_1c_{AS}^{\alpha}+k_2c_{AS}^{\beta}}=\frac{1}{1+\frac{k_2}{k_1}c_{AS}^{\beta-\alpha}} \tag{6-91}$$

内扩散有影响时，催化剂颗粒内反应物 A 的平均浓度为 $\langle c_A\rangle$，则相应的瞬时选择性为：

$$S=\frac{1}{1+\frac{k_2}{k_1}\langle c_A\rangle^{\beta-\alpha}} \tag{6-92}$$

显然，$c_{AS}>\langle c_A\rangle$，$S$ 与 S' 的大小就看两个反应的反应级数之差了。对比式(6-91) 与式(6-92) 知

$$\alpha=\beta\text{ 时},S'=S$$

$$\alpha>\beta\text{ 时},S<S'$$

$$\alpha<\beta\text{ 时},S>S'$$

由此可见，当两反应的反应级数相等时，内扩散对反应选择性无影响；主反应的反应级数大于副反应时，内扩散使反应选择性降低；主反应的反应级数小于副反应时，则内扩散会使反应选择性增加。

连串反应：$A\xrightarrow{k_1}B\xrightarrow{k_2}D$ 的选择性的影响。设这两个反应均为一级不可逆反应。

定态下，组分 A 的转化速率等于组分 A 从外表面向催化剂颗粒内部扩散的速率，同样组分 B 的生成速率应等于组分 B 从催化剂颗粒内部向外表面扩散的速率。因此，按照处理简单反应的方法分别对反应组分 A 和 B 列出催化剂颗粒内浓度分布的微分方程，并结合边

界条件得到组分A和B在催化剂颗粒内的浓度分布及浓度梯度。对于主、副反应均为一级不可逆反应，在内扩散阻力大的情况下，假设A和B的有效扩散系数相等，即$D_{eA}=D_{eB}$，则可导出瞬时选择性为：

$$S=\frac{R_B^*}{R_A^*}=\frac{1}{1+\sqrt{k_2/k_1}}-\sqrt{\frac{k_2}{k_1}}\times\frac{c_{BS}}{c_{AS}} \tag{6-93}$$

如果内扩散不发生影响，则反应的瞬时选择性为：

$$S'=\frac{R_B}{-R_A}=\frac{k_1c_{AS}-k_2c_{BS}}{k_1c_{AS}}=1-\frac{k_2}{k_1}\times\frac{c_{BS}}{c_{AS}} \tag{6-94}$$

比较式(6-93)和式(6-94)可知，由于内扩散的影响，反应的瞬时选择性会降低。内扩散对平行反应及连串反应的瞬时选择性具有一定的影响。那么，内扩散对目的产物的收率是否有影响？

第三章**【例3-9】**中曾对等温间歇釜式反应器中一级连串反应导出过目的产物收率与转化率的关系式$y_B=\frac{1}{1-k_2/k_1}\left[(1-x_A)^{k_2/k_1}-(1-x_A)\right]$，等温连续釜式反应器中一级连串反应导出过目的产物收率与转化率的关系式$y_B=\frac{k_1x_A(1-x_A)}{k_2x_A+k_1(1-x_A)}$。至于多相催化反应，如果内扩散的影响可不考虑，则此关系式仍适用。

至于内扩散有影响时，根据式(6-83)，速率方程的表达式中添加内扩散有效因子，参照**【例3-9】**的计算过程，可找到y_B与x_A的定量关系，这里就不作详细的推导，只将结果描绘在图6-9上。针对$k_1/k_2=4$，并设$D_{eA}=D_{eB}=1$的情况，则内扩散有影响时的动力学变化曲线与动力学控制时的曲线相类似，目的产物B也存在一最大收率。比较这两条曲线可知，内扩散的存在，使目的产物B的收率降低，且内扩散的影响越严重，收率降低得越多。这说明研究多相过程反应过程时，传递过程的重要性，为了防止收率的降低，必须采取措施使内扩散对过程的影响减到最小。

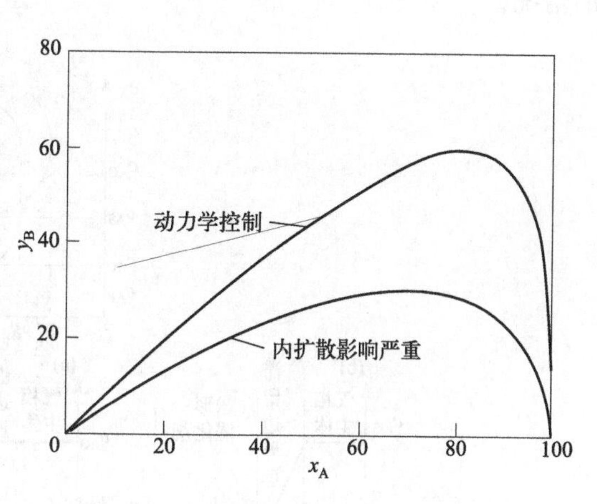

图6-9　内扩散对连串反应收率的影响

6.4　气-固相催化反应过程

6.3节的内容，谈到了研究多相催化反应过程中的传质过程，特别是内扩散对收率的影响，因此，我们在进行气-固相催化反应的研究过程中，需要针对其控制过程进行分析和了解。多相催化反应是在固体催化剂的表面上进行的，流体相主体中的反应物必须传递到催化剂表面上，然后进行反应，反应产物也不断地从催化剂表面传递到流体相主体。如图6-1(c)所示，气-固相催化反应过程中存在质量传递过程，按其质量传递性质依次是外部传递过程和内部传递过程，其起因是气流主体、催化剂外表面、内表面之间的浓度差。同时，气-固相催化反应必然伴随热效应。对放热反应，反应热释放在催化剂表面上；对吸热反应，则从催化剂表面吸收热量，由此造成催化剂表面和气流主体之间的温度差，其值不但取决于放热速率，也与外部传热速率和内部传热速率有关。因此，气-固相催化反应的速率，不但与催化剂内表面上进行的化学反应及催化剂的孔结构有关外，且与反应气体的流动状况、传质、传热等物理过程有关，这种包含物理和化学过程的动力学通常称为宏观动力学。进行多相催化动力学研究，选定实验条件时，应首先弄清反应是在什么控制区进行。本章节主要针对等温条件下的气-固相催化反应控制过程进行分类和研究。

6.4.1 传质过程的控制阶段

气-固相反应过程中，催化剂颗粒外和颗粒内部各点的浓度、温度存在一个浓度的空间分布。对于反应物 A 生成产物 B 的反应，以球形催化剂为例，典型的浓度分布如图 6-10（a）所示。c_{AG}、c_{AS}、c_{AC} 和 c_{AE} 分别表示产物 A 的气相主体浓度、催化剂颗粒外表面浓度、颗粒中心浓度和平衡浓度（不可逆反应 $c_{AE}=0$）。同样，也可以用 c_{BG}、c_{BS}、c_{BC} 和 c_{BE} 分别表示产物 B 的气相主体浓度、催化剂颗粒外表面浓度、颗粒中心浓度和平衡浓度（不可逆反应 $c_{BE}=0$）。稳定反应情况下，总有 $c_{AG}>c_{AS}>c_{AC}\gg c_{AE}$ 和 $c_{BG}<c_{BS}<c_{BC}\ll c_{BE}$。根据反应和传质速率相对大小，可以分为外扩散控制、表面反应控制和内扩散控制三种特殊的情况。

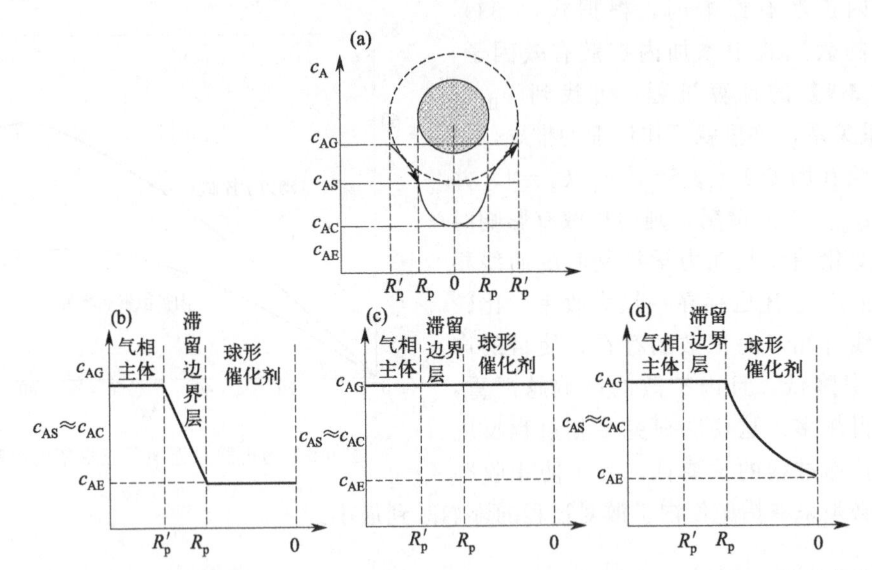

图 6-10 （a）催化剂颗粒内反应物 A 的浓度分布；（b）外扩散控制时反应物 A 的浓度分布；（c）表面反应控制时反应物 A 的浓度分布；（d）内扩散控制时反应物 A 的浓度分布

① 若整个过程阻力主要存在于滞留层，内扩散和化学反应阻力相比滞留层阻力可以忽略不计，此时外扩散的速率影响传质过程的扩散速率，成为速控步，反应过程由外扩散控制。催化剂颗粒内浓度的分布为 $c_{AG}\gg c_{AS}\approx c_{AC}\approx c_{AE}$[如图 6-10(b)]。传质速率方程为 $N_A=k_G a_m(c_{AG}-c_{AE})\approx k_G a_m(c_{AS}-c_{AE})$。

② 若滞留层的传质阻力很小，内扩散的传质阻力相比滞留层阻力也可以忽略不计，此时反应速率很慢，成为速控步，反应过程处于表面反应控制，该过程又被称为本征反应。催

化剂颗粒内浓度的分布为 $c_{AG} \approx c_{AS} \approx c_{AC} \gg c_{AE}$[如图 6-10(c)]。若催化表面进行的是一级不可逆反应，则传质速率方程为 $N_A = R_A = kc_{AS} \approx kc_{AC}$，其中 k 为催化剂体积计的本征反应速率常数。

③ 若气-固相反应器内，气相主体的流速很高，足以消除滞留层传质阻力的影响，且表面反应速率也较快，内扩散的传质阻力较大，微孔内的传质过程对整个反应起着重要的作用，则反应过程处于内扩散控制，催化剂颗粒内浓度的分布为 $c_{AG} \approx c_{AS} \gg c_{AC} \approx c_{AE}$ [如图 6-10(d)]。传质速率方程为 $N_A = \eta R_A$。

进行多相催化动力学研究，选定实验条件时，应首先弄清反应是在什么控制区进行。若目的是获得反应速率方程，则所选的条件应保证反应是在动力学控制区进行，即应消除内、外扩散对反应速率的影响。进行生产用的反应器设计时，既需要有反应的本征动力学方程，又需要知道与所用催化剂粒度和生产操作条件相适应的内、外扩散有效因子。因此，无论实验室中进行多相催化动力学研究，还是催化反应器的工程设计，都希望有一些方法来帮助判断内、外扩散阻力在反应过程中的影响程度。

6.4.2　外扩散影响的判定

反应是否存在外扩散影响，可以由以下简单试验查明。在两个反应器中催化剂的装填量不等，其他条件相同，用不同的气流速度进行反应，测定气流速度变化的转化率。

如图 6-11 所示，在试验Ⅰ和试验Ⅱ装有不同质量催化剂的反应器中，在相同温度、压力、进料组成相同的情况下，改变进料的气流速度 F，测定相应的转化率，按 x_A-$\frac{V}{F}$作图，出现图 6-12(a)，表明在这种气流速度的情况下，外扩散影响还未消除；如果曲线在低速区转化率有明显的差别，高速区转化率一致 [如图 6-12(b)]，试验就选择在高速区，只有出现如图 6-12(c) 情况时，表明尽管线速度有差别，但不影响转化率和反应速率，试验中不存在外扩散的影响。

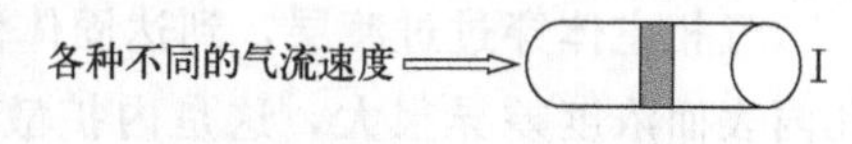

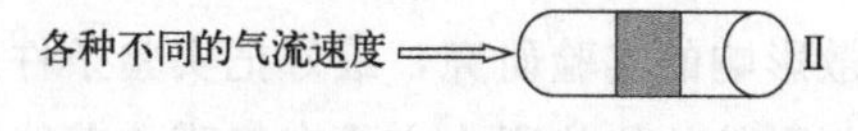

图 6-11　装填不同质量催化剂的反应器

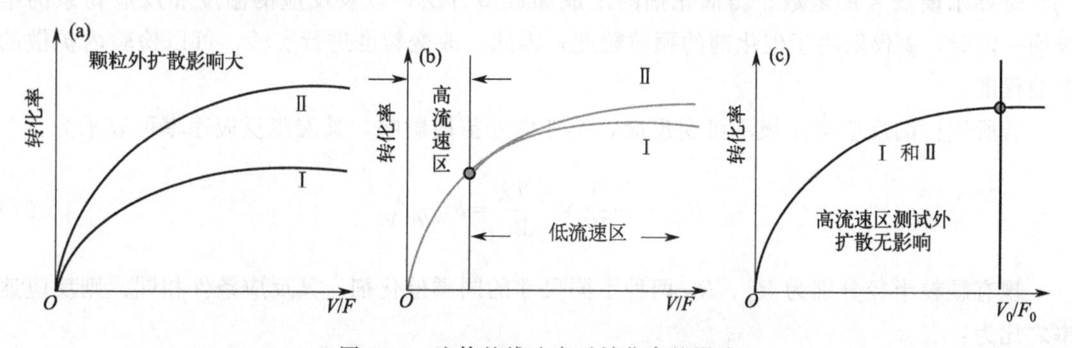

图 6-12　流体的线速度对转化率的影响

图 6-12(c) 上的实验曲线表明：在高流速区，当流体线速度超过某一数值 F_0 时，F 值再增加，出口转化率不再改变，这说明 $F \geqslant F_0$ 时，外扩散对反应过程已无影响。相反，在低流速区，$F < F_0$ 时，转化率与催化剂的装填量有关（催化剂的装填量大则转化率较大），表明外扩散对过程有影响，也可能为外扩散控制。做测试实验时需注意以下几点：

① 各次实验均需保持反应器中为同一流动状态，例如管式反应器中应保持为活塞流。因为实验流动状态不同（即返混程度不同）的情况下，无法分辨出口转化率的变化中有多少是由外扩散影响造成，有多少是由返混造成。

② 同一催化剂，所用的反应温度越高，消除外扩散影响所需的流体质量速度越大；对同一反应，所用的催化剂活性越好，消除外扩散影响所需的流体质量速度也越大。

③ 通过改变流体的质量速度以考察外扩散对过程的影响，是多相催化反应动力学研究所采用的常规方法。实际生产的反应器就难以采用这样的方法。

实际生产过程中若能测得表观反应速率 R_A^*，针对 α 级反应，可用下列式子作为判据，来判定气相主体与催化剂外表面的浓度差是否可以忽略不计：

$$\frac{R_A^* L}{c_{AG} k_G} < \frac{0.15}{\alpha} \tag{6-95}$$

气相与催化剂外表面间的温度差则可按下列判据来判断是否可以忽略：

$$\frac{L R_A^* (-\Delta H_r)}{h_S T_G} < 0.15 \frac{R T_G}{E} \tag{6-96}$$

6.4.3 内扩散影响的判定

气相主体穿过过渡层，到达固体催化剂表面时，催化剂外表面处的组分浓度与颗粒毛细孔内表面浓度差异很大，这是内扩散因素造成的。毛细管愈粗，阻力愈小，这种差异就愈小。内扩散对多相催化反应的影响程度，可以用内扩散有效因子的数值大小来衡量。对内扩散影响的实验研究，最好把实验条件选择在消除外扩散影响的前提下进行。由于流体与催化剂颗粒的传热阻力主要在气膜，若能保持 $T_S = T_G$，则颗粒内部可近似视为等温。要确定出某一种粒度催化剂的有效系数，可有以下三种方法：

① 用不同粒径的催化剂分别测定反应速率，当粒径继续减小，而反应速率不变时，即表示 $\eta=1$。然后，再用大颗粒的实测反应速率与之比较，便得出 η 值。内扩散有效因子（η）是梯尔模数 ϕ 的函数，当催化剂的组成和成型方法，以及反应的温度和反应物系的组成均一定时，ϕ 仅取决于催化剂的颗粒粒度，因此，改变粒度进行实验，可以检验内扩散的影响程度。

若所进行的反应为 α 级不可逆反应，不考虑外扩散影响，其宏观反应速率可表示为：

$$R_A^* = -\frac{1}{W} \times \frac{dN_A}{dt} = k_W \eta c_{AG}^{\alpha} \tag{6-97}$$

现有颗粒半径分别为 R_1、R_2 两种不同尺寸的同类催化剂，其反应条件相同，则反应速率之比为：

$$\frac{R_{A1}^*}{R_{A2}^*} = \frac{k_W \eta_1 c_{AG}^{\alpha}}{k_W \eta_2 c_{AG}^{\alpha}} = \frac{\eta_1}{\eta_2} \tag{6-98}$$

不存在内扩散影响时，$\eta_1 = \eta_2 = 1$，故 $R_{A1} = R_{A2}$，即反应速率不随颗粒尺寸而改变。内扩散影响严重时：

$$\frac{R^*_{A1}}{R^*_{A2}}=\frac{\eta_1}{\eta_2}=\frac{\phi_2}{\phi_1}=\frac{R_2}{R_1}$$

即反应速率与颗粒半径成反比。依此原理，在催化剂床层中装填同样形状但粒度不同的同一种催化剂，通入反应气体，在相同反应条件下测定其反应速率，结果如图 6-13 所示。由于内扩散阻力的影响随粒度的减小而降低，故反应速率将随粒度减小而增加。当粒度减小到某一尺寸 R_C（即催化剂颗粒 $R\leqslant R_C$），减小粒度对反应速率不再有影响，内扩散阻力对反应过程没有影响。

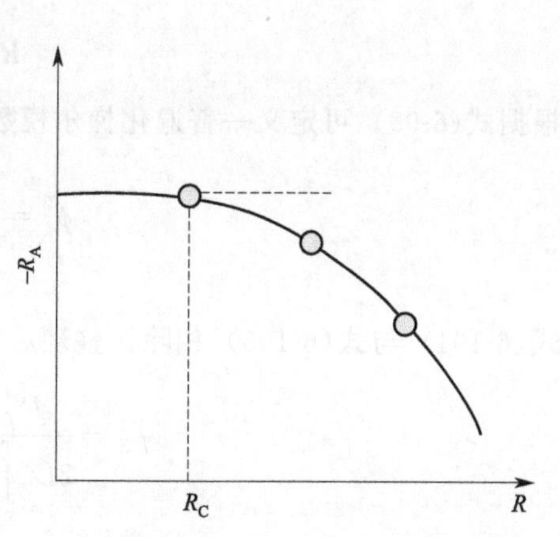

图 6-13　催化剂半径对反应速率的影响

需要指出，内扩散不发生影响的粒度，与温度有关，也与浓度有关（一级反应例外）。反应温度越高，消除内扩散影响所要求的粒度越小。对于 α 级反应，$f(c_A)=c_A^\alpha$，代入式(6-81) 有：

$$\eta=\frac{\sqrt{2D_e}}{L\sqrt{k_p}c^\alpha_{AS}}\left[\int_0^{c_{AS}}c^\alpha_A\mathrm{d}c_A\right]^{1/2}=\frac{1}{L}\sqrt{\frac{2D_e}{(\alpha+1)k_p c^{\alpha-1}_{AS}}}\tag{6-99}$$

由此可见，为了要保持相同的 η 值，当浓度 c_{AS} 增加时，催化剂的粒度 L 必须减小。由上讨论可知，若在高温、高反应物浓度下，已判明消除了内、外扩散的影响。那么，可以保证在低温、低反应物浓度时也不会有内、外扩散的影响，反应物的级数为负数时为例外。

② 如只用两种粒径（R_1、R_2）的颗粒，在分别测定其反应速率（r_{p1}、r_{p2}）后，根据 $\frac{R^*_{A1}}{R^*_{A2}}=\frac{\eta_1}{\eta_2}=\frac{\phi_2}{\phi_1}=\frac{R_2}{R_1}$ 的关系，可定性找出 $\frac{\eta_1}{\eta_2}$ 的关系。

也可以先假定一个 η，利用公式(6-68) 及 $\frac{\eta_1}{\eta_2}=\frac{\phi_2}{\phi_1}=\frac{R_2}{R_1}$ 式子反复计算拟合即可。

③ 只有一种粒度的催化剂实验数据，也可用以估计内扩散的影响是否已消除。

设反应为一级不可逆反应，且不考虑外扩散影响，实验测定得到的表观反应速率为 R^*_A，则

$$R^*_A=\eta k_p c_{AG}\tag{6-100}$$

如果 k_p 已知，利用上式可求 η，通过 η 值的大小来判断内扩散的影响程度。k_p 未知的情况下，由梯尔模数的定义可得：

$$k_p=D_e\phi^2/L^2\tag{6-101}$$

代入前式有　　$R^*_A=D_e\phi^2\eta c_{AG}/L^2$

令 $R^*_A L^2/D_e c_{AG}=\phi_S$，则上式变为　$\phi_S=\phi^2\eta$　(6-102)

由于 ϕ_S 为由实验测定值所构成的一个特征数，所以可由测定结果算出 ϕ_S 值。由前面的讨论知，当 $\phi\ll 1$ 时，$\eta\approx 1$，因而只要

$$\phi_S\ll 1\tag{6-103}$$

则内扩散对过程无影响。

式(6-103) 亦可用于非一级反应，但 ϕ_S 的定义要修改。对于非一级反应：

$$R_A^* = k_p f(c_{AG})\eta \tag{6-104}$$

根据式(6-99) 可定义一普遍化梯尔模数：

$$\phi^2 = \frac{L^2 k_p [f(c_{AG})]^2}{2D_e \int_{c_{AC}}^{c_{AG}} f(c_A)\,dc_A} \tag{6-105}$$

式(6-104) 与式(6-105) 相除，整理后有：

$$\phi_S = \frac{R_A^* L^2 f(c_{AG})}{2D_e \int_{c_{AC}}^{c_{AG}} f(c_A)\,dc_A} = \eta\phi^2 \ll 1 \tag{6-106}$$

满足式(6-106) 时，表明内扩散对过程的影响已排除。

6.4.4 扩散对动力学本征参数的影响

进行多相催化反应动力学实验时，排除内、外扩散的影响，可获得反映化学现象本质的信息（如反应级数和反应活化能）。如果在扩散干扰下作实验测定，将得不到动力学参数的本征值，有可能得到的是错误结论。在外扩散控制的条件下进行多相催化反应的动力学实验测定，无论该反应的本征速率方程以何种形式表达，根据实验所得的反应速率数据与反应物浓度相关联的结果均成线性关系，这说明处于外扩散控制区的任何反应表观上都变成了一级反应。内扩散干扰下的情况下，会出现动力学假象，如何获得动力学本征参数？

(1) **扩散干扰下，反应级数的变化** 若外扩散阻力可以忽略时，α 级不可逆反应的反应速率可表示为：

$$R_A^* = \eta k_p c_{AG}^{\alpha} \tag{6-107}$$

或

$$\ln R_A^* = \ln\eta + \ln k_p + \alpha \ln c_{AG} \tag{6-108}$$

等温下对上式求导得

$$\frac{d\ln R_A^*}{d\ln c_{AG}} = \alpha + \frac{d\ln\eta}{d\ln c_{AG}} \tag{6-109}$$

在内扩散有影响而外扩散无影响的条件下，测定同一反应的反应速率，然后进行关联，得到如下的速率方程：

$$R_A^* = k_a c_{AG}^{\alpha_a} \tag{6-110}$$

按理说式(6-107) 与式(6-110) 是等同的，但反应级数不同，式(6-107) 中的 α 称为本征反应级数，而式(6-110) 中的 α_a 则叫作表观反应级数。α 是该反应所固有的性质，是一个定值：而 α_a 则随内扩散影响程度的不同而改变。α 和 α_a 两者之间是否存在关联？

将式(6-110) 两边取对数，然后求导可得：

$$d\ln R_A^* / d\ln c_{AG} = \alpha_a$$

与式(6-109) 合并则有

$$\alpha_a = \alpha + \frac{d\ln\eta}{d\ln c_{AG}} = \alpha + \frac{d\ln\eta}{d\ln\phi} \times \frac{d\ln\phi}{d\ln c_{AG}} \tag{6-111}$$

若催化剂为薄片形，α 级反应的梯尔模数 ϕ 可由式(6-105) 求出为：

$$\phi = L\sqrt{\frac{k_p}{2D_e}}\frac{c_{AG}^{\alpha}}{\left[\int_0^{c_{AG}} c_A^{\alpha}\mathrm{d}c_A\right]^{1/2}} = L\left[\frac{(\alpha+1)k_p}{2D_e}\right]^{1/2} c_{AG}^{(\alpha-1)/2} \tag{6-112}$$

两边取对数，然后求导得 $\mathrm{d}\ln\phi/\mathrm{d}\ln c_{AG}=(\alpha-1)/2$

代入式(6-111) 有

$$\alpha_a = \alpha + \frac{(\alpha-1)}{2}\times\frac{\mathrm{d}\ln\eta}{\mathrm{d}\ln\phi} \tag{6-113}$$

无内扩散影响时，$\eta=1$，$\alpha_a=\alpha$，表观反应级数等于本征值。若内扩散影响严重，则 $\eta=1/\phi$，因而有 $\mathrm{d}\ln\eta/\mathrm{d}\ln\phi=-1$，代入式(6-113) 得

$$\alpha_a=(\alpha+1)/2 \tag{6-114}$$

由式(6-114) 可知，本征反应级数为0、1及2时，表观反应级数分别为0.5、1及1.5。只有一级反应两者的数值相同，其原因是内扩散对一级反应的影响与浓度无关。其他级数的反应则随着内扩散干扰程度的不同，反应级数从 $(\alpha+1)/2$ 至 α 的范围内改变。

(2) **扩散干扰下，对活化能的影响** 设表观反应速率常数 k_a 与温度的关系符合阿伦尼乌斯方程，且表观活化能为 E_a，则将式(6-110) 两边取对数，并对 $1/T$ 求导可得：

$$\frac{\mathrm{d}\ln R_A^*}{\mathrm{d}(1/T)}=\frac{\mathrm{d}\ln k_a}{\mathrm{d}(1/T)}=-\frac{E_a}{R} \tag{6-115}$$

若本征反应速率常数 k_p 与温度的关系亦可用阿伦尼乌斯方程表示，则将式(6-108) 对 $1/T$ 求导可有：

$$\frac{\mathrm{d}\ln R_A^*}{\mathrm{d}(1/T)}=\frac{\mathrm{d}\ln k_p}{\mathrm{d}(1/T)}+\frac{\mathrm{d}\ln\eta}{\mathrm{d}(1/T)}=\frac{-E}{R}+\frac{\mathrm{d}\ln\eta}{\mathrm{d}(1/T)} \tag{6-116}$$

式中 E 为本征活化能。合并式(6-115) 及式(6-116) 并作适当的改写得：

$$E_a=E-R\frac{\mathrm{d}\ln\eta}{\mathrm{d}\ln\phi}\times\frac{\mathrm{d}\ln\phi}{\mathrm{d}(1/T)} \tag{6-117}$$

式(6-112) 两边取对数，然后对 $1/T$ 求导，忽略温度对 D_e 的影响时有：

$$\frac{\mathrm{d}\ln\phi}{\mathrm{d}(1/T)}=\frac{1}{2}\times\frac{\mathrm{d}\ln k_p}{\mathrm{d}(1/T)}=-\frac{E}{2R} \tag{6-118}$$

代入式(6-117) 可得：

$$E_a=E+\frac{E}{2}\times\frac{\mathrm{d}\ln\eta}{\mathrm{d}\ln\phi} \tag{6-119}$$

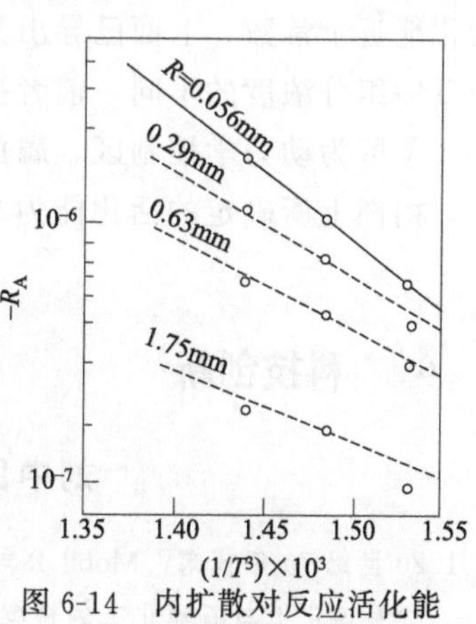

图6-14 内扩散对反应活化能的影响

式(6-119) 反映了表观活化能与本征活化能之间的关系。由硅铝催化剂上异丙苯裂解反应的实验测定结果可得到图6-14的内扩散对反应活化能影响的关系图。图6-14显示：相同的温度范围内，催化剂粒度不同，内扩散的影响也不相同。根据直线的斜率便可确定反应活化能。由图可见，催化剂的粒度越小，直线的斜率越大。反应的表观活

化能随催化剂粒度的增加而减小，亦即随内扩散影响的增大而减小。由式(6-119) 可知：内扩散没有影响时，表观活化能等于本征活化能；内扩散影响严重时，$\mathrm{d}\ln\eta/\mathrm{d}\ln\phi=-1$，$E_a=E/2$，表观活化能仅为本征活化能值的一半。图 6-15 为 $\ln(R_A^*)$ 与 $1/T$ 的关系示意图。根据温度范围的不同，图中划分五个具有不同特征的区域。$\ln R_A^*$ 与 $1/T$ 的关系图的下方，分别绘出了各个区域相对应的反应物 A 的浓度分布示意图。纵坐标为浓度，横坐标为距离。R 以左表示催化剂，O 为颗粒中心，R 以右为流体，虚线与实垂线间的范围为层流边界层。通过这个图可以说明扩散对多相催化反应活化能的影响。

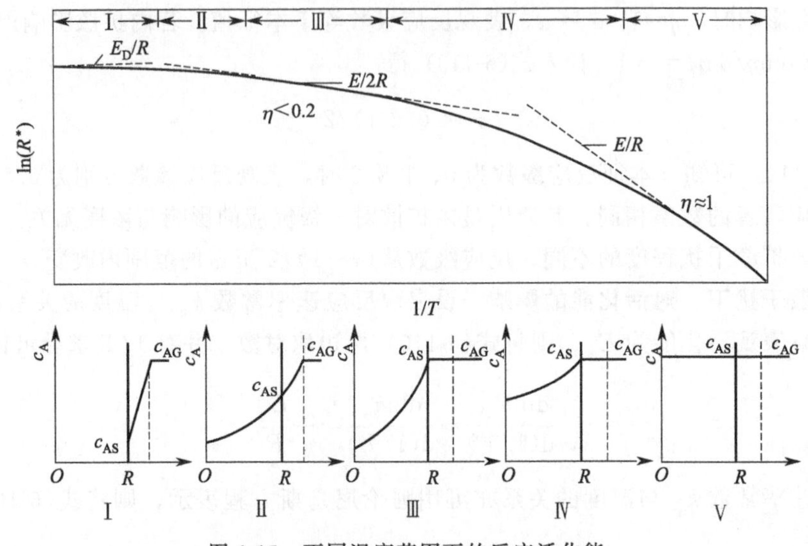

图 6-15 不同温度范围下的反应活化能

Ⅰ区为高温区，此时过程为外扩散控制，$\ln R_A^*$ 与 $1/T$ 的关系用一斜率为 E_D/R 的直线表示。相应的反应活化能 E_D 值几乎为零，一般 $E_D=4\sim12\mathrm{kJ/mol}$，为活化能最小的区域。

Ⅱ区为内外扩散的过渡区，此区内两种扩散的作用均不可忽略。反应活化能随温度而改变。与本征活化能的关系如式(6-119) 所示。Ⅳ区也是一个过渡区，具有与Ⅱ区相同的特性，但反应活化能随温度的变化较之Ⅱ区更为显著。该区为内扩散动力学过渡区。

Ⅲ区为强内扩散区，与Ⅱ区的区别是前者的外扩散阻力可忽略不计。强内扩散区内反应活化能近于常数，上面已导出其值为本征活化能之半。Ⅲ区与Ⅳ区的区别是催化剂颗粒中心处反应组分浓度的不同，前者接近于平衡浓度。强内扩散区的有效因子很小，一般 $\eta<0.2$。

Ⅴ区为动力学控制区，属低温区，有效因子接近 1，处于此区内，内外扩散的影响已消除，由图上所确定的活化能为本征活化能，体现了化学现象的本性，其值不再随温度而变。

科技创新

刘中民院士用坚守叩开了煤代油的大门

1. 20 世纪 70 年代末，Mobil 公司率先将 ZSM-5 分子筛用于甲醇制烯烃（MTO）的技术方案。作为联系煤化工与石油化工的桥梁，MTO 一经提出就受到国际上的高度关注。

2. 国外以 Mobil 公司为代表，于 20 世纪 80 年代中期完成了 MTO 中试研究；国内以中国科学院大连化学物理研究所刘中民为代表的科研人员于 20 世纪 90 年代初就完成了合成气经二甲醚制低碳烯烃（DMTO）的中试。国际油价的下跌停滞了我国煤制油工业前进的步伐。刘中民曾表示：这个项目凝结了大连化物所几代人对煤代油方向战略性的坚持，不能在我手里做没了，一定要挺住坚持住。2004 年国际油价回升，煤制烯烃项目又被重新点燃。2006 年，刘中民率领的课题组突破小孔磷酸硅铝分子筛 SAPO-34 合成技术。

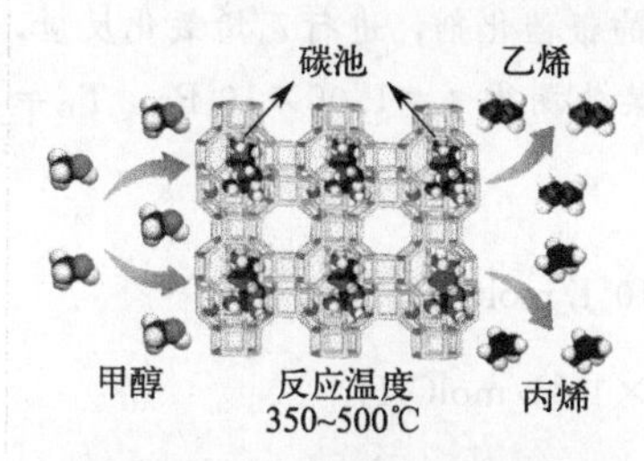

SAPO-34 分子筛催化剂甲醇制烯烃催化转化过程示意图

3. 2011 年 1 月，神华包头 DMTO 工业装置正式进入商业化运行阶段，我国率先实现了甲醇制烯烃核心技术及工业应用“零”的突破，技术指标、装置规模和工业化进程均处于国际领先水平。甲醇制低碳烯烃技术（DMTO）获得 2014 年度国家技术发明一等奖。截至 2023 年 8 月，DMTO 系列技术已累计实现技术许可 31 套工业化装置，烯烃产能达 2160 万吨/年，已投产 16 套工业化装置，烯烃产能超过 930 万吨/年。

学科素养与思考

6-1　掌握模数、判据、因子和系数在实际工业催化剂上的应用，理解基本概念的来龙去脉，特别是关键问题的数理推导过程。锻炼数理思维能力，提升工程设计和计算能力。

6-2　结合内蒙古地区现代煤化工项目，了解费-托合成和神华煤制油项目中催化剂所发挥的核心作用。结合我国科研工作者在煤化工方面取得的进展，理解科技创新和核心技术对国计民生的重要性。

6-3　在理解第 5 章内容的基础上，结合**【例 6-6】**，深入分析多相催化反应机理、本征动力学方程和宏观动力学方程之间的关联和区别。

6-4　仔细研读刘中民院士及中国科学院大连化学物理研究所的科研人员近些年在催化新反应与催化机理、SAPO 分子筛合成、催化新过程放大与开发、催化反应器和过程模拟等方向上发表的学术研究成果和中试生产资料，结合内蒙古自治区包头神华煤制油项目，感知催化理论知识对生产实践的指导作用，体验实践检验理论的思辨之道，感受科技的力量。

习题

6-1　在 Pt/Al_2O_3 催化剂上于 200℃用空气进行微量一氧化碳反应，已知催化剂的孔容为 $0.3cm^3/g$，比表面积为 $200m^2/g$，颗粒密度为 $1.2g/cm^3$，曲折因子为 3.7。CO-空气二元系统中 CO 的正常扩散系数为 $0.192cm^2/s$。试求 CO 在该催化剂颗粒中的有效扩散系数。

6-2　计算 750℃、1atm 和 30atm 下，下列体系的扩散系数。

（1）CH_4 和 H_2 二元体系的分子扩散系数。

（2）多组分 CH_4、H_2O、CO、CO_2 和 H_2 体系中，CH_4 在气体混合物中的扩散系数。已知各组分的分子分数为 CH_4 10%、H_2O 46%、CO 6%、CO_2 4%、H_2 34%、CH_4 的扩散体积为 24.42，H_2 的扩散体积为 7.07。

6-3　在充填 $ZnO\text{-}Fe_2O_3$ 催化剂的固定床反应器中，进行乙炔水合反应

$$2C_2H_2+3H_2O \longrightarrow CH_3COCH_3+CO_2+2H_2$$

已知床层某处的压力和温度分别为0.101MPa和400℃，气相中C_2H_2摩尔分数为3%。该反应速率方程为：$r=kc_A$，式中，c_A为C_2H_2的浓度，速率常数$k=7.06\times10^7\exp[-61570/(RT)]/\mathrm{s}^{-1}$，试求该处的外扩散有效因子。条件：催化剂颗粒直径0.5cm，颗粒密度$1.6\mathrm{g/cm^3}$，C_2H_2的扩散系数$7.3\times10^{-5}\mathrm{m^2/s}$，气体黏度$2.35\times10^{-5}\mathrm{Pa\cdot s}$，床层中气体的质量速度$0.24\mathrm{kg/(m^2\cdot s)}$。

6-4 实验室管式反应器的内径2.1cm，长80cm，内装直径6.35mm的银催化剂，进行乙烯氧化反应，原料气中乙烯的摩尔分数为2.25%，其余为空气，在反应器内某处测得$p=1.06\times10^5\mathrm{Pa}$，$T_G=470\mathrm{K}$，乙烯转化率35.7%，环氧乙烷收率23.2%，已知

$$C_2H_4+\frac{1}{2}O_2 \longrightarrow C_2H_4O \quad \Delta H_1=-9.61\times10^4\mathrm{J/molC_2H_4}$$

$$C_2H_4+3O_2 \longrightarrow 2CO_2+2H_2O \quad \Delta H_2=-1.25\times10^6\mathrm{J/molC_2H_4}$$

颗粒外表面对气相主体的传热系数为$210\mathrm{kJ/(m^2\cdot h\cdot K)}$，颗粒密度为$1.89\mathrm{g/cm^3}$。设乙烯氧化的反应速率为$1.02\times10^{-2}\mathrm{kmol/(kg\cdot h)}$，试求该处催化剂外表面与气流主体间的温度差。

6-5 一级连串反应

$$A \xrightarrow{k_1} B \xrightarrow{k_2} C$$

在0.101MPa及360℃下进行，已知$k_1=4.368\mathrm{s^{-1}}$，$k_2=0.4173\mathrm{s^{-1}}$，催化剂颗粒密度为$1.3\mathrm{g/cm^3}$，$(k_G a_m)_A$和$(k_G a_m)_B$均为$20\mathrm{cm^2/(g\cdot s)}$。试求当$c_{BG}/c_{AG}=0.4$时目的产物B的瞬时选择性和外扩散不发生影响时的瞬时选择性。

6-6 在球形催化剂上进行气体A的分解反应，该反应为一级不可逆放热反应。已知颗粒直径为0.3cm，气体在颗粒中有效扩散系数为$4.5\times10^{-6}\mathrm{m^2/h}$。颗粒外表面气膜传热系数为$161\mathrm{kJ/(m^2\cdot h\cdot K)}$，气膜传质系数为310m/h，反应热效应为−162kJ/mol，气相主体A的浓度为0.20mol/L。实验测得A的表观反应速率为$1.67\mathrm{mol/(L\cdot min)}$，试估算：

(1) 外扩散阻力对反应速率的影响；

(2) 内扩散阻力对反应速率的影响；

(3) 外表面与气相主体间的温度差。

6-7 在固体催化剂上进行一级不可逆反应：$A \longrightarrow B$；已知反应速率常数为k，催化剂外表面对气相的传质系数为$k_G a_m$，内扩散有效因子为η，c_{AG}为气相主体中组分A的浓度。

(1) 试推导

$$-R_A=\frac{c_{AG}}{\frac{1}{k_\eta}+\frac{1}{k_G a_m}}$$

(2) 若反应式$A \longrightarrow B$改为一级可逆反应，则相应的式反应速率方程如何表达？

6-8 在150℃、用粒径100μm的镍催化剂进行气相苯加氢反应，由于原料气中氢大量过剩，可将该反应按一级（对苯）反应处理，在内、外扩散影响已消除的情况下，测得反应速率常数$k_p=5\mathrm{min^{-1}}$，苯在催化剂颗粒中有效扩散系数为$0.2\mathrm{cm^2/s}$。试问：

(1) 在0.101MPa下，要使$\eta=0.80$，催化剂颗粒的最大直径是多少？

(2) 改在2.02MPa下操作，并假定苯的有效扩散系数与压力成反比，催化剂颗粒的最大直径是多少？

(3) 改为液相苯加氢反应，液态苯在催化剂颗粒中的有效扩散系数为$10^{-6}\mathrm{cm^2/s}$，而反应速率常数保持不变，要使$\eta=0.80$，求催化剂颗粒的最大直径。

6-9 一级不可逆气相反应$A \longrightarrow B$，在装有球形催化剂的微分固定床反应器中进行，温度为400℃等温，测得反应物浓度为$0.05\mathrm{kmol/m^2}$时的反应速率为$2.5\mathrm{kmol/(m^3床层\cdot min)}$，该温度下以单位

体积床层计的本征速率常数为$k_V=50L/s$，床层空隙率为0.3，A的有效扩散系数为$0.03cm^2/s$，假设外扩散阻力可不计，试求：

(1) 反应条件下催化剂的内扩散有效因子。

(2) 反应器中所装催化剂颗粒的半径。

6-10 在固定床反应器中等温进行一级不可逆反应，床内填充直径为6mm的球形催化剂，反应组分在其中的有效扩散系数为$0.02cm^2/s$，在操作温度下，反应速率常数k等于$0.1min^{-1}$，有人建议改3mm的球形催化剂以提高产量，问采用此建议能否增产？增产幅度有多大？假定催化剂的物理性质及化学性质均不随颗粒大小而改变，并且改换粒度后仍保持同一温度操作。

6-11 在V_2O_5/SiO_2催化剂上进行萘氧化制苯酐的反应，反应在1.013×10^5Pa和350℃下进行，萘-空气混合气体中萘的摩尔分数为0.10%，反应速率式为

$$r_A=3.821\times10^5 p_A^{0.38}\exp\left(\frac{-135360}{RT}\right)\quad kmol/(kg\cdot h)$$

式中，p_A为萘的分压，Pa。已知催化剂颗粒密度为$1.3g/cm^3$，颗粒直径为0.5cm，试计算萘氧化率为80%时萘的转化速率（假设外扩散阻力可忽略），有效扩散系数等于$3\times10^{-3}cm^2/s$。

6-12 乙苯脱氢反应在直径为0.4cm的球形催化剂上进行，反应条件是0.101MPa、600℃，原料气为乙苯和水蒸气的混合物，二者摩尔比为1∶9。假定该反应可按拟一级反应处理$r=kp_{EB}$；式中，p_{EB}为乙苯的分压，Pa。$k=0.1244\exp\left(\frac{-9.13\times10^4}{RT}\right)$［单位：kmol苯乙烯/(kg·h·Pa)］。已知：催化剂颗粒密度为$1.45g/cm^3$，孔隙率为0.35，曲折因子为3.0。试计算：

(1) 当催化剂的孔径足够大，孔内扩散属于正常扩散，扩散系数$D=1.5\times10^{-5}m^2/s$，试计算内扩散有效因子。

(2) 当催化剂的平均孔半径为$100\times10^{-5}m$时，重新计算内扩散有效因子。

6-13 苯（B）在钒催化剂上部分氧化成顺酐（MA），反应为这三个反应均为一级反应。实验测得反应器内某处气相中苯和顺酐的摩尔分数分别为1.27%和0.55%，催化剂外表面温度为623K，此温度下，$k_1=0.0196s^{-1}$，$k_2=0.0158s^{-1}$，$k_3=1.98\times10^{-3}s^{-1}$，苯与顺酐的$k_G a_m$均为$1.0\times10^{-4}\ m^3/(s\cdot kg)$。催化剂的颗粒密度为$1500kg/m^3$。试计算反应的瞬时选择性并与外扩散无影响时的瞬时选择性相比较。

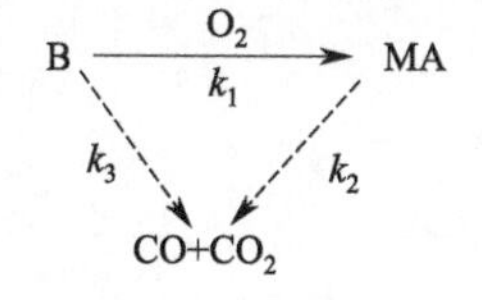

参考文献

［1］ 王尚弟，孙俊全，王正宗．催化剂工程导论［M］．3版．北京：化学工业出版社，2015.

［2］ 许志美．化学反应工程［M］．北京：化学工业出版社，2019.

［3］ 李绍芬．反应工程［M］．3版．北京：化学工业出版社，2013.

［4］ 程振民，朱开宏，袁渭康．高等反应工程［M］．北京：化学工业出版社，2020.

［5］ 梁斌，等．化学反应工程［M］．北京：化学工业出版社，2019.

［6］ 朱炳辰．化学反应工程［M］．5版．北京：化学工业出版社，2011.

［7］ 王安杰，周裕之，赵蓓．化学反应工程学［M］．北京：化学工业出版社，2005.

[8] 陈甘棠．化学反应工程[M].3版．北京：化学工业出版社，2020.

[9] 陈甘棠,梁玉衡．化学反应技术基础[M]. 北京：科学出版社，1981.

[10] 陈诵英,孙彦平．催化反应器工程[M]. 北京：化学工业出版社，2011.

[11] 陈诵英．催化反应工程基础[M]. 北京：化学工业出版社，2011.

[12] Umit S Ozkan. 非均相催化剂设计[M]. 中国石化催化剂有限公司译．北京：中国石化出版社，2014.

[13] 刘中民,齐越．甲醇制取低碳烯烃（DMTO）技术的研究开发及工业性试验[J]. 中国科学院院刊,2006,21(5)：406-408.

[14] Sun Qiming，Xie Zaiku，Yu Jihong. The state-of-the-art synthetic strategies for SAPO-34 zeolite catalysts in methanol-to-olefin conversion[J]. National Science Review，2018，5(4)：542-558.

第7章

多相反应器的特征及工业应用

多相反应器包括固定床反应器、流化床反应器、气-液反应器和气-液-固三相反应器等。根据多相反应器的类型，本章重点介绍了多相反应器的流体特点、传递特性和简化的设计模型，分析了多相反应器设计中的技术难点和关键问题。另外，本章根据多相反应器的类型，结合石油化工和煤化工反应的特点，通过典型工业应用案例的分析，帮助学生了解反应器设计与分析的基本方法。

本章学习要求

7-1 工业生产中许多重要的化学产品（如氨、硝酸、硫酸、甲醇等）都是通过固定床反应器合成得到的。固定床反应器章节中应重点掌握固定床反应器的流体力学特征和传递现象。重点掌握绝热式催化固定床反应器、自热式催化反应器和管式催化反应器的特点和一维拟均相数学模型，并结合典型案例理解设计过程，特别是管式催化反应器的飞温和参数敏感性，了解四阶龙格-库塔法、Matlab程序求解常微分方程组的数值解的方法。

7-2 流化床反应器是工业上广泛应用的一类反应器，适用于催化或非催化的气-固、液-固和气-液-固反应器。流化床反应器章节中应重点掌握流化床反应器的不同流型和模型的特征，流型转变速度的计算，气-固密相流化床的基本结构及其中气泡及固体流动特性的定性描述，和鼓泡流化床的数学模型等方面的基础内容。掌握鼓泡流化床反应器的两相模型和鼓泡床模型，理解用一个关键的模型参数——气泡有效直径，模拟密相流化床中的气泡运动。重点了解气-固密相流化床和循环流化床的基本结构和典型工业应用，特别是流化催化裂化反应器（FCC）和循环流化床燃烧反应器。

7-3 气-液反应是化工、炼油等过程工业常遇到的多相反应。气-液反应的进行是以两相界面的传质为前提，由于气相和液相均为流动相，两相间的界面不是固定不变的，它由反应器的型式、反应器中的流体力学条件所决定，因此应以双膜论为传质模型，重点掌握气-液反应器的基本类型、特点和工业应用。重点了解鼓泡反应器、填料反应器的基本结构、特点、数学模型和典型应用案例。

7-4 工业上采用的气-液-固反应器按床层的性质主要分成两种类型，即固定床和悬浮床。三相固定床反应器最常见的类型是滴流床或涓流床反应器。固体呈悬浮状态的三相悬浮床反应器一般使用细颗粒固体，包括三相流化床反应器、鼓泡淤浆床反应器、环流反应器等。对于气-液-固三相反应器，应结合加氢裂化、煤直接液化、费-托合成等重要化工过程，重点掌握滴流床反应器、三相流化床反应器和鼓泡淤浆床反应器的特点及工业应用。

本章思维导图

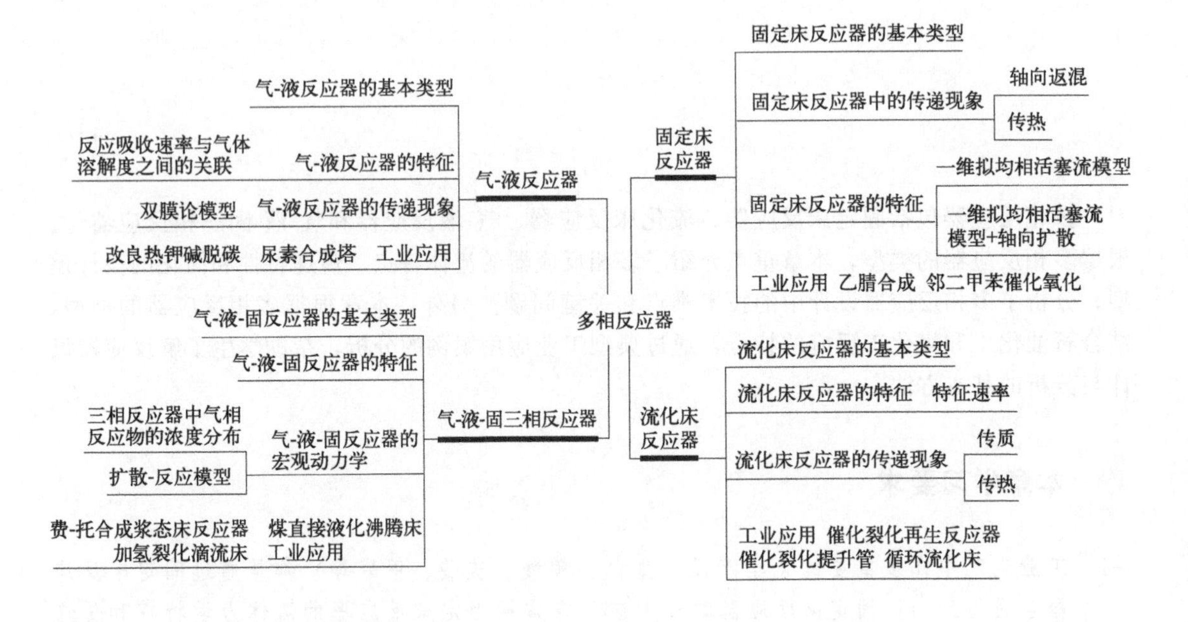

7.1 固定床反应器

流体物料流经由静止的固体颗粒物料所形成的床层而进行非均相反应的装置称作固定床反应器。固体颗粒若为催化剂，则床层入口物料温度要高于催化剂的活性温度，出口温度低于催化剂的耐热温度。

固定床反应器的优点是：

① 当床层不是太薄，流速不是太低，流体的轴向流动可视为活塞流，因此具有 PFR 的特点。

② 对于催化反应，由于床层中的颗粒是静止不动的，因此催化剂不易磨损，降低了催化剂的消耗，提高了经济效益，尤其是对贵重的金属催化剂。

③ 适应性强，生产规模可大可小，操作灵活，可在高压、高温下操作。

固定床反应器的缺点是：

① 床层的传热性能差。

② 由于床层的压降的限制，选用催化剂颗粒粒径较大、内扩散有效因子较小，催化剂利用率较低。

③ 催化剂的装卸和再生困难。

7.1.1 固定床反应器的基本类型

一般来说，反应的化学特征，特别是反应的反应热和所需的温度变化范围是确定反应器选型的基础。

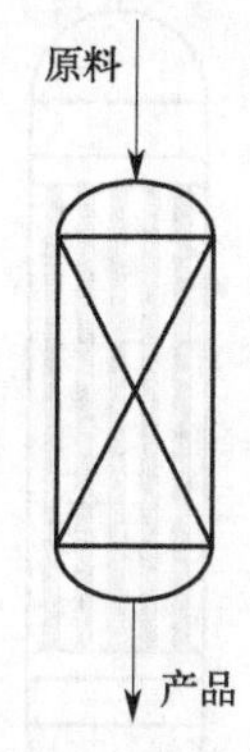

图 7-1　单段绝热式固定床反应器

单段绝热式
固定床反应器

固定床反应器按换热方式可分为绝热式和连续换热式两类。绝热式固定床反应器如不计热损失外，则与外界无热量交换，根据床层段数分为单段式和多段式。单段式只有一段床层，适用于热效应小的反应，见图 7-1 和二维码。多段式由多个床层和多个换热段间隔组成，通过段间换热来控制反应体系的温度，适用于热效应大的反应，按换热方式不同可以分为间接换热式和直接换热式（冷激式）。间接换热式的换热剂若为冷原料，则工艺流程如图 7-2(a) 所示；若换热剂为非原料，则工艺流程如图 7-2(b) 所示，合成氨工艺的变化工段常采用该种形式。直接换热式的冷激剂可以是冷原料，也可以是非原料，工艺流程如图 7-2(c) 所示。连续换热式按换热介质不同可分为自身换热式和对外换热式。自热式反应器利用反应热来加热原料气使之达到要求温度，再进入催化剂床层进行反应的自身换热式反应器，如图 7-3 所示。它只适用于热效应不太大的放热反应和原料气必须预热的系统。这种

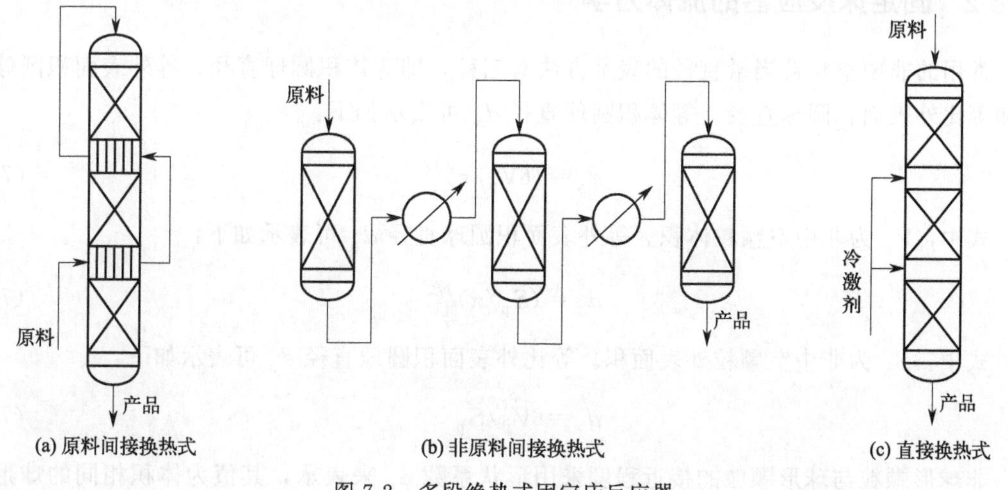

图 7-2　多段绝热式固定床反应器

反应器本身能达到热量平衡，不需外来介质加热或冷却反应床层。外换热式反应器采用与反应无关的载热体加热或冷却反应床层，一般用于强放热或强吸热反应，如图 7-4 和二维码所示。载热体可根据反应过程所要求的温度、反应热效应、操作压力及过程对温度的敏感度来选择。一般采用强制循环进行换热。

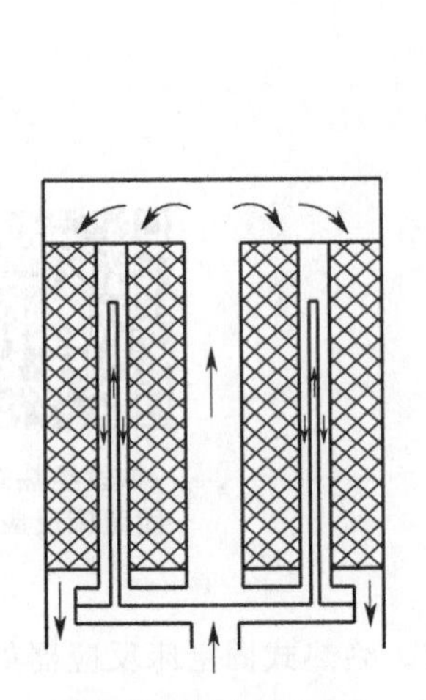
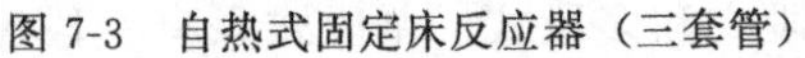

图 7-3　自热式固定床反应器（三套管）

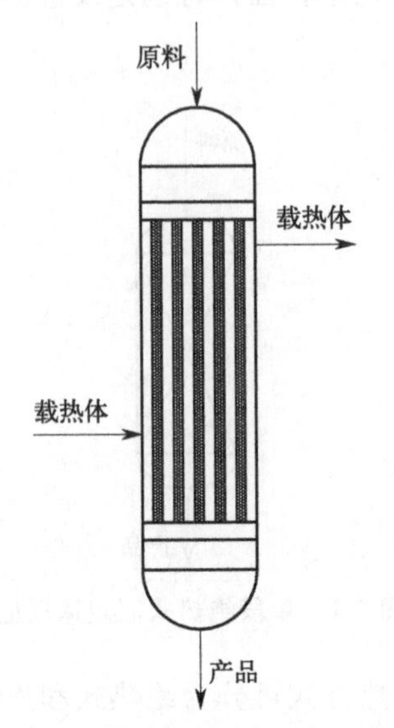

图 7-4　列管式固定床反应器

列管式固定床反应器

固定床反应器按流体流动方向的不同可分为轴向、径向、轴径向三类。轴向固定床用得最多，不特殊说明均指轴向床。径向流动装置由于流体流通的截面积大、流速小、流道短，具有床层压力降小的显著特点，近年来在化工、石油、原子能等方面得到了广泛应用，特别在许多催化反应过程，如氨合成、铂重整、乙苯脱氢等都已使用了径向流动反应器。径向流动反应器可采用较小颗粒的催化剂和较高的空间速度，从而提高了设备的空时产率。但径向流动反应器应合理地设计分布气体的流道，对分布流道的制造要求较高。

7.1.2　固定床反应器的流体力学

常用的非中空颗粒当量直径的表示方法有三种，即等体积圆球直径、等外表面积圆球直径和等比外表面积圆球直径。等体积圆球直径 d_v 可表示如下：

$$d_v = (6V_p/\pi)^{1/3} \tag{7-1}$$

式中，V_p 为非中空颗粒体积。等外表面积圆球直径 d_p 可表示如下：

$$d_p = (S_p/\pi)^{1/2} \tag{7-2}$$

式中，S_p 为非中空颗粒外表面积。等比外表面积圆球直径 d_s 可表示如下：

$$d_s = 6V_p/S_p \tag{7-3}$$

非球形颗粒与球形颗粒的接近程度采用形状系数 ϕ_s 来表示，其值为体积相同的球形颗粒的外表面积与非球形颗粒外表面积之比。ϕ_s 可由颗粒的当量直径算得，计算式如下：

$$\phi_s=d_s/d_v=(d_v/d_p)^2 \tag{7-4}$$

上面讨论的是单个颗粒大小的表示方法，实际使用的催化剂是存在一个粒度分布的混合颗粒群。设计时往往采用平均直径来表示众多颗粒的直径大小。如混合颗粒中，直径为 d_1、d_2、…、d_n 的颗粒的质量分数分别为 x_1、x_2、…、x_n，则该混合颗粒的算术平均直径 $\overline{d}_p$ 为：

$$\overline{d}_p=\sum_{i=1}^{n}x_i d_i \tag{7-5}$$

而调和平均直径 $\overline{d}_p$ 为：

$$\frac{1}{\overline{d}_p}=\sum_{i=1}^{n}\frac{x_i}{d_i} \tag{7-6}$$

在固定床和流化床的流体力学计算中，用调和平均直径较为符合实验数据。大小不等且形状也各异的混合颗粒，其形状系数由待测颗粒所组成的固定床压力降来计算。固定床的空隙率是表征床层结构的重要参数，不仅影响流体流动，进而影响传热、传质，而且也是影响床层压力降的主要因素。空隙率 ε 为颗粒物料层中颗粒间自由体积与整个床层体积之比，即

$$\varepsilon=\frac{\text{床层空隙体积}}{\text{床层体积}}=1-\frac{V_p}{V_b}=1-\frac{\rho_b}{\rho_p} \tag{7-7}$$

式中，V_b 和 V_p 分别是床层体积和颗粒体积；ρ_b 和 ρ_p 分别是堆密度（床层密度）和颗粒表观密度（假密度）。ε 随颗粒形状系数的增加而减小，随颗粒粒度分布变宽而减小。在固定床同一截面上，近壁处的空隙率要大于中心处，而且 d_p/d_t（床层直径）的数值越大，壁效应对床层平均空隙率的影响越显著。壁效应既是器壁对空隙率的影响以及由此造成的对“三传一反”的影响，称为壁效应。一般来说，当 $d_t/d_p\geqslant 8$ 时，床层不同部位的空隙率大致相同，壁效应可忽略。

为了进行固定床反应器的设计计算，必须确定床层的当量直径 d_e。由于当量直径为水力半径 R_H 的 4 倍，而水力半径可由床层的空隙率和单位床层体积中颗粒的润湿表面积计算得到。当不考虑颗粒间相互接触而减少表面积时，床层中颗粒的比表面积 S_e，即单位体积床层中颗粒的外表面积，可由床层的空隙率 ε 及非中空单颗颗粒的体积 V_p 及外表面积 S_p 计算而得：

$$S_e=(1-\varepsilon)S_p/V_p=6(1-\varepsilon)/d_s \tag{7-8}$$

按水力半径的定义：

$$R_H=\frac{\text{有效截面积}}{\text{润湿周边}}=\frac{\text{床层的空隙体积}}{\text{总润湿面积}}=\frac{\varepsilon}{S_e} \tag{7-9}$$

固定床的当量直径：

$$d_e=4R_H=\frac{4\varepsilon}{S_e}=\frac{2}{3}\left(\frac{\varepsilon}{1-\varepsilon}\right)d_s \tag{7-10}$$

当床层由单孔环柱体、多通孔环柱体等中空颗粒组成时，不能使用式(7-10)。

流体通过固定床时产生的压力损失，主要来自流体和颗粒外表面摩擦产生的摩擦阻力，以及孔道的突然扩大和缩小造成的局部阻力。一般是通过适当修正计算空管阻力的 Ergun 公式来计算固定床压力降 Δp 的，修正后的公式为：

$$\Delta p=f_m \frac{\rho_f u_f^2}{d_s}\left(\frac{1-\varepsilon}{\varepsilon^3}\right)L \tag{7-11}$$

$$f_m=1.75+\frac{150}{Re_m} \tag{7-12}$$

$$Re_m=\frac{d_s\rho_f u_f}{\mu_f(1-\varepsilon)}=\frac{d_s G}{\mu_f(1-\varepsilon)} \tag{7-13}$$

式中，L 为管长，m；ρ_f 为流体的密度，kg/m^3；Δp 为压力降，N/m^2；u_f 为表观流速，m/s；f_m 为修正摩擦系数；Re_m 为修正雷诺数；μ_f 为流体黏度，kg/(m·s)；G 为流体质量流率或质量通量，$kg/(m^2\cdot s)$。当 $Re_m<10$ 时，处于层流状态，可取 $f_m=150/Re_m$；当 $Re_m>1000$ 时，处于完全湍流状态，可取 $f_m=1.75$。

7.1.3 固定床反应器中的传递现象

7.1.3.1 固定床反应器中的传质

流体在固体颗粒间流动时，不断地分散与汇合，形成了径向及轴向混合扩散。因此，流体流经床层的传质过程除了外扩散和内扩散外，还要考虑床层内流体的混合扩散即轴向扩散和径向扩散。外扩散和内扩散相关内容在前面章节已经介绍，在此不再赘述。径向混合有效扩散系数 D_r 及轴向混合有效扩散系数 D_a 一般用贝克来数（Peclet）Pe 关联。

$$Pe_r=\frac{d_s u}{D_r}=\frac{d_s u\rho_f}{\mu_f}\times\frac{\mu_f}{\rho_f D_r}=\frac{Re\mu_f}{\rho_f D_r} \tag{7-14}$$

$$Pe_z=\frac{d_s u}{D_a}=\frac{d_s u\rho_f}{\mu_f}\times\frac{\mu_f}{\rho_f D_a}=\frac{Re\mu_f}{\rho_f D_a} \tag{7-15}$$

固定床反应器的轴向返混推导过程

一般来说，当 $Re>40$，气体或液体的径向 $Pe_r=10$，几乎不随 Re 而变；液体的轴向值 Pe_z 随 Re 值而有一定程度的变化，气体的轴向 $Pe_z\approx 2$，不随 Re 而变。由此可以推出固定床反应器中床层高度 L 超过颗粒直径 d_s 的 100 倍时，可以略去轴向返混的影响，具体推导过程见二维码。同样，当床层直径与催化剂颗粒直径的比值很大时，径向扩散可以忽略。但对于薄床层反应器，轴向扩散的影响不可忽略。为了提高反应收率，常采用提高流体流动线速度的方法来消除外扩散对传质速率的影响，采用小颗粒的催化剂、改变催化剂颗粒的孔径结构和活性组分分布等方法来消除或减小内扩散对传质速率的影响。

7.1.3.2 固定床反应器中的传热

在固定床反应器中，反应及热效应主要发生在催化剂内表面。固定床的传热包括颗粒内传热、颗粒与流体间的传热和床层与器壁间的传热。传热过程直接影响反应速率、床层温度分布和产物组成。若床层被冷却，热量在床层中按对流、传导及辐射的综合方式传至床层近壁处，再通过近壁处滞流边界层传向容器内壁。因此，床层中每一截面上都形成一定的径向温度分布，并且不同轴向位置处的径向温度分布也不相同。流体通过固定床的径向热量传递是通过多种方式进行的，传热过程是相当复杂的，为了便于研究，可将整个床层简化处理为由床层主体和壁膜处两个部分组成。通常把固体颗粒及在其空隙中流动的流体包括在内的整个床层主体看作为假想的固体，按传导传热的方式来考虑径向传热过程。这一假想的固体热导率，称为径向有效热导率 λ_{er}。如果固定床被冷却，则固定床中的热量以传导传热的形式传至床层器壁内流体滞流膜，再通过滞流膜传向器壁，这个过程的给热系数称为壁给热系数 α_W。当确定固定床与外界的换热面积 F 时，若以床层内壁的滞流边界层作为传热阻力所在，应以近壁处的床层温度 T_r 和换热面内壁温度 T_W 之差作为传热推动力。由于近壁处的床层温度 T_r 难以直接测量，所以常把床层主体视为温度为 T_m 的等温体，把热阻完全集中在壁膜处，这样固定床对壁的传热速率方程可表示为：

$$dQ = \alpha_t (T_m - T_W) dF \tag{7-16}$$

式中，α_t 为床层对器壁总给热系数，$J/(m^2 \cdot s \cdot K)$；Q 为传热速率，J/s；F 为换热面积，m^2；T_m 为床层平均温度，K；T_W 为器壁温度，K。α_t 可通过实验关联式计算得到，详细内容可参阅本章文献 [2]。

7.1.4　固定床反应器的数学模型

反应器的数学模型，根据反应动力学可分为非均相与拟均相两类。根据床中温度分布可分为一维模型和二维模型，根据流体的流动状况又可分为理想流动模型和非理想流动模型。颗粒内部和相间的传热、传质计入模型，称为“非均相”模型。如果反应属于化学动力学控制，催化剂颗粒表面、内部、外部浓度均一，传递阻力可忽略，称为“拟均相”模型。如果某些催化过程的颗粒宏观动力学研究得不够，只能按本征动力学处理，而将传递过程的影响、反应器结构影响、催化剂失活等因素合并成为“活性校正系数”和“寿命因子”，这种处理方法属于“拟均相”模型。

若只考虑反应器中沿着气流方向的浓度差及温度差，称为“一维模型”；若同时计入垂直于气流方向的浓度差和温度差，称为“二维模型”。一维拟均相平推流模型是最基础的模型，在这个模型基础上，按各种类型反应器的实际情况，计入轴向返混、径向浓度差及温度差，颗粒内部及相间的传质和传热，便形成了表 7-1 的分类。表 7-1 中基础模型的数学表达式最简单，所需的模型参数最少，数学运算也最简单。模型中考虑的问题越多，所需的传递过程参数也越多，如 BⅢ、BⅣ型，其数学表达式非常复杂，求解也十分费时。拟均相一维较粗略，而非均相模型计算量太大，且结果又与拟均相二维很接近，因此拟均相二维最为适宜。

表 7-1　催化反应器数学模型分类

分类	A类:拟均相模型	B类:非均相模型
一维模型	AⅠ:基础模型	BⅠ:基础模型＋相间分布
	AⅡ:AⅠ＋轴向返混	BⅡ:BⅠ＋轴向返混
二维模型	AⅢ:AⅠ＋径向分布	BⅢ:BⅠ＋径向分布
	AⅣ:AⅢ＋轴向返混	BⅣ:BⅢ＋轴向返混

7.1.5 典型固定床反应器的应用案例

气-固相催化反应器的典型工业应用

固定床反应器广泛用于气-固相反应、液-固相反应、气-液-固三相反应过程。例如，基本化学工业中的合成氨、甲醇、甲醛、硫酸等，炼油工业中的加氢精制、重整、异构化等，有机化工中的乙苯脱氢制苯乙烯、邻二甲苯氧化制邻苯二甲酸酐、乙烯氧化制环氧乙烷等。气-固相催化反应是固定床反应器应用最为广泛的领域，典型工业应用见二维码中内容。固定床催化反应器可以分为两大类：一类是反应过程中催化剂床层与外界没有热量交换，称为绝热式固定床反应器；另一类是与外界有热量交换，称为换热式固定床反应器。

7.1.5.1 绝热式固定床反应器

一般而言，绝热式固定床反应器的特点为：床直径远大于颗粒直径，床层高度与颗粒直径之比一般超过 100，且与外界的热量交换可以不考虑。绝热式固定床反应器又分为单段绝热式固定床反应器和多段绝热式固定床反应器。

（1）**单段绝热式固定床反应器** 单段绝热式固定床反应器是最简单的固定床反应器，其结构常采用高径比不大的圆筒体，筒体下部装有栅板，催化剂均匀堆积在栅板上，内部无任何换热装置。其特点是反应器结构简单，造价便宜，反应器体积利用率较高。适用于反应热效应较小、反应温度允许波动范围较宽、单程转化率较低的反应过程。对于热效应较大的反应，只要反应温度不很敏感或是反应速率不是非常快时，有时也使用这种类型的反应器。图 7-5 是单一可逆放热反应绝热催化床的操作过程在 x-T 图上的标绘。图上标绘了平衡曲线、最佳温度曲线和绝热操作线。

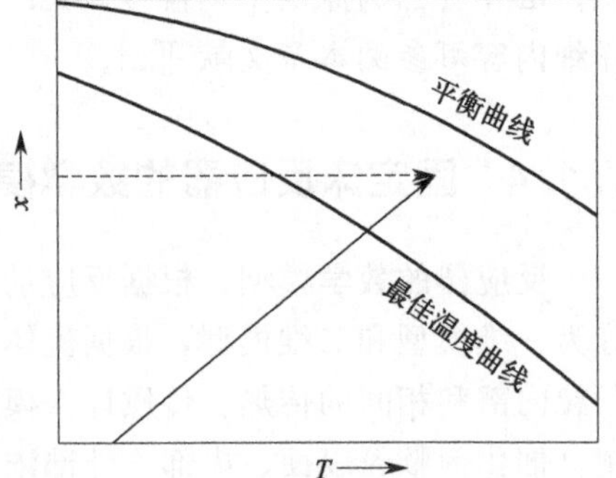

图 7-5 单段绝热催化床的 x-T 图

对绝热过程进行热量衡算：

$$N_{\mathrm{T}}C_p\mathrm{d}T_{\mathrm{b}}=N_{\mathrm{T0}}y_{\mathrm{A0}}(-\Delta H_{\mathrm{r}})\mathrm{d}x_{\mathrm{A}} \tag{7-17}$$

对上式从催化床进口到出口进行积分，可得：

$$\int_{T_{\mathrm{b1}}}^{T_{\mathrm{b2}}}\mathrm{d}T_{\mathrm{b}}=\int_{x_{\mathrm{A1}}}^{x_{\mathrm{A2}}}\frac{N_{\mathrm{T0}}y_{\mathrm{A0}}(-\Delta H_{\mathrm{r}})}{N_{\mathrm{T}}C_p}\mathrm{d}x_{\mathrm{A}} \tag{7-18}$$

如果等压摩尔热容 C_p 在温度区间内与温度成线性关系，则平均热容 $\overline{C}_p$ 可用 T_{b1} 和 T_{b2} 的算术平均温度下的热容 $\overline{C}_p$ 来计算。由此可得：

$$T_{\mathrm{b2}}-T_{\mathrm{b1}}=\frac{N_{\mathrm{T0}}y_{\mathrm{A0}}(-\Delta H_{\mathrm{r}})}{N_{\mathrm{T}}\overline{C}_p}(x_{\mathrm{A2}}-x_{\mathrm{A1}})=\Lambda(x_{\mathrm{A2}}-x_{\mathrm{A1}}) \tag{7-19}$$

式中，Λ 称为绝热温升，对于吸热反应为绝热温降。Λ 的物理意义为在绝热条件下，当反应物 A 完全转化时，体系升高或降低的温度。通过计算 Λ 可以为设计及操作控制提供参考。由式(7-19)可见，通过控制初始组成中反应物浓度 y_{A0}，可控制绝热反应段出口温度。

如果反应混合物的组成变化很大，但可按照绝热催化反应器的数学模型，编制程序，建立床层中气体组成及温度随床层高度变化的微分方程组，可以在计算机上很方便地求解。无论如何，整个过程初始及最终状态间温度与转化率的关系总是符合热焓是状态函数而与过程途径无关的规律。

(2) **多段绝热式固定床反应器**　多段绝热式反应器的催化床仍为绝热式，仅在段间换热用间接换热式或冷激式，冷激式又分为原料气冷激式及非原料气冷激式，选型取决于各种催化反应的特性、工艺要求与催化反应器的结构设计。多段绝热反应器主要用于可逆放热反应，由于可逆放热反应存在着最佳反应温度，如果整个过程能按最佳温度曲线进行，则反应速率最大，此时为完成一定的生产任务所需的催化剂量最小，如图7-6和图7-7所示。所以，对简单的可逆放热反应，反应温度接近最佳温度曲线，是评价反应器的重要标志之一。对于多段间接换热式反应器和多段原料气冷激式反应器，如果略去各段出口气体组成对绝热温升值的影响，则各段绝热操作线的斜率均相同。例如，对于高浓度一氧化碳的变换过程，就采用这个方法，部分原料气与蒸汽混合进入第一段，剩下原料气再与第一段出口气体混合降温。这个方法比降低反应气体进入催化床的温度有效，因为进入催化床的气体温度要受到催化剂起始活性温度的限制。

多段冷激式催化反应器具有下列特点：冷激后下一段催化床进口气体的摩尔流量比上一段有所增加；下一段催化床的进口气体摩尔流量和组成取决于上一段出口气体与段间冷激气之间的物料衡算；下一段催化床进口气体的温度取决于上一段出口气与冷激气体之间的热量衡算。如果段间采用间接换热式，则下一段催化床进口气体的摩尔流量和组成与上一段催化床出口气体的摩尔流量和组成都相同。多段换热式绝热床优化设计考虑因素：段数、换热方式；进口气体摩尔流量、组成；应达到的最终转化率或组成；催化剂的活性温度范围；反应动力学参数和相应的活性校正系数；反应热和各反应组分热容与温度的关系式等基础数据。如四段式选定第一段进口气体摩尔流量，第一、二、三段催化床高度，第一、二、三段进口温度等七个变量为独立变量来计算第一段进口温度可变时的优化设计。

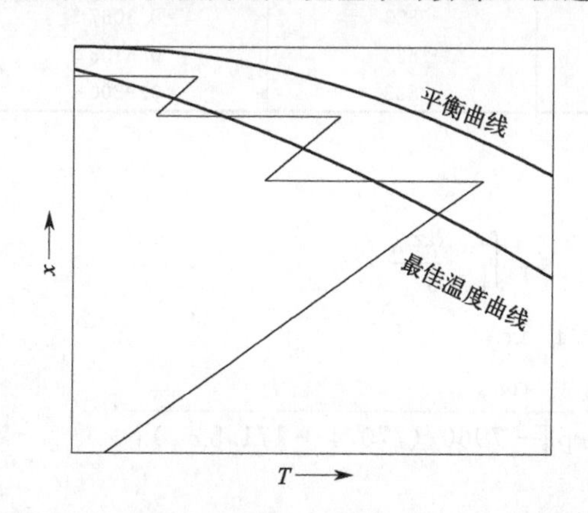

图7-6　单一可逆放热反应三段间接换热式操作状况

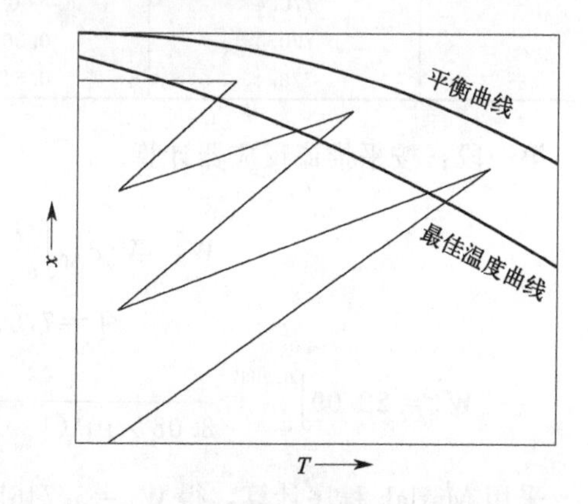

图7-7　单一可逆放热反应三段原料气冷激式操作状况

【例7-1】 在氧化铝催化剂上进行乙腈的合成反应：

$$C_2H_2 + NH_3 \longrightarrow CH_3CN + H_2 \quad -\Delta H_r = -92.2(\text{kJ/mol})$$

设原料气的摩尔比为 $C_2H_2 : NH_3 : H_2 = 1 : 2.2 : 1$，采用三段绝热式反应器，段间间接冷却，使每段出口温度均为 550℃，而每段入口温度亦相同，已知反应速率式可近似地表示为：

$$r_A = 3.08\times10^4\exp(-7960/T)(1-x_A) \quad \text{kmol/(kg·h)}$$

式中，x_A 为乙炔的转化率，流体的平均热容为 128J/(mol·K)，如要求乙炔转化率达到 92%，并且日产乙腈 20 吨，问需催化剂量多少？

解：以 A 表示乙炔

$$N_{T0} = \frac{20\times1000}{24\times41\times0.92} = 22.09(\text{kmol/h})$$

由于反应前后分子数不变，因此体系的摩尔流量不变，并且题目假定各流体的热容恒定，由此每一段热衡算式为：

$$\Delta T = \frac{N_{T0}y_{A0}(-\Delta H_r)}{N_{T0}C_p}\Delta x = \Lambda\Delta x$$

$$\Lambda = \frac{y_{A0}(-\Delta H_r)}{C_p} = \frac{1\times92200}{(1+2.2+1)\times128} = 171.5$$

$$\Delta T = 171.5\Delta x$$

依题意，各段进出口温度相等，即各段 ΔT 相等，所以各段转化率差 Δx 亦相等，因此每段有：

$$\Delta x = 0.92/3 = 0.3067 \quad \Delta T = 171.5\times0.3067 = 52.6(\text{K})$$

因而各段进口温度 $T_{进} = 823-52.6 = 770.4\text{K}$。

各段进出口温度和转化率如下表所列：

段数	进口		出口	
	T/K	x_A	T/K	x_A
一	770.4	0	823	0.3067
二	770.4	0.3067	823	0.6133
三	770.4	0.6133	823	0.9200

第一段：按平推流反应器计算

$$W_1 = V_0c_{A0}\int_0^{x_A}\frac{dx_A}{r_A} = N_{T0}\int_0^{x_A}\frac{dx_A}{r_A}$$

$$T = 770.4 + 171.5x_A$$

$$W_1 = 22.09\int_0^{0.3067}\frac{dx_A}{3.08\times10^4(1-x_A)\exp[-7960/(770.4+171.5x_A)]}$$

采用 Matlab 程序计算，得 $W_1 = 5.746\text{kg}$。

第二段：按平推流反应器计算

$$T = 770.4 + 171.5(x_A - 0.3067) = 717.8 + 171.5x_A$$

$$W_2 = 22.09\int_{0.3067}^{0.6133}\frac{dx_A}{3.08\times10^4(1-x_A)\exp[-7960/(717.8+171.5x_A)]}$$

采用 Matlab 程序计算，得 $W_2=9.052\text{kg}$。

第三段：按平推流反应器计算

$$T=770.4+171.5(x_A-0.6133)=665.2+171.5x_A$$

$$W_3=22.09\int_{0.6133}^{0.92}\frac{dx_A}{3.08\times10^4(1-x_A)\exp[-7960/(665.2+171.5x_A)]}$$

采用 Matlab 程序计算，得 $W_3=23.212\text{kg}$。

催化剂总装填质量$=5.746+9.052+23.212=38.01\text{kg}$。计算过程使用 Matlab 程序，参见二维码。

复化辛普森法求积分的 Matlab 程序

7.1.5.2 自热式固定床反应器

原料气与反应物料在反应器内进行换热以维持反应温度的固定床反应器称为自热式固定床反应器。自热式固定床反应器通常只适用于某些反应热并不大而在高压下进行反应，如中、小型氨合成及甲醇合成。这种反应器的结构形式集反应与换热于一体，利用反应热对原料进行预热，实现了热量自给，从而使设备更紧凑与高效、热量利用率高、易实现自动控制。自热式反应器的形式很多。一般是在圆筒形的容器内配置许多与轴向平行的管子（俗称冷管），管内通过冷原料气，管外放置催化剂，所以又称管壳式固定床反应器。自热式反应器按冷管的形式可分为单管、双套管、三套管和U形管反应器几种，按管内外流体的流向还有并流和逆流之分。双套管、三套管并流式接近最佳温度曲线，三套管传热温度差比双套管大，同样的生产强度，需外冷管的传热面积小。

氨合成过程一般在超过10MPa压力及340～500℃温度下进行，要求使用的材质能耐高温高压及氮氢腐蚀，催化反应器采用内外筒体分开的结构，内筒为高合金钢制，内装载催化剂，能耐高温，但只承受内外筒间的压力差。未反应的氮氢混合气进入内外筒间的外环隙向下进入床外换热器管间预热后，进入催化床的冷管内继续升温，然后进入催化床反应，反应后气体进入床外换热器管内换热。外筒由进入反应器的未反应气体冷却，只承受高压而不承受高温，可用低合金钢制。如三套管氨合成反应器设计，可参见本章参考文献 [1]。

7.1.5.3 列管式固定床反应器

列管式固定床反应器分为用于放热反应的外冷管式反应器和用于吸热反应的外热管式反应器，催化剂一般装在管内，管外用载热体冷却或加热。管径一般为25～50mm的管子，但不小于25mm。为了消除壁效应，催化剂粒径应小于管径的1/8，通常固定床用的粒径约为2～6mm，不小于1.5mm。根据反应温度不同，管外使用不同的热载体进行供热或移走反应热。常用热载体主要有：沸水（100～300℃）、联苯与联苯醚的混合物以及以烷基萘为主的石油馏分（200～350℃）、硝酸盐及亚硝酸盐的无机熔盐混合物（300～400℃）、烟道气（600～700℃）。另外，热载体温度与反应温度相差不宜太大，以免造成反应器壁处的催化剂过冷或过热。过冷的催化剂有可能达不到“活性温度”，不能发挥催化作用，过热的催化剂极有可能失活。热载体在管外通常采用强制循环的形式，以增强传热效果。

列管式固定床反应器特点：①传热较好，管内温度较易控制；②物料流动近似于平推流，目的产物选择性较高，适用于原料成本高、副产物价值低以及分离不是十分容易的情况；③只要增加管数，便可有把握地进行放大。列管式固定床反应器可以通过单管实验掌握其规律，便于放大于多管，但管数目增多，反应器的机械结构制造和管外载热体的均匀流动方面的困难加大。副产蒸汽时，管外应有使产生的大气泡破裂成小气泡的装置，因为大气泡会使传热效果变差。

（1）**数学模型** 外冷列管式固定床反应器大多用于基本有机化合物如烃类和低碳化合物的氧化、加氢等反应。如果反应体系是单一反应，则管内催化床的数学模型由两个微分方程组成：①反应物或产物的摩尔分数随床高变化的物料衡算式；②催化床温度随床高变化的热量衡算式。如果反应体系为多重反应，则应考虑主反应物的转化率、主产物的收率和选择率随床高的变化，热量衡算式中则应同时考虑主、副反应的热效应。使用一维模型时，一般可不考虑催化剂颗粒外表面与气流主体间的温度差和浓度差，反应宏观动力学需考虑催化剂颗粒形状、粒度、反应压力、内扩散过程。使用二维模型时，需建立固定床径向及轴向传热的偏微分方程，相关内容可参阅本章参考文献［3］。

（2）**外冷管式催化反应器的飞温及参数敏感性** 许多石油化工产品的生产工艺使用催化氧化，它们都是强放热多重反应，主要副反应是生成二氧化碳和水的深度氧化反应，副反应的反应热和活化能都大于主反应，一旦反应温度达到某一数值，副反应加剧，温度发生很大的变化，又加速了深度氧化副反应，造成系统迅速升温的“飞温”现象，破坏了生产，这就涉及反应和操作的稳定性和敏感性。《化学反应工程（第5版）》（朱炳辰，2011，文献［1］）对列管式固定床反应器中邻二甲苯催化氧化过程的操作参数敏感性及飞温进行了计算和讨论，部分内容如下。

① 进料温度 用龙格-库塔法解不同进口温度 T_0 时的常微分方程组，可得反应管高度为3m以内的催化床轴向温度分布和邻苯二甲酸酐收率 y_B（实线）及CO、CO_2 收率 y_C（虚线）的轴向分布，见图7-8。当 $T_{b0}=630.5K$ 时，出现床层内温度猛升的现象，以致催化剂遭到破坏。由此可见，对于副反应为强放热的反应器操作，进气温度0.5K之差，可造成飞温。因此，床层温度的控制十分重要，温度控制操作不当可引起系统飞温。

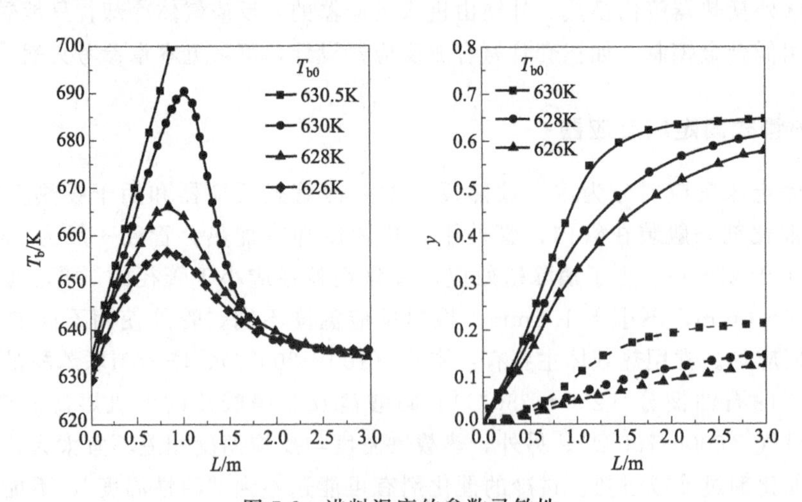

图7-8 进料温度的参数灵敏性

② 进料浓度 进料浓度 g_0 是影响化学反应速率的重要因素，在一定的条件下表现出参数的敏感性，因此有些情况下需要被限制在一定的范围内，从而对生产能力造成影响。如图7-9可见，在其他条件（SV＝1500h^{-1}，T_{b0}＝360℃）不变时，当 g_0 达到 42.5g/m^3

(STP) 即发生飞温。由此可见，进料浓度对邻二甲苯氧化反应过程是一个敏感参数，收率在 g_0 达到参数敏感区域后快速下降。因此在反应器的设计与操作中，应根据情况控制物料的进料浓度。

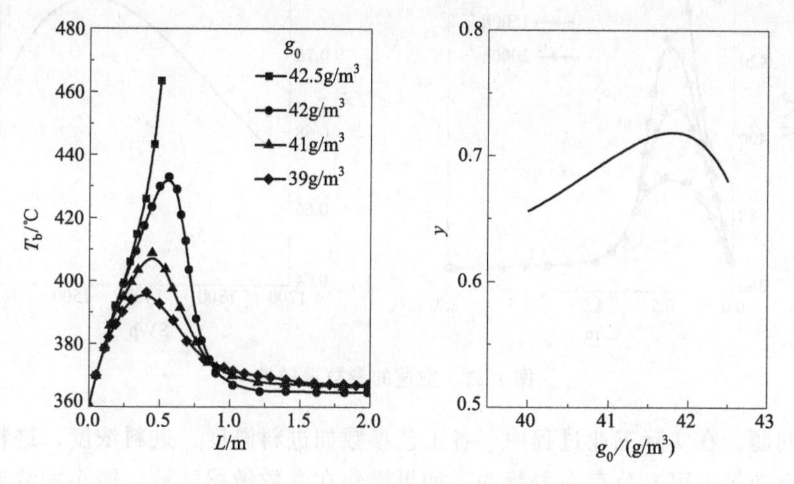

图 7-9　进料浓度的参数灵敏性

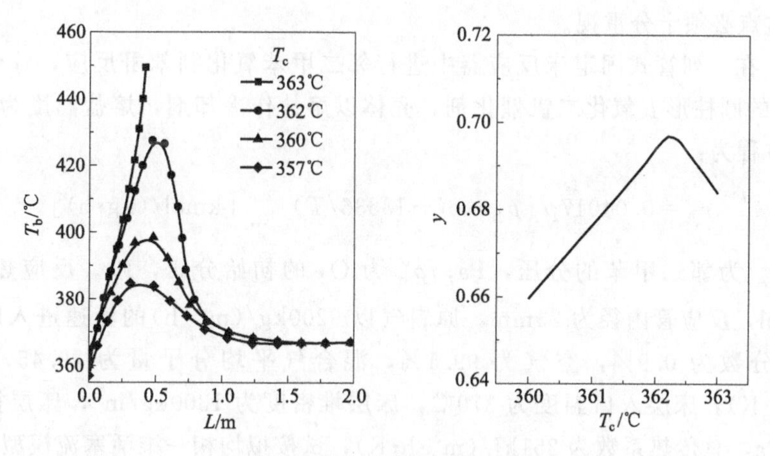

图 7-10　熔盐温度的参数灵敏性

③ 熔盐温度　在管式固定床反应器中，反应热主要通过壳程中的熔盐循环冷却移去，而化学反应速率通常对温度十分敏感，因此熔盐温度也是一个敏感参数。由图 7-10 可知，邻二甲苯氧化反应器的热点温度随熔盐温度的增大而迅速提高，当熔盐温度达到 362℃，只要有 1℃的波动就引起了飞温，收率也随之快速下降。因此在固定床反应器的设计与操作中，应确保熔盐的循环量可克服温差的影响。

④ 空速　空速对反应器热点温度有显著的影响，因此空速也是一个敏感参数。由图 7-11 可知，邻二甲苯氧化反应器的热点温度随空速的降低而迅速提高，在空速降低至 $1300h^{-1}$ 时，引起了系统飞温，收率也随之快速下降。原因在于流体在反应器中的流速较慢，停留时间较长，氧化程度必然加深，副反应加剧，给热系数降低，收率下降。但是，若空速过大，热点温度下降幅度很大，反应不够完全，导致反应转化率下降。因此在固定床反应器的设计与操作中，空速应控制在一定范围内。

在反应器操作中，一般应首先满足稳定性和参数敏感性条件的限制，因为这是关系到生

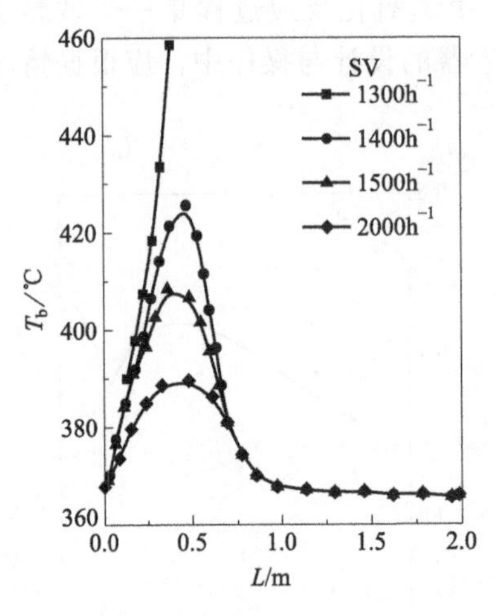

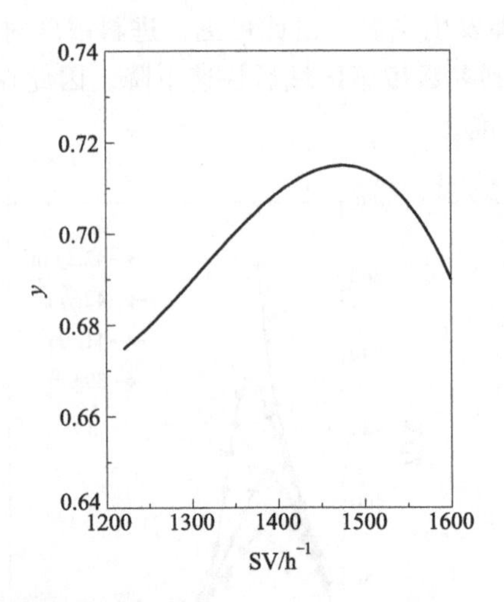

图 7-11　空速的参数灵敏性

产安全的大问题。在实际工业过程中，各工艺参数如进料温度、进料浓度、进料流量、冷却介质温度、空速等不可避免存在着扰动，如果操作在参数敏感区域，微小的波动就可能导致“热点”温度发生很大的变化，甚至造成飞温。对于带强放热深度氧化副反应的有机物催化氧化反应，这点必须十分重视。

【例 7-2】 在一列管式固定床反应器中进行邻二甲苯氧化制苯酐反应，管内充填高和直径均为 5mm 的圆柱形五氧化二钒催化剂，壳体以熔盐作冷却剂，熔盐温度为 370℃，该反应的动力学方程为：

$$r_A = 0.04017 p_A p_B^0 \exp(-13636/T) \qquad [\text{kmol}/(\text{kg}\cdot\text{h})]$$

式中，p_A 为邻二甲苯的分压，Pa；p_B^0 为 O_2 的初始分压，Pa。反应热效应 $\Delta H_r = -1285$kJ/mol，反应管内径为 25mm，原料气以 9200kg/(m^2·h)的流速进入床层，其中邻二甲苯摩尔分数为 0.9%，空气为 99.1%，混合气平均分子量为 29.45，平均热容为 1.072kJ/(kg·K)，床层入口温度为 370℃，床层堆密度为 1300kg/m^3，床层操作绝对压力为 0.1013MPa，总传热系数为 251kJ/(m^2·h·K)，试按拟均相一维活塞流模型计算床层轴向温度分布，并求最终转化率为 74%时的床层高。计算时可忽略副反应的影响。

解： 按拟均相一维活塞流模型对邻二甲苯（A）作物料衡算得：

$$-dN_A = \rho_b r_A A\, dl$$

式中，A 为反应器截面积，m^2。因邻二甲苯含量很小，系统总物质的量可看作恒定不变，N_A 是常数且等于 N_{A0}，故有：

$$-N_{A0} dy_A = \rho_b r_A A\, dl$$

因 $y_A = p_A/p$，则有：

$$-\frac{N_{A0} M_r}{pA} \times \frac{dp_A}{dl} = M_r \rho_b r_A$$

因 $G = N_{A0} M_r / A$，则有：

$$-\frac{dp_A}{dl}=\frac{M_r\rho_b p}{G}r_A=\frac{0.04017M_r\rho_b p p_B^0 p_A}{G}\exp(-13636/T)$$

已知 $M_r=29.45\text{g/mol}$，$\rho_b=1300\text{kg/m}^3$，$G=9200\text{kg/(m}^2\cdot\text{h)}$，$p=1.013\times10^5\text{Pa}$。由于反应体系中空气大量过剩，可认为 O_2 分压恒定，则有：

$$p_B^0=0.991\times0.21\times1.013\times10^5=2.108\times10^4\text{(Pa)}$$

将已知数据代入物料衡算微分方程得：

$$-\frac{dp_A}{dl}=3.57\times10^8 p_A\exp(-13636/T)\quad \text{Pa/m}$$

热量衡算方程：

$$N_{A0}M_rC_p\,dT=\rho_b r_A(-\Delta H_r)A\,dl-K(T-T_c)\pi d_t\,dl$$

将 $N_{A0}M_r=GA$，$A=0.785d_t^2$ 代入上式得：

$$\frac{dT}{dl}=\frac{\rho_b(-\Delta H_r)}{GC_p}r_A-\frac{4K}{GC_p d_t}(T-T_c)$$

已知 $T_c=643\text{K}$，$d_t=0.025\text{m}$，$\Delta H_r=-1285\text{kJ/mol}$，$C_p=1.072\text{kJ/(kg}\cdot\text{K)}$，$K=251\text{kJ/(m}^2\cdot\text{h}\cdot\text{K)}$，将已知数据代入热量衡算微分方程得：

$$\frac{dT}{dl}=1.436\times10^8 p_A\exp(-13636/T)-4.072(T-643)\quad \text{K/m}$$

采用四阶龙格-库塔法 Matlab 程序求解两个常微分方程组的数值解，初值条件为：$l=0\text{m}$，$T=643\text{K}$，$p_A=py_{A0}=1.013\times10^5\times0.009=911.7\text{Pa}$。邻二甲苯分压、床层温度、邻二甲苯转化率随床层高度变化的计算结果如图 7-12 所示。由结果可知，最终转化率达到 74%时的床层高度为 2.1m。龙格-库塔法原理及解微分方程组程序和结果见二维码。

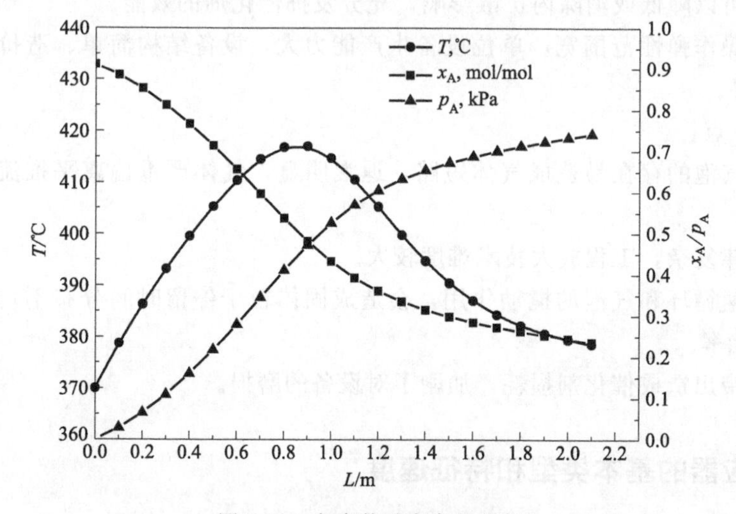

图 7-12　各参数随床高的变化

龙格-库塔法原理及解微分方程组的程序和结果

(3) **外热列管式固定床反应器** 外热列管式固定床反应器广泛用于强吸热反应，如天然气或石油等烃类蒸气转化催化制氢和一氧化碳，作为有机合成和合成氨的原料气，一般为管式转化炉，相关内容可参阅文献［4］。转化炉管一般在 3～4MPa 压力下操作，温度 600～800℃；烃类蒸气转化炉近年来采用 HP-50 含铌高镍铬合金钢材料 ϕ112mm×10mm 炉管，管长 10～12m；管内气体质量流率高，压力降约为进口压力的 10％左右；管内一般填充 ϕ19mm/9mm×19mm、ϕ16mm/6mm×16mm 或 ϕ13mm/6mm×13mm 的环柱状催化剂；管外燃烧燃料以辐射传热方式供热。

7.2 流化床反应器

流体自下而上地通过固体颗粒层时，当流体表观流速较小、颗粒受到的曳力小于颗粒自身重力时，固体颗粒静止不动，床层属于固定床阶段。随着表观流速升高，床层开始膨胀，床层空隙率开始增加，流体对固体颗粒的曳力等于其重力时，固体颗粒悬浮在流体中，此即流态化开始，其相应的流体空床线速度称为临界流化速度 u_{mf}。流体表观流速大于临界流化速度时，床层空隙率进一步增大，床高也相应增加，床层进入完全流化状态。流体表观流速再继续增大到一定程度时，固体颗粒将被流体带出，此现象称为气流输送，相应的流速称为颗粒带出速度 u_t。利用气体或液体自下而上通过固体颗粒床层而使固体颗粒处于悬浮运动状态，并进行气-固相反应、液-固相反应、气-液-固三相反应的反应器称为流化床反应器。

流化床反应器的优点：

① 传质传热效能高，而且床内温度易于维持均匀，适用于热效应大且温度敏感的过程，如氧化、裂解、焙烧以及干燥等过程。

② 大量固体粒子的连续流动和循环操作，特别适用于催化剂迅速失活而需随时再生的过程。

③ 由于粒子细，可以降低或消除内扩散影响，充分发挥催化剂的效能。

④ 流态化技术的操作弹性范围宽，单位设备生产能力大，设备结构简单、造价低，符合现代化大生产的需要。

流化床反应器的缺点：

① 低气速下，大气泡的存在易造成气体短路，返混明显，气体严重偏离平推流，对转化率影响较大。

② 多相流系统规律复杂，工程放大技术难度较大。

③ 固体粒子的迅速循环和气泡的搅动作用，会造成固体粒子停留时间分布不均，降低了固体的出口平均转化率。

④ 粒子的磨损和带出造成催化剂损耗，加剧了对设备的磨损。

7.2.1 流化床反应器的基本类型和特征速度

(1) **流化床反应器的基本类型** 随着表观气速从零开始逐步提高，固体颗粒床层由固定床开始发生一系列的流型转变。如图 7-13 所示，对于颗粒及密度均较小的 A 类颗粒（粒度介于30～100μm，密度小于1400kg/m^3），流体表观流速超过u_{mf}后再提高流速会使床层发生均匀膨胀，气体通过颗粒间隙时无气泡产生且压降波动较小，即为散式流态化。散式流态化一般发生于颗粒与流体之间的密度差较小的液-固系统，较接近理想流化床，流化质量较好。

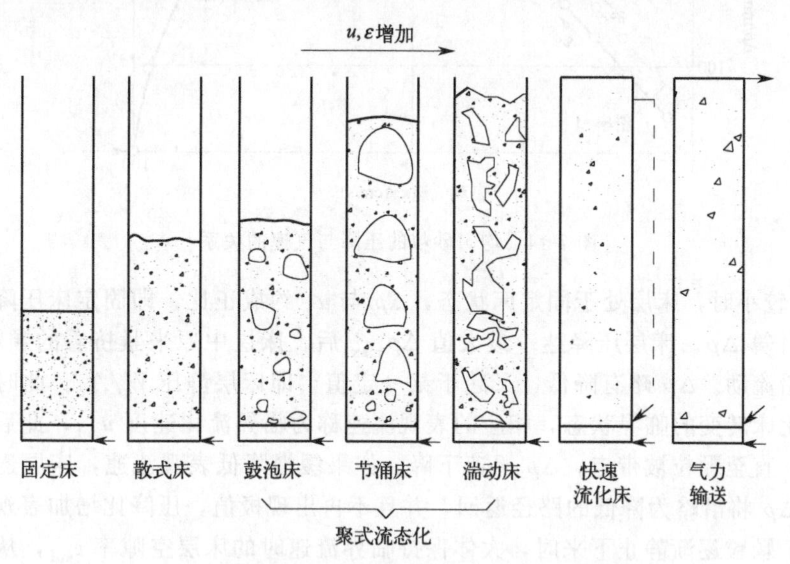

图7-13　气-固流态化中各种流体力学流型的特征示意

对于粒径及密度均较大的B类颗粒（粒度介于100～600μm，密度介于1400～4000kg/m^3），流体表观流速超过u_{mf}后再提高流速将会出现气泡，流速越高，气泡造成的扰动也越剧烈，使床层波动频繁，床层明显地分成乳化相和气泡相两部分，这种形态称为聚式流态化。以气泡形式夹带少量颗粒穿过床层向上运动的不连续的气泡称为气泡相。颗粒浓度与空隙率分布较为均匀且接近初始流态化状态的连续相，称为乳化相。聚式流态化一般发生于颗粒与流体之间的密度差较大的气-固系统，包括节涌、鼓泡流态化和湍动流态化。节涌流态化常发生于床层直径较小而浓相区的高度较高的情况，表现为床层气泡大到与床层直径相等，床层压降出现剧烈但有规则的脉动。鼓泡流态化往往属于低流速阶段的聚式流态化，相应反应器称为鼓泡流化床（bubbling fluidization bed，BFB）。湍动流态化出现在高流速阶段的聚式流态化，相应反应器称为湍动流化床（turbulent fluidization bed，TFB）。

鼓泡床和湍动床都属于低气速的密相流化床，压力升高会使鼓泡床和湍动床中气泡尺寸变小。在湍动流态化下继续提高气速，床层表面变得更加模糊，颗粒夹带速率随之增加，颗粒不断地被气流夹带离开密相床层。当气速增大到向快速流态化转变的速度时，颗粒夹带明显提高，在没有颗粒补充的情况下，床层颗粒将很快被吹空。如果有新的颗粒不断补充进入床层底部，或通过气-固分离设备及下行管回收带出的颗粒，操作可以不断维持下去，此时的流化状态称为快速流态化，相应的流化床称为循环流化床（circulating fluidization bed，CFB），或称为快床。目前工业用循环流化床主要可分为气-固催化反应器及气-固反应器两类。典型例子有流化催化裂化（fluid catalytic cracking，FCC）反应器和循环流化床燃烧反应器（circulating fluidized bed combustion，CFBC）。

（2）**流化床反应器中的特征速度**

①临界流化速度　图7-14是均匀砂粒（属于B类颗粒）的床层压降与表观气速u_g的

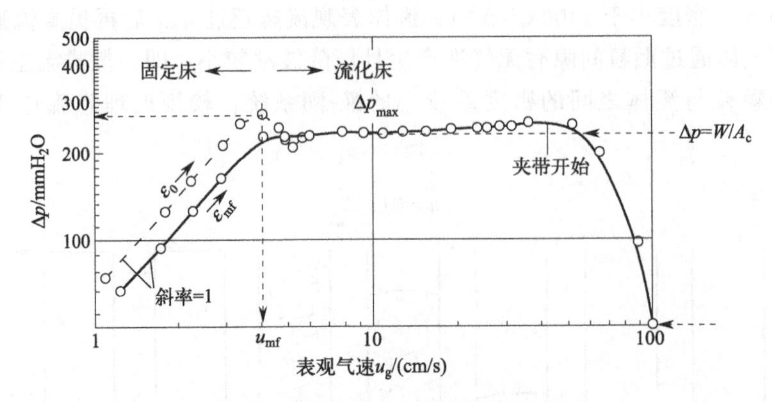

图 7-14 均匀砂粒的压降与气速的关系

关系，当 u_g 较小时，床层处于固定床状态，Δp 与 u_g 约成正比，即固定床压降式，一般采用 Ergun 式计算 Δp。床层压降达一最大值 Δp_{max} 后，床层中原来紧挤着的颗粒先被松动，然后颗粒开始流动。Δp 略有降低，又趋于某一定值，即床层静压 W/A_c。此时床层处于由固定床向流化床转变的临界状态，相应的表观流速称为临界流化速度 u_{mf}，此后床层压降几乎保持不变，直至颗粒被带走，Δp 迅速下降。如果缓慢降低表观流速，床层逐步恢复到固定床，压降 Δp 将沿略为降低的路径返回，并且不再出现极值，压降比增加表观流速时小一些，这是由于颗粒逐渐静止下来时，大体保持临界流速时的床层空隙率 ε_{mf}，从图中实线的拐点即可确定临界流化速度。计算临界流化速度的关联式较多，而且大多只适用于所研究的颗粒直径和雷诺数实验范围，具体内容可参阅本章文献 [6]。

临界流化状态时，床层的压力降 Δp 较为通用的计算方程为：

$$\Delta p=\frac{W}{A_c}=L_{mf}(1-\varepsilon_{mf})(\rho_s-\rho_f)g \tag{7-20}$$

式中，L_{mf} 和 ε_{mf} 分别是临界流化时的床层高度和床层空隙率；ρ_s 和 ρ_f 分别是固体颗粒和流体的密度。对于均匀颗粒，Ergun 固定床压力降计算式如下：

$$\frac{\Delta p}{L_{mf}}=\left(1.75+\frac{150}{Re_m}\right)\times\frac{\rho_f\mu_f^2}{d_s}\times\left(\frac{1-\varepsilon}{\varepsilon^3}\right) \tag{7-21}$$

临界流化速度时，有

$$\left[1.75+\frac{150\mu_f(1-\varepsilon_{mf})}{d_s\rho_f u_{mf}}\right]\times\frac{\rho_f u_{mf}^2}{d_s}\times\left(\frac{1-\varepsilon_{mf}}{\varepsilon_{mf}^3}\right)=(1-\varepsilon_{mf})(\rho_s-\rho_f)g \tag{7-22}$$

对于不均匀颗粒，采用颗粒群的调和平均直径 $\bar{d}_p$ 代替 d_s。

② 起始鼓泡速度 气-固流化床的起始鼓泡速度 u_{mb} 可按下式计算：

$$\frac{u_{mb}}{u_{mf}}=4.125\times10^4\ \frac{\mu_f^{0.9}\rho_f^{0.1}}{(\rho_s-\rho_f)g\bar{d}_p} \tag{7-23}$$

③ 起始湍动流化速度 起始湍动流化速度 u_c 可按下式计算：

$$\frac{u_c}{\sqrt{g\bar{d}_p}}=\left(\frac{0.211}{D_R^{0.27}}+\frac{2.42\times10^{-3}}{D_R^{1.27}}\right)\times\left(\frac{\mu_{f20}}{\mu_f}\right)^{0.2}\times\left[\frac{D_R\rho_{f20}(\rho_s-\rho_f)}{\bar{d}_p\rho_f^2}\right]^{0.27} \tag{7-24}$$

研究表明，采用尺寸和密度都较大的颗粒，相同气速下向湍动流态化转变的 u_c 值升高，而采用尺寸较小和较轻的颗粒则 u_c 较小，有利于提高密相流化床的流化质量；增加操作压力，u_c 值下降；增加操作温度，u_c 值上升；流化床床径加大，对 u_c 的影响减少，床径大到一定程度后，对 u_c 值已无影响。

④ 湍动流态化向快速流态化的转变速度　湍动流态化向快速流态化的转变速度 u_{TF} 可采用下式计算：

$$\frac{u_{TF}}{\sqrt{gD_R}}=1.463Re_t^{-0.2}\left(\frac{D_R}{d_p}\right)^{-0.69}\left[\frac{G_S D_R(\rho_s-\rho_f)}{\mu_f\rho_f}\right]^{0.268} \tag{7-25}$$

⑤ 快速流态化向密相气力输送的转变速度　快速流态化向密相气力输送的转变速度 u_{FD} 可采用下式计算：

$$\frac{u_{FD}}{\sqrt{gD_R}}=0.684Re_t^{-0.344}\left(\frac{D_R}{d_p}\right)^{-0.96}\left[\frac{G_S D_R(\rho_s-\rho_f)}{\mu_f\rho_f}\right]^{0.442} \tag{7-26}$$

⑥ 颗粒的带出速度　当气速增大到某一速度时，流体对颗粒的曳力等于粒子的重力时，粒子就会被气流带走，这一速度称为颗粒的带出速度 u_t，亦称终端速度。对于球形颗粒，有

$$\frac{\pi}{6}d_p^3(\rho_s-\rho_f)=\frac{1}{2}C_D\frac{\rho_f u_t^2}{g}\left(\frac{\pi}{4}d_p^2\right) \tag{7-27}$$

式中，C_D 为颗粒的曳力系数。对于球形颗粒，不同 $Re_t(=d_p\rho_f u_t/\mu_f)$ 范围内 C_D 和 u_t 值如下。

当 $Re_t<0.4$ 时

$$C_D=\frac{24}{Re_t},\ u_t=\frac{d_p^2 g(\rho_s-\rho_f)}{18\mu_f} \tag{7-28}$$

当 $0.4<Re_t<500$ 时

$$C_D=\frac{10}{Re_t^{0.5}},\ u_t=\left[\frac{4}{225}\times\frac{g^2(\rho_s-\rho_f)^2}{\mu_f\rho_f}\right]^{1/3}d_p \tag{7-29}$$

当 $500<Re_t$ 时

$$C_D=0.43,\ u_t=\left[\frac{3.1g(\rho_s-\rho_f)d_p}{\rho_f}\right]^{1/2} \tag{7-30}$$

以上计算是针对一个颗粒的，在流化床内由于颗粒间有相互影响，故逸出速度由此速度值再加以校正而得。校正相关经验计算式本处不予介绍，如有需要可参阅相关文献。

7.2.2　流化床反应器的传递现象

7.2.2.1　流化床反应器中的传质

气体进入床层后，部分通过乳化相流动，其余则以气泡形式通过床层。气泡在上升过程

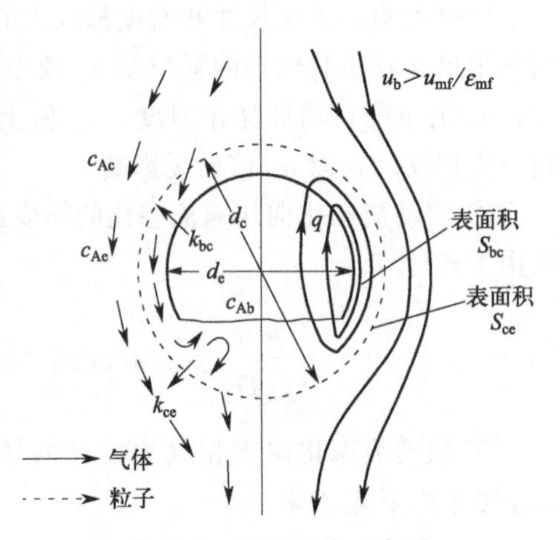

图 7-15　相间交换示意图

中不断与乳相间进行物质交换，即将反应物传递到乳相中去，使在催化剂上进行反应，又将产物传递到气泡中来。乳化相中的气体与颗粒接触良好，而气泡中的气体与颗粒接触较差。原因是气泡中几乎不含颗粒，气体与颗粒接触的主要区域集中在气泡与气泡晕的相界面和尾涡处。根据传质系数 k_G 的大小，可以判断过程的控制步骤，文献中对于这类传质系数的报道很多，使用时应注意适用条件，相关研究可参见本章文献［6］。

由于流化床反器中的反应实际上是在乳化相中进行的，所以气泡与乳化相间的气体交换作用非常重要。相间传质速率与表面反应速率的快慢，对于选择合理的床型和操作参数都相关。相间交换过程如图 7-15 所示。

从气泡经气泡晕到乳相的传递是一个串联过程。气泡在经历 dl（时间 dt）的距离内的交换速率（以组分 A 表示）为：

$$-\frac{1}{V_b}\times\frac{dn_{Ab}}{dt}=-u_b\frac{dc_{Ab}}{dl}=(K_{bc})_b(c_{Ab}-c_{Ac})$$
$$=(K_{ce})_b(c_{Ac}-c_{Ae})$$
$$=(K_{be})_b(c_{Ab}-c_{Ae}) \tag{7-31}$$

式中，V_b 为气泡体积，m^3；n_{Ab} 为组分 A 的物质的量，kmol；u_b 为气泡速度，m/s；c_{Ab}、c_{Ac}、c_{Ae} 分别为气泡相、气泡晕、乳化相中反应组分 A 的浓度，kmol/m^3；$(K_{be})_b$ 是总括交换系数，$(K_{bc})_b$ 和 $(K_{ce})_b$ 分别为气泡与气泡晕、气泡晕与乳相间的交换系数。交换系数即单位时间内以单位气泡体积为基准所交换的气体体积。三个交换系数之间的关系如下：

$$\frac{1}{(K_{be})_b}\approx\frac{1}{(K_{bc})_b}+\frac{1}{(K_{ce})_b} \tag{7-32}$$

对于单个气泡而言，单位时间内与外界交换的气体体积 Q 等于穿过气泡的穿流量 q 及相间扩散量之和，即

$$Q=q+\pi d_b^2 k_{bc} \tag{7-33}$$

式中，$q=3\pi u_{mf}d_b^2$，扩散传质系数 k_{bc} 可由下式估算：

$$k_{bc}=0.975D^{0.5}\left(\frac{g}{d_b}\right)^{0.25} \tag{7-34}$$

式中，D 为气体的分子扩散系数。$(K_{bc})_b$ 和 $(K_{ce})_b$ 估算公式为：

$$(K_{bc})_b=\frac{Q}{\pi d_b^3/6}=4.5\frac{u_{mf}}{d_b}+5.85\frac{D^{0.5}g^{0.25}}{d_b^{1.25}} \tag{7-35}$$

$$(K_{ce})_b=\frac{k_{ce}S_{bc}(d_c/d_b)^2}{V_b}\approx 6.78\left(\frac{D_e\varepsilon_{mf}u_b}{d_b^3}\right)^{0.5} \tag{7-36}$$

式中，S_{bc} 是气泡与气泡晕的相界面；D_e 是气体在乳相中的扩散系数。如缺乏数据，可取 D_e 为 D 与 $\varepsilon_{mf}D$ 之间的数值。

7.2.2.2　流化床中的传热

流化床中传热的三种基本形式：固体颗粒与固体颗粒之间的传热；固体颗粒与流体间的传热；床层与器壁或换热器表面的传热。这三种传热的基本形式中，前两种传热速度比后一种要大得多，因此前两种传热温差很小，可以不予考虑。第三种传热的速度是决定床层温度和换热面积大小的关键。流化床与外壁的给热系数 α_w 比空管及固定床中都高，一般在 400～1600J/(m^2·s·K)左右，α_w 和流速 G 之间的关系如图 7-16 所示。确定 α_w 所用的给热系数的定义式为：

$$q=\alpha_w A_w \Delta T \tag{7-37}$$

式中，A_w 是传热面积；ΔT 为整个床高的积分平均值，即：

$$\Delta T=\frac{\int_0^{L_f}(T-T_w)\,\mathrm{d}l}{L_f} \tag{7-38}$$

关于 α_w 的关联式较多，可参阅本章文献 [6]。

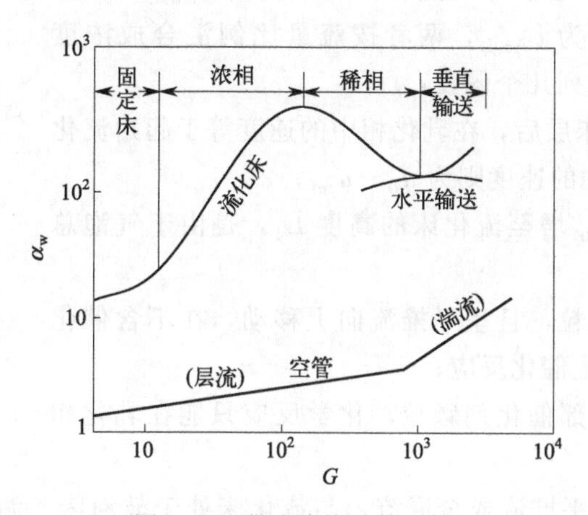

图 7-16　器壁给热系数示例

7.2.3　流化床反应器中的数学模型

流化床反应器的数学模型主要由一系列的物料平衡、热量平衡和流体力学方程式组成。这些方程式表示出反应速率、反应物浓度和温度之间的关系，也给出了传热过程和传质过程的影响。近 30 年来，研究者根据各自的情况，对过程作了适当的简化，从而提出了众多的数学模型，如表 7-2 所示。在此对两相模型和鼓泡床模型这两个经典模型进行介绍。

表 7-2 流化床反应器的数学模型类别

相别	模型名称	基本假设	特点
一相	单相模型	流动是完全混合或带轴向扩散的平推流	不能解释流化床的转化率比全混釜还低的原因
两相	两相模型	存在气相和乳相，气相为平推流，乳相为部分返混	能用于热态分析但不能描述气泡大小等
	气泡模型	存在气相和乳相，气相为平推流，乳相假设为全混流或平推流	只能用于冷态分析，能计算出有关气泡的信息
	逆流两相模型	存在上流相和回流相，两相均为平推流	比两相模型更符合实际
	二区模型	存在气泡相和乳相，气泡相为平推流，乳相为全混流	气泡直径单一
	气泡基团模型	存在气泡相和乳相，两相均为平推流	气泡直径可变
	气泡聚并模型	存在气泡相和乳相，气泡相为平推流，乳相为全混流	气泡直径可变
三相	三相模型	存在气泡相、上流相和回流相，三相均为平推流	不考虑具体气泡的情况
	鼓泡床模型	存在气泡相、泡晕相和乳相，气泡相为平推流	气泡直径单一，乳相中气流情况的影响不计
	逆流返混模型	存在气泡相、泡晕相和乳相，三相均为平推流	气泡直径单一
	三相聚并模型	存在气泡相、泡晕相和乳相	
四相	四区模型	存在气泡相、泡晕相、上流相和回流相，四相均为平推流	气泡直径单一

7.2.3.1 两相模型

图 7-17 所示为两相模型。如图 7-17 所示，设气体进入流化床时的浓度为 c_{A0}，在床层顶部气泡相中的浓度为 $c_{Ab,L}$，在床层顶部乳化相中的浓度为 $c_{Ac,L}$，两者按流量比例汇合成浓度 c_{AL}。建立两相模型有下列几个假设：

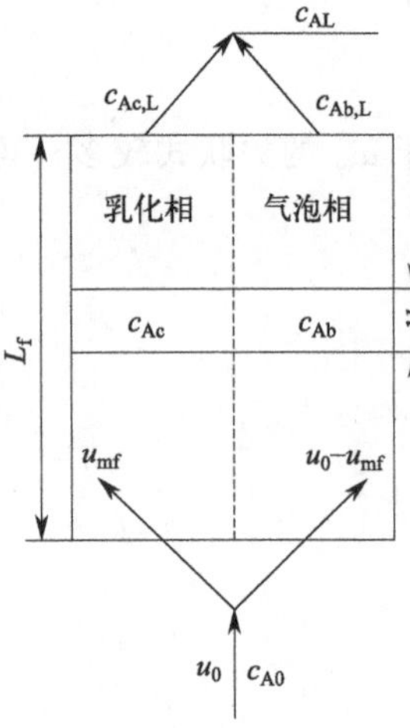

① 气体以 u_0 进入床层后，在乳化相中的速度等于起始流化速度 u_{mf}，而在气泡相中的速度则为 u_0-u_{mf}；

② 从静止床高度 L_0 增至流化床的高度 L_f，是由于气泡总体积增加的结果；

③ 气泡相中不含颗粒，且呈平推流向上移动，在不含催化剂颗粒的气泡中，不发生催化反应；

④ 乳化相中包含全部催化剂颗粒，化学反应只能在乳化相中进行；

图 7-17 两相模型

⑤ 乳化相的流动为平推流或全混流，与流化床处于鼓泡床、湍流床或高速流化床等状态有关；

⑥ 乳化相与气泡相间的交换是由于气体的穿流和通过界面的传质。

7.2.3.2 鼓泡床模型

鼓泡床模型如图 7-18 所示，它用于剧烈鼓泡、充分流化的流化床。床层中腾涌及沟流现象极少出现，相当于 $u/u_{mf}>6\sim11$ 时，乳化相中气体全部下流的情况，工业上的实际操作大多属于这种情况。鼓泡床模型有下列基本假设：

① 床层分为气泡区、泡晕区及乳化相三个区域，在这些相间产生气体交换，这些气体

交换过程是串联的；

② 乳化相处于临界流化状态，超过起始流化速度所需要的那部分气量以气泡的形式通过床层；

③ 气泡的长大与合并主要发生在分布板附近的区域，因而假设在整个床层内气泡的大小是均匀的，认为气泡尺寸是决定床内情况的一个关键因素。这个气泡尺寸不一定就是实际的尺寸，因而称它为气泡有效直径；

④ 只要气体流速大于起始流化速度的两倍，即 $u>2u_{mf}$，床层鼓泡剧烈的条件便可满足，气泡内基本上不含固体颗粒；

⑤ 乳化相中的气体可能向上流动，也可能向下流动，当 $u/u_{mf}>6\sim11$ 时，乳化相中的气体从上流转为下流，虽然流向有所不同，但这部分的气量与气泡区相比甚小，对转化率的影响可忽略。

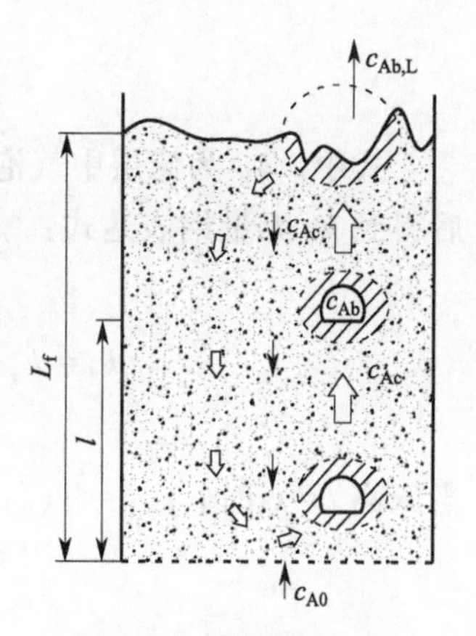

图 7-18　鼓泡床模型

此时，离开床层的气体组成等于床层顶部处的气体组成，这样不必考虑乳化相中的情况，只需计算气泡中的气体组成便可计算反应的转化率。以单位气体体积为基准，对 A 组分做物料衡算：

总消失量＝气泡中反应量＋传递到气泡晕的量

传递到气泡晕的量＝气泡晕中反应量＋传递到乳化相的量　　(7-39)

传递到乳化相的量＝乳化相中反应量

若进行的反应为一级不可逆反应，上述物料衡算式可用如下数学式表示：

$$-\frac{dc_{Ab}}{dt}=-u_b\frac{dc_{Ab}}{dl}=k_f c_{Ab}=\gamma_b k_r c_{Ab}+(K_{bc})_b(c_{Ab}-c_{Ac}) \tag{7-40}$$

$$(K_{bc})_b(c_{Ab}-c_{Ac})=\gamma_c k_r c_{Ac}+(K_{ce})_b(c_{Ac}-c_{Ae}) \tag{7-41}$$

$$(K_{ce})_b(c_{Ac}-c_{Ae})=\gamma_e k_r c_{Ae} \tag{7-42}$$

式中，u_b 为气泡上升速度；k_f 为包括上列各历程在内的总体反应速率常数；γ_b、γ_c、γ_e 分别为气泡相、气泡晕、乳化相中的固体颗粒体积与气泡体积之比；k_r 为以颗粒体积为基准的一级不可逆反应速率常数，k_r 可由实验测得。u_b 可表达为：

$$u_b=u_g-u_{mf}+u_{br} \tag{7-43}$$

$$u_{br}=0.711\sqrt{gd_b} \tag{7-44}$$

式中，u_{br} 为单个气泡的上升速度；d_b 是与球形顶盖气泡体积相等的球体的等效直径。由于气泡中颗粒含量很少，γ_b 在 0.001～0.01 之间，对计算的影响可忽略。γ_c 计算公式为：

$$\gamma_c=(1-\varepsilon_{mf})\left(\frac{V_c+V_w}{V_b}\right)=(1-\varepsilon_{mf})\left[\frac{3\dfrac{u_{mf}}{\varepsilon_{mf}}}{0.711\sqrt{gd_b}-\dfrac{u_{mf}}{\varepsilon_{mf}}}+\frac{V_w}{V_b}\right] \tag{7-45}$$

式中，V_c、V_w、V_b 分别为气泡晕体积、尾涡体积、气泡体积。γ_e 计算公式为：

$$\gamma_{e}=\frac{(1-\varepsilon_{mf})(1-\delta_{b})}{\delta_{b}}-(\gamma_{b}+\gamma_{c}) \tag{7-46}$$

式中，δ_b 为床层中气泡所占体积分数，$\delta_b \approx (u_g - u_{mf})/u_b$。将上述公式中的浓度消去后得到 k_f 无量纲表达式：

$$k_{f}=k_{r}\left\{\gamma_{b}+\left[\frac{k_{r}}{(K_{bc})_{b}}+\left(\gamma_{c}+\frac{1}{\frac{k_{r}}{(K_{ce})_{b}}+\frac{1}{\gamma_{e}}}\right)^{-1}\right]^{-1}\right\} \tag{7-47}$$

当床高 $l=0$ 时，$c_{Ab}=c_{A0}$；$l=L$ 时，$c_{Ab}=c_{Ab,L}$。积分式(7-40)，可得：

$$c_{Ab,L}=c_{A0}\exp\left(-\frac{k_{f}L}{u_{b}}\right) \tag{7-48}$$

以上讨论的是乳相气体向下流动的情况。如乳相的气体向上流动，则床层出口气体的浓度还需考虑乳相气体的影响。只要 $u_g/u_{mf}>3$，乳相中的气量只占总气量非常小的一部分，总转化率近似地按气泡处理，作这样的近似处理是可以的。如果进行的不是一级不可逆反应，式(7-42) 不成立，其余式子仍成立。由于流化床内的固体颗粒与气泡的流体力学及相间交换过程的复杂性，至今许多流化床催化反应器的设计仍处于逐级放大的阶段。通过对比中试与小装置的结果来寻求内在的放大规律，以指导进一步的放大过程。

7.2.4 气-固密相流化床

气-固密相流态化是应用最为广泛的流体-颗粒系统之一，其主要操作状态有气-固散式流态化、鼓泡流态化、湍动流态化和节涌流态化。其中鼓泡流化床和湍动流化床是工业应用中最常见的床型。

气-固密相流态化具有以下特点：

① 大量固体颗粒可以方便地在床内和床间往来输送；

② 气泡的存在提供了床内颗粒返混和“搅动”的动力，使得气、固之间的传质传热效率很高，床层温度均匀；

③ 流化床结构简单，可以流化的固体颗粒尺寸分布范围很广，适合大规模操作。

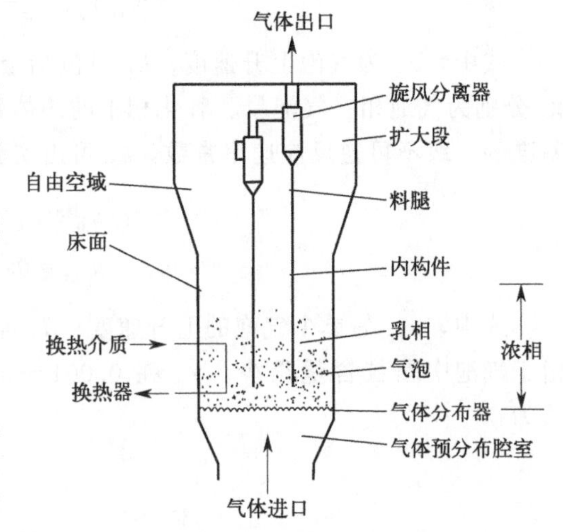

图 7-19 气-固密相流化床的结构

7.2.4.1 气-固密相流化床的基本结构

一个典型的气-固密相流化床是由床体、气体分布器、颗粒捕集系统、料腿、换热装置、扩大段和床内构件等若干部分所组成的，如图 7-19 所示，其中一些部分不一定在每一个具体的密相流化床中出现。

气体分布器的主要作用是将流化气体均匀地分布在整个床层截面，也起到支撑流化颗粒

气-固密相流化床

的作用。流化床内气-固浓相界面以上的区域称为自由空域（freeboard）。由于气泡逸出床面时的弹射和夹带作用，一些颗粒会离开浓相床层进入自由空域。一部分自由空域内的颗粒在重力作用下返回浓相床，而另一部分较细小的颗粒则最终被气流带出流化床。根据流化床内温度及单位体积放热量的大小，换热装置一般为内壁或浸没在床层内的垂直或水平管束。大多数流化床的沉降分离高度之上的细颗粒用设置在气-固流化床内的旋风分离器捕集，气-固密相流化床内有二级旋风串联，也有三级旋风串联以增强分离效果，大型流化床中还设置多组并联的多级旋风分离器。更详细的讨论见本章文献［6］、［7］。

7.2.4.2　气-固鼓泡流化床

在粒子之间的空隙处，气体以 u_0 流过，多余的气体则是以气泡状态通过床层。因此常把气泡与气泡以外的密相床分别称为泡相和乳相。气泡在上升过程中，因聚并而增大，同时不断与乳相间进行物质交换，即将反应物传递到乳相中去，在催化剂上进行反应，又将产物传递到气泡中来。气泡结构及其周围的流线如图7-20所示。单个上升气泡的顶呈球形，尾部略为内凹，该内凹处称为尾涡。气泡晕即为气泡周围为循环气体所渗透的区域，其中所含粒子浓度和乳相几乎相同。尾涡处由于压力比近旁稍低，颗粒被卷了进来，形成局部涡流。在气泡上升途中，尾涡处不断有一部分颗粒离开，同时又有另一部分颗粒补充进来，从而促进了全床颗粒的循环与混合。床中气泡的平均尺寸、上升速度、聚并与破裂等内容请参阅本章文献［6］。

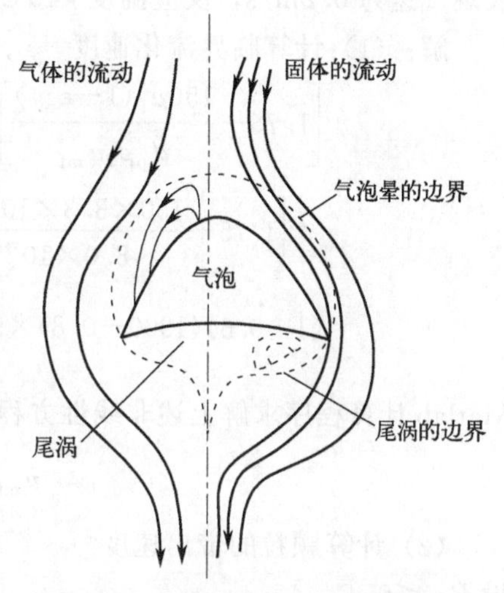

图7-20　气泡结构及其周围的流线

7.2.4.3　湍动流化床

鼓泡流化床中的气速进一步提高时，床层压降的相对脉动，即床层压降的脉动值与平均压降之比，先随表观气速的增大而增大，这是由于气泡发生的频率增大和聚并增大的程度加剧所致。当气速达到 u_c 时，相对脉动值曲线达到极大值 u_c，即起始湍动流化速度。再进一步提高表观气速 u_g，压力相对脉动值开始减小，直至气速达到 u_k 后，压力脉动趋于平稳，u_k 称为全湍动流化速度。湍动流化床与鼓泡流化床的区别在于：①鼓泡流化床中气泡有明显的上升轨迹可循，湍动流化床中气泡尺寸小且在不断地破裂和聚并过程中以无规律的形式上升；②湍动流化床中气-固相间交换系数和传热、传质效率比鼓泡流化床高；③湍动流化床的压力波动幅度小于鼓泡流化床；④湍动流化床的固体返混程度大于鼓泡流化床，而气体返混则反之。

7.2.4.4　气-固密相流化床的典型工业应用

气-固密相流化床的典型工业应用

气-固密相流化床在各种工业部门中得到广泛的应用，如物理操作、煤炭加工、石油加工、化学合成、冶金和矿物加工、电子工业、环保、生物过程等。物理操作如换热、颗粒混合、颗粒涂覆、造粒、干燥、吸附等。典型工业应用见二维码。该表还包括了气-固喷动床的应用实例。喷动床广义来说也属于气-固密相流化床的范畴。

【例 7-3】 在某鼓泡流化床反应器中进行一级不可逆反应，反应速率方程为

$$r_A=0.56c_A$$

反应器直径为 1.0m，密相段高 1.2m，总高 4.0m。使用催化剂的平均粒径为 8.0×10^{-5}m，颗粒密度 $\rho_p=1900\text{kg/m}^3$，静床空隙率为 0.5，起始流化时床层 $\varepsilon_{mf}=0.6$。反应气体的密度 $\rho_f=0.8\text{kg/m}^3$，黏度 $\mu_f=3.3\times10^{-5}\text{Pa·s}$，扩散系数 $D=0.2\text{cm}^2/\text{s}$，取 $V_w/V_b=0.22$。操作表观气速为 0.2m/s，反应温度 440℃，压力 0.164MPa，试求反应器出口气体转化率。

解：(1) 计算临界流化速度

$$\left[1.75+\frac{150\mu_f(1-\varepsilon_{mf})}{d_p\rho_f u_{mf}}\right]\times\frac{\rho_f u_{mf}^2}{d_p}\times\left(\frac{1-\varepsilon_{mf}}{\varepsilon_{mf}^3}\right)=(1-\varepsilon_{mf})(\rho_s-\rho_f)g$$

$$\left[1.75+\frac{150\times3.3\times10^{-5}\times(1-0.6)}{8.0\times10^{-5}\times0.8u_{mf}}\right]\times\frac{0.8u_{mf}^2}{8.0\times10^{-5}}\times\left(\frac{1-0.6}{0.6^3}\right)$$

$$=(1-0.6)(1900-0.8)\times9.81\left(1.75+\frac{30.938}{u_{mf}}\right)18518.5u_{mf}^2=7452.461$$

Matlab 计算程序求解上述非线性方程，解得

$$u_{mf}=1.30\times10^{-2}(\text{m/s})$$

(2) 计算颗粒的带出速度

设 $Re_t<0.4$

$$u_t=\frac{d_p^2 g(\rho_s-\rho_f)}{18\mu_f}=\frac{(8.0\times10^{-5})^2\times9.81\times(1900-0.8)}{18\times3.3\times10^{-5}}=0.201(\text{m/s})$$

复核 Re_t 值

$$Re_t=\frac{d_p\rho_f u_t}{\mu_f}=\frac{8.0\times10^{-5}\times0.8\times0.201}{3.3\times10^{-5}}=0.390<0.4$$

故假设 $Re_t<0.4$ 合理。

(3) 计算气泡上升速度

$$u_{br}=u_t=0.201\text{m/s}$$

$$d_b=\frac{u_{br}^2}{0.711^2 g}=\frac{0.201^2}{9.81\times0.711^2}=8.147\times10^{-3}(\text{m})$$

$$u_b=u_g-u_{mf}+u_{br}=0.2-1.30\times10^{-2}+0.201=0.388(\text{m/s})$$

(4) 计算 γ_b、γ_c 和 γ_e

取 $\gamma_b=0.01$

$$\gamma_c=(1-\varepsilon_{mf})\left(\frac{3\dfrac{u_{mf}}{\varepsilon_{mf}}}{0.711\sqrt{gd_b}-\dfrac{u_{mf}}{\varepsilon_{mf}}}+\frac{V_w}{V_b}\right)=(1-0.6)\left(\frac{3\times\dfrac{1.30\times10^{-2}}{0.6}}{0.201-\dfrac{1.30\times10^{-2}}{0.6}}+0.22\right)$$

$$=0.233$$

$$\delta_b=(u_g-u_{mf})/u_b=(0.2-1.30\times10^{-2})/0.388=0.482$$

$$\gamma_e=\frac{(1-\varepsilon_{mf})(1-\delta_b)}{\delta_b}-(\gamma_b+\gamma_c)=\frac{(1-0.6)(1-0.482)}{0.482}-(0.01+0.233)=0.187$$

(5) 计算 $(K_{bc})_b$ 和 $(K_{ce})_b$

$$(K_{bc})_b=4.5\frac{u_{mf}}{d_b}+5.85\frac{D^{0.5}g^{0.25}}{d_b^{1.25}}=4.5\frac{1.30\times10^{-2}}{8.147\times10^{-3}}+5.85\frac{(0.2\times10^{-4})^{0.5}\times9.81^{0.25}}{(8.147\times10^{-3})^{1.25}}=26.097$$

$$(K_{ce})_b=6.78\left(\frac{D_e\varepsilon_{mf}u_b}{d_b^3}\right)^{0.5}=6.78\left[\frac{0.2\times10^{-4}\times1.30\times10^{-2}\times0.388}{(8.147\times10^{-3})^3}\right]^{0.5}=2.928$$

(6) 计算 k_f

$$k_f=k_r\left\{\gamma_b+\left[\frac{k_r}{(K_{bc})_b}+\left(\gamma_c+\frac{1}{\frac{k_r}{(K_{ce})_b}+\frac{1}{\gamma_e}}\right)^{-1}\right]^{-1}\right\}$$

$$=0.56\left\{0.01+\left[\frac{0.56}{26.097}+\left(0.233+\frac{1}{\frac{0.56}{2.928}+\frac{1}{0.187}}\right)^{-1}\right]^{-1}\right\}=1.372$$

(7) 计算出口气体的转化率

$$c_{Ab,L}=c_{A0}\exp\left(-\frac{k_fL}{u_b}\right)$$

$$x_{Af}=1-\exp\left(-\frac{k_fL}{u_b}\right)=1-\exp\left(-\frac{1.372\times1.2}{0.388}\right)=0.986$$

一元非线性方程 Matlab 计算程序求解

Matlab 计算程序见二维码。

7.2.5 循环流化床

对于细颗粒气-固流化床，当表观流速逐步增高，床层状态将由鼓泡床和湍动床的低气速流态化向高气速流态化流型中的快速流态化转变，此时颗粒的夹带速率愈益增大，如果没有颗粒补入，床层中颗粒将很快被吹空。为维持正常操作，必须向床中补入颗粒。工程上应用的循环流态化即包含上述快速流态化和密相气力输送两个流动状态。

循环流化床在石油、化工、冶金、能源、环境等工业领域中具有巨大的应用潜力和价值。它具有高气-固通量、近于平推流的流体形态和颗粒可循环操作的特征。因此，特别适用于具有以下特点的反应过程：

① 快速、不可逆反应；

② 催化剂迅速失活而需连续再生的反应；

③ 中间物为目的产品、要求高收率和高选择性的反应；

④ 氧化-还原类反应；

⑤ 需用颗粒将热量引入或引出的强吸热和放热反应。典型工业应用见二维码。

循环流化床的典型工业应用过程

7.2.5.1 循环流化床的基本结构

根据工艺要求，工业应用的循环流化床具有不同的结构形式。总体而言，循环流化床由提升管、气-固分离器、伴床及颗粒循环控制设备等部分构成。气-固两相在提升管内可以并流向上、并流向下或逆流运动。这里仅叙述气、固两相并流向上流动时的情况。图 7-21 为几种常见的循环流化床系统。流化气体从提升管底部引入后，携带由伴床而来的颗粒向上流动。在提升管顶部，通常装有气-固分离装置，如旋风分离器。颗粒在这里被分离后，返回伴床并向下流动，通过颗粒循环控制装置后重新进入提升管。在实际工业应用中，提升管主要用作化学反应器，而伴床通常可用作调节颗粒流速的储藏设备、热交换器或催化剂再生器，如图 7-21(a)、(b)，甚至单纯作为立管以构成颗粒的循环系统，如图 7-21(c)、(d)。操作中还需从底部向伴床中充入少量气体，以保持颗粒在伴床中的流动性。目前工业用循环流化床主要可分为气-固催化反应器及气-固反应器两类，应用的典型例子分别为 FCC 和 CFBC，其特征如表 7-3 所示。

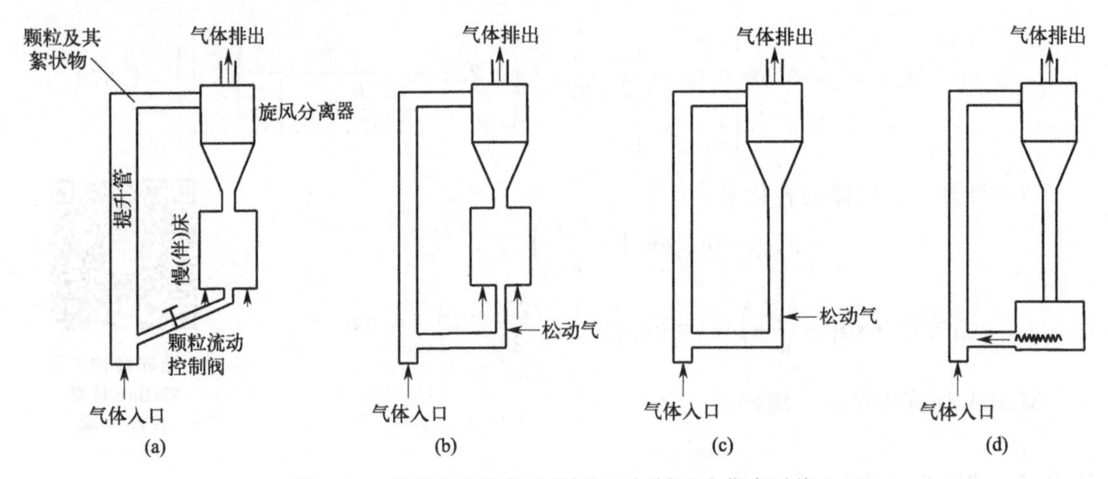

图 7-21 常见的几种气-固并流上行循环流化床系统

表 7-3 典型的循环流化床特征

操作条件	FCC	CFBC
颗粒特征	$\rho_p=1100\sim1700kg/m^3$ $d_p=40\sim80\mu m$	$\rho_p=1800\sim2600kg/m^3$ $d_p=100\sim300\mu m$
提升管表观气速/(m/s)	6～28	5～9
提升管颗粒循环速度/[kg/(m²·s)]	400～1200	10～100
提升管表观颗粒浓度/(kg/m³)	50～160	10～40
高径比	＞20	＜5～10
提升管直径/m	0.7～15	4～8
固体储量	高	低
出口结构	平滑	非平滑

7.2.5.2 循环流化床的工业应用

(1) **气-固催化类反应** 循环流化床气-固催化反应器，操作气速一般为 2～10m/s，颗粒循环速率较高，有时可达 $1000kg/(m^2\cdot s)$。催化剂通常使用多孔、高比表面积、低密度的颗粒，其粒度范围一般为20～150μm。催化反应过程的温度一般较低，约250～650℃。

FCC工艺是目前石油炼制工业中最重要的二次加工过程，也是重油轻质化的核心工艺，是提高原油加工深度、增加轻质油收率的重要手段。原料在裂化时一方面要生成氢碳原子比较高、分子量较小（相对于原料而言）的轻质油和气体，同时也要缩合生成一部分氢碳原子比较低的产物，甚至是焦炭。从而使得催化剂被焦炭所覆盖而失去其活性，催化剂需再生后才能循环使用。因此FCC装置包括反应和催化剂再生两个部分，典型工艺流程如图7-22所示。催化剂再生部分在再生器中完成，反应部分在提升管反应器中完成。通常离开提升管反应器时的催化剂（待生剂）上含炭约1%，对分子筛催化剂一般要求再生剂上的碳含量降到0.05%～0.1%以下。再生器为气-固密相流化床，主要作用是用空气烧去结焦催化剂上的焦炭以恢复其活性，同时提供裂化反应所需的热量。

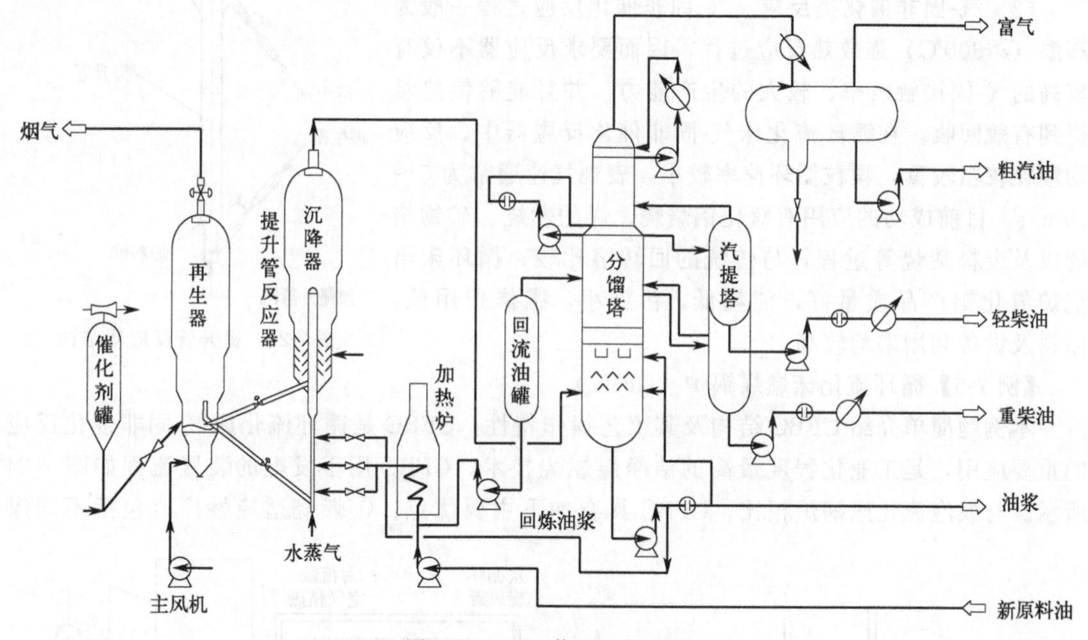

图7-22 FCC装置工艺流程

【例7-4】FCC装置中提升管反应器。

本例题将简单介绍提升管反应器结构及其工艺操作特性。提升管反应器主要由提升管、快速分离器、沉降器、汽提段、气-固旋风分离器、待生斜管等部分组成，结构如图7-23所示。

提升管反应器的直径是由进料量决定的，工业上一般采用的气速是入口处为4～8m/s，出口处为8～18m/s。提升管的高度为30～36m，是由反应时间决定的，工业上反应时间多采用2～4s。提升管的上端出口处设有气-固快速分离机构，用于使催化剂与油气快速分离以及抑制反应的继续进行。快速分离机构的形式有多种多样，比较简单的有伞帽形、T字形的构件，现在用得比较多的是初级旋风分离器。提升管下部进料段的油剂接触状况对重油催化裂化的反应有重要影响。减小原料油的雾化粒径，可增大传热面积，从而提高原料的气化率，且可以改善产品产率的分布。沉降器下面的汽提段的作用是用水蒸气脱出催化剂上吸附的油气及置换催化剂颗粒之间的油气。汽提段的效率与水蒸气用量、催化剂在汽提段的停留时间、汽提段的温度及压力以及催化剂的表面结构有关。进入提升管下部进料段的催化剂温度多已提高到650～720℃，因此油剂混合温度较高，反应速率加快。当以生产汽油、柴油为主时，反应只需1～2s就可以完成，过长的反应时间使二次裂化和非理想的反应增多，反而使目的产物的收率下降，产品质量变差。为了优化反应温度，有的装置在提升管的中上部适当位置注入冷却介质以降低提升管中上部的反应温度。

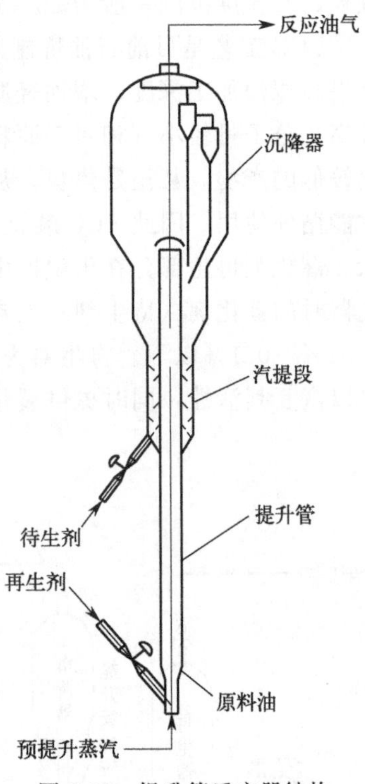

图 7-23　提升管反应器结构

基础研究表明，在并流下行管反应器中，气-固径向流动均匀，轴向返混消失，停留时间分布很窄，可以满足毫秒级接触的要求，并流下行管反应器结构和特点可参阅本章文献［6］。

(2) **气-固非催化类反应**　气-固非催化反应过程一般为高温（>800℃）强放热反应过程，因而要求反应器不仅有较高的气-固接触效率、较大的生产能力，并且能够使热量得到有效回收。在循环流化床气-固非催化反应器中，反应物颗粒较粗较重，颗粒循环速率较小，表观气速通常为5～10m/s。目前成功的应用有氧化铝焙烧、煤的燃烧、矿物焙烧以及废料焚烧等过程，与传统的回转窑比较，循环床焙烧炉氧化铝产品质量好，能耗低，污染小，维修费用低，原料及设备利用率均较高。

【例 7-5】 循环流化床燃煤锅炉（CFBC）。

本例题简单介绍CFBC结构及其工艺操作特性。CFBC是循环流化床气-固非催化反应的重要应用，是工业化程度最高的洁净煤燃烧技术，CFBC用于发电的装置流程如图7-24所示。与鼓泡流化床锅炉相比，CFBC具有如下主要优点：①燃烧适应性广（包括不同煤

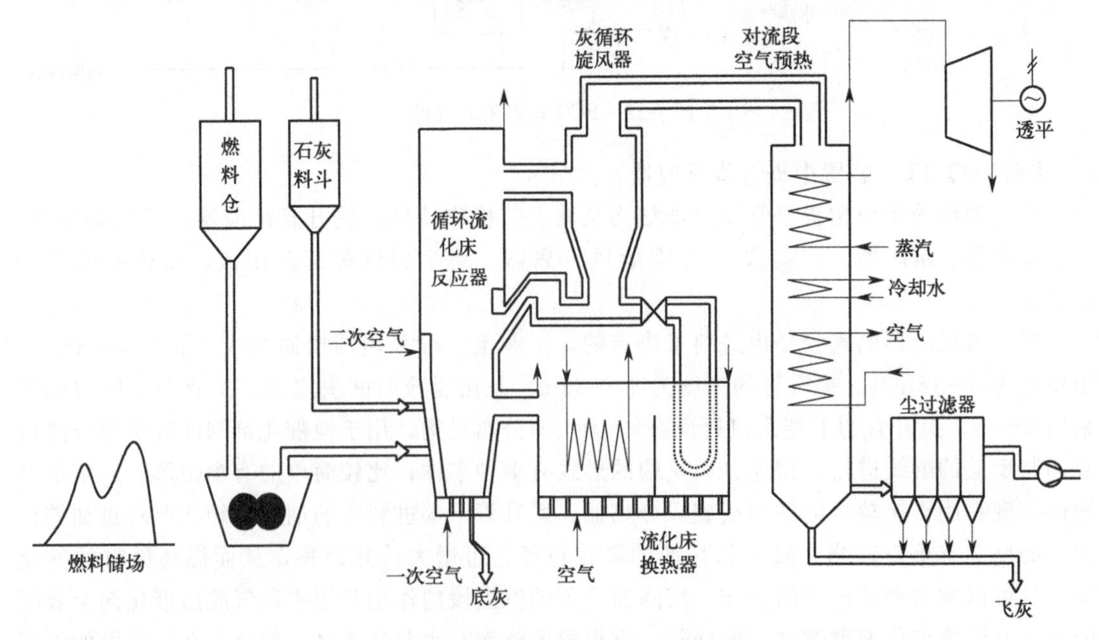

图 7-24　鲁齐公司的流化床锅炉装置

种、木材、生物物质、废渣等)；②良好的负荷变化能力，操作弹性大；③燃烧方式清洁、燃烧效率高(>99%)；④良好的环境保护特性(低 NO_x 及 SO_2 排放)；⑤简单的燃烧处理及加料系统。

CFBC采用流态化燃烧，主要结构包括燃烧室和循环回炉两大部分，示意图参见二维码。燃烧室包括布风装置、一次风室、密相区和稀相区，循环回炉包括高温气-固分离器和返料系统。煤通过给煤机输送至炉膛密相区下部，锅炉燃烧所需空气分别由一次风机、二次风机提供。新入炉的煤在炉膛内与流化状态下的循环物料掺混燃烧，床内浓度达到一定值后，大量物料在炉膛内呈中间上升、贴壁下降的内循环方式沿炉膛高度与受热面进行热交换，随烟气飞出炉膛的炉料和大部分未燃尽的煤粒经旋风分离器，绝大部分物料又被分离出来，从返料器返回炉膛底部，再次进入炉膛循环燃烧。而比较洁净的烟气从尾部排出。由于采用了循环流化床燃烧方式，通过向炉内添加石灰石，能显著降低烟气中 SO_2 的排放，采用低温和空气分级供风的燃烧技术能够显著抑制 NO_x 的生成。

循环流化床锅炉原理图

7.3 气-液反应器

反应过程中至少有一种反应物在气相，另一种物质在液相，气相中的反应物必须传递到液相中，然后在液相中发生化学反应，这种类型的反应称气-液相反应，相应的反应器即为气-液反应器。在气-液相反应体系中，气相往往是反应物，液相则可能是反应物或催化剂。气-液反应的重要特征是反应吸收速率通常与气体的溶解度系数 H 密切相关，这一特征显示出与均相反应不同的性能。

7.3.1 气-液反应器的基本类型和工业应用

7.3.1.1 气-液反应器的基本类型

气-液相反应器按气-液相接触形态可分为：

① 气体以气泡形态分散在液相中，如鼓泡塔反应器、搅拌鼓泡釜式反应器和板式塔反应器；

② 液体以液滴状分散在气相中，如喷雾反应器、喷射反应器和文氏反应器；

③ 液体以膜状运动与气相进行接触，如填料塔反应器和降膜反应器。

工业生产对气-液反应器的要求：

① 根据反应系统的特性选择反应器，使反应器具备较高的生产强度。

② 对于多重反应，反应器既要有利于主反应，又要抑制副反应。

③ 有利于降低能耗。就比表面积而言，喷射吸收器所需的能耗最小，其次是搅拌反应器和填料塔，文氏管和鼓泡反应器所需的能耗最大。

填料反应器和鼓泡反应器结构

④ 有利于控制反应温度。

⑤ 能在较小液体流速下操作。

几种气-液反应器的简图如图7-25所示，其特点简述如下。

(1) **填料塔反应器**　填料塔反应器具有操作适应性好、结构简单、能耐腐蚀等优点。广

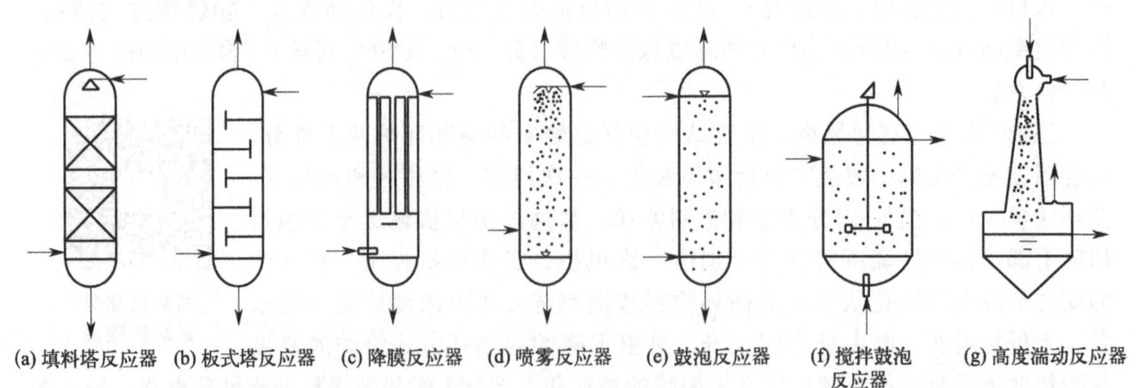

图 7-25　气-液反应器的形式

泛应用于带有化学反应的气体净化过程，适用于快速和瞬间反应过程。

(2) **板式塔反应器**　板式塔反应器可以将轴向返混降低至最低程度，在单塔中获得极高的液相转化率，并可安装冷却或加热元件，维持所需的温度。适用于快速和中速反应过程。缺点是气相流动压降较大。

(3) **降膜反应器**　降膜反应器具有压降小和没有返混的优点，适用于快速和瞬间反应过程，以及较大热效应的加工过程。降膜管的安装垂直度要求较高，液体成膜和均布是降膜塔的关键。

(4) **喷雾反应器**　喷雾反应器由空塔构成，适用于有污泥、沉淀和固相产物的反应过程，适用于受气膜控制的瞬间反应。

(5) **鼓泡反应器**　鼓泡反应器具有较高的储液量，适用于慢反应和放热量大的场合。轴向返混严重，可认为液相处于理想混合状态。由于转化率低，常采用半间歇操作和多级串联操作。

(6) **搅拌鼓泡反应器**　搅拌鼓泡反应器适用于高黏度的非牛顿型液体，例如广泛应用于发酵工业和高分子材料工业。适用于慢速反应过程，搅拌消耗动力，还要考虑轴封的问题。

(7) **高速湍动反应器**　喷射反应器、文氏反应器、湍动浮球反应器等属于高速湍动反应器，适用于气膜控制的瞬间反应过程。气膜传递速率高，反应速率高。

7.3.1.2　气-液反应器的工业应用

气-液反应器广泛地应用于加氢、磺化、卤化、氧化等化学加工过程，合成气净化、废气及污水处理以及好氧性微生物发酵等过程均常应用气-液反应器。气-液反应器工业应用实例见二维码。

气-液反应器
工业应用实例

7.3.2　气-液反应器内的传递现象

7.3.2.1　气-液相间物质传递模型

描述气-液相间物质传递有各种不同的传质模型，例如双膜论、Higbie 渗透论、Danckwerts 表面更新论和湍流传质论等，其中以双膜论最为简便。双膜论假定气-液相界面两侧各存在一个静止膜，即气膜和液膜，如图 7-26 所示。传质速率取决于通过液膜和气膜的分子扩散速率。

双膜论的基本假定：

① 在相界面两侧有一层气膜 δ_G 和液膜 δ_L；

② 气体或液体主体中的传质是湍流扩散，处于理想混合状态，传质速率高，不存在浓度梯度；

③ 在膜内仅发生分子扩散，所以扩散阻力集中在膜处，膜内传质服从 Fick 定律，即 $N=D(\mathrm{d}c/\mathrm{d}x)$；

④ 在相界面处，气-液处于平衡状态，服从 Henry 定律，即 $c_i=Hp_i$。根据质量衡算，有

$$N=\frac{D_G}{RT\delta_G}(p_G-p_i)=\frac{D_L}{\delta_L}(c_i-c_L) \tag{7-49}$$

将 $c_i=Hp_i$ 代入上式，消去界面条件 c_i 和 p_i，可得吸收速率

$$N=K_G(p_G-p^*)=K_L(c^*-c_L) \tag{7-50}$$

$$K_G=\frac{1}{\dfrac{RT\delta_G}{D_G}+\dfrac{\delta_L}{HD_L}}=\frac{1}{\dfrac{1}{k_G}+\dfrac{1}{Hk_L}} \tag{7-51}$$

$$K_L=\frac{1}{\dfrac{RTH\delta_G}{D_G}+\dfrac{\delta_L}{D_L}}=\frac{1}{\dfrac{H}{k_G}+\dfrac{1}{k_L}} \tag{7-52}$$

式中，p^* 为与液相 c_L 相平衡的气相分压，MPa；c^* 为与气相 p_G 相平衡的液相浓度，$kmol/m^3$；δ_G、δ_L 分别为气膜和液膜的有效厚度，m；k_G、k_L 分别等于 $D_G/(RT\delta_G)$ 和 D_L/δ_L；D_G、D_L 分别表示组分在气体和液体中的分子扩散系数，m^2/s。

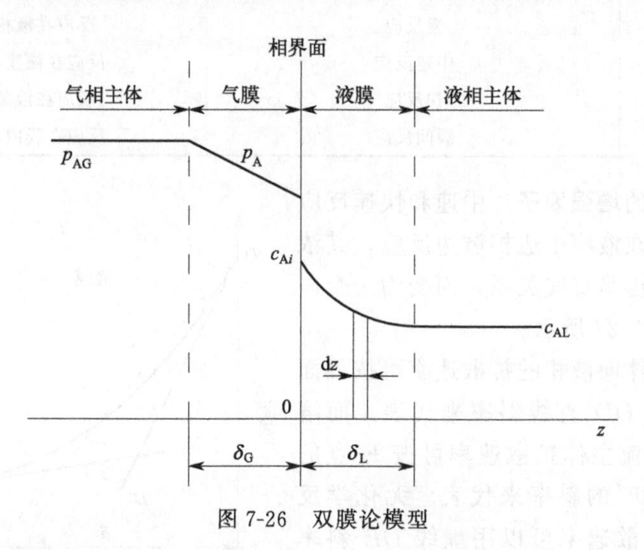

图 7-26　双膜论模型

7.3.2.2　化学反应在相间传递中的作用

溶解的气体与液相中的组分发生化学反应，溶解的气体因反应而消失，从而加速相间传递速率。此时，按化学反应和传递的相对大小区分为几种情况。

（1）**化学反应可忽略的过程** 当液相中的反应量与物理吸收的量相比可忽略，可视为物理吸收过程。若液相中进行一级不可逆反应，液相中反应量为反应器中积液量 V 乘以反应速率 kc_A，而反应器中物理溶解量等于液体流量 V_0 乘以液相组分 A 的浓度 c_A。因此，条件为：

$$V_R kc_A \ll V_0 c_A \Rightarrow k\tau \ll 1 \tag{7-53}$$

上式说明当一级反应速率常数与停留时间乘积远小于 1 时，即可认为是纯物理吸收过程。例如，pH 为 10 的缓冲溶液吸收 CO_2 的过程中，一级反应速率常数 k 为 $1s^{-1}$，则液相停留时间需远小于 1s，方可作物理吸收处理。

（2）**液相主体中进行缓慢化学反应过程** 如果反应比较缓慢而不能在液膜中完成，需扩散至液相主体中进行，此时，液膜中的反应量远小于通过液膜传递的量，绝大部分在液相主体内完成，判别条件为：

$$\delta_L kc_{Ai} \ll k_L c_{Ai} (k_L = D_L/\delta_L) \tag{7-54}$$

（3）**M 数的判据** 液膜中化学反应与传递之间相对速率的大小，可通过特征数 M 来判别。特征数 M 表示了液膜中反应速率与传递速率之比值，表达式如下：

$$M = \frac{\delta_L k}{k_L} = \frac{D_L k}{k_L^2} = \delta_L \frac{k}{D_L} \tag{7-55}$$

由 M 数值的大小可以判断反应类别及反应进行情况，分类情况如表 7-4 所示。

表 7-4 特征数 M 的判别条件

条件	反应类别	反应进行情况
$M\to 0$	反应可忽略	液膜液相的反应均可忽略
$M\ll 1$	慢反应	反应在液相主体中进行
$M\approx 1$	中速反应	反应在液膜和液相中进行
$M\gg 1$	快反应	反应在液膜中进行完毕
$M\to\infty$	瞬间反应	反应在膜内某处进行完毕

（4）**化学吸收的增强因子** 中速和快速反应过程，被吸收组分在液膜中边扩散边反应，其浓度随膜厚的变化不再是直线关系，而变为一个向下弯的曲线，如图 7-27 所示。

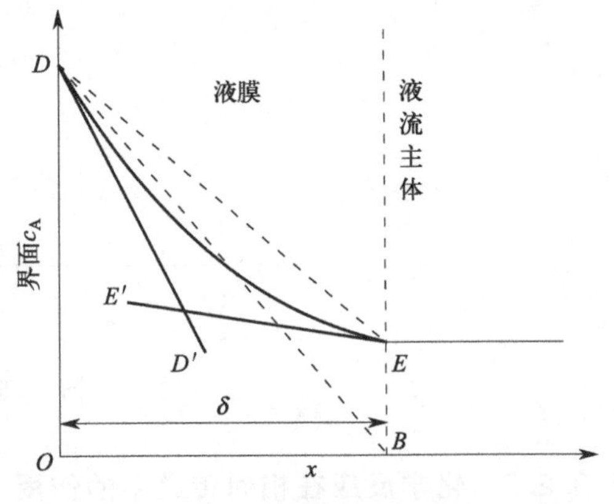

图 7-27 液膜中的浓度梯度

界面上溶解气体向液相的扩散速率可按界面上的浓度梯度，即 $\overline{DD'}$ 直线斜率来代表。而溶解气体自液膜向液流主体扩散速率可按 E 点的浓度梯度，即用 $\overline{EE'}$ 的斜率来代表。无化学反应的物理吸收，扩散速率可以用虚线 $\overline{DE}$ 斜率来代表。以绝对值而言，$\overline{DD'}$ 的斜率明显大于 $\overline{DE}$ 的斜率，这表明液膜中进行的化学反应将使吸收速率较纯物理吸收大为增加。若以 β 表示吸收速率增强因子，则

$$\beta=\frac{\text{化学吸收的速率}}{\text{纯物理吸收的速率}}=\frac{\overline{DD'}\text{的斜率}}{\overline{DE}\text{ 的斜率}} \tag{7-56}$$

如果化学吸收增强因子确定后，液相传质速率可按物理吸收为基准进行计算：

$$N=\beta k_{\mathrm{L}}(c_i-c_{\mathrm{L}}) \tag{7-57}$$

式(7-50) 中 K_{G} 和 K_{L} 可表达为：

$$K_{\mathrm{G}}=\frac{1}{\dfrac{1}{k_{\mathrm{G}}}+\dfrac{1}{\beta H k_{\mathrm{L}}}} \tag{7-58}$$

$$K_{\mathrm{L}}=\frac{1}{\dfrac{H}{k_{\mathrm{G}}}+\dfrac{1}{\beta k_{\mathrm{L}}}} \tag{7-59}$$

当 $\beta>1$ 时，可降低液相传质阻力所占比例。β 足够大时，总阻力将由气膜阻力所决定。

7.3.2.3　伴有化学反应的液相扩散过程

当气体在液膜中反应比较显著时，液膜中边扩散边反应。现以被吸收气体 A 和溶液中活性组分 B 进行 $\mathrm{A}+v_{\mathrm{B}}\mathrm{B}\longrightarrow\mathrm{Q}$ 不可逆反应为例，建立微分方程。取单位面积的微元液膜进行考察，液膜中扩散微元如图 7-28 所示。其离界面深度为 x，微元液膜厚度为 $\mathrm{d}x$，则被吸收气体 A 在微元液膜内的物料衡算为：

$$\frac{\mathrm{d}^2 c_{\mathrm{A}}}{\mathrm{d}x^2}=\frac{r_{\mathrm{A}}}{D_{\mathrm{AL}}} \tag{7-60}$$

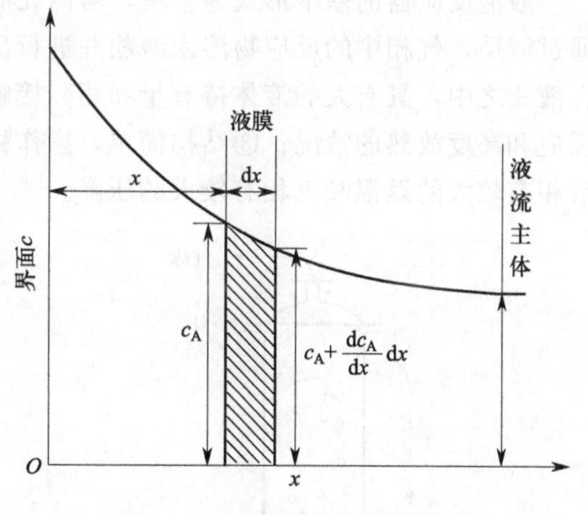

图 7-28　液膜中扩散微元简图

同时，对于溶液中活性组分 B 在微元液膜内也可建立如下微分方程：

$$\frac{\mathrm{d}^2 c_{\mathrm{B}}}{\mathrm{d}x^2}=\frac{v_{\mathrm{B}} r_{\mathrm{A}}}{D_{\mathrm{BL}}} \tag{7-61}$$

以一级不可逆反应为例进行讨论。当吸收溶液中组分 B 大量过量，且反应对 A 为一级，由液膜中扩散和反应的关联，可得：

$$\frac{\mathrm{d}^2 c_{\mathrm{A}}}{\mathrm{d}x^2}=\frac{k_{\mathrm{L}} c_{\mathrm{A}}}{D_{\mathrm{AL}}} \tag{7-62}$$

经求解方程式(7-62)，可得：

$$N_{\mathrm{A}}=\frac{k_{\mathrm{L}} c_{\mathrm{A}}\sqrt{M}\left[\sqrt{M}(\alpha_{\mathrm{L}}-1)+\operatorname{th}\sqrt{M}\right]}{(\alpha_{\mathrm{L}}-1)\sqrt{M}\operatorname{th}\sqrt{M}+1} \tag{7-63}$$

$$\beta=\frac{N_{\mathrm{A}}}{k_{\mathrm{L}} c_{\mathrm{A}}}=\frac{\sqrt{M}\left[\sqrt{M}(\alpha_{\mathrm{L}}-1)+\operatorname{th}\sqrt{M}\right]}{(\alpha_{\mathrm{L}}-1)\sqrt{M}\operatorname{th}\sqrt{M}+1} \tag{7-64}$$

$$\eta=\frac{N_A}{k_L c_A V}=\frac{\sqrt{M}(\alpha_L-1)+\text{th}\sqrt{M}}{\alpha_L\sqrt{M}\left[(\alpha_L-1)\sqrt{M}\,\text{th}\sqrt{M}+1\right]} \tag{7-65}$$

式中，η 为液相反应利用率。η 趋近于 1，表示化学反应在整个液相中均匀进行。η 很小，表示反应在液相中不均匀，液相利用不充分。下面分几种特殊情况进行讨论：

① 当反应速率很大，即 $M \gg 1$，$\sqrt{M}>3$ 时，$\text{th}\sqrt{M}\rightarrow 1$，可推出 $\beta=\sqrt{M}$，$\eta=1/\alpha_L\sqrt{M}$，表明反应在液膜中完成。

② 当反应速率较快，$\sqrt{M}<3$，α_L 很大，反应在液膜中完成。

③ 当反应速率很小，即 $M \ll 1$ 时，$\text{th}\sqrt{M}\rightarrow\sqrt{M}$，反应在液相主体中进行。

7.3.3 鼓泡反应器

7.3.3.1 鼓泡反应器特点及分类

鼓泡反应器的基本形式为空塔，塔内充满液体，气体从底部经分布板或喷嘴以气泡形式通过液层，气相中的反应物溶入液相并进行反应。鼓泡反应器有以下优点：①气相高度分散在液相之中，具有大的液体持有量和相际接触面；②传质和传热效率较高，适用于缓慢化学反应和高度放热的情况；③结构简单，操作稳定，投资和维修费用低。鼓泡反应器的缺点是液相有较大的返混和气相有较大的压降。

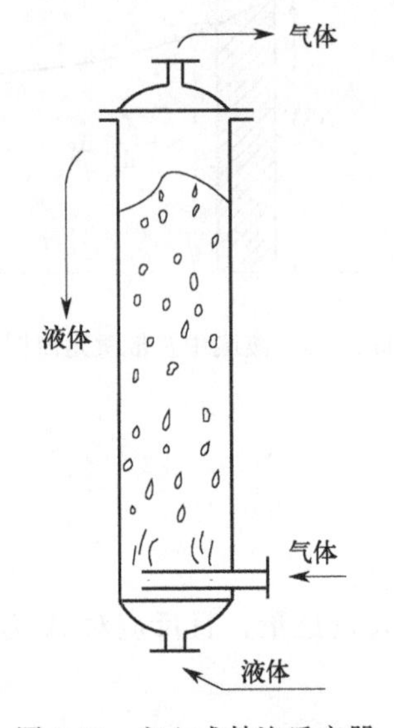

图 7-29　空心式鼓泡反应器

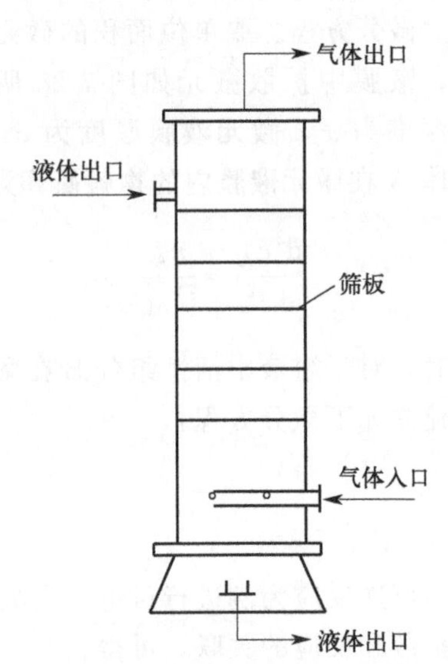

图 7-30　多段式鼓泡反应器

工业鼓泡反应器按其结构可分为空心式、多段式、气提式和液体喷射式。空心式鼓泡反应器在工业上得到了广泛的应用，如图 7-29 所示。这类反应器最适用于缓慢化学反应系统或伴有大量热效应的反应系统。若热效应较大时，可在塔内或塔外装备热交换单元。为克服鼓泡塔中的液相返混现象，当高径比较大时，亦采用多段鼓泡塔，以提高反应效果，如图 7-30 所示。对于高黏性物系，常采用气体提升式鼓泡反应器或液体喷射式鼓泡反应器，如图 7-31 和图 7-32 所示。例如生化工程的发酵、环境工程中活性污泥的处理、有机化工中催化加氢（含固体催化剂）等情况。

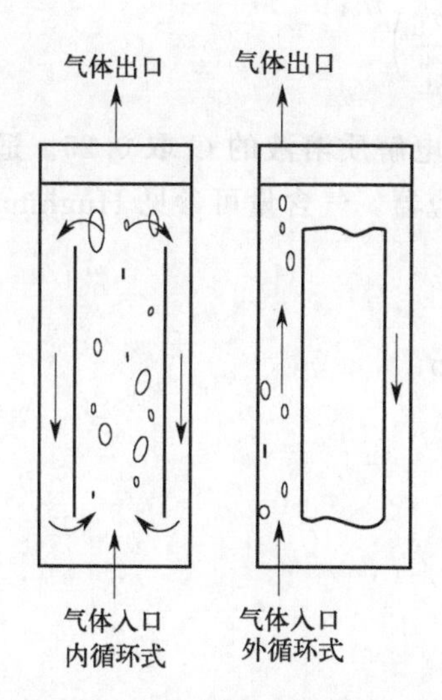

图 7-31　气体提升式鼓泡反应器

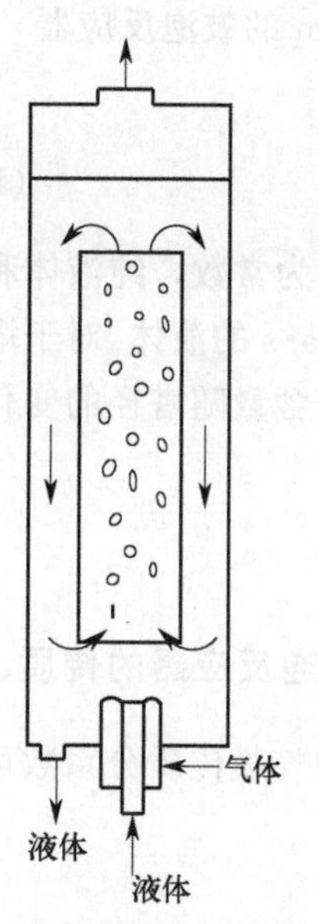

图 7-32　液体喷射式鼓泡反应器

7.3.3.2　鼓泡反应器的操作状态

(1) **安静鼓泡区**　当表观气速低于 0.05m/s 时，气泡呈分散状态，气泡大小均匀，进行有秩序的鼓泡，目测液体搅动微弱。

(2) **湍流鼓泡区**　在较高的表观气速下，安静鼓泡状态不能再维持。此时部分气泡凝聚成大气泡，塔内气、液剧烈无定向搅动，呈现极大的液相返混。气体以大气泡和小气泡两种形态与液体相接触，大气泡上升速度较快，停留时间较短，小气泡上升速度较慢，停留时间较长，形成不均匀接触的状态，称为湍流鼓泡区。

(3) **栓塞气泡流动区**　在小直径气泡塔中，较高表观气速下会出现栓塞气泡流动状态。这是由于大气泡直径被鼓泡塔的器壁所限制，实验观察到栓塞气泡流发生在直径小于 0.15m 的鼓泡塔中。

7.3.3.3　鼓泡反应器的流体力学特性

(1) **气泡直径及径向分布**　气泡平均直径可按下式计算：

$$\frac{d_{\mathrm{VS}}}{D_{\mathrm{R}}}=26\left(\frac{gD_{\mathrm{R}}^{2}\rho_{\mathrm{L}}}{\sigma_{\mathrm{L}}}\right)^{-0.5}\left(\frac{gD_{\mathrm{R}}^{3}\rho_{\mathrm{L}}^{2}}{\mu_{\mathrm{L}}^{2}}\right)^{-0.12}\left(\frac{u_{0\mathrm{G}}}{\sqrt{gD_{\mathrm{R}}}}\right)^{-0.12} \tag{7-66}$$

式中，d_{VS} 为等体积外表面积比的气泡直径；D_{R} 为鼓泡塔内径；σ_{L} 为液体表面张力；$u_{0\mathrm{G}}$ 为鼓泡塔表观气速；μ_{L} 为液体黏度。

对于存在径向分布的气泡直径计算：

$$d_{\mathrm{B}}=\left(9-5.2\frac{d}{D_{\mathrm{R}}}\right)\times 10^{3} \tag{7-67}$$

式中，d 为气泡在塔内的任一点直径；d_{B} 为处于直径 d 处的气泡平均直径。

(2) **鼓泡塔的气含量及径向分布**　气含量是气-液混合物中气体所占的体积分数。对于塔径大于 15cm 的鼓泡反应器，反应器内气含量平均值计算式：

$$\frac{\varepsilon_G}{(1-\varepsilon_G)^4}=C\left(\frac{u_{0G}\mu_L}{\sigma_L}\right)\left(\frac{\rho_L\sigma_L^3}{g\mu_L^4}\right)^{7/24} \tag{7-68}$$

式中，C 为常数，纯液体和非电解质的 C 取 0.2，电解质溶液的 C 取 0.25。适用于黏度小于 0.20Pa•s 的液体。对于塔径小于 15cm 的鼓泡反应器，气含量可参见 Hughmark 的方法来确定。气含量随塔径的变化为：

$$\varepsilon_G=2\left[1-\left(\frac{d}{D_R}\right)^2\right]\bar{\varepsilon}_G \tag{7-69}$$

7.3.3.4 鼓泡反应器的传质、传热特性

鼓泡塔的气膜传质分系数可按下式关联：

$$k_G d_B/D_G=6.6 \tag{7-70}$$

其液膜传质系数可按下式关联：

$$\frac{k_L d_B}{D_L}=0.5\left(\frac{\mu_L}{D_L\rho_L}\right)^{0.5}\left(\frac{g d_B^3\rho_L^2}{\mu_L^2}\right)^{0.25}\left(\frac{g d_B^2\rho_L}{\sigma_L}\right)^{0.375} \tag{7-71}$$

鼓泡反应器的气-液传质比表面积可由气含量和气泡直径按下式确定：

$$a=\frac{6\varepsilon_G}{d_{VS}} \tag{7-72}$$

鼓泡反应器气-液界面的液相容积传质系数 $k_L a$ 可按下式关联：

$$\frac{k_L a D_R^2}{D_L}=0.6\varepsilon_G^{1.1}\left(\frac{\mu_L}{D_L\rho_L}\right)^{0.5}\left(\frac{g D_R^3\rho_L^2}{\mu_L^2}\right)^{0.31}\left(\frac{g D_R^2\rho_L}{\sigma_L}\right)^{0.62} \tag{7-73}$$

鼓泡反应器内由于气泡的上升运动而使液体边界层厚度减少，从而引起鼓泡侧给热系数 α 显著增大。除了液体物性因素以外，表观气速是影响给热系数的主要因素，表观气速 u_{0G} 与给热系数的关系如图 7-33 所示。由图 7-33 可知，当表观气速较小时，气速增加能导致给热系数增大；但当超过某临界值 $u_{0G,\max}$（一般取 0.1m/s）后，给热系数不再明显增大，而趋近于最大给热系数。

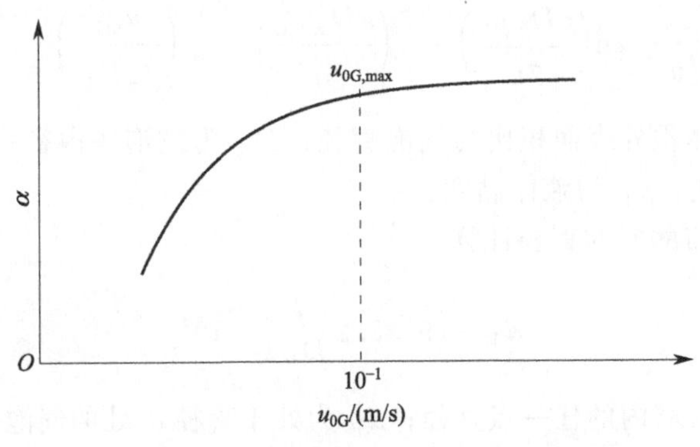

图 7-33 鼓泡反应器给热系数与表观气速的关系

鼓泡反应器的给热系数可按下列关系计算：

当 $K_b=u_{0G}\left(\frac{\rho_L}{\mu_L g}\right)^{1/3}\leqslant 18$ 时

$$\frac{\alpha}{\lambda}\left(\frac{\mu_L^2}{\rho_L^2 g}\right)^{1/3}=0.146K_b^{1/4}\left(\frac{c_L\mu_L}{\lambda_L}\right)^{1/3} \tag{7-74}$$

当 $K_b>18$ 时

$$\frac{\alpha}{\lambda}\left(\frac{\mu_L^2}{\rho_L^2 g}\right)^{1/3}=0.3\left(\frac{c_L\mu_L}{\lambda_L}\right)^{1/3} \tag{7-75}$$

上述公式也可用于板式反应器的传热。

7.3.3.5　鼓泡反应器的简化反应模型

考虑对气相反应物 A 和液相反应剂 B 均为一级的气-液反应：$A+v_B B \longrightarrow P$。

(1) **气相为平推流，液相为全混流**　此情况属于小直径鼓泡塔的情况。当塔高度较低或操作压力较高时，操作压力沿高度的变化可忽略，即可视为等压反应过程，则按气相质量衡算和吸收速率关系可得：

$$-G'\mathrm{d}\left(\frac{y}{1-y}\right)=K_G a p(y-y^*)\mathrm{d}z \tag{7-76}$$

则

$$L=\frac{G'}{p}\int_{y_2}^{y_1}\frac{\mathrm{d}y}{K_G a(1-y)^2(y-y^*)} \tag{7-77}$$

式中，G'为惰性组分摩尔流量或摩尔通量，kmol/(m^2·s)；y^* 为液相主体 A 组分的平衡摩尔分数。y_1、y_2 分别为进、出吸收塔气体中被吸收组分摩尔分数；K_G 为气相总传质系数，kmol/(m^2·MPa·s)；a 为传质比表面积，m^2/m^3。如为不可逆反应，则 $y^*=0$，且 $K_G a$ 为常量，由分步积分得不含气体的清液层高度：

$$L=\frac{G'}{K_G a p}\left[\ln\frac{y_1(1-y_2)}{y_2(1-y_1)}+\frac{1}{1-y_1}-\frac{1}{1-y_2}\right] \tag{7-78}$$

若气体中浓度较稀，则可简化为：

$$L=\frac{G'}{K_G a p}\ln\frac{y_1}{y_2} \tag{7-79}$$

当鼓泡反应器高度较高而操作压力又较低时，压力必随塔高而变化。若鼓泡反应器塔顶气相部位的压力为 p_t，清液层总高度为 L 时，则离气相进口高度为 Z 处的压力为：

$$p=p_t+\rho_L g(1-\varepsilon_G)(L-Z) \tag{7-80}$$

令 $\alpha_p=\rho_L g(1-\varepsilon_G)L/p_t$，由吸收微分方程积分可得：

$$L\left(1+\frac{\alpha_p}{2}\right)=\frac{G'}{p_t}\int_{y_2}^{y_1}\frac{\mathrm{d}y}{K_G a(1-y)^2(y-y^*)} \tag{7-81}$$

如为不可逆反应，K_Ga 为常量，则

$$p_tL\left(1+\frac{\alpha_p}{2}\right)=\frac{G'}{K_Gap}\left[\ln\frac{y_1(1-y_2)}{y_2(1-y_1)}+\frac{1}{1-y_1}-\frac{1}{1-y_2}\right] \tag{7-82}$$

上述各式表示了气相浓度和高度的关系。至于液相产品，需由气-液相间物料衡算获得。当液相为连续出料，达到定态时，则

$$x_B=\frac{c_{B1}-c_{B2}}{c_{B1}}=\frac{G'v_B}{u_{0L}c_{B1}}\left(\frac{y_1}{1-y_1}-\frac{y_2}{1-y_2}\right) \tag{7-83}$$

(2) **气相和液相均为全混流** 此情况符合搅拌鼓泡反应器的情况。如果是连续操作，则浓度变化为：

$$\frac{u_{0L}}{v_B}(c_{B1}-c_{B2})=G'\left(\frac{y_1}{1-y_1}-\frac{y_2}{1-y_2}\right)=K_GaL\left[p_t\left(1+\frac{\alpha_p}{2}\right)y_2-p^*\right] \tag{7-84}$$

【例 7-6】 尿素合成塔。

本例题以兖矿新疆煤化工有限公司 52 万吨/年 CO_2 汽提法尿素装置为对象，展示鼓泡反应器的结构和工艺操作特性。尿素合成塔为尿素装置的关键设备，其主要作用是将原料 NH_3 和 CO_2 在高温、高压条件下反应生成尿素、甲铵溶液。

该装置尿素合成塔为多段式鼓泡反应器，由上封头、下封头、筒体和内件构成（见图 7-34），设备规格为 ϕ2800mm×162mm，设备高度为 35770mm。筒体段由 13 个碳钢筒节组成，筒节采用层盘包扎结构，衬里壁厚为 8mm，内筒壁厚为 34mm，筒节层盘共 10 层、每层为 12mm，层盘、内筒的材料均为 Q345R，上、下封头为单层球形封头结构，其材料为 Q345R。筒体的内表面衬里厚度为 8mm，材质为 316L 不锈钢，上、下封头内堆焊 8mm 厚的尿素级不锈钢。每一节筒节设有独立的检漏系统。上封头设有 ϕ800mm 检修人孔，塔内安装卡萨利孔盘式塔盘，塔盘间距约 2450mm。合成塔的工艺基本操作参数：氨和碳的摩尔比为 2.9～3.3，水和碳的摩尔比为 0.4～0.6，气相温度为 180～183℃，液相温度为 181～185℃，操作压力为 14.0～14.5MPa。在上述工艺操作条件下，该尿素合成塔 CO_2 转化率≥59%。

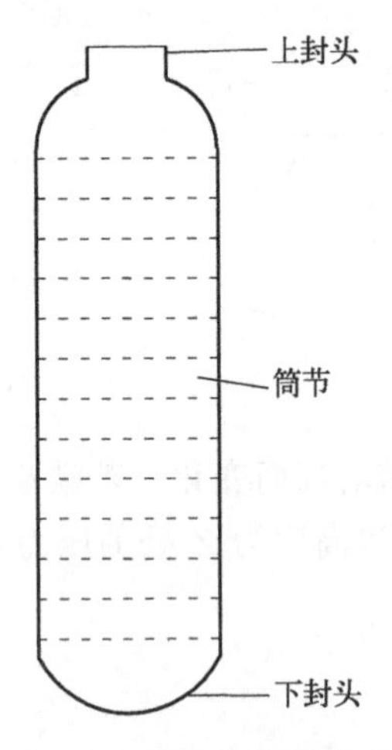

图 7-34 尿素合成塔简图

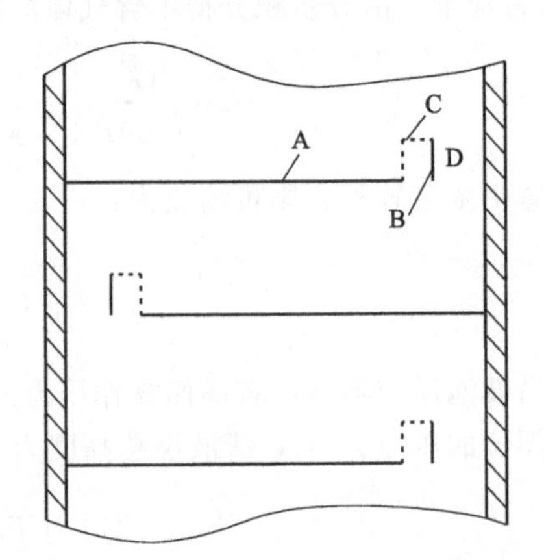

A—塔盘；B—气相挡板；C—气相通道；D—液相通道

图 7-35 径流式塔盘气-液两相流程示意图

径流式塔盘可以使尿素合成塔内气相和液相两相混合物自下而上沿径向水平方向流动，增

加了气-液两相的接触面积，减少液相的返混，提高 CO_2 转化率，降低蒸汽消耗。径流式塔盘尿素合成塔内气-液两相流程见图 7-35。该公司将原 13 层卡萨利孔盘式塔盘改造为 18 层径流式高效塔盘和 2 层卡萨利孔盘式塔盘。改造后，尿素产量增加 7.6%，CO_2 转化率增加 2.6%，氨单耗质量降低 0.5%，2.5MPa 蒸汽单耗质量降低 3.8%，CO_2 单耗体积流量降低 5.7%。

7.3.4 填料反应器

7.3.4.1 填料反应器特点

填料反应器的操作方式常采用逆流方式，对于不可逆反应可采用并流方式。逆流操作时，气体自塔底进入，在填料间隙中向上流动。液体自塔顶加入，通过液体分布器均匀喷洒于整个塔截面上。液体在填料表面形成液膜，液膜向下流动时传质表面被不断更新。

填料反应器具有以下优点：

① 填料塔结构简单，适用于瞬间反应、快速反应、中速反应；

② 气-液相流量的允许变化范围较大，特别适用于低气速、高液速的场合；

③ 填料塔中气、液相流型均接近活塞流，因此可用于要求高转化率的反应；

④ 填料塔的单位体积相界面大而持液量小，适用于过程阻力主要在相间传递的气-液反应过程。

填料反应器的缺点：

① 液相停留时间短，对慢反应不合适；

② 为保证填料润湿，不能用于液体流量太低的场合；

③ 气相或液相中含有悬浮杂质或生成固体产物时，易堵塞填料床层；

④ 传热性能差，不宜用于反应热效应大的场合。

7.3.4.2 填料反应器有效高度的计算

填料反应器虽然存在较为严重的气、液相各自的返混，但是由于此返混尚未有较好的模型加以预计，至今，工程上应用的设计计算方法仍是假定气、液两相均呈平推流状态，然后将设计计算结果再考虑一定的安全系数。在气、液相处于平推流状态下，填料吸收反应器所需高度 L 为：

$$L = G'\int_{y_2}^{y_1} \frac{\mathrm{d}y}{K_G a p (1-y)^2 (y-y^*)} \tag{7-85}$$

由于在整个塔高的区间内，气、液相温度和浓度一般均有变化，为此需进行物料衡算求出气相组分和液相组分变化间的定量关系。进行热衡算，确定液相温度的相应变化。根据液相组分浓度和温度，计算平衡分压，即确定实际吸收过程平衡线。并根据反应模型，确定沿塔高不同点的增大因子和相应的气膜和液膜传质系数。确定 K_G，再进行图解积分，求得计算塔高。

7.3.4.3 几种较为简单的气、液吸收系统

（1）**全塔处于气膜控制**　当反应为瞬间反应且液相中活性组分 B 的浓度大于临界值时，或快速反应且很快时，全塔处于气膜控制（即 $K_G = k_G$）。此时，设计计算方法和物理吸收

相近。例如，当气体中被吸收组分较低时

$$L=\frac{G'}{k_{G}ap}\int_{y_2}^{y_1}\frac{dy}{y-y^*} \tag{7-86}$$

如果液流主体中，可认为不可逆吸收时，得

$$L=\frac{G_G}{k_{G}ap}\ln\frac{y_1}{y_2} \tag{7-87}$$

式中，G_G 为吸收塔中气体的空塔摩尔流量，$kmol/(m^2\cdot s)$。多数碱性溶液的脱硫过程、铜液吸收 CO 和 O_2 的过程和有过量反应剂的强酸和氨中和过程经常会出现这种气膜控制的情况。

(2) **快速虚拟一级不可逆反应** 快速虚拟一级不可逆反应系统，反应在膜内完成，其增强因子 $\beta=\sqrt{M}$，由于吸收塔内液流主体中活性组分浓度 c_{BL} 沿塔高面变化，因而也随之而改变。若考虑到 c_{BL} 在塔内的变化，可得等温逆流操作的塔高 L 的计算式为：

$$L=\frac{G_G}{k_{G}ap}\ln\frac{y_1}{y_2}+\frac{G_G}{Hap\sqrt{k_2 c_{BL} D_{AL}}}\times\frac{1}{e}\ln\frac{(e+1)(e-b)}{(e-1)(e+b)} \tag{7-88}$$

式中，$e=\sqrt{1+A(y_2/y_1)}$，$b=\sqrt{1+A(y_2/y_1)-A}=\sqrt{c_{B2}/c_{B1}}$，$A=vG_G y_1/(q_L c_{B1})$。$c_{B1}$、$c_{B2}$ 分别为进塔和出塔吸收液中活性组分 B 的浓度，$kmol/m^3$；q_L 为塔中液体的喷淋密度，$m^3/(m^2\cdot s)$。

【例 7-7】改良热钾碱脱碳塔。

本例以洛阳某中型氮肥厂改良热钾碱脱碳塔为对象，展示填料塔反应器的结构和工艺操作特性。改良热钾碱法脱碳在大、中型氨厂的应用比较普遍，吸收塔为颗粒型填料塔反应器。该法技术成熟、操作稳定、净化度高，主要的缺点是能耗高造成脱碳成本高。改良热钾碱法脱碳原理如下：

$$RR'NH+CO_2 \rightleftharpoons RR'NCOOH$$

$$RR'NCOOH+K_2CO_3+H_2O \rightleftharpoons RR'NH+2KHCO_3$$

$$2KHCO_3 \rightleftharpoons K_2CO_3+CO_2+H_2O$$

RR'NH 胺类活化剂在吸收 CO_2 的过程中起传递 CO_2 的作用，活化剂在溶液表面吸收了 CO_2，然后向 K_2CO_3 溶液中传递 CO_2，而活化剂本身被再生。K_2CO_3 溶液吸收 CO_2 后生成 $KHCO_3$，$KHCO_3$ 在高温低压下可再生为 K_2CO_3。

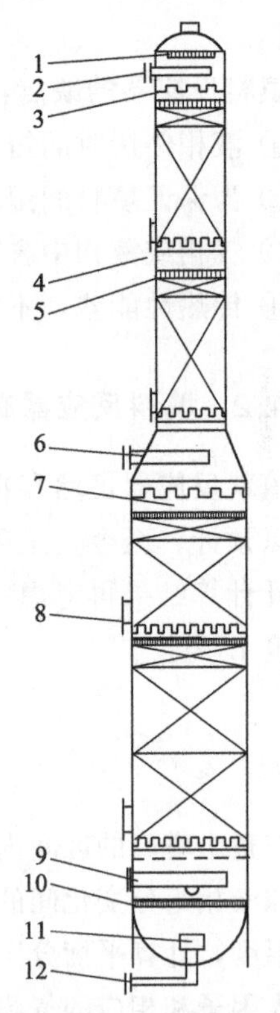

1—除沫器；2，6—液体分配管；3，7—液体分布器；4—填料支承板；5—压紧篦子板；8—填料卸出口（4个）；9—气体分配管；10—消泡器；11—防涡流挡板；12—富液出口

图 7-36 填料塔简图

洛阳某中型氮肥厂采用改良热钾碱法脱碳，脱碳塔为 2000mm/3000mm 颗粒填料塔，结构如图 7-36 所示。上塔（贫液段）直径 2000mm，装 2 段填料。下塔 3000mm，装 3 段填料，填料段间无再分布器，仅有贫液段、半贫液段进液分布器。在处理气量 $44500m^3/h$、贫液量 $160m^3/h$、半贫液量 $720m^3/h$ 条件下，

净化气中 CO_2 含量为0.5%。如加大气量工作时，存在净化气中 CO_2 偏高的现象。对该塔进行如下技术改造：将下塔的上段填料更换为250Y不锈钢孔板波纹填料，将两塔分布器更换为新型管板式分布器，并在下塔加管板式气、液再生器。改造后生产能力提高20%，净化气中 CO_2 含量下降40%，而贫液、半贫液循环量几乎没有增加。由于采用了新型塔内件与孔板波纹填料技术改造热钾碱脱碳塔，以很小的投资得到提高生产能力20%、吨氨能耗下降20%的回报。

7.4　气-液-固三相反应器

同时存在气、液、固三种不同相态的反应过程，称为气-液-固反应。石油化工行业的气-液-固反应多为加氢反应、氧化反应以及乙炔化反应。一些传统的气-固反应过程，如果反应温度不太高，可以选择合适的在反应状态下呈液态的液相作为热载体，使用细颗粒催化剂悬浮在惰性液相热载体中，形成气-液-固三相反应，既消除了催化剂内扩散对总体速率的影响，又在等温床下操作，消除了床层温升对气-固相可逆放热反应平衡的限制和固定床传热系数较低而形成的传热控制，提高了反应物的单程转化率和出口含量。

工业上采用的气-液-固反应器按床层的性质主要分成两种类型，即固定床和悬浮床。三相固定床反应器最常见的类型是滴流床或涓流床反应器。固体呈悬浮状态的三相悬浮床反应器一般使用细颗粒固体，有多种型式，包括三相流化床反应器、鼓泡淤浆床反应器、环流反应器等。

气-液-固三相反应器按反应物系的性质区分主要有下列类型：

① 固相或是反应物或是产物的反应，例如加压下用氨溶液浸取氧化铜矿；

② 固体为催化剂而液相为反应物或产物的气-液-固反应，例如煤的加氢催化液化或称煤的直接液化，石油馏分加氢脱硫，煤制合成气催化合成燃料油的费-托合成过程等；

③ 液相为惰性相的气-液-固催化反应，液相作为热载体，如一氧化碳催化加氢生成烃类、醇类、醛类、酮类和酸类的混合物。

7.4.1　气-液-固三相反应器的宏观反应动力学

气-液-固三相反应宏观动力学分颗粒级和床层级两个层次。颗粒宏观反应动力学，是指在固体颗粒被液体包围而完全润湿的情况下，以固体为对象的宏观反应动力学，是包括气-液相间、液-固相间传质过程和固体颗粒内部反应-传质的总体速率。床层宏观反应动力学，是在颗粒宏观反应动力学的基础上，考虑三相反应器内气相和液相的流动状况对颗粒宏观反应动力学的影响，又称反应器级或床层级宏观反应动力学。

7.4.1.1　颗粒宏观反应动力学

三相反应中固体催化剂颗粒内的反应模型，采用计入内扩散过程的扩散-反应模型，需要同时考虑液-固相和气-液相之间的传质过程。三相床中颗粒催化剂的宏观反应过程如下：

① 气相反应物从气相主体扩散到气-液界面的传质过程；

② 气相反应物从气-液界面扩散到液相主体的传质过程；

③ 气相反应物从液相主体扩散到催化剂颗粒外表面的传质过程；

④ 颗粒催化剂内同时进行反应和内扩散的宏观反应过程；

⑤ 产物从催化剂颗粒外表面扩散到液相主体的传质过程；

⑥ 产物从液相主体扩散到气-液界面的传质过程；

⑦ 产物从气-液界面扩散到气相主体的传质过程。

关于三相床反应器传热、传质、混合的相关研究可参见本章文献 [6]、[16-18]。此处讨论在等温条件下，包括一个气态反应物的一级不可逆催化反应，液相是惰性介质的基本情况。在此情况下，气相反应物 A 从气相主体扩散到催化剂颗粒外表面的各个过程中的浓度分布见图 7-37。

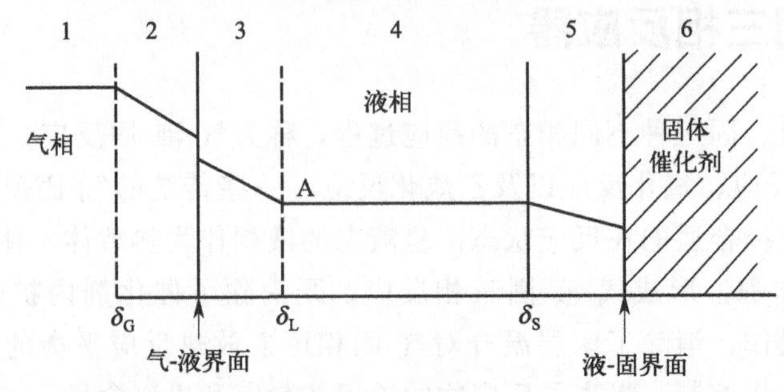

1—气相主体；2—气膜；3—液膜（气-液间）；4—液相主体；5—液膜（液-固间）；6—固体催化剂

图 7-37　三相反应器中气相反应物的浓度分布

模型以单颗粒催化剂或固体反应物为基础，总体速率 $r_{A,G}$ 为单位床层体积内气相反应物 A 的摩尔流量的变化，即 kmol/(m^3·h)。而单位床层体积内的颗粒外表面积为 S_e，m^2/m^3 床层，S_e 即液-固相传质面积；单位床层体积内气-液传质面积为 a，m^2/m^3 床层。定态情况下，若催化剂内进行一级不可逆反应，以气-固相宏观反应动力学为基础，再计入双膜论的气-液传质过程，可列出三相过程的速率方程：

$$\begin{aligned} r_{A,G} &= -\frac{dN_A}{dV_R} = k_{AG}a(c_{AG}-c_{AiG}) \\ &= k_{AL}a(c_{AiL}-c_{AL}) \\ &= k_{AS}S_e(c_{AL}-c_{AS}) \\ &= k_w S_e \rho_{sw} c_{AS}\xi \end{aligned} \tag{7-89}$$

等式后四项分别表示气-液界面传质速率、液相主体传质速率、催化剂外表面传质速率、催化剂内的扩散-反应过程速率。气-液相界面有相平衡关系 $c_{AiG}=K_{GL}c_{AiL}$，令 $r_{A,G}=-dN_A/dV_R=K_T S_e c_{AG}$，则

$$\frac{1}{K_T}=\frac{S_e}{a}\times\frac{1}{k_{AG}}+\frac{S_e}{a}\times\frac{K_{GL}}{k_{AL}}+K_{GL}\left(\frac{1}{k_{AS}}+\frac{1}{k_w\rho_{sw}\xi}\right) \tag{7-90}$$

式中，k_{AG} 是以浓度为推动力的组分 A 的气相传质分系数，m/h；k_{AL} 是气-液相间组分 A 的液相传质分系数，m/h；k_{AS} 是液-固相间组分 A 的液相传质分系数，m/h；k_w 是以每千克催化剂为基准的本征反应速率常数，m^3/(kg·h)；ρ_{sw} 是每平方米颗粒外表面积所相应的每立方米床层的催化剂质量，kg/m^2；c_{AG}、c_{AiG}、c_{AiL}、c_{AL} 和 c_{AS} 分别是组分 A 在气相主体中、气-液界面气相侧、气-液界面液相侧、液相主体中和颗粒外表面上的浓度，kmol/m^3；K_{GL} 是量纲为 1 的气-液相平衡常数；K_T 是以催化剂颗粒外表面积和气相主体中反应物 A 浓度计算的总体速率常数，m/h；ξ 是内扩散有效因子。某些极限情况下的讨

论，与气-固催化反应部分相似，不再列出。

7.4.1.2　床层宏观反应动力学

床层宏观反应动力学在考虑颗粒宏观反应动力学的基础上计入气相和液相在三相反应器中流动状况的影响，因而与反应器的类型有关。

滴流床三相反应器中固体颗粒如同填料吸收塔中填料一样装填在反应器中，在“滴流区”气相是连续相，液体则以膜状自上而下流动，由于固体颗粒间必然相互接触，液体不可能全部均匀地润湿固体颗粒，存在一个有效润湿率。从整个床层横截面看，液体的流动状况又是不均匀的，近器壁处液体的局部流速与中心处不同。应当设计一个良好的液体分布器使液体均匀地进入床层。工程设计时一般以颗粒催化剂的宏观动力学为基础，将颗粒的有效润湿率和颗粒外气-液相间和液-固相间传递过程综合称为“外部接触效率”，滴流床三相反应器中气相和液相都可看作平推流。

在鼓泡淤浆床、三相流化床反应器中，一般液相是连续相，气相呈鼓泡状分散在液相中，要求固体均匀地分散在液相中并且气泡细小，增大气-液接触面积和均匀分散是三相反应器良好操作的前提，因此，需要研究三相反应器中固体颗粒悬浮且均布的条件、气含量、气-液接触面积、气体均匀分布及液相和气相的返混等流体力学问题。这些都与三相床的类型、流动状态、操作条件、气体分布器设计等因素有关，并且也都不同程度地影响床层宏观反应动力学。

7.4.2　滴流床反应器

滴流床或称涓流床反应器，是固定床三相反应器，液流向下流动，以一种很薄的液膜形式通过固体催化剂，而连续气相以并流或逆流的形式流动，但多数是气流和液流并流向下，如图 7-38 所示。

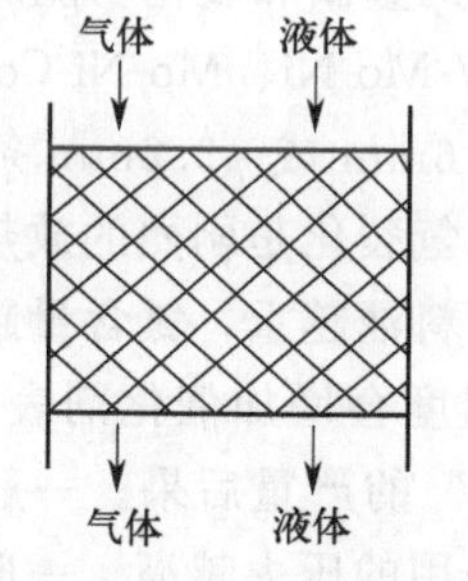

(a) 流体并流向下流动的固定床　　(b) 流体逆流流动的固定床

图 7-38　滴流床反应器类型

7.4.2.1　滴流床反应器的特点

滴流床反应器具有如下优点：气体在平推流条件下操作，液固比（或液体滞留量）很小，可使均相反应的影响降至最低；气-液向下操作的滴流床反应器不存在液泛问题；滴流床三相反应器的压降比鼓泡反应器小；单位体积催化剂装载量高，操作简单，运行成本低。与此同时，它也有一些内在不足：在大型滴流床反应器中，低液速操作的液流径向分布不均匀，并且引起径向温度不均匀，形成局部过热，催化剂颗粒不能太小，而大颗粒催化剂存在明显的内扩散影响；由于组分在液相中的扩散系数比在气体中的扩散系数低许多倍，内扩散的影响比气-固相反应器更为严重；可能存在明显的轴向温升，形成热点，有时可能飞温。

7.4.2.2　滴流床反应器的工业应用

滴流床反应器广泛应用于石油炼制、石油化工、精细化工以及生物化工等工业过程。部分滴流床反应器的工业应用实例见二维码。

滴流床反应器的典型工业应用

油品加工中加氢裂化反应常采用滴流床反应器。加氢裂化工艺是在临氢、高温、高压条件和催化剂的作用下，使重馏分油加氢脱硫、加氢脱氮、多环芳烃加氢饱和及开环裂化，转化为轻油和中间馏分油等目的产品的过程。它加工原料范围广，包括直馏石脑油、粗柴油、减压蜡油以及其他二次加工得到的原料等，通常可以直接生产优质液化气、汽油、柴油、喷气燃料等清洁燃料和轻石脑油等优质石油化工原料。加氢裂化三相滴流床反应器是加氢裂化装置的核心设备，于高温高压临氢环境下操作，除抗氢、氮腐蚀外，还需抗油料中硫与氢形成的硫化氢的腐蚀，且内径大，对选用材料、加工制作及其中气、液相流动均匀且与催化剂接触良好等方面均有很高的要求。典型的加氢裂化滴流床反应器结构如图 7-39 所示。

反应压力、氢油体积比、反应温度和体积空速，是馏分油加氢裂化的四大工艺参数。通常加氢裂化装置都是在固定或比较固定的压力、体积空速和氢油体积比的条件下操作，可根据原料油的性质和产品质量要求控制其反应温度。反应温度可通过控制反应器入口温度及床层之间的冷氢量来加以调节。在操作过程中，必须严格遵守“先提量后提温和先降温后降量”的操作原则。加氢裂化使用双功能催化剂，由具有加氢功能的金属和裂化功能的酸性载体两部分组成，如 Mo-Ni、W-Mo-Ni、Mo-Ni-Co 等。有些加氢裂化催化剂外形为 ϕ1.6mm 或 ϕ3.2mm 条状，有些为 ϕ6mm×4mm 圆柱状。加氢裂化是剧烈的放热反应，一般选用温度 315～425℃，原料油越重，氮含量越高，反应温度越高，但过高的反应温度会增加催化剂表面的积炭，若温度失控将会导致“飞温”的严重后果。一般选用压力 6～20MPa，原料油越重，采用的压力越高。一般采用较高的氢油比，即含氢气体在 STP 状态下的体积流量（m^3/h）与 20℃原料油体积流量（m^3/h）之比为 1000～2000。

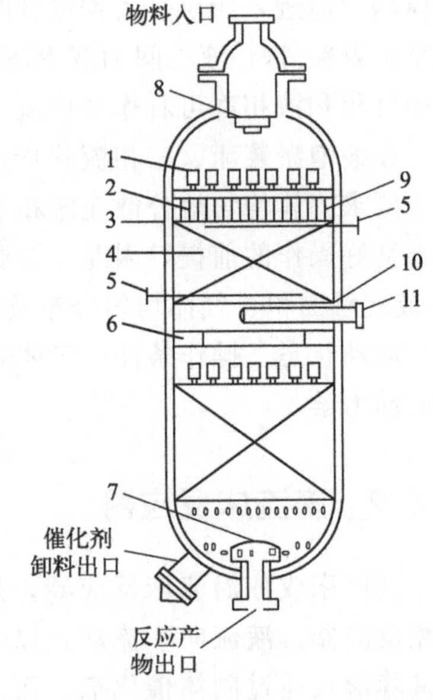

1—分配盘；2—篮筐；3—壳体；4—催化剂床层；5—热电偶；6—冷氢盘；7—收集器；8—分配器；9—陶瓷球；10—栅板；11—临氢管

图 7-39　加氢裂化滴流床反应器结构

【例 7-8】油品加工中加氢裂化滴流床反应器。

本例以广西某石化公司 220 万吨/年加氢裂化装置为对象，展示滴流床反应器的结构和工艺操作特性。

该装置的蜡油加氢裂化反应器由中国一重制造，采用热壁锻焊结构，设计压力和设计温度分别为 18.3MPa 和 454℃，操作介质为混氢原料油。反应器规格为 4800mm×36000mm×(280mm+6.5mm)，重达 1.7kt。内壁堆焊 E309L+E347 厚 6.5mm，其中 E347 最小有效厚度为 3mm。本设备为轴向固定床式反应器，设备内部共设四个催化剂床层，并设有入口扩散器、预分配盘、催化剂支撑盘、冷氢盘、汽液分配盘、出口收集器等内构件。反应器壳体上开有油气进出口、催化剂卸料口，冷氢口、热电偶口等工艺仪表开口，壳体外壁还设有多个表面测温点以监测反应器器壁温度。反应器的工作压力为 16.37MPa，工作温度为 370～410℃，床层最大温升不大于 33℃。经标定，石脑油收率为 21.86%，航煤收率为 28.56%，柴油收率为 39.08%。

7.4.3 三相流化床反应器

7.4.3.1 三相流化床反应器分类和特点

气-液-固三相流化床反应器由气相、液相和固相三相组成，其中液相是连续相，固体颗粒悬浮在气相和液相中。三相流化床反应器具有7.2节讲述流化床具有的特点。根据固体颗粒的流动状态可将三相床分为三个基本的操作区域，即固定床、流化床和输送床。Epstein按照气体和液体的流动方向，将三相流化床分为三种操作状态，即并流操作、逆流操作和静止液流操作。传统的三相流化床反应器一般采用气-液并流向上的操作方式。

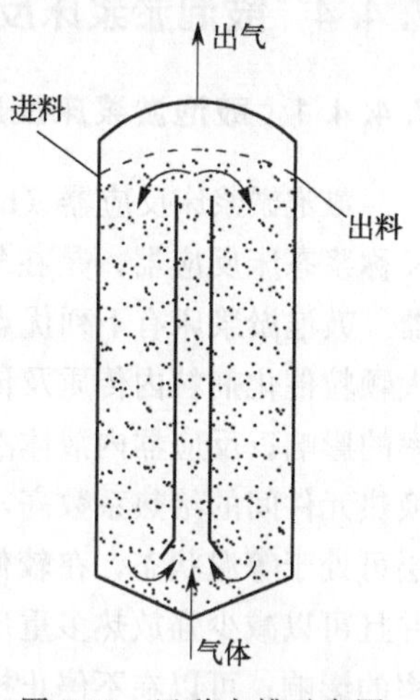

图7-40　巴秋卡槽示意图

三相环流反应器是在进行气-液两相反应的环流反应器中添加固体颗粒的三相反应器，广泛应用于生物反应工程、湿法冶金、有机化工、能源化工及污水处理工程，如以甲醇为原料生产单细胞蛋白已采用1500～3000m^{3}容积的大型三相环流反应器。湿法冶金中在较高温度和加压下用液体来浸取矿石中的有色金属化合物。三相环流反应器用于湿法冶金中的浸取过程时，称为气体提升反应器或巴秋卡槽，如图7-40所示。

7.4.3.2 三相流化床反应器的工业应用

三相流化床在工业中的应用

在三相流化床的工业应用中，三相可以是反应物，也可以是产物、催化剂或惰性物质。不同的实际过程，三相的作用各不相同，这使得该反应器在工业上得到了广泛的应用。

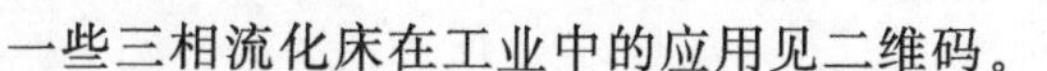
一些三相流化床在工业中的应用见二维码。

【例7-9】煤直接液化上流式三相沸腾床反应器。

本例以国家能源集团煤直接液化沸腾床反应器为对象，展示三相流化床反应器的结构和工艺操作特性。煤炭直接液化工艺的目标是破坏煤的有机结构，打断煤大分子的桥键，并通过加氢提高H/C原子比，使其成为液体产物。煤直接液化工艺的主要过程是把煤先磨成粉，再和自身产生的液化重油（循环溶剂）配成煤浆，在430～470℃高温条件和15～30MPa高压条件下直接加氢，将煤转化成液体产品。在煤直接液化工艺中，煤液化反应器是煤浆、氢气、催化剂等混合并进行反应生成液化油的重要场所，是整个工艺的核心。

世界上首套百万吨级煤直接液化示范工程由国家能源集团在内蒙古鄂尔多斯市建成并投入示范运行，核心技术采用神华集团和煤炭科学研究总院联合开发的煤直接液化技术。该技术的煤液化反应器采用的是两个强制循环的上流式气-液-固三相全返混沸腾床反应器，该反应器属于三相流化床。反应器内为全返混流，空塔液速高、轴径向温度分布均匀，反应温度可通过进料温度来控制，且产品性质稳定。另外，反应器具有液相利用率高、器内矿物质不易沉积等优点。反应器主要结构和尺寸如图7-41所示，其规格为4812(ID)mm×334(THK)mm×62500(H)mm，考虑介质腐蚀和磨损，内壁堆焊7.5mm厚的不锈钢。反应器内构件有进料环形分布器、分配盘及泡罩、扇形杯、升气管、中心下降管、核料位计和热电偶套管。反应器的工作压力为18.85MPa，工作温度为455℃，设计压力为20.36MPa，设计温度482℃。煤液化反应使用催化剂（863 催化剂）是具有完全自主知识产权的超细水合氧化铁（FeOOH）。煤直接液化装置的负荷率最大达到设计值的 85%，煤的转化率达到设计值的 91%，产品收率达到 57%，残渣固体含量接近设计值的 50%。

7.4.4 鼓泡淤浆床反应器

7.4.4.1 鼓泡淤浆床反应器的特点

鼓泡淤浆床反应器（bubble column slurry reactor，BCSR），又称浆态床反应器，是在气-液鼓泡反应器中加入固体的反应器。鼓泡淤浆床有下列优点：使用细颗粒催化剂，充分消除了大颗粒催化剂粒内传质及传热过程对反应转化率、收率及选择率的影响；反应器内液体滞留量大，热容量大，并且淤浆床与换热元件间的给热系数高，容易移走反应热，温度易控制，床层可处于等温状态，在较低空速下可达到较高的出口转化率，并且可以减少强放热多重反应在固定床内床层温升对降低选择率的影响；可以在不停止操作的情况下更换催化剂；催化剂不会像固定床中那样产生烧结。鼓泡淤浆床反应器有下列缺点：要求所使用的液体为惰性，不与其中某一反应物发生任何化学反应，在操作状态下呈液态，蒸汽压低且热稳定性好，不易分解，并且不含对催化剂有毒的物质。但三相床中进行氧化反应时，耐氧化的惰性液相热载体的筛选是一个难点；催化剂颗粒较易磨损，但磨损程度低于气-固相流化床；气相呈一定程度的返混，影响了反应器中的总体速率。

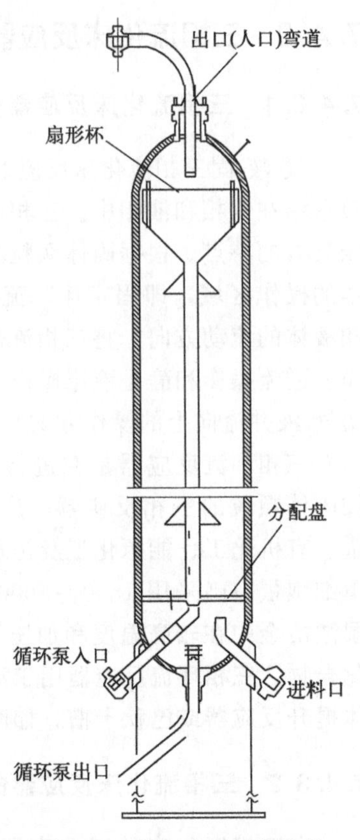

图 7-41 上流式三相沸腾床反应器结构简图

7.4.4.2 鼓泡淤浆床反应器的工业应用

在煤化工领域，鼓泡淤浆床反应器在费-托合成中取得最为成功的工业应用。鼓泡淤浆床反应器的催化剂分布均匀，具有较强的抗积炭能力，并且可以在线更换。另外，鼓泡淤浆床反应器的传质和传热性能好，可以实现连续化大规模生产，在提高处理能力的同时也降低了生产成本，因此在双氧水生产、对苯二甲酸合成等精细化工生产中得到了越来越广泛的应用。

鼓泡淤浆床反应器的典型工业应用见二维码。

鼓泡淤浆床反应器的典型工业应用

【例 7-10】费-托合成浆态床反应器。

本例以国家能源集团费-托合成浆态床反应器为对象，展示鼓泡淤浆床反应器的结构和工艺操作特性。费-托合成（F-T 合成）是将合成气（$CO+H_2$）在铁基或钴基催化剂上转化成烃类及含氧化合物的反应。费-托合成是煤间接液化的核心过程，按照反应温度分为低温（<260℃）、中温（260～275℃）和高温（310～350℃）费-托合成三个类别。费-托合成一般选择压力 0.5～3.0MPa。费-托合成工艺的核心装置是合成反应器，其类型有三相固定床、流化床和浆态床反应器。浆态床因其传热效果好、床层温度均匀、操作弹性大、催化效率高等优点，被认为是费-托合成反应器的首选。

国家能源集团宁夏煤业有限责任公司 400 万吨/年煤炭间接液化项目拥有世界上规模最大的煤基费-托合成装置，该装置采用中科合成油技术公司的中温费-托合成浆态床技术设计和建设。费-托合成装置由两条相同的生产线组成。每条生产线中的费-托合成单元由 4 台并列浆态床反应器及配套的产物分离系统组成。每 4 台并列浆态床反应器对应两台催化剂还原反应器和一个尾气脱碳塔。费-托合成浆态床反应器直径 9.6m，高 60m。采用铁基催化剂，反应温度为 260～275℃，反应压力为 2.9MPa，如图 7-42 所示。反应生成的较轻组成的高温油气由反应器顶部输出，通过逐级换热冷却分离得到重质油、轻质油、合成水及合成尾气。合成尾气大部分以循环气形式返回反应器继续参与反应，一部分用于反吹反应器内部的蜡过滤器，还有一部分被送至脱碳单元来调节循环气中 CO_2 含量。装置运行标定结果为：CH_4 选择性为 2.90%，C_{3+} 选择性平均值为 96.1%，C_{5+} 选择性达到 92.8%，吨油消耗合成气 5686m^3，吨产物副产 4.53 吨中压蒸汽和 1.12 吨合成水。

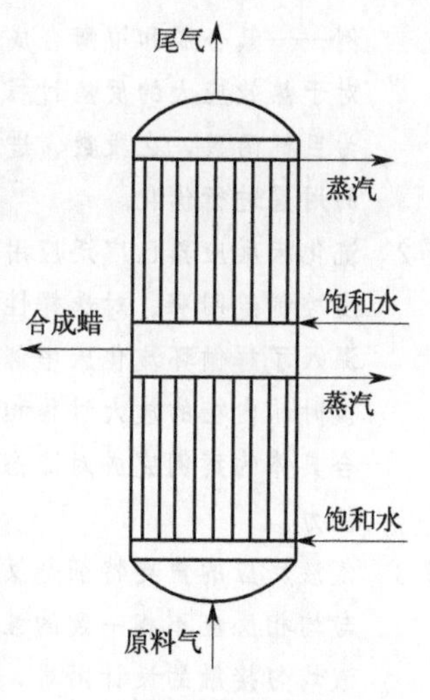

图 7-42　费-托合成浆态床反应器及流程简图

大国重器

国产反应器在我国能源转化中的应用

1. 2006 年 5 月，DMTO 成套技术的研发成功，标志着中国科学院大连化学物理研究所通过长期开拓性的工作，突破了一系列的关键核心技术——小孔磷酸硅铝分子筛合成技术、甲醇制烯烃密相循环流化床反应工艺和大型反应-再生烯烃工艺调控方法，为我国建设百万吨级 DMTO 大型化工装置提供了技术支持。2011 年神华包头煤制烯烃项目正式进入商业化运行。目前，神华包头煤制甲醇在现有 180 万吨/年基础上增加到 380 万吨/年规模，甲醇制烯烃产能由 60 万吨/年增加到 130 万吨/年。神华包头烯烃升级示范项目必将为我国煤制烯烃产业延伸发展和新技术、新产品、新材料开发领域积累宝贵的经验。

2. 世界上首套百万吨级煤直接液化示范工程由国家能源集团在内蒙古鄂尔多斯市建成并投入示范运行，核心技术采用神华集团和煤炭科学研究总院联合研发的煤直接液化技术。该技术煤液化反应器采用的是两个强制循环的上流式气-液-固三相全返混沸腾床反应器。

3. 国家能源集团宁夏煤业有限责任公司 400 万吨/年煤炭间接液化项目拥有世界上规模最大的煤基费-托合成装置，该装置采用中科合成油技术有限公司的中温费-托合成浆态床技术设计和建设。

4. 我国现已形成较为完备的煤直接液化、煤间接液化、煤制甲醇、甲醇制烯烃、合成气制乙二醇等关键工艺和工程体系，大型气化炉等关键装备已经全部实现国产化，技术装备水平也已总体达到国际领先水平。在我国碳达峰、碳中和目标及能源结构转型的背景下，煤化工产业将进一步与新能源融合，向清洁化、低碳化方向发展。

学科素养与思考

7-1　固定床催化反应器有多种形式，各自有不同的特点与适用情况。本章学习中，读者应结合典型案例——氨合成和甲醇合成反应，理解和分析固定床反应器设计中的技术难点和关键问题（特别是对于热效应大的反应过程），对固定床反应器中的传热和控温进行设计分析，以催化剂用量最少为目标函数，在段数、进料量和组成及最终转化率一定的前提下，采用经典的微分法，对催化剂的用量进行优化。

7-2 流化床反应器已广泛应用于化工冶金中的矿石焙烧和化学浸取，以及催化反应过程中要求反应温度控制范围窄、对选择性要求高的过程。本章学习中，读者应结合流化床反应器的特点和分类，深入了解循环流化床中催化裂化装置的发展动态，了解流化床反应器从实验室规模放大到工业规模时，内在的放大过程和放大规律，探索流态化过程进行数学模拟和精确预测的研究方法，并结合具体的案例完成对流态化过程的设计、操作和优化控制的学习，以提升自己理论结合实践的能力。

7-3 气液反应的重要特征是反应吸收速率通常与气体的溶解度系数 H 密切相关，这一特征其显示出与均相反应不相一致的性能。本章学习中，可以针对填料反应器和鼓泡反应器存在阻力低，气、液均匀接触的设计困难，利用动量交换流动理论设计流体的初级分布，以解决均匀分布问题。气液反应的进行是以两相界面的传质为前提，由于气相和液相均为流动相，两相间的界面不是固定不变的，学生应查阅文献了解双膜理论在电催化领域中研究进展，感知科研对理论的应用与推动。

7-4 气-液-固三相反应器的分析与设计是一项非常复杂的任务。对于气-液-固三相反应器，应结合加氢裂化、煤直接液化、费-托合成等重要化工过程，重点掌握滴流床反应器、三相流化床反应器和鼓泡淤浆床反应器的特点及工业应用。通过实践案例的分析，可将基础理论和加氢裂化、煤直接液化、费-托合成等重要的化工过程相结合，探寻化工过程和生产过程中存在的实际问题，进而提升自身化学反应器的设计与分析能力。

习题

7-1 已知某甲醇合成固定床中铜基催化剂的堆密度为1.2g/cm^3，颗粒密度为2.3g/cm^3。若气体通过固定床空床的表观流速为0.25m/s，则气体通过装填催化剂后床层的实际线速度为多少？

7-2 某单一可逆放热反应气-固相绝热催化床的 x-T 关系如下图所示，试回答下列问题：

(1) A 点与 B 点哪一点的反应速率大？

(2) D、E、F 三点，哪一点的反应速率最大？哪一点的反应速率最小？

(3) D、G、H 各点中，哪一点的反应速率最大？

(4) G、M、E、N 各点中，哪一点的反应速率最大？

(5) 从图上的相对位置，能否判断 M 点与 N 点的反应速率相对大小？

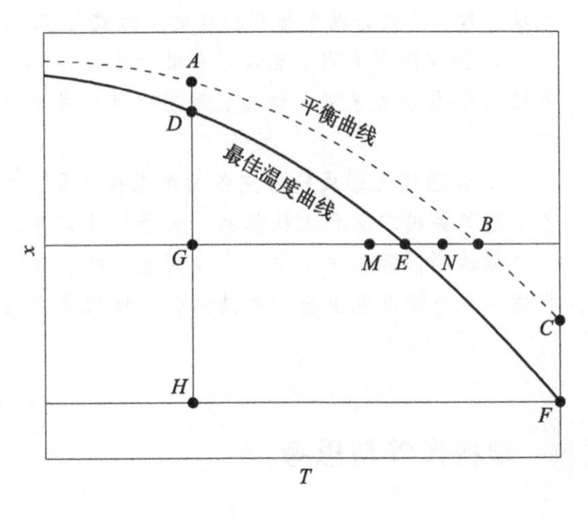

习题 7-2 图

7-3 由直径为3mm的球形催化剂组成的等温固定床，在其中进行一级不可逆反应，基于催化剂颗粒体积计算的反应速率常数为0.8s^{-1}，有效扩散系数为0.013cm^2/s，床层空隙率为0.34，当床层高度为2m时，可达到所要求的转化率。为了减小床层的压力降，改用直径为6mm的球形催化剂，床层空隙率变为0.36，其余条件均不变，流体在床层中流动均为层流，试计算：(1) 催化剂床层高度；(2) 床层压力降减小的百分率。

7-4 设计一多段间接换热式二氧化硫催化氧化反应器，每小时处理原料气36000m^3。床填充直径5mm、高10mm的圆柱形催化剂共80m^3，床层空隙率为0.45，取平均操作压力为0.1216MPa，平均操作温度为733K，混合气体的黏度为3.4×10^{-5}Pa·s，密度为0.4832kg/m^3。试确定反应器的直径和高度，使床层的压力降≤6.8kPa。

7-5 某变换工段采用二段间接换热式固定床反应器在常压下进行变换反应

$$CO+H_2O \rightleftharpoons CO_2+H_2$$

热效应$\Delta H_r=-41030$J/mol，进入预热器的半水煤气与水蒸气的摩尔比为1∶1.4，而半水煤气干基组成为：

组成	CO	H_2	CO_2	N_2	CH_4	其他	合计
摩尔分数/%	30.4	37.8	9.46	21.3	0.79	0.25	100

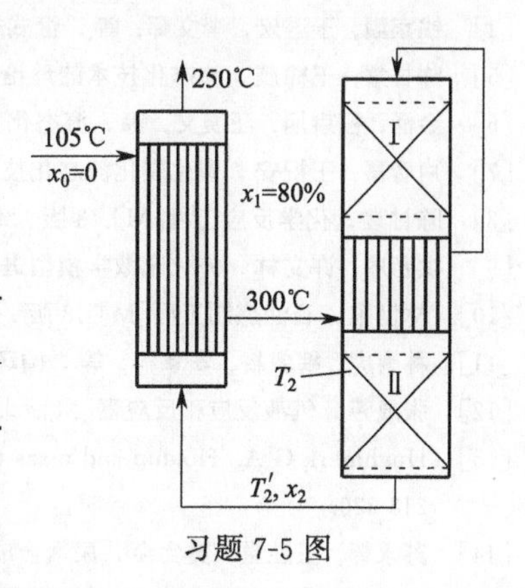

习题7-5图

右图为流程示意图，图上给定了部分操作条件，假定各股气体的热容均可按33.51J/(mol·K)计算，试求Ⅱ段绝热床层的进出口温度和一氧化碳转化率，假设系统对环境的热损失为零。

7-6 某流化床使用的催化剂，其粒度分布如下：

$d_p/\times10^5$m	40.0	31.5	25.0	16.0	10.0	5.0
质量分数/%	5.80	27.05	27.95	30.07	6.49	3.84

已知粒子形状系数$\phi_s=0.75$，$\varepsilon_{mf}=0.55$，$\rho_p=1300kg/m^3$，在120℃及0.1MPa（绝压）下，气体的密度$\rho_f=1.453kg/m^3$，黏度$\mu_f=1.368\times10^{-5}$Pa·s。求临界流化速度。

7-7 用1.2mol/L的氨水吸收某生产装置出口气中的二氧化碳，当气流主体中二氧化碳分压为1.013×10^{-3}MPa时，该处的二氧化碳吸收速率为多少？已知液相中CO_2和NH_3的扩散系数均为$3.5\times10^{-5}cm^2/s$，二级反应速率常数为$38.6\times10^5cm^3/(mol\cdot s)$，二氧化碳的溶解度系数为$1.53\times10^{-10}mol/(cm^3\cdot Pa)$，$k_L=0.04$cm/s，$k_G=3.22\times10^{-10}mol/(cm^2\cdot s\cdot Pa)$，相界面积$a_L=2.0cm^2/cm^3$。

7-8 气体A与液体B的反应为不可逆反应，对A为一级，对B为零级，已知三种情况下反应速率常数k，液相传质系数k_L，组分A在液相中的扩散系数D_{AL}以及液相体积与液膜之比α值如下：

k/s^{-1}	k_L/(cm/s)	$D_{AL}/(\times10^{-5}cm^2/s)$	α
400	0.001	1.6	40
400	0.04	1.6	40
1	0.04	1.6	40

试分别计算这三种情况下的增强因子β和液相反应利用率η，并对计算结果进行比较与讨论。

7-9 邻二甲苯在鼓泡反应器中用空气进行氧化，反应温度为160℃，压力为1.378MPa（绝压），已知鼓泡反应器直径2m，氧加料速率51.5kmol/h，氧与邻二甲苯的反应速率常数$k_1=3.6\times10^3h^{-1}$，出口气相氧分压0.0577MPa，氧在邻二甲苯中的扩散系数为$5.2\times10^{-6}m^2/h$，氧的溶解度系数为$7.88\times10^{-2}kmol/(m^3\cdot MPa)$，求反应器高度（不考虑气膜阻力）。邻二甲苯的基础数据：$\rho_L=750kg/m^3$，$\sigma_L=1.65\times10^{-2}N/m$，$\mu_L=0.828kg/(m\cdot h)$。

参考文献

[1] 朱炳辰．化学反应工程[M]．5版．北京：化学工业出版社，2011.

[2] Wakao N，Kaguei S. 填充床传热与传质过程[M]．沈静珠，李有润译．北京：化学工业出版社，1986.

[3] 朱炳辰，翁惠新，朱子彬，等．高等反应工程[M]．3版．北京：中国石化出版社，2019.

[4] 钱家麟，于遵宏，李文辉，等．管式加热炉[M]．2版．北京：中国石化出版社，2003.

[5] 陈甘棠，王樟茂．流态化技术的理论和应用[M]．北京：中国石化出版社，1996.

[6] 金涌，祝京旭，汪展文，等．流态化工程原理[M]．北京：清华大学出版社，2001.

[7] 卢春喜，王祝安．催化裂化流态化技术[M]．北京：中国石化出版社，2002.

[8] 陈甘棠．化学反应工程[M]．3版．北京：化学工业出版社，2007.

[9] 洪若瑜，许文林．流化床数学模型进展[J]．化学世界，1994（6）：282-286.

[10] 林世雄．石油炼制工程[M]．3版．北京：石油工业出版社，2000.

[11] 林崇虎，魏敦崧，安恩科，等．循环流化床锅炉[M]．北京：化学工业出版社，2003.

[12] 张成芳．气液反应和反应器[M]．北京：化学工业出版社，1985.

[13] Hughmark G A. Holdup and mass transfer in bubble columns[J]. Ind Eng Chem Process Des Dev，1967，6（2）：218-220.

[14] 苏永辉，王胜堂，樊会会．尿素合成塔塔盘改造运行总结[J]．氮肥与合成气，2021，49（10）：22-23.

[15] 李十中，张跃升，王怀法．氨厂脱除 CO_2 的方法与脱碳塔的技术改造[J]．化肥设计，2000（3）：38-43.

[16] Shah Y T. 气-液-固反应器设计[M]．萧明威，单渊复译．北京：烃加工出版社，1989.

[17] Fan L-S. 气-液-固流态化工程[M]．蔡平，俞芷青，金涌等译．北京：中国石化出版社，1994.

[18] Ranade V V，Chaudhari R V，Gunjal P R. 滴流床反应器——原理与应用[M]．刘国柱等译．北京：化学工业出版社，2013.

[19] 徐春明，杨朝合．石油炼制工程[M]．北京：石油工业出版社，2009.

[20] 高登志．浅谈世界最大加氢裂化反应器运行现状[J]．广州化工，2013，41（9）：192-195.

[21] 吴秀章，舒歌平，李克健，等．煤炭直接液化工艺与工程[M]．北京：科学出版社，2015.

[22] 张玉卓．神华现代煤制油化工工程建设与运营实践[J]．煤炭学报，2011，36（2）：179-184.

[23] 张碧江．煤基合成液体燃料[M]．太原：山西科学技术出版社，1993.

[24] 王峰，许明，刘虎，等．工业费托合成浆态床反应器的模拟[J]．化学反应工程与工艺，2018，34（3）：213-219.

[25] 郭中山，王峰，杨占奇，等．400万t/a煤基费托合成装置运行和优化[J]．煤炭学报，2020，45（4）：1259-1266.

电子教学课件和习题解答获取方式

请扫描下方二维码关注化学工业出版社“化工帮 CIP”微信公众号，在对话页面输入“化学反应工程简明教程电子教学课件”发送至公众号获取电子教学课件下载链接；在对话页面输入“化学反应工程简明教程习题解答”发送至公众号获取习题解答下载链接。